计算机组成原理答疑解惑与典型题解

陈琳琳　赵正平　纪　平　吴　婷　编著

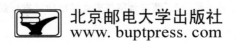

北京邮电大学出版社
www.buptpress.com

内 容 简 介

本书深入浅出、系统全面地介绍了最新的各大高校计算机组成原理练习题与考研题。全书共分 11 章，内容包括计算机系统概论、数据信息的表示、运算方法和运算器、主存储器、存储系统、辅助存储器、指令系统、中央处理器、系统总线、输入/输出设备、输入/输出接口等。

本书以常见疑惑解答—实践解题为主线组织编写，每一章的题型归纳都进行了详细分析评注，以便于帮助读者掌握本章的重点及迅速回忆本章的内容。本书结构清晰、易教易学、实例丰富、学以致用、注重能力，对易混淆和历年考题中较为关注的内容进行了重点提示和讲解。

本书既可以作为复习考研的练习册，也可以作为计算机组成原理学习的参考书，更可以适用于各类培训班的培训教程。此外，本书也非常适用于教师的计算机组成原理教学以及自学人员参考阅读。

图书在版编目(CIP)数据

计算机组成原理答疑解惑与典型题解/陈琳琳等编著 . --北京:北京邮电大学出版社,2015.1
ISBN 978-7-5635-4158-4

Ⅰ.①计…　Ⅱ.①陈…　Ⅲ.①计算机组成原理－高等学校－教学参考资料　Ⅳ.①TP301

中国版本图书馆 CIP 数据核字(2014)第 237438 号

书　　　　名：计算机组成原理答疑解惑与典型题解
著作责任者：陈琳琳 等编著
责 任 编 辑：满志文
出 版 发 行：北京邮电大学出版社
社　　　　址：北京市海淀区西土城路 10 号(邮编:100876)
发 行 部：电话:010-62282185　传真:010-62283578
E-mail：publish@bupt.edu.cn
经　　　　销：各地新华书店
印　　　　刷：北京源海印刷有限责任公司
开　　　　本：787 mm×1 092 mm　1/16
印　　　　张：21
字　　　　数：525 千字
版　　　　次：2015 年 1 月第 1 版　2015 年 1 月第 1 次印刷

ISBN 978-7-5635-4158-4　　　　　　　　　　　　　　　　定　价：38.00 元
· 如有印装质量问题,请与北京邮电大学出版社发行部联系 ·

前　　言

为适应高等院校人才的考研需求,本书本着厚基础、重能力、求创新的总体思想,着眼于国家发展和培养造就综合能力人才的需要,着力提高大学生的学习能力、实践能力和创新能力。

1. 关于计算机组成原理

"计算机组成原理"是高等学校计算机科学与技术专业及其他相关专业的一门核心专业基础课程,也是非计算机专业的学生学习和掌握计算机应用技术的一门专业基础课程。从课程地位来说,它在先导课和后继课之间起着承上启下的作用。2009年起,"计算机组成原理"成为计算机类专业研究生入学考试的全国统考课程,更加奠定了该课程的核心地位。

2. 本书阅读指南

本书针对计算机组成原理知识点的常见的问题进行了讲解,同时分析了近几年的考研题目,并给出了翔实的参考答案,读者可以充分地了解各个学校考研题目的难度,查缺补漏,有针对性地提高自己的水平。本书共分11章。

第1章是"计算机系统概论",主要介绍计算机系统的基本概念、基本组成和层次结构,以及计算机的发展、分类及应用等。

第2章是"数据信息的表示",主要讲解机器数、定点数和浮点数的表示方法,以及各种校验码等。

第3章是"运算方法和运算器",主要讲解定点数、浮点数补码的加/减运算及相关运算部件。

第4章是"主存储器",主要讲解存储器的概念、分类,存储元的读写原理、存储器的工作原理,存储器的设计。

第5章是"存储系统",主要讲解存储系统的三级存储器结构,高速缓冲存储器和虚拟存储器的基本结构、地址映像原理,命中率的计算以及存储保护的原理。

第6章是"辅助存储器",主要讲解辅助存储器的记录原理、记录方式、地址格式与技术指标,磁盘和光盘的分类、数据存放形式等。

第7章是"控制信息的表示——指令系统",主要讲解指令、指令系统等基本概念,指令格式,指令操作码的扩展技术,寻址方式,RISC指令系统和CISC指令系统的特点。

第8章是"中央处理器",主要讲解中央处理器的功能和组成,指令的执行,时序与控制,组合逻辑控制器,微程序控制器,流水线工作原理。

第9章是"系统总线",主要讲解系统总线的类型、结构、控制方式和通信方式,常用的系统总线。

第10章是"输入/输出设备",主要讲解I/O设备的特点和类型,键盘的编码原理、显示器显示字符的原理和打印机打印字符的原理。

第11章是"输入/输出接口",主要讲解接口的概念、接口的功能、接口的组成、接口的类

型、接口的编址方式、接口的控制方式。

3. 本书特色与优点

（1）**结构清晰，知识完整**。内容翔实、系统性强，依据高校教学大纲组织内容，同时覆盖最新版本的所有知识点，并将实际经验融入基本理论之中。

（2）**内容翔实，解答完整**。本书涵盖近几年各大高校的大量题目，示例众多，步骤明确，讲解细致，读者不但可以利用题海战术完善自己的弱项，更可以有针对性地了解某些重点院校的近年考研题目及解题思路。

（3）**学以致用，注重能力**。一些例题后面有与其相联系的知识点详解，使读者在解答问题的同时，对基础理论得到更深刻的理解。

（4）**重点突出，实用性强**。

4. 本书读者定位

本书既可以作为复习考研的练习册，也可以作为计算机组成原理学习的参考书，更可以各类培训班的培训教程。此外，本书也非常适用于教师的计算机组成原理教学以及自学人员参考阅读。

本书由陈琳琳、赵正平、纪平、吴婷主编，全书框架结构由何光明、吴婷拟定。另外，感谢王珊珊、陈莉萍、陈海燕、范荣钢、陈珍、周海霞、陈芳、史春联、许娟、史国川等同志的关心和帮助。

限于作者水平，书中难免存在不当之处，恳请广大读者批评指正。任何批评和建议请发至：bjbaba@263.net。

编　者

目　　录

第1章

计算机系统概论

【基本知识点】存储程序、系列机、硬件、软件、固件等基本概念,计算机系统的基本组成和层次结构,计算机的发展、分类及应用,多媒体技术简介等。

【重点】计算机系统的基本组成和层次结构。

【难点】计算机系统的基本组成和层次结构。

1.1 答疑解惑

1.1.1 计算机由哪些组成?

一台完整的计算机应包括硬件系统和软件系统。

1.1.2 什么是计算机的硬件系统?

计算机的硬件系统是指计算机中的电子线路和物理装置。

电子计算机采用了存储程序的设计思想,也就是将要解决的问题和解决的方法及步骤预先存入计算机。所谓存储程序,就是指将用指令序列描述的计算机程序与原始数据一起存储到计算机中。只要一启动计算机,就能自动地取出一条条指令并执行之,直至程序执行完毕,得到计算结果为止。

计算机的硬件系统是根据冯·诺依曼计算机体系结构的思想设计的,具有共同的基本配置,即五大部件:输入设备、存储器、运算器、控制器和输出设备。

在现代计算机中,运算器、控制器和高速缓冲存储器(cache)合在一起称为中央处理器(CPU)。而 CPU、存储器、输入/输出接口和系统总线组装在一个机壳内,合称为主机。

输入设备和输出设备统称输入/输出设备,有时也称外部设备。

1. 存储器

存储器的主要功能是存放程序和数据。

2. 运算器

运算器(ALU)是一个用于信息加工的部件,又称执行部件,它对数据进行算术运算和逻辑运算。运算器一次运算二进制数的位数称为字长。寄存器、累加器及存储单元的长度应与 ALU 的字长相等或者是它的整数倍。

3. 控制器

控制器是全机的指挥中心,它使计算机各部件自动协调地工作。

计算机中有两股信息在流动:一股是控制信息,即操作命令,其发源地是控制器,它分散流向各个部件;另一股是数据信息,它受控制信息的控制,从一个部件流向另一个部件,边流动边加工处理。

指令和数据统统放在内存中。一般来讲,周期地从内存读出的信息流是指令流,它流向控制器,由控制器解释从而发出一系列微操作信号;而在执行周期中从内存读出或送入内存的信息流是数据流,它由内存流向运算器,或者由运算器流向内存。

4. 输入设备

该类设备将人们熟悉的信息形式变换成计算机能接收并识别的信息形式。

5. 输出设备

输出设备是将计算机运算结果的二进制信息转换成人们或其他设备能接收和识别的信息形式。

外存储器也是计算机中重要的外部设备,它既可作为输入设备,也可作为输出设备。

1.1.3 什么是计算机的软件系统?

一台计算机中全部程序的集合统称为该计算机的软件系统。

软件按其功能划分,有应用软件和系统软件两大类:

- 应用软件是用户为解决某种应用问题而编制的一些程序。
- 系统软件用于实现计算机系统的管理、调度、监视和服务等功能,其目的是方便用户,提高计算机使用效率,扩充系统的功能。

软件与硬件相互关联。软件系统是在硬件系统的基础上为有效地使用计算机而配置的。没有系统软件,现代计算机系统就无法正常地、有效地运行;没有应用软件,计算机就不能发挥效能。

在具有基本硬件配置的情况下,任何操作既可以由软件来实现,也可以由硬件来实现;任何指令的执行可以由硬件完成,也可以由软件来完成。计算机系统的软件与硬件可以互相转化,它们之间互为补充。将程序固定在 ROM(只读存储器)中组成的部件称为固件。固件是一种具有软件特性的硬件,它既具有硬件的快速性特点,又具有软件的灵活性特点。这是软件和硬件互相转化的典型实例。

程序设计语言一般可分为三类:机器语言、汇编语言、高级语言。

用二进制代码表示的计算机语言称为机器语言,机器语言可以直接执行。

用助记符编写的语言称为汇编语言,汇编语言需要通过汇编程序翻译成目标程序后才可执行。

用高级语言编写的程序称为源程序,将源程序翻译为目标程序(机器语言)的方式有编译和解释。

解释方式是边解释边执行,不会生成目标程序。

编译方式是使用编译程序把源程序编译成机器代码的目标程序,并以文件的形式保留,然后再执行。

1.1.4　计算机系统有怎样的层次结构?

应用软件、系统软件和硬件构成了计算机系统的三个层次:

- 硬件系统位于最内层,它是整个计算机系统的基础和核心。
- 系统软件在硬件之外,为用户提供一个基本的操作界面。
- 应用软件位于最外层,为用户提供解决具体问题的应用系统界面。

通常将除硬件系统之外的其余层次称为虚拟机。

三个层次之间关系紧密,外层是内层功能的扩展,内层是外层的基础。但是,层次划分不是绝对的。

1.1.5　计算机是如何发展的?

计算机的发展经历了50多年的历史,其代表人物是英国的科学家艾兰·图灵和美籍匈牙利科学家冯·诺依曼。

1. 第1代计算机(1946年—1958年)——电子管时代

主要特点:采用电子管作为运算和逻辑元件,数据表示主要是定点数,用机器语言和汇编语言编写程序,主要用于科学和工程计算。

2. 第2代计算机(1958年—1964年)——晶体管时代

主要特点:用晶体管代替电子管作为运算和逻辑元件,用磁心作为主存储器,磁带和磁盘用作外存储器;在软件方面出现了FORTRAN、ALGOL、COBOL等高级程序设计语言。

3. 第3代计算机(1965年—1970年)——中小规模集成电路时代

主要特点:用集成电路代替了分立元件,用半导体存储器取代了磁心存储器;在软件方面,操作系统日益成熟。

4. 第4代计算机(1970年至今)——超大规模集成电路时代

主要特点:以大规模集成电路(LSI)和超大规模集成电路(VLSI)作为计算机的主要功能部件;软件方面发展了数据库系统、分布式操作系统、网络软件等。

1.1.6　微型计算机是如何发展的?

IBM公司推出的微型计算机从IBM PC和IBM PC/XT开始,按所采用的Intel微处理器型号来划分,微型计算机可分为以下几代:

- 采用Intel 8088处理器的IBM PC和IBM PC/XT为第1代微型计算机。
- 采用Intel 80286处理器的IBM PC/AT为第2代微型计算机(简称286)。
- 采用Intel 80386处理器的微型计算机为第3代微型计算机(简称386)。
- 采用Intel 80486处理器的微型计算机为第4代微型计算机(简称486)。
- 采用Pentium处理器的微型计算机为第5代微型计算机(简称586)。

1.1.7　计算机的发展方向有哪些?

- 巨型化;
- 微型化;

- 网络化；
- 智能化；
- 多媒体化。

1.1.8 计算机是如何分类的？

- 大型主机(Mainframe)；
- 小型计算机(Minicomputer)；
- 微型计算机(Microcomputer)；
- 工作站(Workstation)；
- 巨型计算机(Supercomputer)；
- 小巨型计算机(Minisupercomputer)。

1.1.9 计算机的应用有哪些？

- 科学计算；
- 数据处理；
- 过程控制(实时控制)；
- 计算机辅助功能：包括计算机辅助设计(CAD)、计算机辅助制造(CAM)、计算机辅助教学(CAI)。

1.1.10 计算机的工作特点是什么？

- 快速性；
- 通用性；
- 准确性；
- 逻辑性。

在上述四大特性的基础上，可以得到数字电子计算机的完整定义：数字电子计算机是一种能自动地、高速地对各种数字化信息进行运算处理的电子设备。

1.1.11 计算机的性能指标有哪些？

- 字长——计算机能直接处理的二进制信息的位数。
- 主频——计算机 CPU 的时钟频率。
- 运算速度——计算机每秒能执行多少指令，以每秒百万条指令(MIPS)为单位。
- 存储系统容量——存储系统能存储的二进制字的总的位数。

1.1.12 什么是多媒体技术？

多媒体技术实际上是一种界面技术，它能使人机界面更生动、更形象、更友好，可以表达更丰富的信息。下面说明多媒体技术要解决的主要问题。

1.1.13 多媒体计算机对信息的处理能力怎么样？

多媒体技术使计算机具有综合处理文字、图形、图像、音频和视频信息的能力。

1.1.14　什么是数据压缩与还原?

由于多媒体系统增加了声音、图像、视频信息,需处理的数据量激增,因此,数据压缩也就成了多媒体技术研究中亟需解决的关键问题之一。

目前,最流行的压缩标准有 JPEG(Joint Photographic Expert Group)和 MPEG(Moving Picture Expert Group)。

JPEG 标准用于静态图像压缩,主要适用于压缩灰度图像和彩色图像。它可应用于彩色打印机、扫描仪、传真机。JPEG 标准分成三级:基本压缩系统、扩展系统、分层的渐进方法。目前普遍使用的是基本压缩系统。

MPEG 标准用于运动视频图像的压缩。

图像和声音信息的压缩与还原要求进行大量的计算,一般用 VLSI 技术的数字信号处理器(DSP)来进行处理。

1.1.15　什么是 Windows 环境控制下的多媒体控制接口(MCI)?

MCI 的最大优点是应用系统与设备无关,更换设备时只需更换 MCI 驱动程序,应用系统不需要修改即可操作新设备,因此系统可以非常灵活、方便地进行配置,以适应各种需要。

1.1.16　什么是多媒体 PC?

指具有多媒体功能的 PC。其 CPU 是带有 MMX 技术的处理器,它是一种多媒体扩展结构技术,特别适合于图像数据处理,它以新一代奔腾 CPU 为代表,极大地提高了计算机在多媒体和通信应用方面的功能。

1.2　典型题解

题型 1　计算机系统的组成

1. 选择题

【例 1.1.1】 冯·诺依曼机工作方式的基本特点是_____。

A. 多指令流单数据流　　　　　　　B. 按地址访问并顺序执行指令

C. 堆栈操作　　　　　　　　　　　D. 存储器按内容选择地址

答:本题答案为:B。

【例 1.1.2】 CPU 的组成中不包含_____。

A. 存储器　　　　B. 寄存器　　　　C. 控制器　　　　D. 运算器

答:CPU 的组成包含运算器、控制器和寄存器。本题答案为:A。

【例 1.1.3】 主机中能对指令进行译码的部件是_____。

A. ALU　　　　B. 运算器　　　　C. 控制器　　　　D. 存储器

答:本题答案为:C。

【例 1.1.4】 至今为止,计算机中的所有信息仍以二进制方式表示,其理由是_____。

A. 节约元件　　　　　　　　B. 运算速度快

C. 物理器件性能决定   D. 信息处理方便

答：本题答案为：C。

【例 1.1.5】 对计算机的软、硬件资源进行管理，是_____的功能。

A. 操作系统   B. 数据库管理系统

C. 语言处理程序   D. 用户程序

答：本题答案为：A。

【例 1.1.6】 下面的四个叙述中，只有一个是正确的，它是_____。

A. 系统软件就是买的软件，应用软件就是自己编写的软件

B. 外存上的信息可以直接进入 CPU 被处理

C. 用机器语言编写的程序可以由计算机直接执行，用高级语言编写的程序必须经过编译（解释）才能执行

D. 说一台计算机配置了 FORTRAN 语言，就是说它一开机就可以用 FORTRAN 语言编写和执行程序

答：本题答案为：C。

2. 填空题

【例 1.1.7】 计算机系统由 ___①___ 系统和 ___②___ 系统构成。

答：本题答案为：①硬件；②软件。

【例 1.1.8】 ___①___ 与 ___②___、输入/输出接口和系统总线合称为主机。

答：本题答案为：①CPU；②存储器。

【例 1.1.9】 现在主要采用_____结构作为计算机硬件之间的连接方式。

答：本题答案为：总线。

【例 1.1.10】 计算机硬件系统包括 ___①___、___②___、___③___、输入/输出设备。

答：题答案为：①运算器；②存储器；③控制器。

【例 1.1.11】 在计算机术语中，将运算器、控制器、高速缓冲存储器（cache）合在一起，称为 ___①___；而将 ___②___、存储器、输入/输出接口和系统总线合在一起，称为 ___③___。

答：本题答案为：①CPU；②CPU；③主机。

【例 1.1.12】 在图 1.2.1 中填入计算机硬件系统基本组成部件的名称。

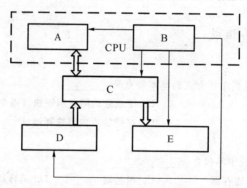

图 1.2.1 计算机硬件系统基本组成框图

答：B 控制每个部件，所以 B 是控制器；运算器和控制器组成 CPU，所以 A 是运算器；D 只有输入的数据通路，所以 D 是输入设备；E 只有输出的数据通路，所以 E 是输出设备；计算机由运算器、控制器、存储器、输入设备和输出设备组成，所以 C 是存储器。本题答案为：A 为运算器，B 为控制器，C 为存储器，D 为输入设备，E 为输出设备。

【例 1.1.13】 用二进制代码表示的计算机语言称为 ___①___，用助记符编写的语言称为 ___②___。

答：本题答案为：①机器语言；②汇编语言。

【例1.1.14】 用高级语言编写的程序称为 ① 程序，经编译程序或解释程序翻译后成为 ② 程序。

答：本题答案为：①源；②目标(机器语言)。

【例1.1.15】 将源程序翻译为目标程序(机器语言)的软件是 ① 或 ② 。

答：本题答案为：①编译程序；②解释程序。

【例1.1.16】 程序设计语言一般可分为三类：① 、 ② 、 ③ 。

答：本题答案为：①机器语言；②汇编语言；③高级语言。

【例1.1.17】 解释程序是边解释边执行，不会生成 _____ 。

答：本题答案为：目标程序。

【例1.1.18】 编译方式是使用编译程序把源程序编译成机器代码的 ① ，并以 ② 形式保留。

答：本题答案为：①目标程序；②文件。

【例1.1.19】 计算机软件一般分为两大类：一类称为 ① ，另一类称为 ② 。操作系统属于 ③ 类。

答：本题答案为：①系统软件；②应用软件；③系统软件。

【例1.1.20】 存储 ① ，并按 ② 顺序执行，这是 ③ 型计算机的工作原理。

答：本题答案为：①程序；②地址；③冯·诺依曼。

【例1.1.21】 计算机中有 ① 在流动：一股是 ② ，即操作命令，其发源地是 ③ ，它分散流向各个部件；另一股是 ④ ，它受 ⑤ 的控制，从一个部件流向另一个部件，边流动边加工处理。

答：本题答案为：①两股信息；②控制信息；③控制器；④数据信息；⑤控制信息。

【例1.1.22】 计算机系统的三个层次结构由内到外分别是 ① 、系统软件和 ② 。

答：本题答案为：①硬件系统；②应用软件。

【例1.1.23】 计算机系统的层次结构中，位于硬件系统之外的所有层次统称为 _____ 。

答：本题答案为：虚拟机。

【例1.1.24】 计算机系统是一个由硬件、软件组成的多级层次结构。它通常由 ① 、 ② 、 ③ 、汇编语言级、高级语言级组成。在每一级上都能进行 ④ 。

答：本题答案为：①微程序级；②一般机器级；③操作系统级；④程序设计。

3. 判断题

【例1.1.25】 利用大规模集成电路技术把计算机的运算部件和控制部件做在一块集成电路芯片上，这样的一块芯片称为单片机。

答：计算机的运算部件和控制部件做在一块集成电路芯片上，这样的一块芯片称为CPU。本题答案为：错。

【例1.1.26】 兼容性是计算机的一个重要性能，通常是指向上兼容，即旧型号计算的软件可以不加修改地在新型号计算机上运行。系列机通常具有这种兼容性。

答：兼容性包括数据和文件的兼容、程序兼容、系统兼容和设备兼容。微型计算机通常具有这种兼容性。本题答案为：错。

4. 简答题

【例1.1.27】 按照冯·诺依曼原理，现代计算机应具备哪些功能？

答：按照冯·诺依曼提出的原理，计算机必须具有如下功能：

① 输入/输出功能。计算机必须有能力把原始数据和解题步骤接收下来(输入)，把计算结果与计算过程中出现的情况告诉(输出)给使用者。

② 记忆功能。计算机应能够"记住"原始数据和解题步骤以及解题过程中的一些中间结果。

③ 计算功能。计算机应能进行一些最基本的运算,这些基本运算组成人们所需要的一些计算。

④ 判断功能。计算机在进行一步操作之后,应能从预先无法确定的几种方案中选择一种操作方案。

⑤ 自我控制能力。计算机应能保证程序执行的正确性和各部件之间的协调性。

【例 1.1.28】 冯·诺依曼计算机体系结构的基本思想是什么? 按此思想设计的计算机硬件系统应由哪些部件组成? 它们各起什么作用?

答:冯·诺依曼计算机体系的基本思想是存储程序,也就是将用指令序列描述的解题程序与原始数据一起存储到计算机中。计算机只要一启动,就能自动地取出一条条指令并执行之,直至程序执行完毕,得到计算结果为止。

按此思想设计的计算机硬件系统包含运算器、控制器、存储器、输入设备和输出设备五个基本部件。

运算器用来进行数据变换和各种运算。

控制器则为计算机的工作提供统一的时钟,对程序中的各基本操作进行时序分配,并发出相应的控制信号,驱动计算机的各部件按节拍有序地完成程序规定的操作内容。

存储器用来存放程序、数据及运算结果。

输入/输出设备接收用户提供的外部信息或用来向用户提供输出信息。

题型 2　计算机的发展、分类及应用

1. 选择题

【例 1.2.1】 电子计算机技术在半个世纪中虽有很大的进步,但至今其运行仍遵循着一位科学家提出的基本原理。他就是_____。

A. 牛顿　　　　B. 爱因斯坦　　　　C. 爱迪生　　　　D. 冯·诺依曼

答:本题答案为:D。

【例 1.2.2】 操作系统最先出现在_____。

A. 第 1 代计算机　B. 第 2 代计算机　C. 第 3 代计算机　D. 第 4 代计算机

答:本题答案为:C。

【例 1.2.3】 目前我们所说的个人台式商用机属于_____。

A. 巨型机　　　　B. 中型机　　　　C. 小型机　　　　D. 微型机

答:本题答案为:D。

【例 1.2.4】 50 多年来,计算机在提高速度、增加功能、缩小体积、降低成本和开拓应用等方面不断发展。下面是有关计算机近期发展趋势的看法:

① 计算机的体积更小,甚至可以像钮扣一样大小;

② 计算机的速度更快,每秒可以完成几十亿次基本运算;

③ 计算机的智能越来越高,它将不仅能听、能说,而且能取代人脑进行思考;

④ 计算机的价格会越来越便宜。

其中可能性不大的是_____。

A. ①和②　　　　B. ③　　　　C. ①和③　　　　D. ④

答:本题答案为:B。

【例 1.2.5】 微型计算机的发展以_____技术为标志。

A. 操作系统　　　B. 微处理器　　　C. 磁盘　　　　D. 软件

答:本题答案为:B。

2. 填空题

【例 1.2.6】 第 1 代计算机的逻辑器件,采用的是 ___①___;第 2 代计算机的逻辑器件,采用的是 ___②___;第 3 代计算机的逻辑器件,采用的是 ___③___;第 4 代计算机的逻辑器件,采用的是 ___④___。

答:本题答案为:①电子管;②晶体管;③中小规模集成电路;④大规模、超大规模集成电路。

【例1.2.7】 以80386微处理器为CPU的微机是 ① 位的微计算机;486微机是 ② 位的微计算机。

答:本题答案为:①32;②32。

3．判断题

【例1.2.8】 在微型计算机广阔的应用领域中,会计电算化属于科学计算方面的应用。

答:会计电算化属于计算机数据处理方面的应用。本题答案为:错。

题型3 计算机的特点及性能指标

1．填空题

【例1.3.1】 计算机的工作特点是 ① 、 ② 、 ③ 和 ④ 。

答:本题答案为:①快速性;②通用性;③准确性;④逻辑性。

2．判断题

【例1.3.2】 决定计算机计算精度的主要技术指标是计算机的字长。

答:本题答案为:对。

【例1.3.3】 计算机"运算速度"指标的含义是指每秒能执行多少条操作系统的命令。

答:"运算速度"指标的含义是指每秒能执行多少条指令。本题答案为:错。

题型4 多媒体技术简介

1．选择题

【例1.4.1】 从供选择的选项中,选出正确答案填空。

(1)人类接收的信息主要来自 ① 。多媒体技术是集 ② 、图形、 ③ 、 ④ 和 ⑤ 于一体的信息处理技术。

供选择的选项:听觉、嗅觉、文字、图像、音频、图书、视频、视觉。

(2)在连续播放图像时, ① 所需的存储容量比 ② 的存储容量大。将一幅图像信息存入存储器之前要进行 ③ ,在播放时,从存储器取出信息后要先进行 ④ ,然后才能播放。为了更快进行压缩,可采用 ⑤ 。

供选择的选项:图像、声音、RISC、DSP、压缩、还原(解压)。

答:本题答案为:

(1) ①视觉;②文字;③图像;④音频;⑤视频。

(2) ①图像;②声音;③压缩;④还原(解压);⑤DSP。

2．填空题

【例1.4.2】 ① 标准用于静态图像压缩; ② 标准用于运动视频图像的压缩。

答:本题答案为:①JPEG;②MPEG。

【例1.4.3】 今有文本、音频、视频、图形和图像5种媒体,按处理复杂程度从简单到复杂排序为 。

答:本题答案为:文本、图形、图像、音频、视频。

【例1.4.4】 多媒体CPU是带有 ① 技术的处理器,它是一种 ② 技术,特别适用于 ③ 处理。

答:本题答案为:①MMX;②多媒体扩展结构;③图像数据。

第 2 章

数据信息的表示

【基本知识点】定点和浮点数的表示及范围,码、码距、校检等基本概念,奇偶校验,海明校验,CRC 校验的原理。

【重点】定点和浮点数的表示及范围。

【难点】定点和浮点数的表示及范围。

2.1 答疑解惑

2.1.1 什么是真值与机器数?

真值:用正、负号来分别表示正数和负数,这样的数称为真值。

机器数:用 1 位数码 0 或 1 来表示数的正负号,这样的数称为机器数。

2.1.2 数的机器码如何表示?

1. 原码表示法

(1) 纯小数的原码定义

设 $x = x_0.x_1x_2 \cdots x_{n-1}$ 共 n 位字长,则

$$[x]_{原} = \begin{cases} x & \text{当 } 0 \leqslant x \leqslant 1 - 2^{-(n-1)} \\ 1 - x = 1 + |x| & \text{当 } -(1 - 2^{-(n-1)}) \leqslant x \leqslant 0 \end{cases}$$

(2) 纯整数的原码定义

设 $x = x_0x_1x_2 \cdots x_{n-1}$ 共 n 位字长,则

$$[x]_{原} = \begin{cases} x & \text{当 } 0 \leqslant x \leqslant 2^{n-1} - 1 \\ 2^{n-1} - x = 2^{n-1} + |x| & \text{当 } -(2^{n-1} - 1) \leqslant x \leqslant 0 \end{cases}$$

原码表示的规则:用"0"表示正号,用"1"表示负号,有效值用二进制的绝对值表示。

真值零的原码有正零和负零两种形式:

$$[+0]_{原} = 000 \cdots 00 \qquad\qquad [-0]_{原} = 100 \cdots 00$$

其中最高位是符号位。

2．补码表示法

（1）纯小数的补码定义

设 $x = x_0.x_1x_2\cdots x_{n-1}$ 共 n 位字长，则

$$[x]_{\text{补}} = \begin{cases} x & \text{当 } 0 \leqslant x \leqslant 1 - 2^{-(n-1)} \\ 2 + x = 2 - |x| & \text{当 } -1 \leqslant x < 0 \end{cases}$$

注意，$[-1]_{\text{补}} = 1.0\cdots 0$

纯小数的模总是为 2。

（2）纯整数的补码定义

设 $x = x_0x_1x_2\cdots x_{n-1}$ 共 n 位字长，则

$$[x]_{\text{补}} = \begin{cases} x & \text{当 } 0 \leqslant x \leqslant 2^{n-1} - 1 \\ 2^n + x = 2^n - |x| & \text{当 } -2^{n-1} \leqslant x < 0 \end{cases}$$

注意，$[-2^{n-1}]_{\text{补}} = 10\cdots 0$。

n 位整数的模 M 的大小是：n 位数全为 1 后，在最末位加 1。如果某数有 n 位整数（包括 1 位符号位），则它的模为 2^n。

无论是纯小数补码还是纯整数补码，其零的补码是唯一的，即 $[+0]_{\text{补}} = [-0]_{\text{补}} = 0\cdots 0$。

补码表示的规则：正数的补码与原码相同，负数的补码符号为"1"，数值部分求反加1。

3．反码表示法

（1）纯小数的反码定义

设 $x = x_0.x_1x_2\cdots x_{n-1}$ 共 n 位字长，则

$$[x]_{\text{反}} = \begin{cases} x & \text{当 } 0 \leqslant x \leqslant 1 - 2^{-(n-1)} \\ 2 + x - 2^{-(n-1)} & \text{当 } -(1 - 2^{-(n-1)}) \leqslant x \leqslant 0 \end{cases}$$

（2）纯整数的反码定义

设 $x = x_0x_1x_2\cdots x_{n-1}$ 共 n 位字长，则

$$[x]_{\text{反}} = \begin{cases} x & \text{当 } 0 \leqslant x \leqslant 2^{n-1} - 1 \\ 2^n + x - 1 & \text{当 } -(2^{n-1} - 1) \leqslant x \leqslant 0 \end{cases}$$

正数的反码与原码相同，负数的反码符号为"1"，数值部分求反。

在反码表示中：$[+0]_{\text{反}} = 0\cdots 0$，$[-0]_{\text{反}} = 11\cdots 11$。

4．负数原码、反码、补码、真值之间的相互转化

（1）已知：$[x]_{\text{原}} = 1.x_1x_2\cdots x_n$，则 $[x]_{\text{补}} = 1.\overline{x_1x_2}\cdots\overline{x_n} + 2^{-n}$，即符号不变，数值部分求反，加1。

【证明】 当 $-1 \leqslant x \leqslant 0$ 时，原码的定义为 $[x]_{\text{原}} = 1 - x$，补码的定义为 $[x]_{\text{补}} = 2 + x$，所以

$$x = [x]_{\text{补}} - 2 = 1 - [x]_{\text{原}}$$

因为　　　　　　　　　$[x]_{\text{原}} = 1.x_1x_2\cdots x_n$

所以　　　　　　　　　$[x]_{\text{补}} = 3 - 1.x_1x_2\cdots x_n$

$$= 2 - 0.x_1x_2\cdots x_n$$

$$= 1 + (1 - 0.x_1x_2\cdots x_n)$$

又因为 $x_i+\overline{x_i}=1$,所以有

$$0.x_1x_2\cdots x_n+0.\overline{x_1x_2}\cdots\overline{x_n}+2^{-n}=0.111\cdots1+2^{-n}=1$$

$$1-0.x_1x_2\cdots x_n=0.\overline{x_1x_2}\cdots\overline{x_n}+2^{-n}$$

所以　　　　　$[x]_\text{补}=1+0.\overline{x_1x_2}\cdots\overline{x_n}+2^{-n}=1.\overline{x_1x_2}\cdots\overline{x_n}+2^{-n}$

（2）已知：$[x]_\text{补}=1.x_1x_2\cdots x_n$,则$[x]_\text{原}=1.\overline{x_1x_2}\cdots\overline{x_n}+2^{-n}$,即符号不变,数值部分求反,加1。

【证明】　当$-1\leqslant x\leqslant 0$时,补码的定义为$[x]_\text{补}=+x$,原码的定义为$[x]_\text{原}=1-x$,所以

$$x=[x]_\text{补}-2=1-[x]_\text{原}$$

因为　　　　　　　　　　$[x]_\text{补}=1.x_1x_2\cdots x_n$

所以　　　　　　　　　　$[x]_\text{原}=3-1.x_1x_2\cdots x_n$

$$=2-0.x_1x_2\cdots x_n$$

$$=1+(1-0.x_1x_2\cdots x_n)$$

又因为　$x_i+\overline{x_i}=1$,所以有

$$0.x_1x_2\cdots x_n+0.\overline{x_1x_2}\cdots\overline{x_n}+2^{-n}=0.111\cdots1+2^{-n}=1$$

$$1-0.x_1x_2\cdots x_n=0.\overline{x_1x_2}\cdots\overline{x_n}+2^{-n}$$

所以　　　　　$[x]_\text{原}=1+0.\overline{x_1x_2}\cdots\overline{x_n}+2^{-n}=1.\overline{x_1x_2}\cdots\overline{x_n}+2^{-n}$

（3）原码与反码之间的相互转化是符号不变,数值部分求反（证明略）。

（4）补码与反码之间的相互转化关系如下：

$$[x]_\text{补}=[x]_\text{反}+2^{-n},\quad [x]_\text{反}=[x]_\text{补}-2^{-n}$$

现证明$[x]_\text{补}=[x]_\text{反}+2^{-n}$。

【证明】　因为$-1<x\leqslant 0$时,$[x]_\text{反}=2-2^{-n}+x$,$[x]_\text{补}=2+x$,移项得

$$x=[x]_\text{反}-2+2^{-n}$$

$$x=[x]_\text{补}-2$$

所以　　　　　　　　　　$[x]_\text{补}-2=[x]_\text{反}-2+2^{-n}$

故　　　　　　　　　　　$[x]_\text{补}=[x]_\text{反}+2^{-n}$

（5）补码与真值的关系。

若$[x]_\text{补}=x_0.x_1x_2\cdots x_n$,则$x=-x_0+\sum_{i=1}^{n}x_i2^{-i}$。

【证明】　当$x\geqslant 0$时,$x_0=0$,$[x]_\text{补}=0.x_1x_2\cdots x_n=\sum_{i=1}^{n}x_i2^{-i}=x$;

当$x<0$时,$x_0=1$,$[x]_\text{补}=1.x_1x_2\cdots x_n=2+x$,

$$x=[x]_\text{补}-2=1.x_1x_2\cdots x_n-2=-1+0.x_1x_2\cdots x_n=-1+\sum_{i=1}^{n}x_i2^{-i}$$

综合上述两种情况,可得出 $x=-x_0+\sum_{i=1}^{n}x_i2^{-i}$。

5. 移码

若纯整数x为n位（其中包括符号位）,则其移码的定义为

$$[x]_\text{移}=2^{n-1}+x\qquad -2^{n-1}\leqslant x\leqslant 2^{n-1}-1$$

因为
$$[x]_{补}=\begin{cases} x & 0\leqslant x\leqslant 2^{n-1}-1 \\ 2^n+x & -2^{n-1}\leqslant x<0 \end{cases}$$

所以,当 $0\leqslant x\leqslant 2^{n-1}-1$ 时,$[x]_{移}=[x]_{补}+2^{n-1}$;

当 $-2^{n-1}\leqslant x<0$ 时,$[x]_{移}=2^{n-1}+[x]_{补}-2^n=[x]_{补}-2^{n-1}$。

因此,把 $[x]_{补}$ 的符号位取反即得 $[x]_{移}$。

移码具有以下特点:

- 最高位为符号位,1 表示正,0 表示负。
- 零的移码是唯一的,即 $[+0]_{补}=[-0]_{补}=10\cdots 0$。
- 用移码表示便于比较数的大小,移码大真值就大,移码小真值就小。

移码就是在真值 x 基础上加一个常数,相当于 x 在数轴上向正方向偏移了若干单位。

在多数通用计算机中,浮点数的阶码常用移码表示。

2.1.3 定点数如何表示?

1. 定点小数

将小数点固定在符号位 d_0 之后,数值最高位 d_{-1} 之前,这就是定点小数形式。其格式如下所示:

d_0	d_{-1}	d_{-2}	$\cdots$	$d_{-(n-1)}$

$\triangle$

数据的表示范围分析如下。

(1)设字长为 8,原码表示时,其表示范围如下:

	最小负数	最大负数	0	最小正数	最大正数
二进制原码	1.1111111	1.0000001		0.0000001	0.1111111
十进制真值	$-(1-2^{-7})$	-2^{-7}		2^{-7}	$1-2^{-7}$

(2)设字长为 8,补码表示时,其表示范围如下:

	最小负数	最大负数	0	最小正数	最大正数
二进制补码	1.0000000	1.1111111		0.0000001	0.1111111
十进制真值	-1	-2^{-7}		2^{-7}	$1-2^{-7}$

由此可见:

若字长为 $n+1$,则定点小数原码的表示范围为 $-(1-2^{-n})\leqslant x\leqslant 1-2^{-n}$。

若字长为 $n+1$,则定点小数补码的表示范围为 $-1\leqslant x\leqslant 1-2^{-n}$。

2. 定点整数

将小数点固定在数的最低位之后,这就是定点整数形式。其格式如下所示:

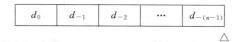

d_0	d_{-1}	d_{-2}	$\cdots$	$d_{-(n-1)}$

$\triangle$

数据的表示范围分析如下。

（1）设字长为 8，原码表示时，其表示范围如下：

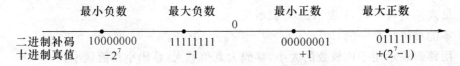

	最小负数	最大负数	0	最小正数	最大正数
二进制原码	11111111	10000001		00000001	01111111
十进制真值	$-(2^7-1)$	-1		$+1$	$+(2^7-1)$

（2）设字长为 8，补码表示时，其表示范围如下：

	最小负数	最大负数	0	最小正数	最大正数
二进制补码	10000000	11111111		00000001	01111111
十进制真值	-2^7	-1		$+1$	$+(2^7-1)$

由此可见：

若字长为 $n+1$，则定点整数原码的表示范围为 $-(2^n-1) \leqslant x \leqslant (2^n-1)$。

若字长为 $n+1$，则定点整数补码的表示范围为 $-2^n \leqslant x \leqslant (2^n-1)$。

但是，如果是 8 位无符号定点整数，则其二进制编码范围是 00000000～11111111，对应十进制真值范围是 0～255。

在补码系统中，由于零有唯一的编码，因此 n 位二进制能表示 2^n 个补码。与原码表示相比，采用补码可多表示一个数。

2.1.4 浮点数如何表示？

1. 浮点数的表示格式

浮点表示是把字长分成阶码和尾数（数值）两部分，在计算机中的表示格式如下：

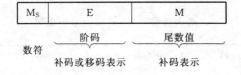

M_S	E	M
数符	阶码	尾数值
	补码或移码表示	补码表示

2. 浮点数的规格化

（1）原码规格化后

正数的尾数形式为 $0.1 \times \cdots \times$ 的形式。

负数的尾数形式为 $1.1 \times \cdots \times$ 的形式。

（2）补码规格化后

正数的尾数形式为 $0.1 \times \cdots \times$ 的形式。

负数的尾数形式为 $1.0 \times \cdots \times$ 的形式。

3. 浮点数的表示范围

设浮点数的阶码 6 位（含符号位），尾数为 10 位（含符号位），分析其表示范围。

【分析】

（1）阶码范围：

	最小负数	最大负数	0	最小正数	最大正数
二进制补码	100000	111111		000001	011111
十进制真值	$-2^5=-32$	-1		$+1$	$2^5-1=31$

（2）规格化尾数表示范围如下：

	最小负数	最大负数	0	最小正数	最大正数
二进制补码	1.000000000	1.011111111		0.100000000	0.111111111
十进制真值	-1	$-(2^{-9}+2^{-1})$		2^{-1}	$1-2^{-9}$

（3）规格化浮点数表示范围如下：

	最小负数	最大负数	0	最小正数	最大正数
二进制补码	$2^{011111}\times1.0\cdots0$	$2^{100000}\times1.01\cdots1$		$2^{100000}\times0.1\cdots0$	$2^{011111}\times0.1\cdots1$
阶码用移码	$2^{111111}\times1.0\cdots0$	$2^{000000}\times1.01\cdots1$		$2^{000000}\times0.10\cdots0$	$2^{111111}\times0.1\cdots1$
十进制真值	$-2^{31}\times1$	$-2^{-32}\times(2^{-9}+2^{-1})$		$2^{-32}\times2^{-1}$	$2^{31}\times(1-2^{-9})$

注意：这里规格化尾数的最大负数的补码是 $1.01\cdots1$ 的形式，而不是 $1.10\cdots0$ 的形式，是因为 $1.10\cdots0$ 不是规格化数，所以规格化尾数的最大负数应是 $-(0.10\cdots0+0.0\cdots01)=-0.10\cdots01$，而 $(-0.10\cdots1)_{补}=1.01\cdots1$，即 $-(2^{-(n-1)}+2^{-1})$。

所以此时浮点数的表示范围为 $-2^{31}\times1\sim2^{31}\times(1-2^{-9})$。

根据以上分析若某机字长为 $m+n$，其中阶码 m 位（含一位符号位），尾数 n 位（含一位符号位），设 $a=2^{m-1}-1$，$b=-2^{m-1}$，则规格化数所能表示的范围为

$$最大正数=(1-2^{-(n-1)})\times2^{a}$$
$$最小正数=2^{-1}\times2^{b}$$
$$最大负数=-(2^{-(n-1)}+2^{-1})\times2^{b}$$
$$最小负数=-1\times2^{a}$$

例如：设字长 32 位，阶码 8 位（含一位符号位），尾数 24 位（含一位符号位），则 $a=2^{7}-1=127$，$b=-2^{7}=-128$，其规格化数所能表示数值的范围为

$$最大正数=(1-2^{-23})\times2^{127}$$
$$最小正数=2^{-1}\times2^{-128}$$
$$最大负数=-(2^{-23}+2^{-1})\times2^{-128}$$
$$最小负数=-1\times2^{127}$$

浮点数的阶码决定了浮点数的表示范围；浮点数的尾数决定了浮点数的表示精度。

4. IEEE 754 浮点数标准

单精度数所表示的数值为 $(-1)^{s}\times1.M\times2^{e-127}$。

双精度数所表示的数值为 $(-1)^{s}\times1.M\times2^{e-1023}$。

其中：

$s=0$ 表示正数，$s=1$ 表示负数；

单精度数 e 的取值为 $1\sim254$（8 位表示），M 为 23 位，共 32 位；

双精度数 e 的取值为 $1\sim2046$（11 位表示），M 为 52 位，共 64 位。

5. 溢出问题

当一个浮点数阶码大于机器的最大阶码时，称为上溢；小于最小阶码时，称为下溢。

6. 浮点数的底的问题

浮点数的底一般为 2，为了用相同位数的阶码表示更大范围的浮点数，在一些计算机中也有选用阶码的底为 8 或 16 的。此时浮点数 N 表示成：

$$N=8^{E}\times M \qquad 或 \qquad N=16^{E}\times M$$

当阶码以 8 为底时,只要尾数满足 $1/8\leqslant M<1$ 或 $-1\leqslant M<-1/8$ 就是规格化数。执行对阶和规格化操作时,每当阶码的值增或减 1,尾数要相应右移或左移三位。

当阶码以 16 为底时,只要尾数满足 $1/16\leqslant M<1$ 或 $-1\leqslant M<-1/16$ 就是规格化数。执行对阶和规格化操作时,阶码的值增或减 1,尾数必须移 4 位。

判别为规格化数或实现规格化操作,均应使数值的最高 3 位(以 8 为底)或 4 位(以 16 为底)中至少有 1 位与符号位不同。

7. 隐藏位的含义

当浮点数的尾数的基值为 2 时,规格化的浮点数尾数的最高位一定是 1(如果尾数用补码表示,规格化浮点数尾数的最高位一定与尾数符号位相反),所以浮点数在传送与存储过程中,尾数的最高位可以不表示出来,只在计算的时候才恢复这个隐藏位,或者对结果进行修正。这就是浮点数中的隐藏位的含义,用隐藏位可使浮点数的尾数多表示一位。

2.1.5 字符如何表示?

字符采用 ASCII 码(American Standard Code For Information Interchange,美国国家信息交换标准字符码)来表示。ASCII 码共有 128 个字符,其中有 95 个可以显示字符,33 个控制码。

2.1.6 汉字如何表示?

1. 汉字的输入

输入码是为使输入设备将汉字输入到计算机而专门编制的一种代码。常见的有国标码、区位码、拼音码和五笔字型等。

区位码是将 GB2312—80 方案中的字符按其位置划分为 94 个区,每个区 94 个字符。区的编号是从 1~94,区内字符编号也是从 1~94。

区位码是国标码的变形,它们之间的关系可用下面的公式来表示:

$$国标码(十六进制)=区位码(十六进制)+2020H$$

2. 汉字在机内的表示

机内码是指机器内部处理和存储汉字的一种代码。

机内码与国标码之间的转换关系为

$$机内码(十六进制)=国标码(十六进制)+8080H$$

3. 汉字的输出与汉字字库

显示器显示汉字是采用图形方式(即汉字是由点阵组成的)。

对于 16×16 点阵码,每个汉字用 32 个字节来表示。

将汉字库存放在软盘或硬盘中。每次需要时自动装载到计算机的内存中。用这种方法建立的汉字字库称为软字库。

将汉字库固化在 ROM 中(俗称汉卡),把它插在 PC 的扩展槽中,这样不占内存,只需要安排一个存储器空间给字库。用这种方法建立的汉字库称为硬字库。

2.1.7 为什么要对数据信息进行校验?

为减少和避免数据在计算机系统运行或传送过程中发生错误,在数据的编码上提供了检错和纠错的支持。这种能够发现某些错误或具有自动纠错能力的数据编码称为数据校验码或检错码,数据校验的基本原理是扩大码距。

码距是根据任意两个合法码之间至少有几个二进制位不相同而确定的,若仅有一位不同,称其码距为1。例如,用4位二进制表示16种状态,则16种编码都用到了,此时码距为1,就是说,任何一个状态的4位码中的一位或几位出错,就变成另一个合法码,此时无查错能力。若用四个二进制位表示8个状态,就可以只用其中的8种编码,而把另8种编码作为非法编码,此时码距为2。

2.1.8 什么是奇偶校验码?

奇偶校验码的原理是:在每组代码中增加1个冗余位,使合法编码的最小码距由1增加到2。如果合法编码中有奇数个位发生了错误,这个编码就将成为非法的代码。增加的冗余位称为奇偶校验位。

1. 校验码的构成规则

偶校验:每个码字(包括校验位)中1的数目为偶数。

奇校验:每个码字(包括校验位)中1的数目为奇数。

2. 校验位的形成

设有效信息为 $D_7D_6D_5D_4D_3D_2D_1D_0$,则

偶校验:在发送端求校验位 $P = D_7 \oplus D_6 \oplus D_5 \oplus D_4 \oplus D_3 \oplus D_2 \oplus D_1 \oplus D_0$

奇校验:在发送端求校验位 $P = \overline{D_7 \oplus D_6 \oplus D_5 \oplus D_4 \oplus D_3 \oplus D_2 \oplus D_1 \oplus D_0}$

3. 校验原理

偶校验在接收端求 $P' = D_7 \oplus D_6 \oplus D_5 \oplus D_4 \oplus D_3 \oplus D_2 \oplus D_1 \oplus D_0 \oplus P$

奇校验在接收端求 $P' = \overline{D_7 \oplus D_6 \oplus D_5 \oplus D_4 \oplus D_3 \oplus D_2 \oplus D_1 \oplus D_0 \oplus P}$

若 $P' = 0$,则无错;若 $P' = 1$,则有错。

一般采用"异或"电路得到校验位。这种方式只能发现奇数个错误,且不能纠正错误。

2.1.9 什么是海明码?

海明校验的基本思想是将有效信息按某种规律分成若干组,每组安排一个校验位进行奇偶测试。在一个数据位组中加入几个校验位,会增加数据代码间的码距,当某一位发生变化时会引起校验结果发生变化,不同代码位上的错误会得出不同的校验结果。因此,海明码能检测出2位错误,并能纠正1位错误。

1. 求海明校验码的步骤

(1) 确定海明校验位的位数

设 K 为有效信息的位数,r 为校验位的位数,则整个码字的位数 N 应满足不等式:

$$N = K + r \leqslant 2^r - 1$$

若要求海明码能检测出2位错误,则再增加1位校验位。

(2) 确定校验位的位置

位号(1~N)为2的权值的那些位,即 $2^0, 2^1, 2^2, \cdots, 2^{r-1}$ 的位置作为校验位,记作 P_1,

$P_2,\cdots,P_r$,余下的为有效信息位。

（3）分组

将 N 位分 r 组,第 i 位由校验位号之和等于 i 的那些校验位所校验。

（4）校验位的形成

P_1＝第一组中的所有位（除 P_1 外）求异或

P_2＝第二组中的所有位（除 P_2 外）求异或

$\vdots$

P_r＝第 r 组中的所有位（除 P_r 外）求异或

为了能检测两个错误,增加一位校验 P_{r+1},放在最高位。

P_{r+1}＝所有位（包括 $P_1,P_2,\cdots,P_r$）共 N 位求异或。

2. 校验原理:在接收端分别求 $S_1,S_2,S_3,\cdots,S_r$

S_1＝第一组中的所有位（包括 P_1）求异或

S_2＝第二组中的所有位（包括 P_2）求异或

$\vdots$

S_r＝第 r 组中的所有位（包括 P_r）求异或

S_{r+1}＝$P_{r+1}\oplus$所有位（包括 $P_1,P_2,\cdots,P_r$）求异或

当 $S_{r+1}=1$ 时有一位错,由 $S_r\cdots S_3 S_2 S_1$ 的二进制编码指出出错位号,将其取反,即可纠错。

当 $S_{r+1}=0$ 时无错或有偶数个错（两个错的可能性比较大）,当 $S_r\cdots S_3 S_2 S_1 =0\cdots000$ 时,接收的数或无错,或有两个错。

2.1.10 什么是循环码?

二进制信息沿一条线逐位在部件之间或计算机之间传送称为串行传送。CRC（Cyclic Redundancy Check）码可以发现并纠正信息存储或传送过程中连续出现的多位错误。

1. CRC 码的编码原理

CRC 码是用多项式 $M(x)\cdot x^r$ 除以称为生成多项式的 $G(x)$（产生校验码的多项式）所得的余数作为校验位。为了得到 r 位余数（校验位）,$G(x)$ 必须是 $r+1$ 位。

设所得余数表达式为 $R(x)$,商为 $Q(x)$。将余数拼接在信息位左移 r 位后空出的 r 位上,就构成这个有效信息的 CRC 码。该 CRC 码可用多项式表示为

$$M(x)\cdot x^r+R(x)=[Q(x)\cdot G(x)+R(x)]+R(x)$$
$$=[Q(x)\cdot G(x)]+[R(x)+R(x)]$$
$$=Q(x)\cdot G(x)$$

因此所得 CRC 码可被 $G(x)$ 表示的数码除尽。

将编好的循环校验码称为 (n,k) 码。

2. CRC 码的编码电路

若 $G(x)=x^r+g_{r-1}x^{r-1}+\cdots+g_2 x^2+g_1 x^1+1,g_i\in\{0,1\},i\in\{r-1,\cdots,2,1\}$,则 CRC 码的编码电路如图 2.1.1 所示,当 $g_i=1$ 时,开关 g_i 闭合,当 $g_i=0$ 时,开关 g_i 断开。开始发送数据时,开关 k 置于 k_m 位置,开关 R 同时闭合,信息位由输入端从高到低串行输入,一边从码字输出端输出,一边进入编码电路循环运算。当信息发送完毕时,寄存器 $R_0,R_1,\cdots,$

R_{r-1} 中的内容即为冗余位的值。此时,开关 R 断开,开关 k 置于 k_r 位置,冗余位就紧接在信息位的后面输出。至此发送方编码发送完毕。

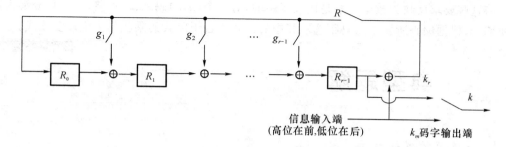

图 2.1.1 CRC 码的编码电路

3. CRC 的译码与纠错

在 CRC 校验中,发送方已知信息序列 $M(x)$ 和生成多项式 $G(x)$,发送方便可利用编码电路形成传输序列 $T(x)$ 进行发送。$T(x)$ 经信道传输后到达接收方,接收方收到信息 $T'(x)$,若 $T'(x)=T(x)$,则传输无错,否则就是出错。接收方只是已知 $G(x)$ 和收到的 $T'(x)$,但不知道发送方发送的 $T(x)$。判断 $T'(x)$ 是否有错的方法为:将收到的循环校验码用约定的生成多项式 $G(x)$ 去除,如果码字无误则余数应为 0,如有某一位出错,则余数不为 0,不同位数出错余数不同。更换不同的待测码字可以证明余数与出错位的对应关系是不变的,只与码制和生成多项式有关。对于其他码制或选用其他生成多项式,出错模式将发生变化。

在实际工作中,接收方一边接收信息,一边利用译码电路进行差错检测。

若 $G(x)=x^r+g_{r-1}x^{r-1}+\cdots+g_2x^2+g_1x^1+1, g_i\in\{0,1\}, i\in\{r-1,\cdots,2,1\}$,则译码电路如图 2.1.2 所示,当 $g_i=1$ 时,开关 g_i 闭合,当 $g_i=0$ 时,开关 g_i 断开。接收方将收到的码字信息逐位送入译码电路计算余数,在码字信息全部进入译码电路后,寄存器 $R_0,R_1,\cdots,R_{r-1}$ 中就寄存了余数 $E(x)$。将余数各位进行或运算。得错误特征位 E,若 $E=0$,则接收正确,将码字中的最末 r 位去掉,得到原发数据;若 $E=1$,则表示收到的码字有错。

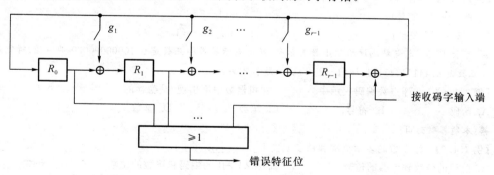

图 2.1.2 CRC 的译码电路

4. 关于生成多项式

并不是任何一个 $(r+1)$ 位多项式都可以作为生成多项式。从检错及纠错的要求出发,生成多项式应能满足下列要求:

• 任何一位发生错误都应使余数不为 0。

- 不同位发生错误应当使余数不同。
- 对余数继续作模 2 除,应使余数循环。

将这些要求反映为数学关系是比较复杂的,对一个 (n,k) 码来说,可将 (x^n-1) 分解为若干质因子,根据编码所要求的码距选取其中的因式或若干因式的乘积作为生成多项式。

2.2 典型题解

题型 1 数值数据的表示

1. 选择题

【例 2.1.1】 计算机中表示地址时使用_____。

A. 无符号数   B. 原码   C. 反码   D. 补码

答:本题答案为:A。

【例 2.1.2】 当 $-1<x<0$ 时,$[x]_原=$_____。

A. $1-x$ B. x C. $2+x$ D. $(2-2^{-n})-|x|$

答:根据原码的定义,当 $-1<x<0$ 时,$[x]_原=1-x$。本题答案为:A。

【例 2.1.3】 字长 16 位,用定点补码小数表示时,一个字所能表示的范围是_____。

A. $0\sim(1-2^{-15})$ B. $-(1-2^{-15})\sim(1-2^{-15})$

C. $-1\sim+1$ D. $-1\sim(1-2^{-15})$

答:若字长为 $n+1$,则定点补码小数的表示范围为:$-1\leqslant x\leqslant 1-2^{-n}$,这里 $n=15$。本题答案为:D。

【例 2.1.4】 某机字长 32 位,其中 1 位符号位,31 位尾数。若用定点整数补码表示,则最小正整数为 ① ;最大负数值为 ② 。

A. $+1$ B. $+2^{31}$ C. -2^{31} D. -1

答:若字长为 $n+1$,用定点整数补码表示时:最小正整数为 1;最大负数值为 -2^n,这里 $n=31$。本题答案为:①A ②C。

【例 2.1.5】 字长 12 位,用定点补码规格化小数表示时,所能表示的正数范围是_____。

A. $2^{-12}\sim(1-2^{-12})$ B. $2^{-11}\sim(1-2^{-11})$

C. $1/2\sim(1-2^{-11})$ D. $(1/2+2^{-11})\sim(1-2^{-11})$

答:字长 12 位,定点补码规格化小数表示时,所能表示的最小正数是 0.10000000000,即 1/2;所能表示的最大正数是 0.11111111111,即 $(1-2^{-11})$。本题答案为:C。

【例 2.1.6】 在浮点数编码表示中_____在机器数中不出现,是隐含的。

A. 阶码   B. 符号   C. 尾数   D. 基数

答:本题答案为:D。

【例 2.1.7】 浮点数的表示范围和精度取决于_____。

A. 阶码的位数和尾数的位数   B. 阶码采用的编码和尾数的位数

C. 阶码采用的编码和尾数采用的编码   D. 阶码的位数和尾数采用的编码

答:本题答案为:A。

【例 2.1.8】 在规格化浮点表示中,保持其他方面不变,将阶码部分的移码表示改为补码表示,将会使数的表示范围_____。

A. 增大   B. 减少   C. 不变   D. 以上都不对

答:本题答案为:C。

【**例 2.1.9**】 十进制数 5 的单精度浮点数 IEEE 754 代码为_____。

A. 01000000010100000000000000000000

B. 11000000010100000000000000000000

C. 01100000010100000000000000000000

D. 11000000010110000000000000000000

答:5 转换成二进制值为 101。

在 IEEE 754 中规格化表示为 1.01×2^2,$e = 127 + 2 = 129$。IEEE 754 编码为:0 10000001 01000000000000000000000。本题答案为:A。

【**例 2.1.10**】 设浮点数的基数 $R = 8$,尾数用模 4 补码表示,则规格化的数为_____。

A. 11.111000   B. 00.000111   C. 11.101010   D. 11.111101

答:以 8 为底时补码规格化后,正数为 0(001、010、011、100、101、110、111)×…×的形式;负数为 1(110、101、100、011、010、001、000)×…×的形式。本题答案为:C。

【**例 2.1.11**】 在浮点数 $N = M \times R^E$ 中:

如阶的基数 $R = 2$,则下列补码 ①   为规格化的数;

如阶的基数 $R = 4$,则下列补码 ②   为规格化的数;

如阶的基数 $R = 8$,则下列补码 ③   为规格化的数。

A. 0.00011…10   B. 0.0011…10   C. 0.011…10   D. 0.111…10

E. 1.00011…10   F. 1.0011…10   G. 1.011…10   H. 1.111…10

答:以 2 为底、以 4 为底、以 8 为底的浮点数的规格化形式,在判别规格化数或实现规格化操作时,均应使数值的最高 1 位(以 2 为底)、2 位(以 4 为底)或 3 位(以 8 为底)中至少有一位与符号位不同。

即以 2 为底时补码规格化后,正数为 0.1×…×的形式,负数为 1.0×…×的形式。所以 D、E、F、G 符合规格化形式。

以 4 为底时补码规格化后,正数为 0.(01、10、11)×…×的形式,负数为 1.(10、01、00)×…×的形式。所以 C、D、E、F、G 符合规格化形式。

以 8 为底时补码规格化后,正数为 0.(001、010、011、100、101、110、111)×…×的形式,负数为 1.(110、101、100、011、010、001、000)×…×的形式。所以 B、C、D、E、F、G 符合规格化形式。本题答案为

①D、E、F、G;②C、D、E、F、G;③B、C、D、E、F、G。

【**例 2.1.12**】 设 $[X]_补 = 1.x_1 x_2 x_3$,仅当_____时,$X > -1/2$ 成立。

A. x_1 必须为 1,$x_2 x_3$ 至少有一个为 1

B. x_1 必须为 1,$x_2 x_3$ 任意

C. x_1 必须为 0,$x_2 x_3$ 至少有一个为 1

D. x_1 必须为 0,$x_2 x_3$ 任意

答:对于选项 A,x_1 为 1,$x_2 x_3$ 至少有一个为 1,如 $[X]_补 = 1.101$,则 $X = -0.011$,$X = -(1/4 + 1/8)$,即 $X > -1/2$ 成立;$[X]_补 = 1.110$,则 $X = -0.010$,$X = -1/4$,即 $X > -1/2$ 成立;$[X]_补 = 1.111$,则 $X = -0.001$,$X = -1/8$,即 $X > -1/2$ 成立。

对于选项 B,x_1 为 1,$x_2 x_3$ 任意时,如 $[X]_补 = 1.100$,则 $X = -0.100$,$X = -1/2$,即 $X > -1/2$ 不成立。

对于选项 C,x_1 为 0,$x_2 x_3$ 至少有一个为 1,如 $[X]_补 = 1.010$,则 $X = -0.110$,$X = -(1/2 + 1/4)$,即 $X > -1/2$ 不成立。

对于选项 D,x_1 为 0,$x_2 x_3$ 任意,如 $[X]_补 = 1.000$,则 $X = -1$,即 $X > -1/2$ 不成立。

本题答案为:A。

2. 填空题

【**例 2.1.13**】 8 位二进制补码表示整数的最小值为 ①   ,最大值为 ②   。

答:若字长为 $n + 1$,则补码的表示范围为:$-2^n \leqslant x \leqslant 2^n - 1$,这里 $n = 7$。本题答案为:①-128;②127。

【例 2.1.14】 8 位反码表示定点整数的最小值为 ① ，最大值为 ② 。

答：若字长为 $n+1$，则反码的表示范围为：$-(2^n-1) \leqslant x \leqslant 2^n-1$，这里 $n=7$。本题答案为：① -127；② $+127$。

【例 2.1.15】 若移码的符号位为 1，则该数为 ① 数；若符号位为 0，则为 ② 数。

答：移码的符号位与补码相反。本题答案为：①正；②负。

【例 2.1.16】 在原码、反码和补码中，_____对 0 的表示有两种形式。

答：本题答案为：原码和反码。

【例 2.1.17】 若 $[X]_补 = 1000$，则 $X=$ _____。

答：这里字长为 4，$X=-2^3$。本题答案为：-8。

【例 2.1.18】 设机器字长为 8 位，-1 的补码用定点整数表示时为 ① ，用定点小数表示时为 ② 。

答：本题答案为：①11111111；②1.00000000。

【例 2.1.19】 浮点数中尾数用补码表示时，其规格化特征是_____。

答：本题答案为：符号位与尾数最高位相反。

【例 2.1.20】 一个定点数由 ① 和 ② 两部分组成。根据小数点的位置不同，定点数有 ③ 和 ④ 两种表示方法。

答：本题答案为：①符号位；②数值域；③纯小数；④纯整数。

【例 2.1.21】 8 位二进制补码所能表示的十进制整数范围是 ① 至 ② ，前者的二进制补码表示为 ③ ，后者的二进制补码表示为 ④ 。

答：本题答案为：① -2^7；② $+2^7-1$；③10000000；④01111111。

【例 2.1.22】 8 位无符号定点整数，其二进制编码范围是从 ① 至 ② ，对应十进制真值为 ③ 至 ④ 。

答：本题答案为：①00000000；②11111111；③0；④255。

【例 2.1.23】 8 位定点小数表示中，机器数 10000000 采用 1 位符号位，当它是原码形式、补码形式和反码形式时，其对应的真值分别为 ① 、 ② 和 ③ 。

答：本题答案为：① -0；② -128；③ -127。

【例 2.1.24】 在数值的编码表示中，0 有唯一表示的编码有 ① ；用 0 表示正，用 1 表示负的编码有 ② ；若真值大，则码值大的编码是 ③ ；若真值越大，则码值越小的编码是 ④ ；要求浮点数的机器零（尾数为 0，阶最小）的编码为全 0（阶为 0，尾数为 0），则尾数的编码可为 ⑤ ，阶的编码可为 ⑥ 。

答：本题答案为：①补码；②原码、反码、补码；③移码；④反码；⑤补码；⑥移码。

【例 2.1.25】 码值 80H：若表示真值 0，则为 ① ；若表示 -128，则为 ② ；若表示 -127，则为 ③ ；若表示 -0，则为 ④ 。

答：真值 0 的移码为 80H；真值 -128 的补码为 80H；真值 -127 的反码为 80H；真值 -0 的原码为 80H。本题答案为：①移码；②补码；③反码；④原码。

【例 2.1.26】 码值 FFH：若表示真值 127，则为 ① ；若表示 -127，则为 ② ；若表示 -1，则为 ③ ；若表示 -0，则为 ④ 。

答：真值 127 的移码为 FFH；真值 -127 的原码为 FFH；真值 -1 的补码为 FFH；真值 -0 的反码为 FFH。本题答案为：①移码；②原码；③补码；④反码。

【例 2.1.27】 若浮点数格式中基值（阶码的底）一定，且尾数采用规格化表示法，则浮点数的表示范围取决于 ① 的位数，而精度取决于 ② 的位数。

答：本题答案为：①阶码；②尾数。

【例 2.1.28】 当浮点数的尾数为补码时，其为规格化数应满足的条件为_____。

答：当浮点数的尾数为补码时，规格化数应满足的条件是尾数最高数位（m_1）与尾符位（m_s）取值一定不同,即 $m_s \oplus m_1 = 1$。本题答案为:$m_s \oplus m_1 = 1$。

【例 2.1.29】 浮点数 $n = 16$,阶码 4 位,补码表示,尾数 12 位,补码表示,绝对值最小的负数是_____。

答:因为阶码4位,所以最小阶码为-8;因为尾数12位,所以规格化的绝对值最小尾数为$-(2^{-1} + 2^{-11})$;非规格化的绝对值最小尾数为-2^{-1}。

由于题中没有强调尾数是否一定要规格化,所以答案有两个。一是$-(2^{-1} + 2^{-11}) \times 2^{-8}$(规格化的绝对值最小负数);二是$2^{-11} \times 2^{-8}$(非规格化的绝对值最小负数)。

【例 2.1.30】 设阶码 8 位(最左一位为符号位),用移码表示,而尾数为 24 位(最左一位为符号位),用规格化补码表示,则它能表示的最大正数的阶码为 ① ,尾数为 ② ,而绝对值最小的负数的阶码为 ③ ,尾数为 ④ (以上答案均用二进制书写)。

答:本题答案为:①11111111;②011111111111111111111111;③00000000;④101111111111111111111111。

【例 2.1.31】 二进制数在计算机中常用的表示方法有原码、补码、反码和移码等多种。表示定点整数时,若要求数值 0 在计算机中唯一表示为全"0",应采用 ① ;表示浮点数时,若要求机器零(即尾数为零,且阶码最小的数)在计算机中表示为全"0",则阶码应采用 ② 。某计算机中,浮点数的阶码占 8 位,尾数占 40 位(字长共 48 位),都采用补码,则该机器中所能表达的最大浮点数是 ③ 。

答:本题答案为:①补码;②移码;③$2^{127} \times (1 - 2^{-39})$。

【例 2.1.32】 按 IEEE 754 标准,一个浮点数由 ① 、阶码 E、尾数 M 三个域组成。其中阶码 E 的值等于指数的 ② ,加上一个固定 ③ 。

答:本题答案为:①符号位 S;②真值 e;③偏移量。

【例 2.1.33】 移码表示法主要用于表示 ① 数的阶码 E,以便于比较两个 ② 的大小和 ③ 操作。

答:本题答案为:①浮点;②指数;③对阶。

3. 判断题

【例 2.1.34】 所有进位计数制,其整数部分最低位的权都是1。

答:本题答案为:对。

【例 2.1.35】 某 R 进位计数制,其左边 1 位的权是其相邻的右边 1 位的权的 R 倍。

答:本题答案为:对。

【例 2.1.36】 在计算机中,所表示的数有时会发生溢出,其根本原因是计算机的字长有限。

答:本题答案为:对。

【例 2.1.37】 8421 码就是二进制数。

答:8421 码是十进制数的编码。本题答案为:错。

【例 2.1.38】 浮点数通常采用规格化数来表示,规格化数即指其尾数的第 1 位应为 0 的浮点数。

答:原码规格化后,正数为 $0.1 \times \cdots \times$ 的形式,负数为 $1.1 \times \cdots \times$ 的形式。补码规格化后,正数为 $0.1 \times \cdots \times$ 的形式,负数为 $1.0 \times \cdots \times$ 的形式。本题答案为:错。

【例 2.1.39】 一个正数的补码和这个数的原码表示一样,而正数的反码就不是该数的原码表示,而是原码各位数取反。

答:一个正数的补码和反码均和这个数的原码表示一样。本题答案为:错。

【例 2.1.40】 表示定点数时,若求数值 0 在计算机中唯一地表示为全 0,应使用反码表示。

答:表示定点数时,若求数值 0 在计算机中唯一地表示为全 0,应使用补码表示。本题答案为:错。

【例 2.1.41】 将补码的符号位改用多位来表示,就变成变形补码,一个用双符号位表示的变形补码 01.1010 是正数。

答:一个用双符号位表示的变形补码 01,1010 是一个正溢出数。本题答案为:错。

【例 2.1.42】 浮点数的取值范围由阶码的位数决定,而浮点数的精度由尾数的位数决定。

答:本题答案为:对。

【例 2.1.43】 设有两个正的浮点数:$N_1 = 2^m \times M_1$,$N_2 = 2^n \times M_2$。

① 若 $m > n$,则有 $N_1 > N_2$。

② 若 M_1 和 M_2 是规格化的数,则有 $N_1 > N_2$。

答:若 $m > n$,不一定有 $N_1 > N_2$。② 对。若 M_1 和 M_2 是规格化的数,结论正确。本题答案为:①错。

4. 综合题

【例 2.1.44】 将表 2.2.1 中的编码转换成十进制数值。

表 2.2.1 题目

原码	十进制	反码	十进制	补码	十进制
0.1010		0.1010		0.1010	
1.1111		1.1111		1.1111	
1.1010		1.1010		1.1010	

答:转换后的结果如表 2.2.2 所示。

表 2.2.2 表 2.2.1 的答案

原码	十进制	反码	十进制	补码	十进制
0.1010	0.625	0.1010	0.625	0.1010	0.625
1.1111	-0.9375	1.1111	0	1.1111	-0.0625
1.1010	-0.625	1.1010	-0.3125	1.1010	-0.375

【例 2.1.45】 下列代码若看作 ASCII 码、整数补码、8421 码时分别代表什么?

$$77H \qquad 37H$$

答:77H 看作 ASCII 码、整数补码、8421 码时分别代表字符 'w'、数 119、数 77;37H 看作 ASCII 码、整数补码、8421 码时分别代表字符 '7'、数 55、数 37。

【例 2.1.46】 字长为 8 位,分别求 $x = +1000_{(2)}$ 和 $x = -1000_{(2)}$ 的移码。

答:

① $x = +1000_{(2)}$,则 $[x]_补 = 00001000$,$[x]_移 = 2^7 + [x]_补 = 10000000 + 00001000 = 10001000$

② $x = -1000_{(2)}$,则 $[x]_补 = 11111000$,$[x]_移 = 2^7 + [x]_补 = 10000000 + 11111000 = 01111000$

【例 2.1.47】 以下各数均为无符号数,请比较它们的大小:

321FH 与 A521H;80H 与 32H;8000H 与 AF3BH;72H 与 31H。

答:321FH $<$ A521H;80H $>$ 32H;8000H $<$ AF3BH;72H $>$ 31H。

【例 2.1.48】 以下各数均为有符号数的补码,请比较它们的大小:

321FH 与 A521H;80H 与 32H;8000H 与 AF3BH;72H 与 31H。

答:321FH $>$ A521H;80H $<$ 32H;8000H $<$ AF3BH;72H $>$ 31H。

【例 2.1.49】 写出下列各数的原码、反码、补码、移码表示(用 8 位二进制数),其中 MSB 是最高位(又是符号位),LSB 是最低位,如果是小数,小数点在 MSB 之后;如果是整数,小数点在 LSB 之后。

① $-35/64$ ② $23/128$ ③ -127

④ 用小数表示 -1 ⑤ 用整数表示 -1 ⑥ 用整数表示 -128

答:$-35/64$ 和 $23/128$ 均用定点小数表示,转化成二进制数可使计算方法简便,如 $23/128 = 10111 \times 2^{-7} = 0.0010111$;$-1$ 在定点小数表示中原码和反码表示不出,但补码可以表示;-1 在定点整数表示中是最大负数；-128 在定点整数表示中原码和反码表示不出，但补码可以表示。各数的原码、反码、补码、移码表示如表 2.2.3 所示。

表 2.2.3　各数的原码、反码、补码、移码表示

十进制数	二进制数真值	原码表示	反码表示	补码表示	移码表示
$-35/64$	-0.100011	1.1000110	1.0111001	1.0111010	0.0111010
$23/128$	0.0010111	0.0010111	0.0010111	0.0010111	1.0010111
-127	-1111111	11111111	10000000	10000001	00000001
用小数表示-1	-1.0	—	—	1.0000000	0.0000000
用整数表示-1	-1	10000001	11111110	11111111	01111111
用整数表示-128	-10000000	—	—	10000000	00000000

【例 2.1.50】 机器数字长为 8 位（含 1 位符号位），若机器数为 81（十六进制），当它分别表示原码、补码、反码和移码时，等价的十进制整数分别是多少？

答： 机器数为 81H＝10000001（二进制）。

当看成原码时其等价的十进制整数＝-1；

当看成补码时其等价的十进制整数＝-127；

当看成反码时其等价的十进制整数＝-126；

当看成移码时其等价的十进制整数＝$+1$。

【例 2.1.51】 若小数点约定在 8 位二进制数的最右端（整数），试分别写出下列各种情况下 W、X、Y、Z 的真值。

① $[W]_补=[X]_原=[Y]_反=[Z]_移=$00H

② $[W]_补=[X]_原=[Y]_反=[Z]_移=$80H

③ $[W]_补=[X]_原=[Y]_反=[Z]_移=$FFH

答： ① W、X、Y 的真值均为 0；Z 的真值为 -128。

② X 的真值为 -0；Y 的真值为 -127；W 的真值为 -128；Z 的真值为 0。

③ X 的真值为 -127；Y 的真值为 -0；W 的真值为 -1；Z 的真值为 127。

【例 2.1.52】 用补码表示二进制小数，最高位用 1 位表示符号（即形如 $x_f . x_1 x_2 \cdots x_{n-1} x_n$）时，模应为多少？

答： 设 $X=-0.1100$，则二进制数补码的模为

$[X]_补 - X = 1.0100 - (-0.1100) = 10$（二进制）$=2$。

【例 2.1.53】 用变形补码表示二进制小数，最高位用两位表示符号（即形如 $x_{f1} x_{f2} . x_1 x_2 \cdots x_{n-1} x_n$）时，模应为多少？

答： 设 $X=-00.1100$，则二进制数补码的模为

$[X]_补 - X = 11.0100 - (-00.1100) = 100$（二进制）$=4$。

【例 2.1.54】 设字长为 5，定点小数的原码表示范围和补码表示范围分别为多少？

答： ① 字长为 5，原码表示时，其表示范围如下：

	最小负数	最大负数	0	最小正数	最大正数
二进制原码	1.1111	1.0001		0.0001	0.1111
十进制真值	$-(1-2^{-4})$	-2^{-4}		2^{-4}	$1-2^{-4}$

② 字长为5,补码表示时,其表示范围如下:

	最小负数	最大负数	0	最小正数	最大正数
二进制补码	1.0000	1.1111		0.0001	0.1111
十进制真值	-1	-2^{-4}		2^{-4}	$1-2^{-4}$

【例 2.1.55】 设字长为4,定点整数的原码表示范围和补码表示范围分别为多少?

答:① 字长为4,原码表示时,其表示范围如下:

	最小负数	最大负数	0	最小正数	最大正数
二进制原码	1111	1001		0001	0111
十进制真值	$-(2^3-1)=-7$	-1		$+1$	$2^3-1=7$

② 字长为4,补码表示时,其表示范围如下:

	最小负数	最大负数	0	最小正数	最大正数
二进制补码	1000	1111		0001	0111
十进制真值	$-2^3=-8$	-1		$+1$	$2^3-1=7$

【例 2.1.56】 求证:$-[y]_{补}=[-y]_{补}$。

答:因为 $[x]_{补}+[y]_{补}=[x+y]_{补}$,令 $x=-y$ 代入,则有

$$[-y]_{补}+[y]_{补}=[-y+y]_{补}=[0]_{补}=0$$

所以,$-[y]_{补}=[-y]_{补}$。

【例 2.1.57】 若 $[y]_{补}=y_0 y_1 y_2 \cdots y_n$。求证:$-[y]_{补}=\overline{y_0}.\overline{y_1 y_2}\cdots\overline{y_n}+2^{-n}$。

答:① 当 $[y]_{补}=0.y_1 y_2 \cdots y_n, y=0.y_1 y_2 \cdots y_n$ 时,因为 $-[y]_{补}=[-y]_{补}$,而

$$-y=-0.y_1 y_2 \cdots y_n, [-y]_{补}=1.\overline{y_1 y_2}\cdots\overline{y_n}+2^{-n}$$

所以,$-[y]_{补}=1.\overline{y_1 y_2 \cdots y_n}+2^{-n}$。

② 当 $[y]_{补}=1.y_1 y_2 \cdots y_n, y=-(0.\overline{y_1 y_2}\cdots\overline{y_n}+2^{-n})$

$$-y=0.\overline{y_1 y_2}\cdots\overline{y_n}+2^{-n}, [-y]_{补}=0.\overline{y_1 y_2}\cdots\overline{y_n}+2^{-n}$$

所以,$-[y]_{补}=0.\overline{y_1 y_2}\cdots\overline{y_n}+2^{-n}$。

综合①、②得:$-[y]_{补}=\overline{y_0}.\overline{y_1 y_2}\cdots\overline{y_n}+2^{-n}$。即求 $-[y]_{补}$ 时,将 $[y]_{补}$ 连符号位一起求反加 1。

【例 2.1.58】 求证:$[-x]_{补}=[[x]_{补}]_{补}$。

答:① 当 $0\leqslant x<1$ 时,设 $[x]_{补}=0.x_1 x_2 \cdots x_n=x, -x=-0.x_1 x_2 \cdots x_n$,所以

$$[-x]_{补}=1.\overline{x_1 x_2}\cdots\overline{x_n}+2^n$$

比较 $[x]_{补}$ 和 $[-x]_{补}$,发现将 $[x]_{补}$ 连同符号位求反,末位加 1,即得 $[-x]_{补}$。

② 当 $-1\leqslant x<0$ 时,设 $[x]_{补}=1.x_1 x_2 \cdots x_n$,则 $x=-(0.\overline{x_1 x_2}\cdots\overline{x_n}+2^{-n})$,

所以

$$-x=0.\overline{x_1 x_2}\cdots\overline{x_n}+2^{-n}$$

故

$$[-x]_{补}=0.\overline{x_1 x_2}\cdots\overline{x_n}+2^{-n}$$

比较 $[x]_{补}$ 和 $[-x]_{补}$,发现将 $[x]_{补}$ 连同符号位求反,末位加 1,即得 $[-x]_{补}$。

所以,$[-x]_{补}=[[x]_{补}]_{补}$。

注意:$[[x]_{补}]_{补}$ 是将 $[x]_{补}$ 连同符号位一起求反加 1。

【例 2.1.59】 设 $[x]_{补}=x_0.x_1 x_2 \cdots x_n$,求证:

$$[x]_{补}=2x_0+x, \quad 其中 \quad x_0=\begin{cases} 1 & 0>x\geqslant-1 \\ 0 & 1>x\geqslant0 \end{cases}$$

答:

当 $1>x\geqslant0$ 时,x 为正小数,因为正数补码等于正数本身,所以 $[x]_{补}=x, x_0=0$

当 $0 > x > -1$ 时，x 为负小数，根据补码定义有：$[x]_补 = 2 + x$，$x_0 = 1$。

若 $1 > x \geqslant 0$ 时，$x_0 = 0$，则 $[x]_补 = 2x_0 + x = x$；若 $0 > x \geqslant -1$ 时，$x_0 = 1$，则 $[x]_补 = 2x_0 + x = 2 + x$。

故 $[x]_补 = 2x_0 + x$，其中 $x_0 = \begin{cases} 1 & 0 > x \geqslant -1 \\ 0 & 1 > x \geqslant 0 \end{cases}$

【例 2.1.60】 将下列十进制数表示成浮点规格化数，阶码 4 位（含符号），分别用补码和移码表示；尾数 6 位（含符号），用补码表示。

①24/512　　　②−24/512

答：由浮点数的规格化知① $24/512 = 11000 \times 2^{-9} = 0.11000 \times 2^{-4}$。其补码表示为 0110011000，其阶码用移码表示为 0010011000。

② $-24/512 = -11000 \times 2^{-9} = -0.11000 \times 2^{-4}$。其浮点补码表示为 1110001000，其阶码用移码表示为 1010001000。

【例 2.1.61】 将下列十进制数表示成浮点规格化数，阶码 3 位，用补码表示；尾数 9 位，用补码表示。

①27/64　　　②−27/64

答：

① $27/64 = 11011 \times 2^{-6} = 0.11011 \times 2^{-1}$　　　其浮点补码表示为：111011011000。

② $-27/64 = -11011 \times 2^{-6} = -0.11011 \times 2^{-1}$　　　其浮点补码表示为：111100101000。

【例 2.1.62】 用隐藏位将十进制数 −24/512 表示成浮点规格化数，阶码 4 位（含符号），用移码表示；尾数 6 位（含符号），用补码表示。

答：本题答案为：$-24/512 = -11000 \times 2^{-9} = -0.11000 \times 2^{-4}$。

将尾数采用隐藏位，向左移位规格化写成补码形式为 1.10000，阶码需要减 1，用移码表示 $[0011]_移$。其浮点表示为：1001110000。

【例 2.1.63】 设十进制数 $X = (-128.75) \times 2^{-10}$，

① 用 16 位定点数表示 X 值；

② 设用 21 位二进制数表示浮点数，阶码 5 位，其中阶符 1 位；尾数 16 位，其中符号 1 位；阶码底为 2。写出阶码和尾数均用原码表示的 X 的机器数，以及阶码和尾数均用补码表示的 X 的机器数。

答：

① $X = (-128.75) \times 2^{-10} = -10000000.11 \times 2^{-10} = -0.001000000011$。

其 16 位定点数表示为：1.110111111101000。

② $X = (-128.75) \times 2^{-10} = -10000000.11 \times 2^{-10} = -0.1000000011 \times 2^{-2}$。

阶码和尾数均用原码表示的 X 的机器数为：100101110000001100000。

阶码和尾数均用补码表示的 X 的机器数为：111110101111111110100000。

【例 2.1.64】 设浮点数字长 16 位，其中阶码 5 位（含一位阶符）以 2 为底移码表示，尾数用 11 位（含一位数符）补码表示，判断下列各十进制数能否表示成规格化浮点数，若可以，请表示。

①79/512　　　　②$10^{10}$

答：

① $79/512 = 2^{-1001} \times (1001111)_2 = 2^{-10} \times (0.1001111)_2$

其规格化浮点数表示为：0011101001111000。

② $10^{10} = (2^3 + 2)^{10} = (2^{30} + 2^{10}) = (1000000000000000000010000000000)_2$
　　　　 $= 2^{-31} \times (0.1000000000)_2$

因为 −31 已超过了阶码的表示范围，不能表示成规格化浮点数。

【例 2.1.65】 若将浮点数的底约定为 8，其余不变，重做上题。由此可得什么结论。

答：若将浮点数的底约定为 8，则

① $79/512 = 2^{-1001} \times (1001111)_2 = (0.001001111)_2 = (0.117)_8 = 8^0 \times (0.001001111)_2$

其规格化浮点数表示为:01000000010011110。

② $10^{10}=(2^3+2)^{10}=(2^{30}+2^{10})=(100000000000000000010000000000)_2=(10000000200)_8$

$$=8^{10}\times(0.0010000000)_2(0\text{ 舍 }1\text{ 入})$$

其规格化浮点数表示为:0110100010000000。

由此可见:底数越大,能表示的数的范围越大。

【例 2.1.66】 写出下列数据规格化浮点数的编码(设 1 位符号位,阶码为 5 位移码,尾数为 10 位补码)。

① $+111000$ ② -10101 ③ $+0.01011$

答:

① $+111000=2^6\times0.111000$

符号位为 0;6 的阶码移码表示为 10110;尾数补码为 1110000000,所以 $+111000$ 的规格化浮点数的编码为 0101101110000000。

② $-10101=-2^5\times0.10101$

符号位为 0;5 的阶码移码表示为 10101;尾数补码为 10101100000,所以 -10101 的规格化浮点数的编码为 1101010101100000。

③ $+0.01011=2^{-1}\times0.1011$

符号位为 0;-1 的阶码移码表示为 01111;尾数补码为 1011000000,所以 $+0.01011$ 的规格化浮点数的编码为 0011111011000000。

【例 2.1.67】 设 32 位长的浮点数,其中阶符 1 位,阶码 7 位,数符 1 位,尾数 23 位。分别写出机器数采用原码和补码表示时,所对应的最接近 0 的十进制负数。

答:最接近 0 的十进制负数就是绝对值最小的负数。

原码表示时为 $-(2^{-1})\times2^{-128}$

补码表示时为 $-(2^{-1}+2^{-23})\times2^{-128}$

以上两个答案都是在规格化情况下得到的。因为题目中没有特别强调规格化,所以在非规格化情况下的答案为:$-2^{-23}\times2^{-128}$(原码、补码相同)。

【例 2.1.68】 按下述规定格式(阶符 1 位,阶码 7 位,尾符 1 位,尾数 23 位),写出真值为 $-23/4096$ 的补码规格化浮点数形式。

答:首先将十进制数 $-23/4096$ 转换成二进制数,使用一些技巧进行转换可以大大节省时间。$-23/4096=23\times2^{-12}$ 转换成二进制数为 -10111×2^{-12},写成规格化形式为 -0.10111×2^{-7}。

若阶码和尾数均用补码表示,则此浮点数的形式为

11111001 1.01001000000000000000000

【例 2.1.69】 写出下列十进制数据的 IEEE 754 编码。

① 0.15625 ② -5

答:由 IEEE 754 浮点数标准知

① 0.15625 转换成二进制值为 0.00101。

在 IEEE 754 中规格化表示为 1.01×2^{-3},$e=127-3=124$。

IEEE 754 编码为:00111110001000000000000000000000。

② -5 转换成二进制值为:-101。

在 IEEE 754 中规格化表示为 1.01×2^2,$e=127+2=129$。

IEEE 754 编码为:11000000101000000000000000000000。

【例 2.1.70】 将十进制数 20.59375 转换成 32 位 IEEE 754SEM 浮点数的二进制格式来存储。

答:先将十进制数转换为二进制数:$(20.59375)_{10}=(10100.10011)_2$。然后移动小数点,使其在 1,2 位之间:$10100.10011=1.010010011\times2^4$,$e=4$。于是得到 $S=0$,$E=4+127=131$,$M=10000011$。

最后得到 32 位浮点数的二进制格式为

0 10000011　01001001100000000000000 ＝(41A4C000)₁₆

题型 2　非数值数据的表示

1. 选择题

【例 2.2.1】 "常"字在计算机内的编码为 B3A3H,由此可以推算它在 GB2312—80 国家标准中所在的区号是＿＿＿＿。

A. 19 区　　　B. 51 区　　　C. 3 区　　　D. 35 区

答:机内码＝国标码的两个字节各加 80H,国标码＝区位码的两个字节各加 20H。所以,机内码＝区位码的两个字节各加 A0H,"常"字的区号＝B3H－A0H＝13H,十进制为 19。本题答案为:A。

【例 2.2.2】 关于 ASCII 编码的正确描述是＿＿＿＿。

A. 使用 8 位二进制代码,最右边一位为 1

B. 使用 8 位二进制代码,最左边一位为 0

C. 使用 8 位二进制代码,最右边一位为 0

D. 使用 8 位二进制代码,最左边一位为 1

答:ASCII 字符的编码是由 7 个二进位表示,从 0000000 到 1111111 共 128 种编码。但由于字节是计算机中基本单位,ASCII 码仍以一字节来存入一个 ASCII 字符。每个字节中多余的一位即最高位(最左边一位)在机内部保持为"0"。本题答案为:B。

【例 2.2.3】 GB2312—80 国家标准中一级汉字位于 16～55 区,二级汉字位于 56～87 区。若某汉字的机内码(十六进制)为 DBA1,则该汉字是＿＿＿＿。

A. 图形字符　　B. 一级汉字　　C. 二级汉字　　D. 非法码

答:该汉字的区号＝DBH－A0H＝3BH,十进制为 59,所以该汉字属于二级汉字。本题答案为:C。

【例 2.2.4】 下列关于我国汉字编码的叙述中,正确的是＿＿＿＿。

A. GB2312 国标字符集所包括的汉字许多情况下已不够使用

B. GB2312 国标字符集既包括简体汉字也包括繁体字

C. GB2312 国标码就是区位码

D. 中汉字内码的表示是唯一的

答:GB2312 国标字符集是中国大陆地区所使用的编码方式,是简体字,且从区号 87～94 还未定义,用户可根据实际情况自定义;汉字的区位码还不是它的国标码,每个汉字的区号和位号必须分别加上 32(20H)之后,它的二进制代码才是它的"国标码"。本题答案为:D。

【例 2.2.5】 下列关于汉字信息处理的叙述中,不正确的是＿＿＿＿。

A. 在 ASCII 键盘上输入一个汉字一般需击键多次

B. 计算机内表示和存储汉字信息所使用的代码是 GB2312 编码

C. 打印机也能打印输出汉字

D. 中必须安装了汉字库才能显示输出汉字

答:中国大陆地区是使用 GB2312 编码,中国台湾地区使用的是 BIG5 编码。本题答案为:B。

2. 填空题

【例 2.2.6】 汉字的＿①＿、＿②＿、＿③＿是计算机用于汉字输入、内部处理、输出三种不同用途的编码。

答:本题答案为:①输入编码(或输入码);②内码(或机内码);③字模码。

【例 2.2.7】 根据国标规定,每个汉字内码用＿＿＿＿表示。

答:本题答案为:2 个字节。

【例 2.2.8】 汉字输入时,将汉字转换成计算机能接受的汉字＿①＿码,它进入计算机后必须转换成

汉字 ② 码才能进行信息处理。

答：本题答案为：①输入；②内。

【例 2.2.9】 常见的汉字输入码编码方案可以归纳为：_①_、_②_ 和 _③_ 等。

答：本题答案为：①数字编码；②拼音码；③汉字字形码。

【例 2.2.10】 为使汉字机内码与 ASCII 相区别，通常将汉字机内码的最高位置_____。

答：本题答案为：1。

【例 2.2.11】 汉字的基本属性有 _①_、_②_ 和 _③_。

答：本题答案为：①字形；②字音；③字义。

【例 2.2.12】 一个 24×24 点阵的汉字，需要_____字节的存储空间。

答：本题答案为：72。

【例 2.2.13】 最小的区位码是 _①_，其对应的交换码是 _②_、内码是 _③_、在外存字库的地址是 _④_。

答：最小的区位码是 01 区 01 位；交换码又称国标码，而国标码(十六进制)＝区位码(十六进制)＋2020H，所以其对应的交换码是 0101H＋2020H＝2121H。机内码(十六进制)＝国标码(十六进制)＋8080H，所以其对应的内码是 2121H＋8080H＝A1A1H。在外存字库中是从文件头开始，所以其在外存字库中的记录号是 0。本题答案为：①0101H；②2121H；③A1A1H；④0。

【例 2.2.14】 已知某个汉字的国标码为 3540H，其机内码为_____H。

答：机内码(十六进制)＝国标码(十六进制)＋8080H，该汉字的机内码＝3540H＋8080H＝B5C0。本题答案为：B5C0。

【例 2.2.15】 汉字库的类型有 _①_ 和 _②_ 两种。

答：本题答案为：①硬字库；②软字库。

【例 2.2.16】 GB1998 代码的名称是 _①_ 位二进制代码，其中有 _②_ 种西文图形字符和 _③_ 种控制字符。

答：本题答案为：①7；②34；③94。

【例 2.2.17】 直接使用西文键盘输入汉字，进行处理，并显示打印汉字，是一项重大成就。为此要解决汉字的 _①_ 编码、汉字 _②_ 和 _③_ 等三种不同用途的编码。

答：本题答案为：①输入；②内码；③字模。

3. 综合题

【例 2.2.18】 汉字的区位码、国标码和机内码有什么区别？已知汉字"春"的国标为 343AH，试分别写出它的区位码和机内码。

答：GB2312 的代码称之为国标码，国标码用十六进制数表示。汉字的区位码是用十进制数表示 GB2312 代码的区号和位号，与国标码没有本质的区别，仅是表示的数制有所不同而已。

机内码是系统内部标识汉字的编码。

国标码(十六进制)＝区位码(十六进制)＋2020H

机内码(十六进制)＝国标码(十六进制)＋8080H

因为汉字"春"的国标为 343AH，所以：

区位码(十六进制)＝国标码(十六进制)－2020H ＝343AH－2020H＝141AH

转为十进制区码为 20，位码为 26。

机内码(十六进制)＝国标码(十六进制)＋8080H ＝343AH＋8080H＝B4BAH

题型 3 数据信息的校验

1. 填空题

【例 2.3.1】 常用的校验码有 _①_、_②_、_③_ 等。

答:本题答案为:①奇偶校验码;②海明校验码;③CRC 码。

【例 2.3.2】 奇偶校验法只能发现 ___①___ 数个错,不能检查无错或 ___②___ 数个错。

答:本题答案为:①奇;②偶。

【例 2.3.3】 设有 7 位信息码 0110101,则低位增设偶校验位后的代码为 ___①___,而低位增设奇校验位后的代码为 ___②___。

答:本题答案为:①01101010;②01101011。

【例 2.3.4】 信息序列 16 位,若构成能纠正一位错发现两位错的海明码,至少需要加 _____ 检验位。

答:16 位有效信息,设 r 为校验位的位数,则整个字码的位数 N 应满足不等式:$N=16+r \leqslant 2^r-1$(r 至少为 5 位)。若要求海明码能检测出 2 位错误,则再增加一位校验位。本题答案为:6 位。

【例 2.3.5】 CRC 码又称为 ___①___,它具有 ___②___ 能力。

答:本题答案为:①循环冗余校验码;②纠错。

【例 2.3.6】 生成多项式 $G(X)=X^4+X^1+X^0$ 对应的二进制编码为 ___①___,以此多项式进行 CRC 编码,其校验位的位数是 ___②___ 位。

答:本题答案为:①10011;②4。

2. 简答题

【例 2.3.7】 在检错码中,奇偶校验法能否定位发生错误的信息位?是否具有纠错功能?

答:奇偶校验法不能定位发生错误的信息位,奇偶校验法没有纠错能力。

【例 2.3.8】 简述 CRC 码的纠错原理。

答:CRC 码是一种纠错能力较强的编码。在进行校验时,将 CRC 码多项式与生成多项式 $G(X)$ 相除,若余数为 0,则表明数据正确;当余数不为 0 时,说明数据有错。只要选择适当的生成多项式 $G(X)$,余数与 CRC 码出错位位置的对应关系是一定的,由此可以用余数作为判断出错位置的依据而纠正错码。

3. 综合题

【例 2.3.9】 一个纠错码的全部码字为 0000000000,0000011111,1111100000,1111111111,它的海明距离为多少?可纠正几个错误?如果出现了码字 0100011110,应纠正为什么?

答:码距是任意两个合法码之间至少有几个二进制位不相同,所以它们的码距为 5。可纠正 (5−1) 个错误,即 4 个错误。错误码字 0100011110,应纠正为 0000011111。

【例 2.3.10】 有一个 (7,4) 码,写出代码 0011 的海明校验码,画出校验电路。

答:由海明码的形成原理知。

① 确定海明校验位的位数,因为是 (7,4) 码,所以 $N=7$,$K=4$,校验位的位数是 3。

② 确定校验位的位置,位号(1~7)为 2 的权值的那些位,即 2^0、2^1、2^2 的位置作为校验位,即

7	6	5	4	3	2	1
D_3	D_2	D_1	P_3	D_0	P_2	P_1

③ 分组

	H_7	H_6	H_5	H_4	H_3	H_2	H_1
	D_3	D_2	D_1	P_3	D_0	P_2	P_1
	0	0	1		1		
第一组(P_1)	√		√		√		√
第二组(P_2)	√	√			√	√	
第三组(P_3)	√	√	√	√			

④ 校验位的形成

$P_1 = D_3 \oplus D_1 \oplus D_0 = 0 \oplus 1 \oplus 1 = 0$

$P_2 = D_3 \oplus D_2 \oplus D_0 = 0 \oplus 0 \oplus 1 = 1$

$P_3 = D_3 \oplus D_2 \oplus D_1 = 0 \oplus 0 \oplus 1 = 1$

为了能检测两个错误,增加一位校验 P_4,放在最高位。

$P_4 = D_3 \oplus D_2 \oplus D_1 \oplus D_0 \oplus P_1 \oplus P_2 \oplus P_3$

$\quad = 0 \oplus 0 \oplus 1 \oplus 1 \oplus 0 \oplus 1 \oplus 1 = 0$

所以,信息码 0011 的海明校验码为 00011110。

⑤ 校验原理

在接收端分别求 S_1、S_2、S_3、S_4、S_5。

$$S_1 = P_1 \oplus D_3 \oplus D_1 \oplus D_0$$

$$S_2 = P_2 \oplus D_3 \oplus D_2 \oplus D_0$$

$$S_3 = P_3 \oplus D_3 \oplus D_2 \oplus D_1$$

$$S_4 = D_3 \oplus D_2 \oplus D_1 \oplus D_0 \oplus P_1 \oplus P_2 \oplus P_3 \oplus P_4$$

当 $S_4 = 1$ 时有一位错:由 $S_3 S_2 S_1$ 的二进制编码指出出错位号。例如,$S_3 S_2 S_1 = 101$,说明第 5 位出错,将其取反,即可纠错。

当 $S_4 = 0$ 时无错或有偶数个错(两个错的可能性比较大),当 $S_4 S_3 S_2 S_1 = 0000$ 时,接收的数无错,否则有两个错。

能指出两个错误并能纠正一位出错位的海明校验逻辑电路如图 2.2.1 所示。

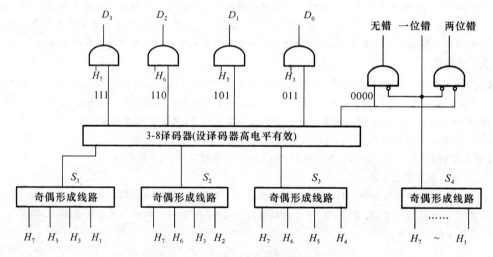

图 2.2.1 海明校验逻辑电路

【例 2.3.11】 设待校验的数据为 $D_8 \sim D_1 = 10101011$。

① 若采用偶校验,则校验码为何?

② 若采用海明校验,其海明码为何?

③ 若采用 CRC 校验,且生成多项式为 10011,则其 CRC 码为何?

答:① 偶校验,则校验码为 10101011 1,其中最低位为校验位。② 采用海明校验,海明校验位的位数为 4,分组如表 2.2.4 所示。

表 2.2.4　分组

	12	11	10	9	8	7	6	5	4	3	2	1
	D_7	D_6	D_5	D_4	P_4	D_3	D_2	D_1	P_3	D_0	P_2	P_1
	1	0	1	0	1	0	1	1				
第一组(P_1)		√		√		√		√		√		√
第二组(P_2)		√	√			√	√			√	√	
第三组(P_3)	√				√	√	√	√				
第四组(P_4)	√	√	√	√	√							

$P_1 = D_6 \oplus D_4 \oplus D_3 \oplus D_1 \oplus D_0 = 0 \oplus 0 \oplus 1 \oplus 1 \oplus 1 = 1$

$P_2 = D_6 \oplus D_5 \oplus D_3 \oplus D_2 \oplus D_0 = 0 \oplus 1 \oplus 1 \oplus 0 \oplus 1 = 1$

$P_3 = D_7 \oplus D_3 \oplus D_2 \oplus D_1 = 1 \oplus 1 \oplus 0 \oplus 1 = 1$

$P_4 = D_7 \oplus D_6 \oplus D_5 \oplus D_4 = 1 \oplus 0 \oplus 1 \oplus 0 = 0$

所以,信息码 10101011 的海明校验码为:101001011111。

③ 生成多项式 $G(x) = 10011$,因为生成多项式 $G(x)$ 为 5 位,所以余数为 4 位。

求有效信息 10101011 的 CRC 校验码的运算过程如图 2.2.2 所示。

余数为 1010,所以,所求的 CRC 校验码为:10101011 10。

```
                    10110110
         10011 | 1010010110000
                 10011
                 ─────────
                  11001
                  10011
                  ─────────
                   10101
                   10011
                   ─────────
                    11000
                    10011
                    ─────────
                     10110
                     10011
                     ─────────
                      1010
```

图 2.2.2　求有效信息 10101011 的 CRC 校验码

【例 2.3.12】　设生成多项式为 $x^3 + x^1 + 1$,试写出其对应的二进制代码,并计算数据信息 10101 的 CRC 编码。

答:多项式为 $x^3 + x^1 + 1$,对应的二进制代码为 1011B。$V(x) = B(x)G(x) = (x^4 + x^2 + 1)(x^3 + x^1 + 1) = x^7 + x^4 + x^2 + x + 1$。CRC 码为 10010111。

【例 2.3.13】　对 4 位有效信息(1100)求循环校验码,选择生成多项式(1011)。

答:由 CRC 的生成多项式可知,运算过程如图 2.2.3 所示。

```
                  1110
      1011 | 1100000
             1011
             ───────
              1110
              1011
              ───────
               1010
               1011
               ───────
                 10
```

图 2.2.3

余数为 010,所以,所求的 CRC 校验码为 1100010。

【例 2.3.14】 求有效信息 1010、1101、0111、1011 的 CRC 校验码,并求循环余数,说明校验原理。

答:

(1) 求有效信息 1010 的 CRC 校验码

① 确定校验位的位数。

设 R 为校验位的位数,则整个码字的位数应满足不等式 $N=K+R \leqslant 2^R-1$。

设 $R=3$,则 $2^3-1=7$,$N=4+3=7$,不等式满足。所以 R 最小取 3。

② 选一个 $R+1$ 位的生成多项式 $G(x)$,如 $G(x)=1011$。

③ 在有效信息后面添 R 个 0,然后用它和 $G(x)$ 进行模 2 除法运算,所得的余数即为所求的校验位。运算过程如图 2.2.4 所示。

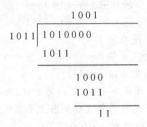

图 2.2.4

余数为 011,所以,所求的 CRC 校验码为 1010011。

④ 求循环余数:在上面 11 余数的基础上添 0 继续进行模 2 除。运算过程如图 2.2.5 所示。

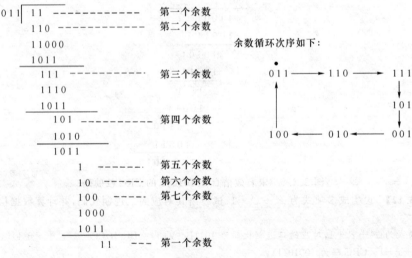

图 2.2.5

(2) 求有效信息 1101 的 CRC 校验码。运算过程如图 2.2.6 所示。

```
              1111
    1011 | 1101000
           1011
           1100
           1011
           1110
           1011
           1010
           1011
              1
```

图 2.2.6

余数为 001,所以,所求的 CRC 校验码为 1101001。

求循环余数:在上面 1 余数的基础上添 0 继续进行模 2 除。运算过程如图 2.2.7 所示。

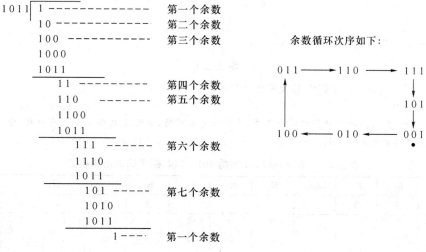

图 2.2.7

(3) 求有效信息 0111 的 CRC 校验码。运算过程如图 2.2.8 所示。

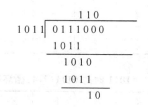

图 2.2.8

余数为 010,所以,所求的 CRC 校验码为 1101010。

求循环余数:在上面 1 余数的基础上添 0 继续进行模 2 除。运算过程如图 2.2.9 所示。

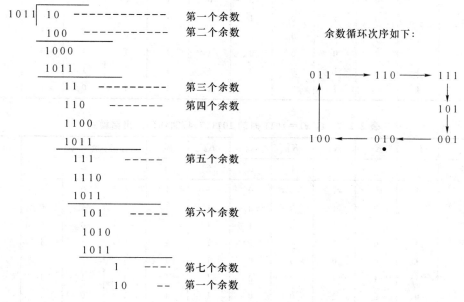

图 2.2.9

（4）求有效信息 1011 的 CRC 校验码。运算过程如图 2.2.10 所示。

```
              1000
    1011 | 1011000
           1011
         ――――――――
             0
```

图 2.2.10

余数为 000，所以，所求的 CRC 校验码为 1011000。

（5）校验原理：

从以上（1）、（2）、（3）的余数循环次序来看，其余数是相同的，实际上只要是 4 位有效数，它们的余数均相同，而且出错模式也是相同的。如表 2.2.5、表 2.2.6 和表 2.2.7 所示。

表 2.2.5　$G(x)=1011$ 时的 1010(7,4)循环码的出错模式

	K_1	K_2	K_3	K_4	K_5	K_6	K_7	余	数		出错位
正确	1	0	1	0	0	1	1	0	0	0	无
错误	1	0	1	0	0	1	**0**	0	0	1	7
	1	0	1	0	0	**0**	1	0	1	0	6
	1	0	1	0	**1**	1	1	1	0	0	5
	1	0	1	**1**	0	1	1	0	1	1	4
	1	0	**0**	0	0	1	1	1	1	0	3
	1	**1**	1	0	0	1	1	1	1	1	2
	0	0	1	0	0	1	1	1	0	1	1

表 2.2.6　$G(x)=1011$ 时的 0111(7,4)循环码的出错模式

	K_1	K_2	K_3	K_4	K_5	K_6	K_7	余	数		出错位
正确	0	1	1	1	0	1	0	0	0	0	无
错误	1	0	1	0	0	1	**1**	0	0	1	7
	1	0	1	0	0	**0**	1	0	1	0	6
	1	0	1	0	**1**	1	1	1	0	0	5
	1	0	1	**0**	0	1	1	0	1	1	4
	1	0	**0**	0	0	1	1	1	1	0	3
	1	**0**	1	0	0	1	1	1	1	1	2
	1	0	1	0	0	1	1	1	0	1	1

表 2.2.7　$G(x)=1011$ 时的 1011(7,4)循环码的出错模式

	K_1	K_2	K_3	K_4	K_5	K_6	K_7	余	数		出错位
正确	1	0	1	1	0	0	0	0	0	0	无
错误	1	0	1	1	0	0	**1**	0	0	1	7
	1	0	1	1	0	**1**	0	0	1	0	6
	1	0	1	0	**1**	1	1	1	0	0	5
	1	0	1	**0**	0	1	1	0	1	1	4
	1	0	**0**	0	0	1	1	1	1	0	3
	1	**1**	1	0	0	1	1	1	1	1	2
	0	0	1	0	0	1	1	1	0	1	1

所以,校验的原理是根据余数来判断出错位,取反即可纠错。

【例 2.3.15】 有一个(7,3)码,生成多项式为 $G(x)=x^4+x^3+x^2+1$,写出代码 001 的校验码和循环余数。

答:生成多项式为 11101,在有效信息后面添 4 个 0,然后用它和 $G(x)$ 进行模 2 除法运算。运算过程如图 2.2.11 所示。

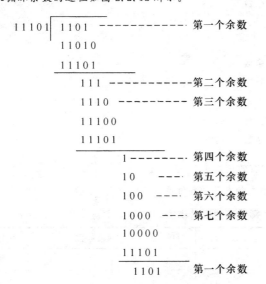

图 2.2.11

余数为 1101,所以,所求的 CRC 校验码为 0011101。

求循环余数的过程如图 2.2.12 所示。

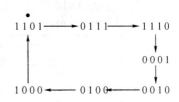

余数循环次序如下:

图 2.2.12

【例 2.3.16】 画出【例 2.3.13】的 CRC 码的编码电路。

答:【例 2.3.13】的生成多项式(1011)可表示成 $G(x)=x^3+x+1$,其 CRC 码的编码电路如图 2.2.13 所示。

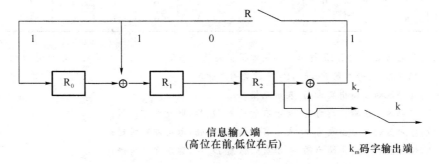

图 2.2.13 CRC 码的编码电路

【例 2.3.17】 画出【例 2.3.13】的 CRC 码的译码电路。

答：由 CRC 校验码形成原理可知，在【例 2.3.13】中求循环校验码的基础上添 0 继续进行模 1 除，求循环余数，如图 2.2.14 所示。

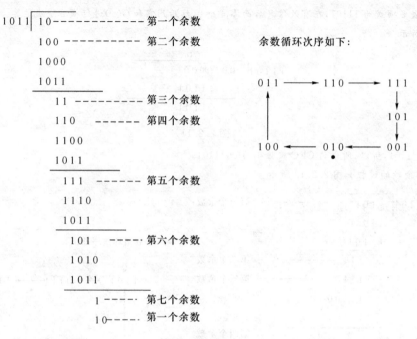

图 2.2.14　求有效信息 1100 的余数

$G(x)=1011$ 时的 1100(7,4) 循环码的出错模式如表 2.2.8 所示。

表 2.2.8　循环码的出错模式

	D_1	D_2	D_3	D_4	D_5	D_6	D_7	余　数			出错位
正确	1	1	0	0	0	1	0	0	0	0	无
	1	1	0	0	0	1	**1**	0	0	1	7
	1	1	0	0	0	**0**	0	0	1	0	6
	1	1	0	0	**1**	1	0	1	0	0	5
错误	1	1	0	**1**	0	1	0	0	1	1	4
	1	1	**1**	0	0	1	0	0	1	1	3
	1	**0**	0	0	0	1	0	1	1	0	2
	0	1	0	0	0	1	0	1	0	1	1

译码与纠错电路如图 2.2.15 所示。接收方将收到的码字信息逐位送入译码电路计算余数，在码字信息全部进入译码电路后，寄存器 R_0，R_1，R_2 中就寄存了余数。

余数＝0，译码器的 0 输出端为高，表示无错；

余数＝5，译码器的 1 输出端为高，表示有效信息 D_1 错，取反即可纠错；

余数＝7，译码器的 2 输出端为高，表示有效信息 D_2 错，取反即可纠错；

余数＝6，译码器的 4 输出端为高，表示有效信息 D_3 错，取反即可纠错；

余数＝3，译码器的 3 输出端为高，表示有效信息 D_4 错，取反即可纠错。

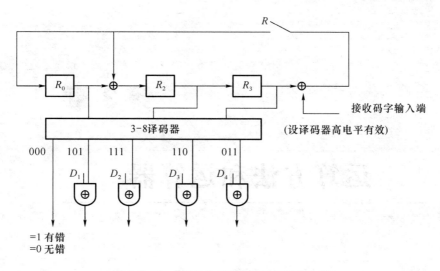

图 2.2.15 【**例 2.3.13**】的译码与纠错电路

第3章

运算方法和运算器

【基本知识点】定点补码的加/减运算及实现。

【重点】一位原码/补码的乘法和一位原码/补码的除法运算及实现。

【难点】浮点算术运算。

3.1 答疑解惑

3.1.1 什么是左移(算术左移/逻辑左移)?

各位依次左移,末位补 0。

对于算术左移:

- 若改变了符号位,则发生了溢出。
- 若没有改变符号位,则左移 1 位相当于乘以 2。

3.1.2 什么是右移?

- 算术右移:符号位不变,各位(包括符号位)依次右移,最低位移至进位标志位。
- 逻辑右移:最高位补 0,各位(包括符号位)依次右移,最低位移至进位标志位。
- 右移 1 位相当于除以 2。

3.1.3 补码加减运算规则有哪些?

(1) 补码加法的运算公式为

$$[x]_补 + [y]_补 = [x+y]_补$$

(2) 补码减法的运算公式为

$$[x]_补 - [y]_补 = [x-y]_补 = [x+(-y)]_补$$

(3) 加减法运算规则

- 参加运算的数都用补码表示。

- 数据的符号与数据一样参加运算。
- 求差时将减数求补,用求和代替求差。
- 运算结果为补码。如果符号位为 0,表明运算结果为正;如果符号位为 1,则表明运算结果为负。
- 符号位的进位为模值,应该丢掉。

3.1.4 什么是溢出判断法?

溢出是指运算结果超过了数的表示范围。两个符号相同的数相加,才可能产生溢出;两个符号相异的数相加,不可能产生溢出。判断溢出的方法有下面三种。

1. 单符号法

设 X 的符号为 X_f,Y 的符号为 Y_f,运算结果的符号为 S_f,则溢出逻辑表达式为 $V = X_f Y_f \overline{S_f} + \overline{X_f Y_f} S_f$。$V = 0$ 无溢出;$V = 1$ 有溢出。即两个符号相同的数相运算,其运算结果符号相反就产生了溢出现象。

2. 双符号法(变形补码法)

用两个相同的符号位表示一个数的符号。左边第一位为第一符号位 S_{f1},相邻的为第二符号位 S_{f2},则 00 表示正号、01 表示产生正向溢出、11 表示负号、10 表示产生负向溢出。溢出逻辑表达式 $V = S_{f1} \oplus S_{f2}$。$V = 0$ 无溢出;$V = 1$ 有溢出。即如果运算结果两个符号位相同,则没有溢出发生;如果运算结果两个符号位不同,则发生了溢出,第一符号位为结果的真正符号位。

3. 进位判断法

当两个单符号位补码进行加减运算时,若最高数值位向符号位的进位值 C 与符号位产生的进位输出值 S 相同,则没有溢出发生;如果两个进位值不同,则发生溢出。其判断溢出表达式 $V = S \oplus C$。

3.1.5 什么是基本的二进制加、减法器?

实现加法的逻辑图如图 3.1.1 所示。

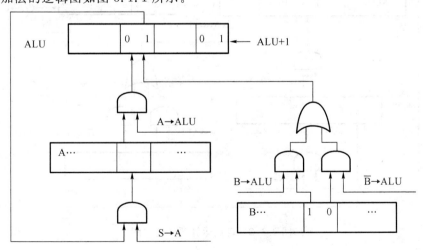

图 3.1.1 基本的二进制加、减法器

- 实现加法时应提供的控制信号：A→ALU，B→ALU，+，ALU→A。
- 实现减法时应提供的控制信号：A→ALU，$\overline{B}$→ALU，ALU+1，+，ALU→A。

注意：B 中是 y 的补码，第 2 章已证明 $-[y]_{补}=[-y]_{补}=[[y]_{补}]_{补}$；而 $[[y]_{补}]_{补}$ 是将 $[y]_{补}$ 连同符号位一起求反加 1。

3.1.6 原码一位乘法如何进行？

1. 原码一位乘法的运算规则

设 $x=x_f.x_1x_2\cdots x_n,y=y_f.y_1y_2\cdots y_n$，乘积为 P，乘积的符号位为 P_f，则

$$P_f=x_f \oplus y_f \qquad |P|=|x|\cdot|y|$$

求 $|P|$ 的运算规则如下：

(1) 被乘数和乘数均取绝对值参加运算，符号位单独考虑。

(2) 被乘数取双符号，部分积的长度同被乘数，初值为 0。

(3) 从乘数的最低位 y_n 开始判断，若 $y_n=1$，则部分积加上被乘数 $|x|$，然后右移一位；若 $y_n=0$，则部分积加上 0，然后右移一位。

(4) 重复(3)，判断 n 次。

2. 原码一位乘法的实现

定点运算部件的框图如图 3.1.2 所示。

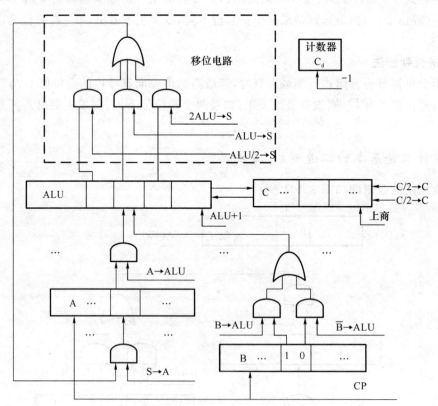

图 3.1.2 定点运算部件的框图

3. 原码一位乘法的操作流程

设定点数宽度为 n 位(不含符号),在图 3.1.2 所示的运算器上采用原码一位乘法完成运算 $(x) \times (y) \rightarrow A$ 的操作流程如图 3.1.3 所示。

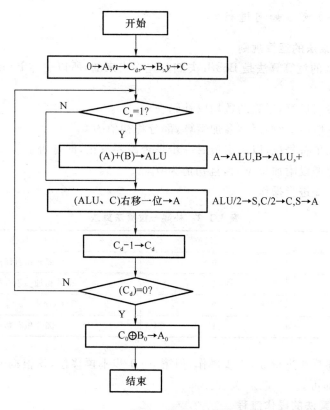

图 3.1.3   原码一位乘法的操作流程

3.1.7   原码两位乘法如何进行?

运算规则:

(1) 符号位不参加运算,最后的符号 $P_f = x_f \oplus y_f$。

(2) 部分积与被乘数均采用 3 位符号,乘数末位增加 1 位 C,其初值为 0。

(3) 按表 3.1.1 操作。

表 3.1.1   原码两位乘法算法

$y_{n-1} y_n C$			操作
0	0	0	加 0,右移两位,0→C
0	0	1	加 $\|x\|$,右移两位,0→C
0	1	0	加 $\|x\|$,右移两位,0→C
0	1	1	加 $2\|x\|$,右移两位,0→C
1	0	0	加 $2\|x\|$,右移两位,0→C
1	0	1	减 $\|x\|$,右移两位,1→C
1	1	0	减 $\|x\|$,右移两位,1→C
1	1	1	加 0,右移两位,1→C

（4）若尾数字长 n 为偶数（不含符号），乘数用双符号，最后一步不移位；若尾数字长 n 为奇数（不含符号），乘数用单符号，最后一步移一位。

3.1.8 补码一位乘法如何进行？

1．补码一位乘法的运算规则

补码一位乘法的运算算法是 Booth 夫妇首先提出来的，所以也称 Booth 算法，其运算规则如下：

（1）符号位参与运算，运算的数均以补码表示。

（2）被乘数一般取双符号位，参加运算，部分积初值为 0。

（3）乘数可取单符号位，以决定最后一步是否需要校正，即是否加 $[-x]_补$。

（4）乘数末位增设附加位 y_{n+1}，且初值为 0。

（5）按表 3.1.2 进行操作。

表 3.1.2　补码一位乘法算法

y_n（高位）	y_{n+1}（低位）	操作
0	0	部分积右移一位
0	1	部分积加 $[x]_补$，右移一位
1	0	部分积加 $[-x]_补$，右移一位
1	1	部分积右移一位

（6）按照上述算法进行 $n+1$ 步操作，但第 $n+1$ 步不再移位，仅根据 y_0 与 y_1 的比较结果作相应的运算即可。

2．补码一位乘法的操作流程

实现补码一位乘法的框图如图 3.1.2 所示，设定点数宽度为 n 位（不含符号），在该图所示的运算器上采用补码一位乘法完成运算 $(x) \times (y) \to A$ 的操作流程如图 3.1.4 所示。

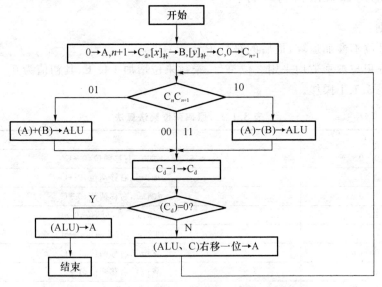

图 3.1.4　补码一位乘法的操作流程

3.1.9 补码两位乘法如何进行？

补码两位乘法的运算规则：
(1) 符号位参加运算，两数均用补码表示。
(2) 部分积与被乘数均采用 3 位符号，乘数末位增加一位 y_{n+1}，其初值为 0。
(3) 按表 3.1.3 操作。

表 3.1.3　补码两位乘法算法

$y_{n-1}y_ny_{n+1}$	操作
0　0　0	加 0，右移两位
0　0　1	加 $[x]_补$，右移两位
0　1　0	加 $[x]_补$，右移两位
0　1　1	加 $2[x]_补$，右移两位
1　0　0	加 $2[-x]_补$，右移两位
1　0　1	加 $[-x]_补$，右移两位
1　1　0	加 $[-x]_补$，右移两位
1　1　1	加 0，右移两位

(4) 若尾数字长 n 为偶数(不含符号)，乘数用双符号，最后一步不移位；
若尾数字长 n 为奇数(不含符号)，乘数用单符号，最后一步移一位。

3.1.10 原码一位除法如何进行？

1. 原码一位除法的运算规则

设被除数 $[x]_原=x_f.x_1x_2\cdots x_n$，除数 $[y]_原=y_f.y_1y_2\cdots y_n$，则
商的符号为：$Q_f=x_f\oplus y_f$；
商的数值为：$|Q|=|x|/|y|$。
求 $|Q|$ 的加减交替法(不恢复余数法)运算规则：
(1) 符号位不参加运算，并要求 $|x|<|y|$。
(2) 先用被除数减去除数，当余数为正时，商上 1，余数左移一位，再减去除数；当余数为负时，商上 0，余数左移一位，再加上除数。
(3) 当第 $n+1$ 步余数为负时，需加上 $|y|$ 得到第 $n+1$ 步正确的余数，最后余数为 $r^n\times2^{-n}$(余数与被除数同号)。

2. 原码一位除法的操作流程

实现原码一位除法的框图如图 3.1.5 所示。
设定点数宽度为 n 位(不含符号)，在图 3.1.5 所示的运算器上采用原码一位不恢复余数法完成 $(x)\div(y)\to C$，余数 $\to A$，其操作流程如图 3.1.5 所示。

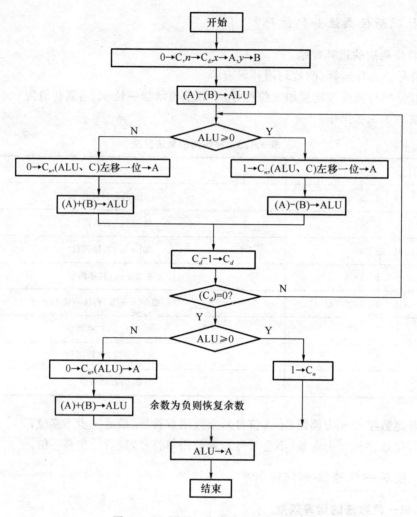

图 3.1.5　原码一位除法的操作流程

3.1.11　补码一位除法如何进行?

1. 补码不恢复余数法的算法规则

(1) 符号位参加运算,除数与被除数均用双符号补码表示。

(2) 被除数与除数同号,被除数减去除数。被除数与除数异号,被除数加上除数。商符号位的取值见(3)。

(3) 余数与除数同号,商上 1,余数左移一位减去除数;余数与除数异号,商上 0,余数左移一位加上除数。

注意:余数左移加上或减去除数后就得到了新余数。

(4) 采用校正法包括符号位在内,应重复(3)$n+1$ 次。

2. 商的校正原则

(1) 当刚好能除尽时(即运算过程中任一步余数为 0),如果除数为正,则商不必校正;若除数为负,则商需要校正,即加 2^{-n} 进行修正。

（2）不能除尽时，如果商为正，则不必校正；若商为负，则商需要加 2^{-n} 进行修正。

3. 余数的校正原则

（1）若商为正，当余数与被除数异号时，则应将余数加上除数进行修正才能获得正确的余数。

（2）若商为负，当余数与被除数异号时，则余数需减去除数进行校正。

4. 补码一位除法的操作流程

实现补码一位除法的框图如图 3.1.2 所示，设定点数宽度为 n 位（不含符号），在图 3.1.2所示的运算器上采用补码一位不恢复余数法完成 $(x) \div (y) \to C$，余数$\to A$，其操作流程如图 3.1.6 所示。

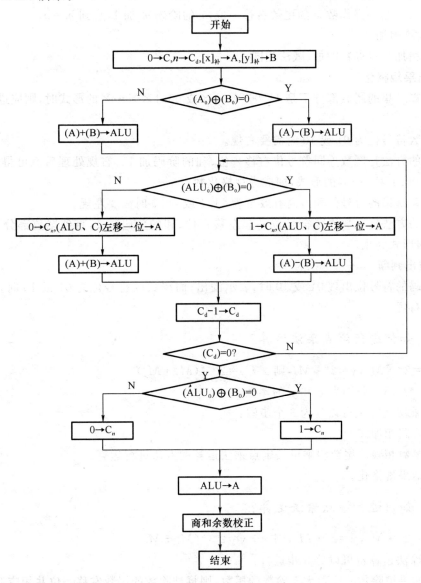

图 3.1.6 补码一位除法的操作流程

3.1.12 如何进行浮点加减法运算?

设有两个浮点数 x 和 y,它们分别为

$$x = 2^m \cdot M_x$$
$$y = 2^n \cdot M_y$$

式中,m、n 分别为数 x 和 y 的阶码,M_x、M_y 分别为数 x 和 y 的尾数。

1. 对阶

对阶的原则是小阶向大阶看齐。

若 $m > n$,则将操作数 y 的尾数右移一位,y 的阶码 n 加 1,直到 $m = n$。

若 $m < n$,则将操作数 x 的尾数右移一位,x 的阶码 m 加 1,直到 $m = n$。

2. 尾数相加

尾数相加与定点数的加、减法相同。

3. 结果规格化

当运算结果的尾数部分不是 $11.0\times\times\cdots\times$ 或 $00.1\times\times\cdots\times$ 的形式时,则应进行规格化处理。

当尾数符号位为 01 或 10 时需要右规。

右规的方法是尾数连同符号位右移一位、和的阶码加 1。右规处理后就可得到 $11.0\times\times\cdots\times$ 或 $00.1\times\times\cdots\times$ 的形式,即成为规格化数。

当运算结果的符号位和最高有效位为 11.1 或 00.0 时需要左规。

左规的方法是尾数连同符号位一起左移一位、和的阶码减 1,直到尾数部分出现 11.0 或 00.1 的形式为止。

4. 溢出判断

当阶码的符号位出现 01 或 10 时,表示溢出;而尾数的符号位为 01 或 10 时,表示运算结果需要右规。

3.1.13 如何进行浮点乘法运算?

设 $x = 2^m \cdot M_x$,$y = 2^n \cdot M_y$,则 $x \cdot y = 2^{m+n}(M_x \cdot M_y)$

其中,M_x、M_y 分别为 x 和 y 的尾数。

浮点乘法运算也可以分为 3 个步骤:

(1) 阶码相加。

(2) 尾数相乘。尾数相乘可按定点乘法运算的方法进行运算。

(3) 结果规格化。

3.1.14 如何进行浮点除法运算?

设 $x = 2^m \cdot M_x$,$y = 2^n \cdot M_y$,则 $x \div y = 2^{m-n}(M_x \div M_y)$

浮点除法运算也可以分 3 步进行:

(1) 如果被除数的尾数大于除数的尾数,则将被除数的尾数右移一位并相应调整阶码。

(2) 阶码求差。

(3) 尾数相除。两个尾数相除与定点除法相同。

3.1.15 如何进行浮点数的阶码运算？

$$[x+y]_{移}=[x]_{移}+[y]_{补}$$
$$[x-y]_{移}=[x]_{移}+[-y]_{补}$$

使用双符号位的阶码加法器，并规定移码的第二个符号位，即最高符号位恒用 0 参加加减运算，则溢出条件是结果的最高符号位为 1。此时，当低位符号位为 0 时，表明结果上溢；为 1 时，表明结果下溢。当最高符号位为 0 时，表明没有溢出。低位符号位为 1，表明结果为正；为 0 时，表明结果为负。

3.1.16 什么是并行加法器？

全加器的位数与操作数的位数相等的加法器称并行加法器。

进位信号的产生与传递的逻辑结构称为进位链。

当 x_i 与 y_i 都为 1 时，$C_i=1$，即有进位信号产生，所以将 x_iy_i 称为进位产生函数或本地进位，并以 G_i 表示。

当 $x_i \oplus y_i=1$ 且 $C_{i-1}=1$ 时，则 $C_i=1$。这种情况可看作是当 $x_i \oplus y_i=1$ 时，第 $i-1$ 位的进位信号 C_{i-1} 可以通过本位向高位传送。因此，把 $x_i \oplus y_i$ 称为进位传递函数或进位传递条件，并以 P_i 表示。

3.1.17 什么是组内并行、组间串行的进位链？

这种进位链每小组 4 位，组内采用并行进位结构，组间采用串行进位传递结构。进位表达式为

$$C_1=G_1+P_1C_0$$
$$C_2=G_2+P_2G_1+P_2P_1C_0$$
$$C_3=G_3+P_3G_2+P_3P_2G_1+P_3P_2P_1C_0$$
$$C_4=G_4+P_4G_3+P_4P_3G_2+P_4P_3P_2G_1+P_4P_3P_2P_1C_0$$

16 位组内并行组间串行进位链框图如图 3.1.7 所示。

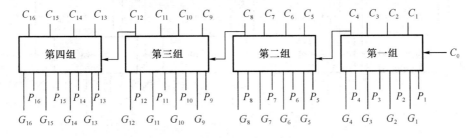

图 3.1.7 16 位组内并行、组间串行进位链框图

产生所有进位需 $8T_d$（T_d 为门的延迟时间）。

3.1.18 什么是组内并行、组间并行的进位链？

$$G_1^*=G_4+P_4G_3+P_4P_3G_2+P_4P_3P_2G_1 \quad \text{（小组的进位生成函数）}$$
$$P_1^*=P_4P_3P_2P_1 \quad\quad\quad\quad\quad\quad\quad\quad\quad\quad \text{（小组的进位传送函数）}$$

因此

$$C_4 = G_1^* + P_1^* C_0$$

同理

$$C_8 = G_2^* + P_2^* C_4$$

$$C_{12} = G_3^* + P_3^* C_8$$

$$C_{16} = G_4^* + P_4^* C_{12}$$

这是一组递推表达式,可将其展开为

$$C_4 = G_1^* + P_1^* C_0$$

$$C_8 = G_2^* + P_2^* G_1^* + P_2^* P_1^* C_0$$

$$C_{12} = G_3^* + P_3^* G_2^* + P_3^* P_2^* G_1^* + P_3^* P_2^* P_1^* C_0$$

$$C_{16} = G_4^* + P_4^* G_3^* + P_4^* P_3^* G_2^* + P_4^* P_3^* P_2^* G_1^* + P_4^* P_3^* P_2^* P_1^* C_0$$

其中

$$G_1^* = G_4 + P_4 G_3 + P_4 P_3 G_2 + P_4 P_3 P_2 G_1$$

$$G_2^* = G_8 + P_8 G_7 + P_8 P_7 G_6 + P_8 P_7 P_6 G_5$$

$$G_3^* = G_{12} + P_{12} G_{11} + P_{12} P_{11} G_{10} + P_{12} P_{11} P_{10} G_9$$

$$G_4^* = G_{16} + P_{16} G_{15} + P_{16} P_{15} G_{14} + P_{16} P_{15} P_{14} G_{13}$$

$$P_1^* = P_4 P_3 P_2 P_1$$

$$P_2^* = P_8 P_7 P_6 P_5$$

$$P_3^* = P_{12} P_{11} P_{10} P_9$$

$$P_4^* = P_{16} P_{15} P_{14} P_{13}$$

16 位组内并行、组间并行进位链框图如图 3.1.8 所示。

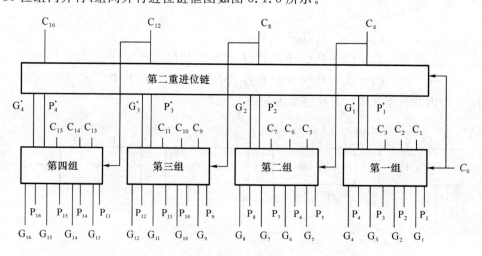

图 3.1.8 16 位组内并行、组间并行进位链框图

进位产生次序:

(1) 产生第一小组的 C_1、C_2、C_3 及所有 G_i^*、P_i^*;

(2) 产生组间的进位信号 C_4、C_8、C_{12}、C_{16};

(3) 产生第二、三、四小组的 C_5、C_6、C_7、C_9、C_{10}、C_{11}、C_{13}、C_{14}、C_{15}。

至此,进位信号全部形成,和数也随之产生。

产生所有进位的延迟时间为 $6T_d$。

要求掌握 32 位、64 位多重进位方式的进位链原理。

3.1.19　SN74181 是什么？

SN74181 是一种具有并行进位的多功能 ALU 芯片,每片 4 位,构成一组,组内是并行进位,利用 SN74181 芯片可构成 16 位 ALU。

3.1.20　组间串行进位的 16 位 ALU 是怎样构成的？

组间串行进位的 16 位 ALU 的构成如图 3.1.9 所示。

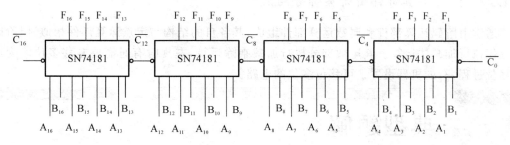

图 3.1.9　16 位组内并行、组间串行进位 ALU 框图

3.1.21　组间并行进位的 16 位 ALU 是怎样构成的？

组间采用并行进位时,则只需增加一片 SN74182 芯片。SN74182 是与 SN74181 配套的产品,是一个产生并行进位信号的部件。组间并行进位的 16 位 ALU 的构成如图 3.1.10 所示。

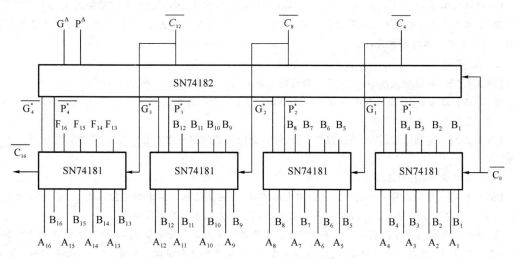

图 3.1.10　16 位两级并行进位 ALU 框图

要求掌握用 SN74181 芯片和 SN74182 芯片设计 32 位、64 位多重进位方式的 ALU 框图。

3.1.22　定点运算部件由哪些部分组成？

定点运算部件由算术逻辑运算部件 ALU、若干个寄存器、移位电路、计算器、门电路等组成。

算术逻辑单元简称 ALU,是一种功能较强的组合逻辑电路。它能进行多种算术运算和逻辑运算。ALU 的基本逻辑结构是超前进位加法器,它是通过改变加法器的 G_i 和 P_i 来获得多种运算能力的。ALU 部件主要完成加、减法算术运算以及逻辑运算,其中还应包含有快速进位电路。

3.1.23　浮点运算部件由哪些部分组成？

通常由阶码运算部件和尾数运算部件组成,其各自的结构与定点运算部件相似,但阶码部分仅执行加减法运算。其尾数部分执行加减乘除运算,左规时有时需要左移多位。为加速移位过程,有的机器设置了可移位多位的电路。

3.2　典型题解

运算方法和运算器

题型 1　定点补码加、减法运算

1. 选择题

【例 3.1.1】 两补码数相加,采用 1 位符号位,当_____时表示结果溢出。

A. 符号位有进位
B. 符号位进位和最高数位进位异或结果为 0

C. 符号位为 1
D. 符号位进位和最高数位进位异或结果为 1

答:采用 1 位符号位判断溢出的方法有两个,其中之一与进位位有关系,判断条件是符号位进位和最高数位进位不同。本题答案为:D。

2. 填空题

【例 3.1.2】 补码加减法中,____①____作为数的一部分参加运算,____②____要丢掉。

答:补码加减法中,数据的符号与数据一样参加运算,符号位的进位为模值,应该丢掉。本题答案为:①符号位;②符号位产生的进位。

【例 3.1.3】 为判断溢出,可采用双符号位补码,此时正数的符号用____①____表示,负数的符号用____②____表示。

答:本题答案为:①00;②11。

【例 3.1.4】 采用双符号位的方法进行溢出检测时,若运算结果中两个符号位____①____,则表明发生了溢出。若结果的符号位为____②____,表示发生正溢出;若为____③____,表示发生负溢出。

答:用两个相同的符号位表示一个数的符号。左边第一位为第一符号位 S_{f1},相邻的为第二符号位 S_{f2},则 00 表示正号、01 表示产生正向溢出、11 表示负号、10 表示产生负向溢出。本题答案为:①不相同;②01;③10。

【例 3.1.5】 利用数据编码的最高位和次高位的进位状况来判断溢出,其逻辑表达式为 $V =$_____。

答:本题答案为:$C_0 \oplus C_1$(C_0、C_1 分别为符号位产生的进位和数值部分最高位产生的进位)。

【例 3.1.6】 采用单符号位进行溢出检测时,若加数与被加数符号相同,而运算结果的符号与操作数的符号____①____,则表示溢出;当加数与被加数符号不同时,相加运算的结果____②____。

答:设 X 的符号为 X_f,Y 的符号为 Y_f,运算结果的符号为 S_f,则溢出逻辑表达式为 $V=X_f Y_f \overline{S_f}+\overline{X_f}\,\overline{Y_f} S_f$。$V=0$ 无溢出;$V=1$ 有溢出。即两个符号相同的数相运算,其运算结果符号相反就产生了溢出现象。本题答案为:①不一致;②不会产生溢出。

【例 3.1.7】 在减法运算中,正数减___①___数可能产生溢出,此时的溢出为___②___溢出;负数减___③___数可能产生溢出,此时的溢出为___④___溢出。

答:本题答案为:①负;②正;③正;④负。

3. 简答题

【例 3.1.8】 简述采用双符号位检测溢出的方法。

答:双符号位检测溢出是采用两位二进制位表示符号,即正数的符号位为 00,负数的符号位为 11。在进行运算时,符号位均参与运算,计算结果中如果两个符号位不同,则表示有溢出产生。

若结果的符号位为 01,则表示运算结果大于允许取值范围内的最大正数,一般称为正溢出;若结果的符号位为 10,则表示运算结果是负数,其值小于允许取值范围内的最小负数,一般称为负溢出。两个符号位中的高位仍为正确的符号。

【例 3.1.9】 简述采用单符号位检测溢出的方法。

答:采用单符号位检测溢出的方法有两种:

(1) 利用参加运算的两个数据和结果的符号位进行判断:两个符号位相同的数相加,若结果的符号位与加数的符号位相反,则表明有溢出产生;两个符号位相反的数相减,若结果的符号位与被减数的符号位相反,则表明有溢出产生。其他情况不会有溢出产生。

(2) 利用编码的进位情况来判断溢出:$V=C_0 \oplus C_1$,其中 C_0 为最高位(符号位)进位状态,C_1 为次高位(数值最高位)进位状态。$V=1$,产生溢出;$V=0$,无溢出。

4. 证明题

【例 3.1.10】 $[x]_{补}+[y]_{补}=[x+y]_{补}$,求证:$-[y]_{补}=[-y]_{补}$。

证明:

因为 $[x]_{补}+[y]_{补}=[x+y]_{补}$

令 $x=-y$ 代入,则有 $[-y]_{补}+[y]_{补}=[-y+y]_{补}=[0]_{补}=0$

所以 $-[y]_{补}=[-y]_{补}$

【例 3.1.11】 已知:$[x]_{补}=x_0.x_1 x_2 \cdots x_n$,求证:$[1-x]_{补}=x_0.\overline{x_1 x_2 \cdots x_n}+2^{-n}$。

证明:

因为 $[1-x]_{补}=[1]_{补}+[-x]_{补}=1+\overline{x_0.x_1 x_2 \cdots x_n}+2^{-n}$

$$1+\overline{x_0}=x_0$$

所以 $[1-x]_{补}=x_0+0.\overline{x_1 x_2 \cdots x_n}+2^{-n}=\overline{x_0}.\overline{x_1 x_2 \cdots x_n}+2^{-n}$

【例 3.1.12】 设 $[x]_{补}=x_0.x_1 x_2 \cdots x_n$,求证:

$x=2x_0+x$,其中 $x=\begin{cases} 0, & 1>x \geqslant 0 \\ 1, & 0>x>-1 \end{cases}$

证明:

当 $1>x \geqslant 0$ 时,即 x 为正小数,则

$$1>[x]_{补}=x \geqslant 0$$

因为正数补码等于正数本身,所以

$$1>x_0.x_1 x_2 \cdots x_n \geqslant 0, x_0=0$$

当 $0>x>-1$ 时,即 x 为负小数,根据补码定义有

$$2>[x]_{补}=2+x>1 \quad (\text{mod } 2)$$

即 $2>x_0.x_1 x_2 \cdots x_n>1, x_0=1$。所以

正数：符号位 $x_0 = 0$

负数：符号位 $x_0 = 1$

若 $1 > x \geqslant 0$，$x_0 = 0$，则 $[x]_\text{补} = 2x_0 + x = x$

若 $0 > x > -1$，$x_0 = 1$，则 $[x]_\text{补} = 2x_0 + x = 2 + x$

所以有

$[x]_\text{补} = 2x_0 + x$，其中 $x = \begin{cases} 0, & 1 > x \geqslant 0 \\ 1, & 0 > x > -1 \end{cases}$

【例 3.1.13】 设 $[x]_\text{补} = x_0.x_1 x_2 \cdots x_n$，求证：$[x/2] = x_0.x_0 x_1 x_2 \cdots x_n$。

证明：

因为 $x = -x_0 + \sum\limits_{i=1}^{n} x_i 2^{-i}$（补码与真值的关系），所以

$$x/2 = -x_0/2 + \left(\sum_{i=1}^{n} x_i 2^{-i} \right)/2 = -x_0 + x_0/2 + \sum_{i=1}^{n} x_i 2^{-(i+1)} = -x_0 + \sum_{i=1}^{n} x_i 2^{-(i+1)}$$

根据补码与真值的关系则有：$[x/2] = x_0.x_0 x_1 x_2 \cdots x_n$。

由此可见，如果要得到 $[2^{-i}x]_\text{补}$，只要将 $[x]_\text{补}$ 连同符号位右移 i 位即可。

【例 3.1.14】 设 $[x]_\text{补} = x_0.x_1 x_2 \cdots x_n$，求证：$[2x]_\text{补} = x_1.x_2 x_3 x_4 \cdots x_n$。

证明：

因为 $x = -x_0 + \sum\limits_{i=1}^{n} x_i 2^{-i}$（补码与真值的关系），所以

$$2x = -2x_0 + 2 \left(\sum_{i=1}^{n} x_i 2^{-i} \right) = 2 \left(\sum_{i=1}^{n} x_i 2^{-i} \right) = \sum_{i=1}^{n} x_i 2^{-(i+1)} \quad (-2x_0 + x = x \pmod 2)$$

即 $[2x] = x_1.x_2 x_3 x_4 \cdots x_n$。

由此可见，如果要得到 $[2^i x]_\text{补}$，只要将 $[x]_\text{补}$ 连同符号位左移 i 位即可，但是，若改变了符号位，则发生溢出。

【例 3.1.15】 对于模 4 补码，设 $[x]_\text{补} = x_0'x_0.x_1 x_2 \cdots x_n$（$x_0'$ 为符号位），求证：

$$x = -2x_0' + x_0 + \sum_{i=1}^{n} x_i 2^{-i}$$

证明：

因为 x_0' 为符号位，当 $x \geqslant 0$ 时，$x_0' = 0$，x 为正数，则

$$[x]_\text{补} = 0x_0.x_1 x_2 \cdots x_n = x_0 + 0.x_1 x_2 \cdots x_n，x = x_0 + 0.x_1 x_2 \cdots x_n = x_0 + \sum_{i=1}^{n} x_i 2^{-i}$$

当 $x < 0$ 时，$x_0' = 1$，x 为负数，则 $[x]_\text{补} = 1x_0.x_1 x_2 \cdots x_n = 4 + x$（模 4 补码定义），

$$x = 1x_0.x_1 x_2 \cdots x_n - 4 = -2 + x_0 + 0.x_1 x_2 \cdots x_n = -2 + x_0 + \sum_{i=1}^{n} x_i 2^{-i}$$

综合以上两种情况，可知：

$$x = -2x_0' + x_0 + \sum_{i=1}^{n} x_i 2^{-i} \quad (\text{其中，当 } x \geqslant 0 \text{ 时，} x_0' = 0；\text{当 } x < 0 \text{ 时，} x_0' = 1)$$

【例 3.1.16】 在大多数计算机中并没有减法器，减法运算被变为加法运算来完成。

(1) 请根据补码加法公式推出补码减法公式。

(2) 以定点整数为例，证明由减数 $[y]_\text{补}$ 求减数的机器负数 $[-y]_\text{补}$ 的方法。

证明：

(1) 补码减法的运算公式为 $[x]_补 - [y]_补 = [x-y]_补 = [x+(-y)]_补$。

由于 $$[x+(-y)]_补 = [x]_补 + [-y]_补$$

所以要证明 $$[x]_补 - [y]_补 = [x]_补 + [-y]_补$$

只要证明 $[-y]_补 = -[y]_补$，便可证明利用补码将减法运算化作加法运算是可行的。现证明如下：

因为 $[x+y]_补 = [x]_补 + [y]_补$，所以有 $[y]_补 = [x+y]_补 - [x]_补$；又因为 $[x-y]_补 = [x]_补 + [-y]_补$，所以 $[-y]_补 = [x-y]_补 - [x]_补$。

将两式相加得：

$$[y]_补 + [-y]_补 = [x+y]_补 - [x]_补 + [x-y]_补 - [x]_补$$
$$= [x+y+x-y]_补 - [x]_补 - [x]_补$$
$$= [x+x]_补 - [x]_补 - [x]_补 = 0$$

因此，$[-y]_补 = -[y]_补$ 成立。

所以，只要能通过 $[y]_补$ 求得 $[-y]_补$，就可以将补码减法运算化为补码加法运算。

(2) 已知 $[y]_补$，求 $[-y]_补$ 的法规是：对 $[y]_补$ 各位(包括符号位)取反、末位加 1，就可以得到 $[-y]_补$。

5. 计算题

【例 3.1.17】 已知 $X=0.1011$，$Y=-0.0101$，求 $[0.5X]_补$、$[0.25X]_补$、$[-X]_补$、$2[-X]_补$、$[0.5Y]_补$、$[0.25Y]_补$、$[-Y]_补$、$2[-Y]_补$。

解：

$[X]_补 = 0.1011$	$[Y]_补 = 1.1011$
$[0.5X]_补 = 0.01011$	$[0.5Y]_补 = 1.11011$
$[0.25X]_补 = 0.001011$	$[0.25Y]_补 = 1.111011$
$[-X]_补 = 1.0101$	$[-Y]_补 = 0.0101$
$2[-X]_补 = 0.1010$(溢出)	$2[-Y]_补 = 0.1010$

【例 3.1.18】 已知 $[x]_补 = 0.1011$，$[y]_补 = 1.1011$，求算术左移、逻辑左移、算术右移、逻辑右移后的值。

解：

x 算术左移后的值 $=1.0110$(溢出)	y 算术左移后的值 $=1.0110$
x 逻辑左移后的值 $=1.0110$	y 逻辑左移后的值 $=1.0110$
x 算术右移后的值 $=0.0101$	y 算术右移后的值 $=1.1101$
x 逻辑右移后的值 $=0.0110$	y 逻辑右移后的值 $=0.1101$

【例 3.1.19】 已知 x 和 y，用变形补码计算 $x-y$，$x+y$，同时指出运算结果是否溢出？

(1) $x=27/32$，$y=31/32$ (2) $x=13/16$，$y=-11/16$

解：

(1) $x=27/32=11011_{(2)} \times 2^{-5}=0.11011_{(2)}$，$y=31/32=11111_{(2)} \times 2^{-5}=0.11111_{(2)}$

$$
\begin{array}{r}
[x]_补 = 00.11011 \\
+\quad [-y]_补 = 11.00001 \\
\hline
[x-y]_补 = 11.11100
\end{array}
\qquad
\begin{array}{r}
[x]_补 = 00.11011 \\
+\quad [y]_补 = 00.11111 \\
\hline
[x+y]_补 = 01.11010
\end{array}
$$

所以，$x-y=-0.00100$ \qquad 双符号位不同，产生溢出

(2) $x=0.1101_{(2)}$，$y=-0.1011_{(2)}$

$$
\begin{array}{r}
[x]_补 = 00.1101 \\
+\quad [-y]_补 = 00.1011 \\
\hline
[x-y]_补 = 01.1000
\end{array}
\qquad
\begin{array}{r}
[x]_补 = 00.1101 \\
+\quad [y]_补 = 11.0101 \\
\hline
[x+y]_补 = 00.0010
\end{array}
$$

双符号位不同,产生溢出 所以,$x-y=0.0010$

【例 3.1.20】 已知机器字长 $n=8$,$x=-44$,$y=-53$,求 $x+y$,$x-y$。

解:

$x=-00101100$ $y=-00110101$

$[x]_补=11010100$ $[y]_补=11001011$ $[-y]_补=00110101$

$$
\begin{array}{r}
[x]_补=11010100 \\
+\quad [y]_补=11001011 \\
\hline
[x+y]_补=110011111
\end{array}
$$
$(x+y)_2=-1100001$ $x+y=-97$

↑____已超出模值,丢掉。

$$
\begin{array}{r}
[x]_补=11010100 \\
+\quad [-y]_补=00110101 \\
\hline
[x-y]_补=100001001
\end{array}
$$
$(x-y)_2=+0001001$ $x-y=+9$

↑____已超出模值,丢掉。

【例 3.1.21】 已知 $[X]_补=1.1011000$,$[Y]_补=1.1011000$,用变形补码计算 $2[X]_补+1/2[Y]_补$,并判断结果有无溢出?

解:

$2[X]_补=1.0110000$,$1/2[Y]_补=1.1101100$

$2[X]_补+1/2[Y]_补=11.0110000+11.1101100=11.0011100$ (无溢出)

【例 3.1.22】 已知 $2[X]_补=1.0101001$,$1/2[Y]_原=1.01011000$,用变形补码计算 $[X]_补+[Y]_补$,并判断结果有无溢出?

解:

$[X]_补=1.1010100$,$[Y]_原=1.1011000$,$[Y]_补=1.0101000$

$[X]_补+[Y]_补=11.1010100+11.0101000=10.1111100$ (有溢出)

【例 3.1.23】 已知 $1/2[X]_补=1.0101001$,$2[Y]_原=0.1101100$,用变形补码计算 $[X]_补+[Y]_补$,并判断结果有无溢出?

解:

$[X]_补=10.1010010$,$[Y]_原=0.0110110$,$[Y]_补=00.0110110$

$[X]_补+[Y]_补=10.1010010+00.0110110=11.0001000$ (无溢出)

题型 2 定点乘法运算

1. 选择题

【例 3.2.1】 乘法器的硬件结构通常采用_____。

A. 串行加法器和串行移位器 B. 并行加法器和串行左移

C. 并行加法器和串行右移 D. 串行加法器和串行右移

答:乘法器的硬件结构通常采用并行加法器和串行右移。本题答案为:C。

2. 填空题

【例 3.2.2】 补码一位乘法运算法则通过判断乘数最末位 y_n 和补充位 y_{n+1} 的值决定下步操作,当 $y_n y_{n+1}=$____①____时,执行部分积加 $[-x]_补$,再右移一位;当 $y_n y_{n+1}=$____②____时,执行部分积加 $[x]_补$,再右移一位。

答:本题答案为:①10;②01。

【例 3.2.3】 原码一位乘法中,符号位与数值位____①____,运算结果的符号位等于____②____。

答:设 $x = x_f.x_1x_2\cdots x_n$, $y = y_f.y_1y_2\cdots y_n$, 乘积为 P, 乘积的符号位为 P_f, 则 $P_f = x_f \oplus y_f$, $|P| = |x| \cdot |y|$。

本题答案为:①分开运算;②被乘数与乘数的符号位异或。

3. 判断题

【例3.2.4】 在串行定点补码乘法器中,被乘数的符号和乘数的符号都参加运算。

答:本题答案为:对。

4. 计算题

【例3.2.5】 $x = -3$, $y = -3$, 用原码两位乘法求 $[x \times y]_原$。

解:

$|x| = 000011$, $[-|x|]_补 = 111101$(用三符号表示), $|y| = 0011$(用单符号表示)

部分积	乘数 C	说明
000000	0.0 110	
+ 111101		$y_{n-1}y_nC = 110$ 减$|x|$,即加$[-|x|]_补$
111101		
→ 1111110 1	0.01	右移两位 0→C
+ 000011		$y_{n-1}y_nC = 001$ 加$|x|$
0000100 1		
→ 0000010 01		最后一步移一位

所以结果为 $[x \times y]_原 = 001001$。

【例3.2.6】 $x = -3$, $y = -3$, 用补码两位乘法求 $[x \times y]_补$。

解:

$[x]_补 = 111.101$, $[-x]_补 = 000.011$(用三符号表示), $[y]_补 = 1.101$(用单符号表示)

部分积	乘数 C	说明
000000	1.1 010	
+ 111101		$y_{n-1}y_nC = 010$ 加$[x]_补$
111101		
→ 111111 01	0.01	右移两位
+ 000011		$y_{n-1}y_nC = 110$ 加$[-x]_补$
000010 01		
→ 000001 001		最后一步移一位

所以结果为 $[x \times y]_补 = 001001$。

【例3.2.7】 $x = +0.1011$, $y = -1$, 用补码两位乘法求 $[x \times y]_补$。

解:

$[x]_补 = 000.1011$, $[-x]_补 = 111.0101$(用三符号表示), $[y]_补 = 11.0000$(用双符号表示)

部分积	乘数 y_{n+1}	说明
000.0000	11.00 000	
→ 000.0000 00	11.000	$y_{n-1}y_ny_{n+1} = 000$ 右移两位
→ 000.0000 0000	11.0	$y_{n-1}y_ny_{n+1} = 000$ 右移两位
+ 111.0101		$y_{n-1}y_ny_{n+1} = 110$ 加$[-x]_补$
111.0101 0000		最后一步不移位

所以结果为 $[x \times y]_补 = 1.01010000$。

【例3.2.8】 已知 $x = 0.1101$, $y = -0.1011$, 用原码一位乘法求 $[x \times y]_原$。

解:

$|x| = 00.1101$(用双符号表示), $|y| = 0.1011$(用单符号表示)

部分积	乘数 y_n	说明
00.0000	0.101 <u>1</u>	
+ 00.1101		$y_n=1$ 加 $|x|$
00.1101		
→ 00.0110 1	0.10 <u>1</u>	右移一位得 P_1
+ 00.1101		$y_n=1$ 加 $|x|$
01.0011 1		
→ 00.1001 11	0.1 <u>0</u>	右移一位得 P_2
+ 00.0000		$y_n=0$ 加 0
00.1001 11		
→ 00.0100 111	0. <u>1</u>	右移一位得 P_3
+ 00.1101		$y_n=1$ 加 $|x|$
01.0001 111		
→ 00.1000 1111	0	右移一位得 P_4

由于 $P_f = x_f \oplus y_f = 0 \oplus 1 = 1$，$|P| = |x| \times |y| = 0.10001111$，所以 $[x \times y]_原 = 1.10001111$。

【例 3.2.9】 已知 $x = -0.1101$，$y = 0.0110$，用原码两位乘法求 $[x \times y]_原$。

解：

$|x| = 000.1101$，$2|x| = 001.1010$（用三符号表示），$|y| = 00.0110$（用双符号表示）

部分积	乘数 C	说明	
000.0000	00.01 <u>100</u>		
+ 001.1010		$y_{n-1}y_n C = 100$	加 $2|x|$
001.1010			
→ 000.0110 10	00. <u>010</u>	右移两位	0→C
+ 000.1101		$y_{n-1}y_n C = 010$	加 $|x|$
001.0011 10			
→ 000.0100 1110	<u>00.0</u>	右移两位	0→C
		$y_{n-1}y_n C = 000$	最后一步不移位

所以结果为 $[x \times y]_原 = 1.01001110$。

【例 3.2.10】 $x = -0.1101$，$y = 0.0110$，用补码两位乘法求 $[x \times y]_补$。

解：

$[x]_补 = 111.0011$，$2[-x]_补 = 001.1010$，$2[x]_补 = 110.0110$（用三符号表示），

$[y]_补 = 00.0110$（用双符号表示）

部分积	乘数 y_{n+1}	说明	
000.0000	00.01 <u>100</u>		
+ 001.1010		$y_{n-1}y_n y_{n+1} = 100$	加 $2[-x]_补$
001.1010			
→ 000.0110 10	00. <u>011</u>	右移两位	
+ 110.0111		$y_{n-1}y_n y_{n+1} = 011$	加 $2[x]_补$
110.1100 10			
→ 111.1011 0010	<u>00.0</u>	右移两位	
		$y_{n-1}y_n y_{n+1} = 000$	最后一步不移位

所以结果为：$[x \times y]_补 = 1.10110010$。

【例 3.2.11】 $x=-0.1101, y=0.1011$, 用补码一位乘法求 $[x \times y]_{补}$。

解:

$[x]_{补}=1.0011, [-x]_{补}=00.1101$(用双符号表示), $[y]_{补}=0.1011$(用单符号表示)

部分积	乘数 $y_n y_{n+1}$	说明
00.0000	0.101 <u>10</u>	
+ 00.1101		$y_n y_{n+1}=10$ 加$[-x]_{补}$
00.1101		
→ 00.0110 1	0.10 <u>11</u>	右移一位得 P_1
→ 00.0011 01	0.1 <u>01</u>	$y_n y_{n+1}=11$ 右移一位得 P_2
+ 11.0011		$y_n y_{n+1}=01$ 加$[x]_{补}$
11.0110 01		
→ 11.1011 001	0.1 <u>0</u>	右移一位得 P_3
+ 00.1101		$y_n y_{n+1}=10$ 加$[-x]_{补}$
00.1000 001		
→ 00.0100 0001	0.<u>1</u>	右移一位得 P_4
+ 11.0011		$y_n y_{n+1}=01$ 加$[x]_{补}$
11.0111 0001		最后一步不移位

所以结果为: $[x \times y]_{补}=1.01110001$。

题型 3 定点除法运算

1. 判断题

【例 3.3.1】 在串行定点小数除法器中,为了避免产生溢出,被除数的绝对值一定要小于除数的绝对值。

答:本题答案为:对。

2. 简答题

【例 3.3.2】 简述定点补码一位除法中,加减交替法的算法规则。请问,按照该法则商的最大误差是多少?

答:定点补码一位除法中,加减交替法的算法规则如下:

(1) 符号位参加运算,除数与被除数均用双符号补码表示。

(2) 被除数与除数同号,被除数减去除数。被除数与除数异号,被除数加上除数。商符号位的取值见(3)。

(3) 余数与除数同号,商上 1,余数左移一位减去除数;余数与除数异号,商上 0,余数左移一位加上除数。

(4) 采用校正法,包括符号位在内,应重复(3)$n+1$ 次。这种方法操作复杂一点,但不会引起误差。

采用最后一步恒置"1"的方法。包括符号位在内,应重复(3)n 次,这种方法操作简单,易于实现,其引起的最大误差是 2^{-n}。

【例 3.3.3】 若机器数字长为 32 位(含 1 位符号位),当机器做原码一位乘、原码两位乘、补码 Booth 算法和补码除法时,其加法和移位最多次数各为多少?

答:32 位数的原码一位乘、原码两位乘、补码 Booth 算法和补码除法的加法和移位最多次数如表 3.2.1 所示。

表 3.2.1　32 位数的加法和移位最多次数

	加法次数	移位次数	备注
原码一位乘	31	31	符号位不参加运算
原码两位乘	16/17	16	乘数数值部分凑成偶数(32 位),最后一步有可能多做一次加
补码 Booth 算法	32	31	最后一步不移位
补码除法	32	3	末位恒置 1
	32	32	校正法

3. 计算题

【例 3.3.4】 $x=-0.10110$,$y=0.11111$,用加减交替法原码一位除计算 $[x/y]_{原}$。

解: $|x|=00.10110$,$|y|=00.11111$,$[-|y|]_{补}=11.00001$(用双符号表示)

	被除数 x/余数 r	商数 q	说明
	00.10110		
$+[-|y|]_{补}$	11.00001		减去除数
	11.10111	0	余数为负商上 0
←	11.01110	0	r 和 q 左移一位
$+|y|$	00.11111		加上除数
	00.01101	0.1	余数为正商上 1
←	00.11010	0.1	r 和 q 左移一位
$+[-|y|]_{补}$	11.00001		减去除数
	11.11011	0.10	余数为负商上 0
←	11.10110	0.10	r 和 q 左移一位
$+|y|$	00.11111		加上除数
	00.10101	0.101	余数为正商上 1
←	01.01010	0.101	r 和 q 左移一位
$+[-|y|]_{补}$	11.00001		减去除数
	00.01011	0.1011	余数为正商上 1
←	00.10110	0.1011	r 和 q 左移一位
$+[-|y|]_{补}$	11.00001		减去除数
	11.10111	0.10110	余数为负商上 0
余数校正:	00.11111		
	00.10110		

$Q_f=x_f \oplus y_f=1 \oplus 0=1$,$[x/y]_{原}=1.10110$,余数 $[r]_{原}=1.10110 \times 2^{-5}$(余数与被除数同号)。

【例 3.3.5】 $x=0.10110$,$y=0.11111$,用加减交替法补码一位除计算 $[x/y]_{补}$。

解: $[x]_{补}=00.10110$,$[y]_{补}=00.11111$,$[-y]_{补}=11.00001$(用双符号表示)

被除数 x/余数 r	商数 q	说明
00.10110		
+$[-y]_{补}$　　11.00001		减去除数
11.10111	0	余数与 y 异号商上 0
←　　　11.01110	0	r 和 q 左移一位
+$[y]_{补}$　　00.11111		加上除数
00.01101	0.1	余数与 y 同号商上 1
←　　　00.11010	0.1	r 和 q 左移一位
+$[-y]_{补}$　　11.00001		减去除数
11.11011	0.10	余数与 y 异号商上 0
←　　　11.10110	0.10	r 和 q 左移一位
+$[y]_{补}$　　00.11111		加上除数
00.10101	0.101	余数与 y 同号商上 1
←　　　01.01010	0.101	r 和 q 左移一位
+$[-y]_{补}$　　11.00001		减去除数
00.01011	0.1011	余数与 y 同号商上 1
←　　　00.10110	0.1011	r 和 q 左移一位
+$[-y]_{补}$　　11.00001		减去除数
11.10111	0.10110	余数与 y 异号商上 0
余数校正：　　00.11111		
00.10110		

除不尽，商>0，所以不用校正。$[x/y]_{补}=0.10110$，余数$[r]_{原}=0.10110×2^{-5}$（余数与被除数同号）。

【例 3.3.6】 已知 $x=0.1001$，$y=-0.1001$，用补码不恢复余数除法求 $[x/y]_{补}$。

解：$[x]_{补}=0.1001$，$[y]_{补}=11.0111$，$[-y]_{补}=00.1001$（用双符号表示）

被除数 x/余数 r	商数 q	说明
00.1001		
+$[y]_{补}$　　11.0111		x 和 y 异号，$[x]_{补}+[y]_{补}$
00.0000	0	余数与 y 异号商上 0
←　　　00.0000	0	r 和 q 左移一位
+$[y]_{补}$　　11.0111		加上除数
11.0111	0.1	余数与 y 同号商上 1
←　　　10.1110	0.1	r 和 q 左移一位
+$[-y]_{补}$　　00.1001		减去除数
11.0111	0.11	余数与 y 同号商上 1
←　　　10.1110	0.11	r 和 q 左移一位
+$[-y]_{补}$　　00.1001		加上除数
11.0111	0.111	余数与 y 同号商上 1
←　　　10.1110	0.111	r 和 q 左移一位
+$[-y]_{补}$　　00.1001		减去除数
11.0111	0.1111	余数与 y 同号商上 1

中间有一步余数为零表示能除尽,除数为负,需校正:

$[x/y]_{补}=1.1111+0.0001=1.0000$

余数与被除数异号,需校正:

余数$[r]_{补}=(11.0111+00.1001)\times 2^{-4}=0.0000\times 2^{-4}$

【例3.3.7】 已知$x=0.100,y=-0.101$,用补码一位不恢复余数除法求$[x/y]_{补}$。

解:$[x]_{补}=0.100,[y]_{补}=11.011,[-y]_{补}=00.101$(用双符号表示)

	被除数 x/余数 r	商数 q	说明
	00.100		
$+[y]_{补}$	11.011		x 和 y 异号,$[x]_{补}+[y]_{补}$
	11.111	1	余数与 y 同号商上1
←	11.110	1	r 和 q 左移一位
$+[-y]_{补}$	00.101		减去除数
	00.011	1.0	余数与 y 异号商上0
←	00.110	1.0	r 和 q 左移一位
$+[y]_{补}$	11.011		加上除数
	00.001	1.00	余数与 y 异号商上0
←	00.010	1.00	r 和 q 左移一位
$+[y]_{补}$	11.011		加上除数
	11.101	1.001	余数与 y 同号商上1

不能除尽,商为负,需校正:$[x/y]_{补}=1.001+0.001=1.010$。

余数与被除数异号,需校正:余数$[r]_{补}=(1.101+0.101)\times 2^{-3}=0.010\times 2^{-3}$(余数与被除数同号)。

【例3.3.8】 $x=-0.0100,y=0.1000$,用加减交替法原码一位除计算$[x/y]_{原}$。

解:$|x|=00.0100,|y|=00.1000,[-|y|]_{补}=11.1000$(用双符号表示)。

	被除数 x/余数 r	商数 q	说明
	00.0100		
$+[-|y|]_{补}$	11.1000		减去除数
	11.1100	0	余数为负上0
←	11.1000	0	r 和 q 左移一位
$+|y|$	00.1000		加上除数
	00.0000	0.1	余数为正商上1(r 为全 0,表示能除尽)
←	00.0000	0.1	r 和 q 左移一位
$+[-|y|]_{补}$	11.1000		减去除数
	11.1000	0.10	余数为负商上0
	11.1000	0.10	r 和 q 左移一位
$+|y|$	00.1000		加上除数
	11.1000	0.100	余数为负商上0
←	11.0000	0.100	r 和 q 左移一位
$+|y|$	00.1000		加上除数
	11.1000	0.1000	余数为负商上0
余数校正:	00.1000		
	00.0000		

$Q_f = x_f \oplus y_f = 1 \oplus 0 = 1$，$[x/y]_原 = 1.1000$，余数$[r]_原 = 1.0000 \times 2^{-4}$（余数与被除数同号）。

【例3.3.9】 $x = -0.0100$，$y = 0.1000$，用加减交替法补码一位除计算$[x/y]_补$。

解：$[x]_补 = 11.1100$，$[y]_补 = 00.1000$，$[-y]_补 = 11.1000$（用双符号表示）。

被除数 x/余数 r	商数 q	说明
11.1100		
$+[-\|y\|]_补$　00.1000		减去除数
00.0100	1	余数与 y 同号商上 1
←　　00.1000	1	r 和 q 左移一位
$+[-\|y\|]_补$　11.1000		减去除数
00.0000	1.1	余数与 y 同号商上 1（r 为全 0，表示能除尽）
←　　00.0000	1.1	r 和 q 左移一位
$+[-\|y\|]_补$　11.1000		减去除数
11.1000	1.10	余数与 y 异号商上 0
←　　11.0000	1.10	r 和 q 左移一位
$+\|y\|$　　00.1000		加上除数
11.1000	1.100	余数与 y 异号商上 0
←　　11.0000	1.100	r 和 q 左移一位
$+\|y\|$　　00.1000		加上除数
11.1000	1.1000	余数与 y 异号商上 0

中间有一步余数为零表示能除尽，但除数为正，不需校正，$[x/y]_补 = 1.1000$。

余数不位零需校正，$[r]_补 = (11.1000 + 00.1000) \times 2^{-4} = 0.0000 \times 2^{-4}$。

【例3.3.10】 已知 $x = 0.100$，$y = -0.101$，用原码一位不恢复余数除法求$[x/y]_原$。

解：$|x| = 00.100$，$|y| = 00.101$，$[-|y|]_补 = 11.011$（用双符号表示）。

被除数 x/余数 r	商数 q	说明
00.100		
$+[-\|y\|]_补$　11.011		减去除数
11.111	0	余数为负商上 0
←　　11.110	0	r 和 q 左移一位
$+[\|y\|]_补$　00.101		加上除数
00.011	0.1	余数为正商上 1
←　　00.110	0.1	r 和 q 左移一位
$+[-\|y\|]_补$　11.011		减去除数
00.001	0.11	余数为正商上 1
←　　00.010	0.11	r 和 q 左移一位
$+[-\|y\|]_补$　11.011		减去除数
11.101	0.110	余数为负商上 0
$+[\|y\|]_补$　00.101		最后一步余数为负时需加上 $\|y\|$ 得到正确的余数
00.010		

$Q_f = x_f \oplus y_f = 0 \oplus 1 = 1$ 　　$[x/y]_原 = 1.110$　　余数$[r]_原 = 0.010 \times 2^{-3}$（余数与被除数同号）。

注意：① 若$x = 0.100, y = 0.101$，由于原码运算符号位不参加运算，所以此题的运算过程同例3.3.10，只是结果符号不同。即$[x/y]_原 = 0.110$，余数$[r]_原 = 0.010 \times 2^{-3}$（余数与被除数同号）。

② 若$x = -0.100, y = 0.101$，则$[x/y]_原 = 1.110$，余数$[r]_原 = 1.010 \times 2^{-3}$（余数与被除数同号）。

③ 若$x = -0.100, y = -0.101$，则$[x/y]_原 = 0.110$，余数$[r]_原 = 1.010 \times 2^{-3}$（余数与被除数同号）。

题型4　浮点算术运算

1. 选择题

【例3.4.1】 下面浮点运算器的描述中正确的是_____。

A. 浮点运算器可用阶码部件和尾数部件实现

B. 阶码部件可实现加、减、乘、除四种运算

C. 阶码部件只进行阶码相加、相减和比较操作

D. 尾数部件只进行乘法和减法运算

答：本题答案为：A、C。

【例3.4.2】 从下列叙述中，选出正确的句子_____。

A. 定点补码运算时，其符号位不参加运算

B. 浮点运算可由阶码运算和尾数运算两部分联合实现

C. 阶码部分在乘除运算时只进行加、减操作

D. 尾数部分只进行乘法和除法运算

E. 浮点数的正负由阶码的正负符号决定

F. 在定点小数一位除法中，为了避免溢出，被除数的绝对值一定要小于除数的绝对值

答：对于选项A，定点补码运算时，其符号位参加运算，所以A是不正确的。对于选项D，尾数部分不仅能进行乘法和除法运算，还能进行加和减运算，所以D是不正确的。对于选项E，浮点数的正负由尾数的正负符号决定，阶码的正负符号只影响数的绝对值的大小，所以E是不正确的。本题答案为：B、C、F。

2. 填空题

【例3.4.3】 浮点加减乘除运算在_____情况下会发生溢出。

答：本题答案为：阶码运算溢出。

【例3.4.4】 一个浮点数，当其补码尾数右移一位时，为使其值不变，阶码应该_____。

答：本题答案为：加1。

【例3.4.5】 向左规格化的规则为：尾数___①___，阶码___②___。

答：本题答案为：①左移一位；②减1。

【例3.4.6】 向右规格化的规则为：尾数___①___，阶码___②___。

答：本题答案为：①右移一位；②加1。

【例3.4.7】 当运算结果的尾数部分不是___①___的形式时，则应进行规格化处理。当尾数符号位为___②___时，需要右规。当运算结果的符号位和最高有效位为___③___时，需要左规。

答：本题答案为：①11.0××…×或00.1××…×；②01或10；③11.1或00.1。

【例3.4.8】 在浮点加法运算中，主要的操作内容及步骤是___①___、___②___、___③___。

答：本题答案为：①对阶；②尾数加法；③结果规格化。

【例3.4.9】 在定点小数计算机中，若采用变形补码进行加法运算的结果为10.1110，则溢出标志位___①___，运算结果的真值为___②___。

答：此时运算结果负溢出，结果的绝对值大于1。本题答案为：①等于1；②-1.0010。

3. 判断题

【例3.4.10】 在浮点运算器中，阶码部件可实现加、减、乘、除四种运算。

答:阶码部件可实现加、减运算。本题答案为:错。

【例3.4.11】 在浮点运算器中,尾数部件只进行乘法和除法运算。

答:尾数部件可实现加、减、乘、除四种运算。本题答案为:错。

4. 简答题

【例3.4.12】 简述浮点运算中溢出的处理方法。

答:所谓溢出就是超出了机器数所能表示的数据范围。浮点数范围是由阶码决定的。当运算阶码大于最大阶码时,属溢出(依尾数正、负决定是正溢出还是负溢出);当运算阶码小于最小负阶码时,计算机按0处理。

5. 计算题

【例3.4.13】 已知 $X=2^{010}\times 0.11011011$,$Y=2^{100}\times(-0.10101100)$,求 $X+Y$。

解:为了便于直观理解,假设两数均以补码表示,阶码采用双符号位,尾数采用单符号位,则它们的浮点表示分别为

$$[X]_{浮}=00010,0.11011011$$

$$[Y]_{浮}=00100,1.01010000$$

(1) 求阶差并对阶:

$$\Delta E=E_x-E_y=[E_x]_{补}+[-E_y]_{补}=00010+11100=11110$$

即 ΔE 为 -2,x 的阶码小,应使 M_x 右移2位,E_x 加2,

$$[X]_{浮}=00010,0.11011011(11)$$

其中(11)表示 M_x 右移2位后移出的最低两位数。

(2) 尾数和

$$
\begin{array}{r}
0.00110110\quad(11)\\
+\ 1.01010100\quad\\
\hline
1.10001010\quad(11)
\end{array}
$$

(3) 规格化处理

尾数运算结果的符号位与最高数值位为同值,应执行左规处理,结果为 $1.00010101(10)$,阶码为 $00\,011$。

(4) 舍入处理

采用0舍1入法处理,则有

$$
\begin{array}{r}
1.\quad00010101\\
+\qquad\qquad 1\\
\hline
1.\quad00010110
\end{array}
$$

(5) 判溢出

阶码符号位为00,不溢出,故最终结果为

$$x+y=2^{011}\times(-0.11101010)$$

【例3.4.14】 已知下述 $[x]_{移}$,$[y]_{补}$,用移码运算求 $[x+y]_{移}$ 和 $[x-y]_{移}$。注意指出溢出情况。

(1) $[x]_{移}=01101111$,$[y]_{移}=10101011$

(2) $[x]_{移}=11101111$,$[y]_{移}=01010101$

解:

(1) $[x]_{移}=00\,1101111$,$[y]_{补}=00\,0101011$,$[-y]_{补}=11\,1010101$

$[x+y]_{移}=00\,1101111+00\,0101011=0\,10011010$ (无溢出)

$[x+y]_{移}=1\,0011010$

$[x-y]_{移}=00\ 1101111+11\ 1010101=0\ 01000100$ （无溢出）

$[x-y]_{移}=0\ 1000100$

(2) $[x]_{移}=01\ 1101111,[y]_{补}=11\ 1010101,[-y]_{补}=00\ 0101011$

$[x+y]_{移}=01\ 1101111+11\ 1010101=0\ 11000100$ （无溢出）

$[x+y]_{移}=1\ 1000100$

$[x-y]_{移}=01\ 1101111+00\ 0101011=1\ 00011010$ （有溢出）

【例 3.4.15】 设浮点数的阶码为 4 位（含阶符），尾数为 6 位（含尾符），x、y 中的指数项、小数项均为二进制真值。

(1) $x=2^{01}\times0.1101,y=2^{11}\times(-0.1010)$，求 $x+y=?$

(2) $x=-2^{-010}\times0.1111,y=2^{-100}\times0.1110$，求 $x-y=?$

解：

(1) $[x]_{补}=0001,0.11010,[y]_{补}=0011,1.01100$

① 对阶，$[\Delta E]=[m]_{补}-[n]_{补}=0001+1101=1110$，其真值为 -010，即 x 的阶码比 y 的阶码小 2，x 的尾数应右移 2 位，阶码加 2，得：$[x]_{补}=0011,0.00111$（0 舍 1 入）。

② 尾数相加（用双符号），即 $[x_{尾}]_{补}+[y_{尾}]_{补}$ 为

$$
\begin{array}{r}
00.00111 \\
+\quad 11.01100 \\
\hline
11.10011
\end{array}
$$

③ 结果规格化

由于运算结果的尾数为 $11.1\times\cdots\times$ 的形式，所以应左规，尾数左移一位，阶码减 1，所以结果为

$[x+y]_{补}=0010,1.00110,x+y=2^{010}\times(-0.11010)$

(2) $[x]_{补}=1110,1.00010,[y]_{补}=1100,0.11100,[-y]_{补}=1100,1.00100$

① 对阶，$[\Delta E]=[m]_{补}-[n]_{补}=1110+0100=0010$，其真值为 0010，即 x 的阶码比 y 的阶码大 2，$-y$ 的尾数应右移两位，阶码加 2，得：$[-y]_{补}=1110,1.11001$（0 舍 1 入）。

② 尾数相减（用双符号），即 $[x_{尾}]_{补}+[-y_{尾}]_{补}$ 为

$$
\begin{array}{r}
11.00010 \\
+\quad 11.11001 \\
\hline
丢掉\longrightarrow \boxed{1}\,10.11011
\end{array}
$$

③ 结果规格化

由于运算结果的尾数为 $10.\times\cdots\times$ 的形式，所以应右规，尾数右移一位，阶码加 1，所以结果为

$[x-y]_{补}=1111,1.01110$（0 舍 1 入）

$x-y=2^{-001}\times(-0.10010)$

【例 3.4.16】 设有两个浮点数 $x=2^{E_x}\times S_x,y=2^{E_y}\times S_y,E_X=(-10)_2,S_x=(+0.1001)_2,E_y=(+10)_2,S_y=(+0.1011)_2$，若尾数 4 位，阶码 2 位，阶符 1 位，求 $x+y=?$ 并写出运算步骤及结果。

解： 因为 $x+y=2^{E_x}\times(S_x+S_y)(E_x=E_y)$，所以求 $x+y$ 要经过对阶、尾数求和及规格化等步骤。

① 对阶

$W\triangle J=E_x-E_y=(-10)_2-(+10)_2=(-100)_2$ 所以 $E_x<E_y$，则 S_x 右移 4 位，$E_x+(100)_2=E_y$。S_x 右移 4 位后 $S_x=0.00001001$，经过舍入处理后，$S_x=0.000\ 1$，经过对阶、舍入后，$x=2^{(10)_2}\times(0.0001)_2$。

② 尾数求和 S_x+S_y

$$
\begin{array}{r}
0.0001\ (S_x)\\
+\ 0.1011\ (S_y)\\
\hline
0.1100\ (S_x+S_y)
\end{array}
$$

③ 结果为规格化数

$$x+y=2^{(10)2}\times(S_x+S_y)=2^{(10)2}\times(0.1100)_2=(11.00)_2$$

【例 3.4.17】 设有两个十进制数：$x=-0.875\times2^1$，$y=0.625\times2^2$。

(1) 将 x,y 的尾数转换为二进制补码形式。

(2) 设阶码 2 位，阶符 1 位，数符 1 位，尾数 3 位。通过补码运算规则求出 $z=x-y$ 的二进制浮点规格化结果。

解：

(1) 设 S_1 为 x 的尾数，S_2 为 y 的尾数，则

$$S_1=(-0.875)_{10}=(-0.111)_2 \qquad [S_1]_补=1.001$$
$$S_2=(0.625)_{10}=(+0.101)_2 \qquad [S_2]_补=0.101$$

(2) 求 $z=x-y$ 的二进制浮点规格化结果。

① 对阶

设 x 的阶码为 j_x，y 的阶码为 j_y，$j_x=(+01)_2$，$j_y=(+10)_2$；$j_x-j_y=(01)_2-(10)_2=(-01)_2$，小阶的尾数 S_1 右移一位 $S_1=(-0.011\ 1)_2$，j_x 阶码加 1，则 $j_x=(10)_2=j_y$，S_1 经含入后，$S_1=(-0.100)_2$，对阶完毕。

$$x=2^{j_x}\times S1=2^{(10)2}\times(-0.100)2 \qquad x\ 的补码浮点格式：010,1100$$
$$y=2^{j_y}\times S2=2^{(10)2}\times(+0.101)2 \qquad y\ 的补码浮点格式：010,0101$$

② 尾数相减

$[S_1]_补=11.100$，$[-S_2]_补=11.011$

$$
\begin{array}{r}
[S_1]_补=11.100\\
+\ [-S_2]_补=11.011\\
\hline
[S_1-S_2]_补=10.111
\end{array}
$$

尾数求和绝对值大于 1

尾数右移一位，最低有效位舍掉，阶码加 1（右规），则 $[S_1-S_2]_补=11.011$（规格化数），$j_x=j_y=11$

③ 规格化结果：011,1011。

【例 3.4.18】 设有两个浮点数 $N_1=2^{j_1}\times S_1$，$N_2=2^{j_2}\times S_2$，其中阶码 2 位，阶符 1 位，尾数 4 位，数符 1 位。设 $j_1=(-10)_2$ $S_1=(+0.1001)_2$，$j_2=(+10)_2$ $S_2=(+0.1011)_2$。求 $N_1\times N_2$，写出运算步骤及结果，积的尾数占 4 位，要规格化结果。根据原码阵列乘法器的计算步骤求尾数之积。

解：

(1) 浮点乘法规则

$$N_1\times N_2=(2^{j_1}\times S_1)\times(2^{j_2}\times S_2)=2^{(j_1+j_2)}\times(S_1\times S_2)$$

(2) 阶码求和

$$j_1+j_2=0$$

(3) 尾数相乘

积的符号位 $=0\oplus0=0$

符号位单独处理

$$
\begin{array}{r}
1\ 0\ 0\ 1 \\
\times\quad 1\ 0\ 1\ 1 \\
\hline
1\ 0\ 0\ 1 \\
1\ 0\ 0\ 1 \\
0\ 0\ 0\ 0 \\
1\ 0\ 0\ 1 \\
\hline
0.\ 1\ 1\ 0\ 0\ 0\ 1\ 1
\end{array}
$$

故 $N_1 \times N_2 = 2^0 \times 0.011\,000\,11$。

(4)尾数规格化,含入(尾数4位)

故 $N_1 \times N_2 = (+0.011\,000\,11)_2 = (+0.110\,0)_2 \times 2^{(-01)_2}$

【例 3.4.19】 设浮点数的阶码为4位(含阶符),尾数为8位(含尾符),按机器补码浮点运算步骤,完成下列 $[x \pm y]_{补}$ 运算。

$$x = 5\frac{18}{32} \qquad y = 12\frac{8}{16}$$

解:

$x = 101.100\,10 = 2^3 \times 0.101\,100\,10, y = 1\,100.100\,0 = 2^4 \times 0.110\,010\,00$

$[x]_{补} = 0011,0.1011001 ; [y]_{补} = 0100,0.1100100$

① 对阶

$[\Delta E] = [m]_{补} - [n]_{补} = 0011 + 1100 = 1111$,其真值为 -1,即 x 的阶码比 y 的阶码小 1,x 的尾数应右移一位,阶码加 1 得:$[x]_{补} = 0100,0.0101101(0 含 1 入)$。

② 尾数相加减(用双符号),即 $[x_{尾}]_{补} \pm [y_{尾}]_{补}$ 分别有

$$
\begin{array}{r}
00.0101101 \\
+\quad 00.1100100 \\
\hline
01.0010001
\end{array}
\qquad
\begin{array}{r}
00.0101101 \\
+11.0011100 \\
\hline
11.1001001
\end{array}
$$

③ 结果规格化

由于加运算结果的尾数为 $01.\times\cdots\times$ 的形式,所以应右规,尾数右移一位,阶码加1,所以结果为:$[x + y]_{补} = 0101,0.1001001(0 含 1 入)$,$x + y = 2^{101} \times (0.1001001)$。

由于减运算结果的尾数为 $11.1\times\cdots\times$ 的形式,所以应左规,尾数左移一位,阶码减1,结果为 $[x - y]_{补} = 0011,1.0010010$,$x - y = 2^{011} \times (-0.1101110)$。

【例 3.4.20】 已知两个浮点数:

$$x = 0011,01001$$
$$y = 1111,01011$$

阶码用以 2 为基的 4 位补码表示,其中最高位为阶符。尾数用 5 位原码表示,其中最高位为数符。列出求 x/y 的运算步骤,并对结果进行规格化及舍入处理。

解:

浮点除法规则:$x \div y = (2^{j_x} \times S_x) \div (2^{j_y} \times S_y) = 2^{(j_x - j_y)} \times (S_x / S_y)$

其中 j_x 为 x 的阶码,S_x 为 x 的尾数;

$\quad\quad j_y$ 为 y 的阶码,S_y 为 y 的尾数。

① 检测操作数是否为零,并置结果符号位。被除数 x 与除数 y 均不为零,可进行除法运算。置结果符号位,因 x、y 同号,结果为正。

② 尾数调整。被除数 x 的尾数绝对值小于除数 y 的尾数绝对值,不用调整。

③ 被除数阶码 j_x 减除数阶码 j_y

$$[j_x]_{补} = 0011, [j_y]_{补} = 1111, [-j_y]_{补} = 0001$$
$$[j_x] - [j_y]_{补} = [j_x]_{补} + [-j_y]_{补}$$

$$[j_x]_{补} = 0\ 0\ 1\ 1$$
$$+\quad [-j_y]_{补} = 0\ 0\ 0\ 1$$
$$\overline{[j_x - j_y]_{补} = 0\ 1\ 0\ 0}$$

便得商的阶码 0100。

④ 被除数除以除数的尾数，用阵列除法器运算。

$[S_x]_原 = 0.1001, [S_y]_原 = 0.1011, [-S_y]_补 = 1.0101$

被除数 x 0. 1 0 0 1

减 y 1. 0 1 0 1

余数为负   1. 1 1 1 0 < 0   → $q_0 = 0$

移位   1. 1 1 0 0

加 y 0. 1 0 1 1

余数为正   0. 0 1 1 1 > 0   → $q_1 = 1$

移位   0. 1 1 1 0

减 y 1. 0 1 0 1

余数为正   0. 0 0 1 1 > 0   → $q_2 = 1$

移位   0. 0 1 1 0

减 y 1. 0 1 0 1

余数为负   1. 1 0 1 1 < 0   → $q_3 = 0$

移位   1. 0 1 1 0

加 y 0. 1 0 1 1

余数为正   0. 0 0 0 1 > 0   → $q_4 = 0$

故商 $q = q_0.q_1q_2q_3q_4 = 0.1101$

余数 $r = 0.000r_4r_5r_6r_7r_8 = 0.00000001$

$x \div y = (+0.1101)_2 \times 2^{(+100)_2} = (+1101)_2$

浮点形式：**0100，01101**

【例 3.4.21】 设浮点数 x、y 的阶码（补码形式）和尾数（原码形式）如下：

x：阶码 0001，尾数 0.1010；y：阶码 1111，尾数 0.1001。设基数为 2。

(1) 求 $x+y$（阶码运算用补码，尾数运算用补码）。

(2) 求 x、y（阶码运算用移码，尾数运算用原码一位乘）。

(3) 求 x/y（阶码运算用移码，尾数运算用原码加减交替法）。

解：

(1) $E_x - E_y = 0001 + 0001 = 0010$

所以 $E_y = 0001, M_y = 0.001001$

$M_x + M_y = 0.1010 + 0.001001 = 0.110001$

即：$\qquad$ $[E_{x+y}]_{补}=0001,[M_{x+y}]_{补}=0.1100$

(2) $[E_x+E_y]_{移}=01001+11111=01000$

$\qquad M_x \times M_y=0.1010 \times 0.1001=0.01011010$

规格化 $\qquad [E_{x+y}]_{移}=01000-1=01000+11111=00111$

即：$[E]_{移}=0111,[M]_{原}=0.10110100$

(3) 调整 x，使 $E_x < E_y$，

所以 $\qquad E_x=0010,M_x=0.0101$

$\qquad [E_x-E_y]_{移}=01010+00001=01011$

$\qquad M_x=0.0101,M_y=0.1001,[-M_y]_{补}=1.0111$

$\qquad [M_x/M_y]_{原}=0.1000,$ 余数 $[r]_{原}=0.1000 \times 2^{-4}$

即 $\qquad [E]_{移}=1011,[M]_{原}=0.1000,$ 余数 $[r]_{原}=0.1000 \times 2^{-4}$

	被除数 x/余数 r	商数 q	说明
	00.0101		
$+[-M_y]_{补}$	11.0111		减去除数
	11.1100	0	余数为负商上 0
←	11.1000	0	r 和 q 左移一位
$+[M_y]_{补}$	00.1001		加上除数
	00.0001	0.1	余数为正商上 1
←	00.1000	0.1	r 和 q 左移一位
$+[-M_y]_{补}$	11.0111		减去除数
	11.1001	0.10	余数为负商上 0
←	11.0010	0.10	r 和 q 左移一位
$+[-M_y]_{补}$	00.1001		加上除数
	11.10111	0.100	余数为负商上 0
←	11.0110	0.100	r 和 q 左移一位
$+[M_y]_{补}$	00.1001		加上除数
	11.1111	0.1000	余数为负商上 0
余数校正：	00.1001		
	00.1000		

【例 3.4.22】 假定阶码用 4 位表示，求以下两种情况下的 $[x+y]_{移}$ 和 $[x-y]_{移}$。

(1) $x=+011,y=+110$；

(2) $x=-011,y=-110$。

解：

(1) 当 $x=+011,y=+110$ 时，则有

$[x]_{移}=01011,[y]_{补}=00110,[-y]_{补}=11010$

$[x+y]_{移}=[x]_{移}+[y]_{补}=10001$，结果上溢。

$[x-y]_{移}=[x]_{移}+[-y]_{补}=00101$，结果正确，为 -3。

(2) 当 $x=-011,y=-110$ 时，则有

$[x]_{移}=00101,[y]_{补}=11010,[-y]_{补}=00110$

$[x+y]_{移}=[x]_{移}+[y]_{补}=11111$，结果下溢。

$[x-y]_{移}=[x]_{移}+[-y]_{补}=01011$，结果正确，为+3。

题型 5　并行加法器及其进位链

1. 填空题

【例 3.5.1】 影响并行加法器速度的关键因素是_____。

答：并行加法器虽然可同时对数据的各位相加，但低位运算所产生的进位会影响高位的运算结果。因此，并行加法器的最长运算时间主要是由进位信号的传递时间决定的。本题答案为：进位信号的传递问题。

【例 3.5.2】 _____的加法器称并行加法器。

答：本题答案为：全加器的位数与操作数的位数。

【例 3.5.3】 _____称为进位链。

答：本题答案为：进位信号的产生与传递逻辑。

【例 3.5.4】 　①　称为进位产生函数，并以 G_i 表示；　②　称为进位传递函数，并以 P_i 表示。

答：本题答案为：① x_iy_i；② $x_i \oplus y_i$。

2. 判断题

【例 3.5.5】 在 CPU 中执行算术运算和逻辑运算，都是按位进行且各位之间是独立无关的。

答：在并行加法器中，高位的进位依赖于低位。本题答案为：错。

【例 3.5.6】 全加器和半加器的区别在于是否考虑低位向高位进位。考虑低位向本位有进位的加法器称为全加器。

答：本题答案为：对。

3. 证明题

【例 3.5.7】 试解释并行加法器中进位产生函数和进位传递函数的含义，并证明在全加器中，进位传递函数 $P=A_i+B_i=A_i \oplus B_i$。

证明：

当 x_i 与 y_i 都为 1 时，$C_i=1$，即有进位信号产生，所以将 x_iy_i 称为进位产生函数或本地进位，并以 G_i 表示。

当 $x_i \oplus y_i=1$、$C_{i-1}=1$ 时，则 $C_i=1$。这种情况可看作是当 $x_i \oplus y_i=1$ 时，第 $i-1$ 位的进位信号 C_{i-1} 可以通过本位向高位传送。因此把 $x_i \oplus y_i$ 称为进位传递函数或进位传递条件，并以 P_i 表示。

欲证明 $p=x_i+y_i=x_i \oplus y_i$，也就是要证明 $C_i=x_iy_i+(x_i \oplus y_i)C_{i-1}=x_iy_i+(x_i+y_i)C_{i-1}$。

用卡诺图法，图 3.2.1(a)和(b)分别是两个逻辑表达式的卡诺图，两个卡诺图相同，两个逻辑表达式就相等，则进位传递函数的两种形式相等。

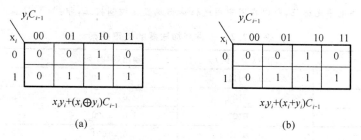

图 3.2.1　全加器的卡诺图

题型6 用集成电路SN74181芯片构成ALU

1. 选择题

【例3.6.1】 算术/逻辑运算单元74181ALU可完成_____。

A. 16种算术运算功能　　　　　B. 4位乘法运算功能和除法运算功能

C. 16种逻辑运算功能　　　　　D. 种算术运算功能和16种逻辑运算功能

答:本题答案为:D。

【例3.6.2】 使用74LSl81这种器件来构成一个16位的ALU,需要使用_____片74LS181。

A. 2　　　　　B. 4　　　　　C. 8　　　　　D.16

答:74181是4位的ALU芯片,16位的ALU需要使用4片74LS181。本题答案为:B。

【例3.6.3】 用8片74181和2片74182可组成_____。

A. 组内并行进位,组间串行进位的32位ALU

B. 二级先行进位结构的32位ALU

C. 组内先行进位,组间先行进位的16位ALU

D. 三级先行进位结构的32位ALU

答:74181是4位的ALU芯片,8片74181可构成32位的ALU。74182是先行进位芯片,与74181配合使用,可实现各种不同结构的32位ALU。由于现在只有8片74181和2片74182,所以只能构成二级先行进位结构的32位ALU(组内并、组间并、大组串)。本题答案为:B。

2. 填空题

【例3.6.4】 用74181和74182组成64位多重进位运算器,则需　①　片74181和　②　片74182。

答:因为1片74181可进行4位数的运算,所以64位运算器需要16片74181;如果采用二重进位,4片74181需1片74182,则16片74181共需4片74182;如果采用三重进位,4片74181需1片74182,16片74181需4片74182,4片74182还需1片74182,所以共需5片74182。本题答案为:①16;②4或5。

【例3.6.5】 74181是采用先行进位方式的4位并行加法器。74181能提高运算速度,是因为它内部具有　①　逻辑。74182是实现　②　进位的进位逻辑。若某计算机系统字长为64位,每4位构成一个小组,每四个小组构成一个大组,为实现小组内并行、大组内并行、大组间串行进位方式,共需要　③　片74181和　④　片74182。

答:本题答案为:①并行进位;②组间并行;③16;④4。

3. 分析设计题

【例3.6.6】 用74181设计一个2位并行十进制加法器,其输入为余3码,输出为8421码。

解:输入为余3码,输出为8421码的十进制加法器的校正关系如表3.2.2所示。根据以上校正关系用74181实现的输入为余3码,输出为8421码的十进制加法器单元电路如图3.2.2所示,由于74181的进位是低电平有进位,高电平无进位,所以在图中用进位输出端直接控制校正,即:加1010。

表3.2.2　十进制加法器的校正关系

十进制数	输入(余3码)	输出(8421码)	校正
0	0　0011	0　0110	
1	0　0100	0　0111	无进位减6
2	0　0101	0　1000	(+1010)
3	0　0110	0　1001	
4	0　0111	0　1010	
5	0　1000	0　1011	

十进制数	输入(余3码)	输出(8421码)	校正
6	0　1001	0　1100	
7	0　1010	0　1101	无进位减6
8	0　1011	0　1110	(+1010)
9	0　1100	0　1111	
10	1　0011	1　0000	
11	1　0100	1　0001	
12	1　0101	1　0010	
13	1　0110	1　0011	
14	1　0111	1　0100	
15	1　1000	1　0101	有进位
16	1　1001	1　0110	不修正
17	1　1010	1　0111	
18	1　1011	1　1000	
19	1　1100	1　1001	

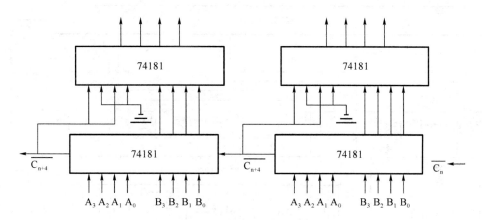

图 3.2.2　2 位并行十进制加法器

【例 3.6.7】 用 74181 和 74182 设计如下三种方案的 32 位 ALU：

(1) 行波进位方式

(2) 两重进位方式

(3) 三重进位方式

解：

(1) 行波进位方式如图 3.2.3 所示。

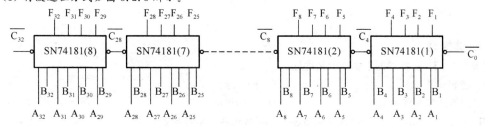

图 3.2.3　32 位行波进位方式的 ALU

（2）两重进位方式如图 3.2.4 所示。

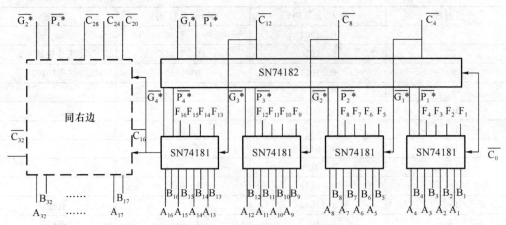

图 3.2.4　32 位两重进位方式的 ALU

（3）三重进位方式如图 3.2.5 所示。

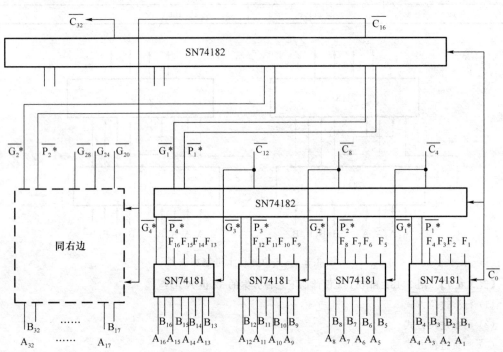

图 3.2.5　32 位三重进位方式的 ALU

题型 7　运算部件

1. 选择题

【例 3.7.1】　运算器的主要功能是进行_____。

A. 逻辑运算　　　　　　　　　　　B. 算术运算

C. 逻辑运算和算术运算　　　　　　D. 只作加法

答：ALU 部件主要完成加减法算术运算以及逻辑运算。本题答案为：C。

【例 3.7.2】　运算器虽由许多部件组成，但核心部分是_____。

A. 数据总线　　　　　　　　　　B. 算术逻辑运算单元

C. 多路开关　　　　　　　　　　D. 累加寄存器

答:本题答案为:B。

【例3.7.3】 在定点二进制运算器中,减法运算一般通过_____来实现。

A. 原码运算的二进制减法器　　　B. 补码运算的二进制减法器

C. 补码运算的十进制加法器　　　D. 补码运算的二进制加法器

答:在定点二进制运算器中,减法运算一般通过补码运算的二进制加法器来实现的。本题答案为:D。

【例3.7.4】 在定点运算器中,无论采用双符号位还是单符号位,必须有_____,它一般用_____来实现。

A. 译码电路,与非门　　　　　　B. 编码电路,或非门

C. 溢出判断电路,异或门　　　　D. 移位电路,与或非门

答:本题答案为:C。

【例3.7.5】 ALU属于_____部件。

A. 运算器　　　B. 控制器　　　C. 存储器　　　D. 寄存器

答:本题答案为:A。

【例3.7.6】 加法器采用先行进位的目的是_____。

A. 提高加法器的速度　　　　　　B. 快速传递进位信号

C. 优化加法器结构　　　　　　　D. 增强加法器功能

答:本题答案为:A,B。

【例3.7.7】 组成一个运算器需要多个部件,但下面所列_____不是组成运算器的部件。

A. 状态寄存器　　B. 数据总线　　C. ALU　　　　D. 地址寄存器

答:地址寄存器并不是组成运算器的部件。本题答案为:D。

2. 填空题

【例3.7.8】 定点运算器中,一般包括　①　、　②　、　③　、　④　和　⑤　等。

答:本题答案为:①ALU;②寄存器;③多路选择器;④移位器;⑤数据通路。

【例3.7.9】 ALU的基本逻辑结构是_____加法器,它比行波进位加法器优越,具有先行进位逻辑,不仅可以实现高速运算,还能完成逻辑运算。

答:本题答案为:快速进位。

【例3.7.10】 浮点运算器由　①　和　②　组成,它们都是定点运算器,　②　要求能进行　③　运算。

答:本题答案为:① 阶码运算器;② 尾数运算器;③ 加减乘除。

3. 判断题

【例3.7.11】 运算器不论是复杂的还是简单的,都有一个状态寄存器,状态寄存器是为计算机提供判断条件,以实现程序转移。

答:本题答案为:对。

【例3.7.12】 加法器是构成运算器的基本部件,为提高运算速度,运算器一般都采用串行加法器。

答:加法器是构成运算器的基本部件,为提高运算速度,加法器一般都采用并行加法器。本题答案为:错。

4. 简答题

【例3.7.13】 简述运算器的功能。

答:运算器的主要功能是完成算术及逻辑运算,它由ALU和若干寄存器组成。ALU负责执行各种数据运算操作;寄存器用于暂时存放参与运算的数据以及保存运算状态。

【例3.7.14】 试述先行进位解决的问题及基本思想。

答：先行进位解决的问题是进位的传递速度。其基本思想是：让各位的进位与低位的进位无关，仅与两个参加操作的数有关。由于每位的操作数是同时给出的，各进位信号几乎可以同时产生，和数也随之产生，所以先行进位可以提高进位的传递速度，从而提高加法器的运算速度。

5. 分析设计题

【例3.7.15】 一台计算机由运算器、存储器、输入/输出设备和控制器五大部件组成，试画出以运算器为中心的系统结构与以存储器为中心的系统结构示意图。

解：以运算器为中心的系统结构示意图如图3.2.6所示。以存储器为中心的系统结构示意图如图3.2.7所示。

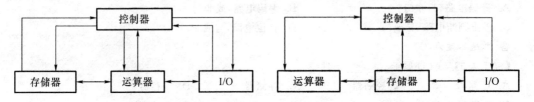

图3.2.6 以运算器为中心的结构示意图　　　图3.2.7 以存储器为中心的结构示意图

【例3.7.16】 用D触发器、与或门、三态门构成的寄存器如图3.2.8所示，它具有接收数据、发送数据和左右移位的功能，控制信号有A、B、C、D、P。试说明：

(1) 接收数据时，它需要什么控制信号？

(2) 左移数据时，它需要什么控制信号？

(3) 右移数据时，它需要什么控制信号？

(4) 发送数据时，它需要什么控制信号？

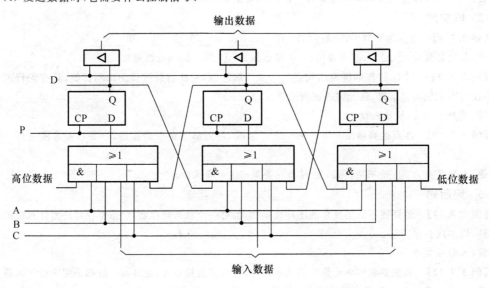

图3.2.8 用D触发器、与或门、三态门构成的寄存器

解：

(1) 接收数据时，它需要B＝1和P时钟；

(2) 左移数据时，它需要C＝1和P时钟；

(3) 右移数据时，它需要A＝1和P时钟；

(4) 发送数据时，它需要D＝1。

【例 3.7.17】 图 3.2.9 所示的运算器如何完成下列操作,请写出操作步骤。

① $(R_0)-(R_1)\to R_0$　　　② $(R_0)-1\to R_0$

③ $(R_0)+1\to R_0$　　　④ $2(R_0)\to R_0$

⑤ $-(R_0)\to R_0$　　　⑥ (R_0) AND $(R_1)\to R_0$

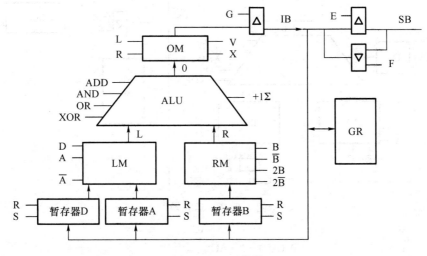

图 3.2.9　运算器

解:

① $(R_0)-(R_1)\to R_0$ 的操作步骤:

$(R_0)\to IB\to A$;$(A)\to RM(A)\to ALU.L$

$(R_1)\to IB\to B$;$(\overline{B})\to RM(\overline{B})\to ALU.R$

G 门开,ADD,$+1\sum$;ALU.$O\to OM(V)\to IB\to R_0$

② $(R_0)-1\to R_0$ 的操作步骤:

$(R_0)\to IB\to A$;$(A)\to LM(A)\to ALU.L$

"全1"$\to B$;$(B)\to RM(B)\to ALU.R$

G 门开,ADD,ALU.$O\to OM(V)\to IB\to R_0$

③ $(R_0)+1\to R_0$ 的操作步骤:

$(R_0)\to IB\to A$;$(A)\to LM(A)\to ALU.L$

$0\to B$;$(B)\to RM(B)\to ALU.R$

G 门开,ADD,$+1\sum$,ALU.$O\to OM(V)\to IB\to R_0$

④ $2(R_0)\to R_0$ 的操作步骤:

$(R_0)\to IB\to A$;$(A)\to RM(A)\to ALU.L$

$0\to B$;$(B)\to RM(B)\to ALU.R$

G 门开,ADD,ALU.$O\to OM(L)\to IB\to R_0$

⑤ $-(R_1)\to R_1$ 的操作步骤:

$(R_1)\to IB\to A$;$(A)\to LM(\overline{A})\to ALU.L$

$0\to B$;$(B)\to RM(B)\to ALU.R$

G 门开,ADD,$+1\sum$,ALU.$O\to OM(V)\to IB\to R_0$

⑥ (R_0) AND $(R_1)\to R_0$ 的操作步骤:

$(R_0)\to IB\to A$;$(A)\to RM(A)\to ALU.L$

$(R_1)\to IB\to B$;$(B)\to RM(B)\to ALU.R$

G 门开,AND,ALU. O→OM(V)→IB→R_0

【例 3.7.18】 图 3.2.10 所示的运算器如何完成下列操作,请写出操作步骤。

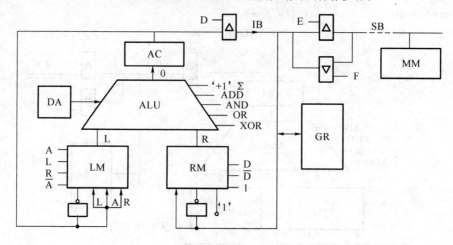

图 3.2.10 运算器

① (R_0)→AC 　　　　　　② (AC)−(R_1)→AC

③ (AC)+1→AC 　　　　　　④ (AC)−1→AC

⑤ (AC)/2 →AC 　　　　　　⑥ (AC) AND (R_0) →AC

⑦ −(AC)→AC

解:

① (R_0)→AC 的操作步骤:

(R_0) →IB→RM(D)→ALU. R

0→ALU. L(LM 的任何信号都不加,即与或门的所有与门都封死,输出端便得到全 0)

ADD;ALU. O→AC

② (AC)−(R_1)→AC 的操作步骤:

(R_1) → IB → RM($\overline{D}$)→ALU. R;(AC)→LM(A)→ALU. L;+1Σ

ADD;ALU. O→AC

③ (AC)+1→AC 的操作步骤:

(AC)→LM(A) →ALU. L;0→ALU. R;ADD;+1Σ;ALU. O→AC

④ (AC)−1→AC 的操作步骤:

(AC) →LM(A)→ALU. L;RM(1) →ALU. R;ADD;ALU. O→AC

⑤ (AC)/2 →AC 的操作步骤:

(AC) →LM(R) →ALU. L;RM(0) →ALU. R;ADD;ALU. O→AC

⑥ (AC) AND (R_0) →AC 的操作步骤:

(R_0) → IB → RM(D)→ALU. R;(AC)→LM(A)→ALU. L;AND;ALU. O→AC

⑦ −(AC)→AC 的操作步骤:

(AC)→LM($\overline{A}$)→ALU. L;RM(1) →ALU. R;ADD;ALU. O→AC

【例 3.7.19】 设某运算器只由一个加法器和 A、B 两个 D 型边沿寄存器组成,A、B 均可接收加法器输出,A 还可接收外部数据,如图 3.2.11 所示。问:

(1) 外部数据如何才能传送到 B?

(2) 如何实现 A+B→A 和 A+B→B?

(3) 如何估算加法执行时间?

(4) 若 A、B 均为锁存器,实现 A+B→A 和 A+B→B 有何问题?

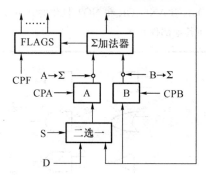

图 3.2.11　运算器

解:

(1) 外部数据传送到 B 的操作:S 选 D,CPA,A→$\sum$,M,CPB。

(2) 实现 A+B→A 的操作:A→$\sum$,B→$\sum$,+,S 选 $\sum$,CPA,实现 A+B→B 的操作:A→$\sum$,B→$\sum$,+,CPB。

(3) 影响加法速度的关键因素是进位信号的传递问题,所以估算加法执行时间要看 $\sum$ 加法器采用何种进位方式,分析进位信号的产生时间。

(4) 寄存器一般采用边沿触发,而锁存器采用电平触发,加法器是没有记忆功能的电路,有输入便有输出,所以若 A,B 均为锁存器,实现 A+B→A 和 A+B→B 会在触发电平持续的时间内重复运算,从而出现错误。

【例 3.7.20】 设计 8 位字长的基本二进制加减法器。

解:

设字长为 8 位,两个操作数为 $[x]_补 = x_0. x_1 x_2 \cdots x_7$,$[y]_补 = y_0. y_1 y_2 \cdots y_7$

其中,x_0、y_0 位为符号位,基本的二进制加减法器的逻辑框图如图 3.2.12 所示。图中 P 端为选择补码加减法运算的控制端。做加法时,P 端信号为 0,$y_i(i=0,1,\cdots,7)$ 分别送入相应的一位加法器 $\sum i$,实现加法运算;减法运算时,P 端信号为 1,$y_i(i=0,1,\cdots,7)$ 分别送入相应的一位加法器 $\sum i$,同时 $C_0=1$,即送入加法器的数做了一次求补操作,经加法器求和便实现了减法运算。$S_0 \sim S_7$ 为和的输出端。这里采用变形补码运算,最左边一位加法器 $\sum_0$ 是为判断溢出而设置的,V 端是溢出指示端。寄存器 C 寄存第一符号位产生的进位,也就是变形补码的模。

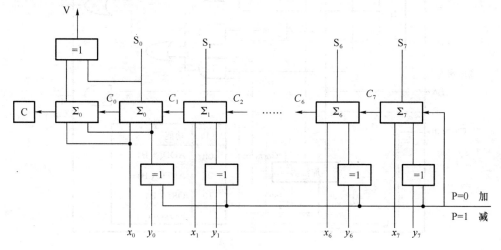

图 3.2.12　基本二进制补码加减法的实现逻辑框图

【例 3.7.21】 设计一个 1 位 ALU,完成一位加法、AND、OR 和 NOT 操作。输入为 A、B,输出为 Z。当加法运算时,有进位输出 CarryOut;当 AND、OR 和 NOT 操作时,CarryOut 为 0。在图 3.2.13 上通过连线完成上述设计(注:不能添加任何其他部件)。

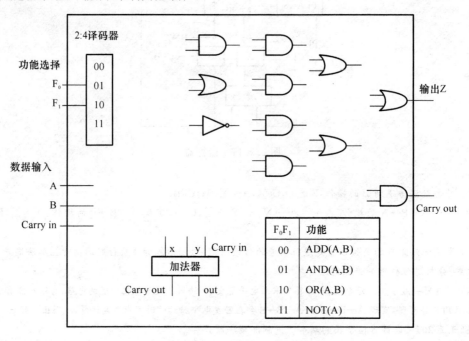

图 3.2.13 1 位 ALU 所需器件

解:

根据功能表的要求,实现该功能的完整框图如图 3.2.14 所示。

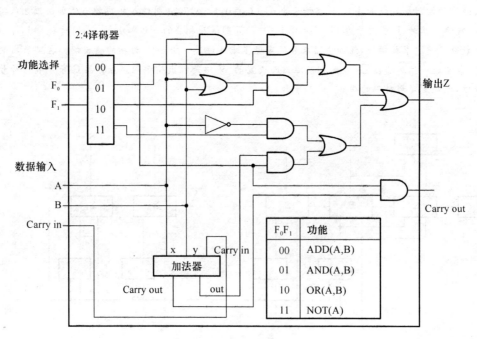

图 3.2.14 1 位 ALU 连接图

【**例 3.7.22**】 4 位运算器框图如图 3.2.15 所示,ALU 为算术逻辑单元,A 和 B 为三选一多路开关,预先已通过多路开关 A 的 SW 门向寄存器 R_1、R_2 送入数据如下:$R_1=0101$、$R_2=1010$,寄存器 BR 输出端接四个发光二极管进行显示。其运算过程依次如下:

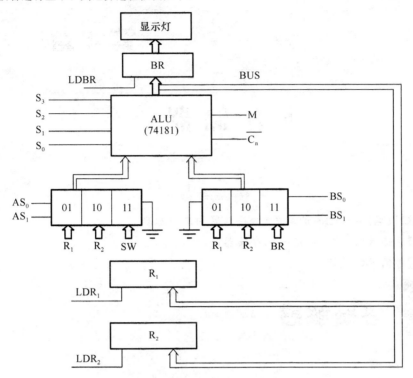

图 3.2.15 4 位运算器框图

(1) $R_1(A)+R_2(B)\rightarrow BR(1010)$;
(2) $R_2(A)+R_1(B)\rightarrow BR(1111)$;
(3) $R_1(A)+R_1(B)\rightarrow BR(1010)$;
(4) $R_2(A)+R_2(B)\rightarrow BR(1111)$;
(5) $R_2(A)+BR(B)\rightarrow BR(1111)$;
(6) $R_1(A)+BR(B)\rightarrow BR(1010)$;

试分析运算器的故障位置与故障性质("1"故障还是"0"故障),说明理由。

解:

运算器的故障位置在多路开关 B,其输出端始终为 R_1 的值。分析如下:

(1) $R_1(A)+R_2(B)=1010$,输出结果错;
(2) $R_2(A)+R_1(B)=1111$,结果正确,说明 $R_2(A)$、$R_1(B)$ 无错。
(3) $R_1(A)+R_1(B)=1010$,结果正确,说明 $R_1(A)$、$R_1(B)$ 无错。由此可断定 ALU 和 BR 无错。
(4) $R_2(A)+R_2(B)=1111$。结果错。由于 $R_2(A)$ 正确,且 $R_2(A)=1010$,本应 $R_2(B)=1010$,但此时推知 $R_2(B)=0101$,显然,多路开关 B 有问题。
(5) $R_2(A)+BR(B)=1111$,结果错。由于 $R_2(A)=1010$,$BR(B)=1111$,但现在推知 $BR(B)=0101$,证明开关 B 输出有错。
(6) $R_1(A)+BR(B)=1010$,结果错。由于 $R_1(A)=0101$,本应 $BR(B)=1111$,但现在推知 $BR(B)=0101$,仍证明开关 B 出错。

综上所述,多路开关 B 输出有错。故障性质:多路开关 B 输出始终为 0101。这有两种可能:一是控制信号 BS_0,BS_1 始终为 01,故始终选中寄存器 R_1;二是多路开关 B 电平输出始终嵌在 0101 上。

第4章

主 存 储 器

【基本知识点】存储元的读写原理、存储器的工作原理。

【重点】存储器的扩展、动态随机存储器的刷新。

【难点】存储器的设计。

4.1 答疑解惑

4.1.1　什么是存储器

1. 基本概念

- 存储介质——能表示二进制数 1 和 0 的物理器件。

- 存储元——存储 1 位二进制代码信息的器件。

- 存储单元——若干个存储元的集合,它可以存放一个字或一个字节。

- 存储体——若干个存储单元的集合。

- 地址——存储单元的编号。

- 存储器——存储器是存放程序和数据的部件。

- SRAM(Static Random Access Memory)——静态随机存储器。

- DRAM(Dynamic Random Access Memory)——动态随机存储器。

- ROM(Read Only Memory)——只读存储器。

2. 储器简介

构成存储器的材料主要有半导体与磁介质两种。半导体存储器又有双极型与 MOS 型两种类型:双极型半导体存储器的存储速度比 MOS 型半导体存储器快,而 MOS 型半导体存储器比双极型存储器的容量要大。磁介质存储器有很大的容量,但它的速度慢,常见的磁介质存储器有磁盘、磁带、激光盘存储器等。光盘比磁盘的容量更大。

通常将存储器划分为内存储器和外存储器两种。一般情况下,都是使用半导体存储器做内存储器,使用磁介质存储器做外存储器。

内存储器是计算机必不可少的组成部分,当前计算机正在执行的程序和数据(除了暂存于 CPU 内部寄存器以外的所有原始数据、中间结果和最后结果)均存放在内存储器中。CPU 直接从内存储器取指令或存取数据。在计算机工作过程中,CPU 不断地访问内存储器。外存储器不直接参与计算机的运算,它存放 CPU 当前不使用的程序和数据,外存储器只能通过内存储器向 CPU 提供程序和数据。通常外存储器的容量远远大于内存储器。外存储器中的信息可以长期保存,不因存储器掉电而失去。

在计算机工作过程中,既能读又能写的存储器,称为可读写存储器(也被称为随机存储器,即 RAM,Random Access Memory);只能读不能写的存储器,称为只读存储器,即 ROM(Read only Memory)。通常计算机的内存储器由 RAM 和 ROM 两部分组成。随机存储器指通过指令可以随机地、个别地对各个存储单元进行访问,一般访问所需的时间基本固定,而与存储单元地址无关。ROM 中的程序和数据是事先存入的,在工作过程中不能改变,这种事先存入的信息不因掉电而丢失,因此 ROM 常用来存放计算机监控程序、基本输入/输出程序等系统程序和数据。RAM 中的信息掉电就会消失,它主要用来存放应用程度和数据。

计算机系统中广义的存储器包括 CPU 内部寄存器、高速缓存(Cache)、内存储器和外存储器,其存取速度依次降低,存储成本也依次降低。

3. 主存储器分类

主存储器的分类如图 4.1.1 所示。

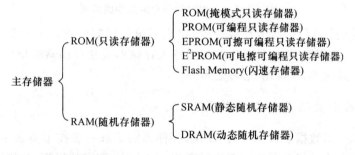

图 4.1.1　主存储器分类

上述各种存储器,除了 RAM 以外,即使停电,仍然保释其内容,称之为"非易失性存储器",而 RAM 为"易失性存储器"。

4.1.2　主存储器的技术指标有哪些?

1. 存储容量

存储容量是指存储器系统能容纳的二进制总位数,常用字节数或单元数×位数两种方法来描述。这两种表示方法是等价的。

(1) 字节数

若主存按字节编址,即每个存储单元有 8 位,则相应地用字节数表示存储容量的大小。1KB=1 024B,1MB=1K×1K=1 024×1 024B,1 GB=1KMB=1 024×1 024×1 024B。

(2) 单元数×位数

若主存按字编址,即每个存储单元存放一个字,字长超过 8 位,则存储容量用单元数×

位数来描述。

例如,机器字长 32 位,其存储容量为 4MB,若按字编址,那么它的存储容量可表示成 1MW。

2. 存取速度

(1) 存取时间 T_a

存取时间是指从启动一次存储器操作到完成该操作所经历的时间。

(2) 存取周期 T_m

存取周期又称读写周期或访问周期,它是指存储器进行一次完整的读写操作所需的全部时间,即连续两次访问存储器操作之间所需要的最短时间。

一般情况下 $T_m > T_a$。这是因为对任何一种存储器,在读写操作之后,总要有一段恢复内部状态的复原时间。对于破坏性读出的存储器,存取周期往往比存取时间要大得多,甚至可以达到 $T_m = 2T_a$,这是因为存储器中的信息读出后需要马上进行再生。

存取时间与存取周期的关系如图 4.1.2 所示。

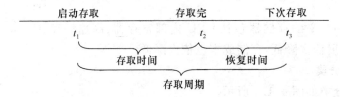

图 4.1.2 存取时间与存取周期的关系

存取周期的倒数 $1/T_m$ 称为存取速度,它表示单位时间内能读写存储器的最大次数。$1/T_m$ 乘以存储总线宽度 W 就是单位时间内写入存储器或从存储器取出信息的最大数量,称为最大数据传送速率,单位用位/秒表示。

4.1.3 存储器中数据是如何存放的?

目前计算机所用数据字长一般为 32 位,存储器的地址一般按字节表示,一个字节是 8 个二进制位。计算机的指令系统可支持对字节、半字、字、双字的运算,有些计算机有位处理指令。为便于硬件实现,一般要求多字节数据对准边界,当所存数据不能满足此要求时,则填充一个至多个空白字节。也有的计算机不要求对准边界,但可能增加访问存储器次数。在数据对准边界的计算机中,当以二进制来表示地址时,半字地址的最低位恒为零,字地址的最低两位为零,双字地址的最低三位为零。

4.1.4 什么是随机存储器?

从工作原理看,RAM 分静态 RAM 和动态 RAM 两类。静态 RAM 在不断电的情况下,信息可以长时间保存,不需要刷新,外围电路比较简单。而动态 RAM 存储的信息,不能长时间保留,需要不断地刷新,而且需要比较复杂的刷新电路。静态 RAM 的工作速度一般要比动态 RAM 速度高。静态 RAM 功耗大,集成度低,而动态 RAM 正好相反。

构成静态 RAM 的元件可分为双极型和 MOS 型两类,构成动态 RAM 的元件只有 MOS 一种。双极型 RAM 存取速度高,但集成度低、成本高、功耗大,主要用于速度要求高的微计算机中。动态 MOS 型 RAM,集成度高、功耗低、价格便宜,适于做大容量的存储器。

而静态 MOS 型 RAM 的集成度、功耗、成本、速度等指标介于双极型 RAM 和动态 MOS 型 RAM 之间,它功耗率低,而又不需要刷新,易于用电池做后备电源。

4.1.5 什么是静态随机存储器?

存储元是存储器中最小的存储单位,它的基本作用是存储一位二进制信息。作为存储元的材料或电路,须具备以下基本功能:

- 具有两种稳定状态。
- 两种稳定状态经外部信号控制可以相互转换。
- 经控制,能读出其中的信息。
- 无外部原因,其中的信息能长期保存。

静态 MOS 存储元 T_1、T_2、T_3、T_4 组成的双稳态触发器保存信息时,能长期保持信息的状态不变,是因为电源通过 T_3、T_4 不断供给 T_1 或 T_2 电流的缘故。其特点是当供电电源切断时,原来保存的信息也消失。

六管静态存储元的结构图如图 4.1.3 所示。

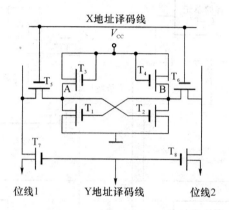

图 4.1.3 六管静态存储元电路

图中 T_1、T_2 为工作管;T_3、T_4 为负载管;T_5、T_6、T_7、T_8 为控制管。

两个稳态:T_1 导通,T_2 截止为"1"态;T_2 导通,T_1 截止为"0"态。

工作原理:

(1) 保持状态(X、Y 译码线至少有一个为低电平)

保持"1"态: T_1 导通→A   低保持"0"态: T_2 导通→B 低

                  ↑   ↓   ↑   ↓

         B 高←T_2 截止   A 高←T_1 截止

(2) 写入状态(X、Y 译码线均为高电平,即 T_5、T_6、T_7、T_8 均导通)

写"1":位线 2 为高电平→B 高→T_1 导通

        位线 1 加低电平→A 低→T_2 截止

写"0":位线 2 为低电平→B 低→T_1 截止

        位线 1 加高电平→A 高→T_2 导通

(3) 读出状态(X、Y 译码线均为高电平,即 T_5、T_6、T_7、T_8 均导通)

读"1"(T_2 截止、T_1 导通):V_{cc} 经 T_4 到 T_6、T_8 使位线 2 有电流。

读"0"（T_1 截止、T_2 导通）：V_{CC} 经 T_3 到 T_5、T_7 使位线 1 有电流。

所以，不同的位线上的电流使放大器读出不同的信息"1"和"0"。

4.1.6 什么是静态 MOS 存储器？

1. 存储体

存储体用来存储信息，它由静态 MOS 存储元组成，采用二维矩阵的连接方式。假定 X 方向有 m 根选择线，Y 方向有 n 根选择线，则存储矩阵为 $m \times n$，在每个 X、Y 选择线的交叉点有一个存储元。

一个 4×4 的存储矩阵的结构如图 4.1.4 所示，其中的存储元如图 4.1.4 所示。

在图 4.1.4 中，存储矩阵 $4 \times 4 = 16 \times 1$ 位，是指 16 个字的同一位，若用 8 个同样的存储矩阵，则可组成 16 个字、字长为 8 位的存储体。

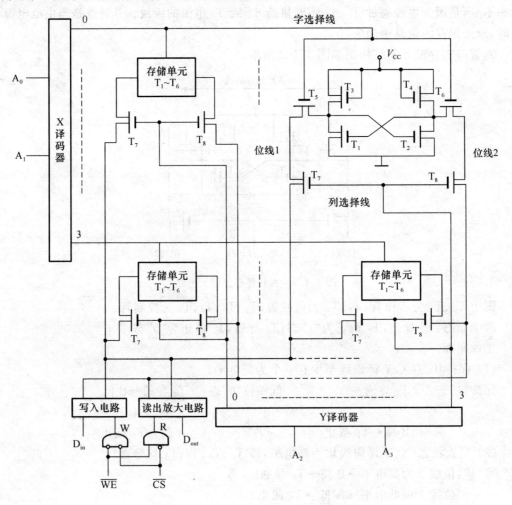

图 4.1.4　双译码结构的存储矩阵框图

2. 地址译码器

地址译码器的设计方案有两种：一种是单译码，适用于小容量存储器；另一种是双译码。

（1）单译码

单译码结构中,地址译码器只有一个,译码器的输出选择对应的一个字。若地址线数 $n=2$,译码后可输出 $2^2=4$ 个状态,对应 4 个地址,每个地址中存一个 4 位的字。

这种结构有一个缺点,就是当 n 较大时,译码器将变得复杂而庞大,使存储器的成本迅速上升,性能下降。例如,$n=12$ 时,译码器输出对应 2^{12} 根选择线,每根选择线还要配一个驱动器。所以,单译码结构只适用于小容量存储器。

字线选择某个字的所有位。图 4.1.5 是一种单译码结构的存储器,它是一个 16 字 8 位的存储器,共有 128 个基本电路,排成 16 行×8 列,每一行对应一个字,每一列对应其中的一位。即每一行（8 个基本电路）的选择线是公共的;每一列（16 个电路）的数据线也是公共的。存储电路可采用 6 管静态存储电路,或四管动态存储电路。

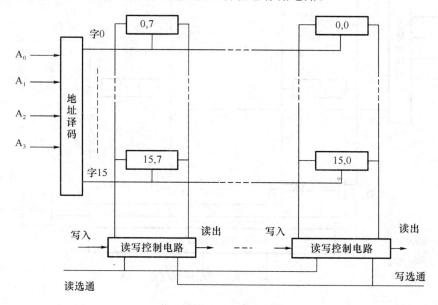

图 4.1.5 单译码器电路

数据线通过读、写控制电路与数据输入（即写入）端或数据输出（即读出）端相连,根据读、写控制信号,对被选中的单元进行读出或写入。存储器有 16 个字,故地址译码器输入线有四根 A_0、A_1、A_2、A_3,可以给出 $2^4=16$ 个状态,分别控制 16 个字选择线。如若地址信号为 0000,则选中第一条字线,若为 1111,是选中第 16 条字线。

（2）双译码

采用双译码地址,可以减少地址选择线的数目。在双译码结构中,地址译码器分成两个。若每一个译码器有 $n/2$ 个输入端,就可以有 $2^{n/2}$ 个输出状态,两个地址译码器就共有 $2^{n/2} \times 2^{n/2} = 2^n$ 个输出状态,而译码器输出线却只有 $2^{n/2} + 2^{n/2} = 2 \times 2^{n/2}$ 根。若 $n=10$,双译码器的输出状态为 $2^{10}=1\,024$ 个,而译码线却只有 $2 \times 2^5 = 64$ 根,但在单译码结构中却需要 1 024 根选择线。采用双译码结构的 1 024×1 的电路如图 4.1.6 所示,其中的存储器电路可采用六管静态存储电路或四管动态存储电路。

1 024 个字排成 32×32 的矩阵,共需要 10 根地址线 $A_0 \sim A_9$,一分为二,$A_0 \sim A_4$ 输入至 X 译码器,它输出 32 条选择线,分别选择 1～32 行;$A_5 \sim A_9$,输入至 Y 译码器,它也输出

32 条选择线,分别选择 1~32 列控制线的位线控制门。若输入地址为 0000000000,X 方向由 $A_0 \sim A_4$ 译码选中了第一行,则 X_0 为高电平,因而其控制 $(0,1)$、$(0,2)$、……、$(0,31)$,32 个存储电路分别与各自的位线相连,但能否与输入/输出线相连,还要受各列的位线控制门控制。在 $A_5 \sim A_9$ 全为 0 时,Y_0 输出为"1",即选中第一列,第一列的位线控制门打开,故双向译码的结果选中了 $(0,0)$ 这一电路。还要指出一点:在双译码结构中,一条 X 方向选择线要控制挂在其上的所有存储电路(如在 1024×1 中要控制 32 个电路),故其要带的电容负载很大,译码输出需经过驱动器。

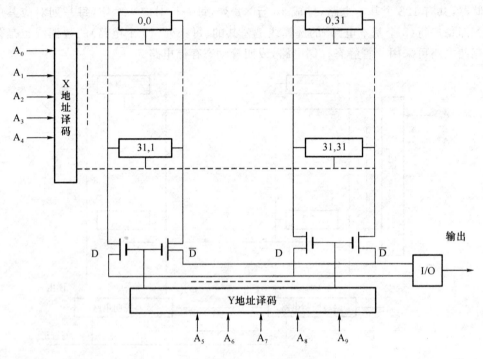

图 4.1.6　双译码器电路

3. 片选和读/写控制电路

由于一块集成芯片的容量有限,要组成一个大容量的存储器,往往需要将多块芯片连接起来使用,这就存在某个地址要用到某些芯片,而其他芯片暂时不用的问题,这就是所谓片选。只有片选信号($\overline{CS}$)有效时,该芯片才被选中,此片所连的地址线才有效,才能对它进行读或写操作。在图 4.1.4 中,片选和读/写控制电路的控制原理如下:

$\overline{CS}=0$ 时,若 $\overline{WE}=0$,则 $W=1$,控制写入电路进行写入;若 $\overline{WE}=1$,则 $R=1$,控制读出电路进行读出。

$\overline{CS}=1$ 时,$R=0$,$W=0$,读与写均不能进行。

4.1.7　什么是静态 MOS 存储器芯片?

RAM 存储器芯片有多种型号,其地址线的引脚数与存储芯片的单元数有关,数据线的引脚数与存储芯片的字长有关。另外,每一芯片必须有一片选信号 $\overline{CS}$,对于 RAM 存储器芯片还必须有一读/写信号 $\overline{WE}$,加上电源线、地线组成芯片的所有引脚。

存储器芯片的地址范围是其地址线从全"0"到全"1"的所有编码。

4.1.8　什么是存储器的读、写周期？

在与中央处理器连接时，CPU 的时序与存储器读、写周期之间的配合问题是非常重要的。对于已知的 RAM 存储芯片，读写周期是已知的。

1. 读周期

RAM 芯片的读周期时序波形如图 4.1.7 所示。

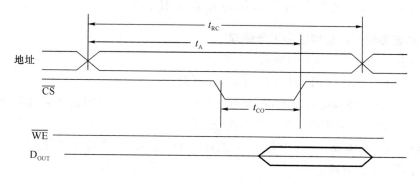

图 4.1.7　RAM 芯片的读周期时序波形图

从给出有效地址到读出所选中单元的内容在外部数据总线上稳定地出现，其所需的时间 t_A 称为读出时间。

读周期与读出时间是两个不同的概念，读周期 t_{RC} 表示存储芯片进行两次连续读操作时所必须间隔的时间，它总是大于或等于读出时间。

片选信号 $\overline{CS}$ 必须保持到数据稳定输出，t_{CO} 为片选的保持时间。

在读周期中，$\overline{WE}$ 为高电平。

2. 写周期

RAM 芯片的写周期时序波形如图 4.1.8 所示。

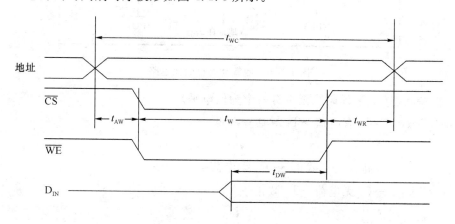

图 4.1.8　RAM 芯片的写周期时序波形图

要实现写操作，必须要求片选 $\overline{CS}$ 和写命令 $\overline{WE}$ 信号都为低。

要使数据总线上的信息能够可靠地写入存储器，要求 $\overline{CS}$ 信号与 $\overline{WE}$ 信号相"与"的宽度至少应为 t_W。

为了保证在地址变化期间不会发生错误写入而破坏存储器的内容，$\overline{WE}$信号在地址变化期间必须为高。

为了保证有效数据的可靠写入，地址有效的时间至少应为 $t_{WC}=t_{AW}+t_W+t_{WR}$。

为了保证$\overline{WE}$和$\overline{CS}$变为无效前能把数据可靠地写入，要求数据线上写入的数据必须在t_{DW}以前已经稳定。

4.1.9 动态随机存储器存储元的读写原理是什么？

1. 管动态存储元的结构图和工作原理

四管动态存储元的结构图如图 4.1.9 所示。

图中 T_1、T_2 为工作管；T_5、T_6、T_7、T_8 为控制管。

由于 MOS 管的栅极电阻很大，故泄漏电流很小，在一定时间内这些信息电荷可以维持住，所以动态存储元是利用栅极电容来存储信息的。

两个稳态：C_1 有电荷，C_2 无电荷为"0"态；C_2 有电荷，C_1 无电荷为"1"态。

下面说明其工作原理。

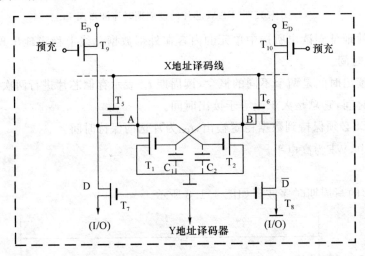

图 4.1.9 四管动态存储元电路

(1) 保持状态(X、Y 译码线至少有一个为低电平)：

保持"0"态：→C_1 有电荷→T_1 导通→A 低

B 高 ← T_2 截止 ← C_2 无电荷

保持"1"态：→C_1 无电荷→T_1 截止→A 高

B 低 ← T_2 导通 ← C_2 有电荷

(2) 写入状态(X、Y 译码线均为高电平，即 T_5、T_6、T_7、T_8 均导通)：

写"1"：I/O 线加高电平→A 高→C_2 充电→T_2 导通

$\overline{I/O}$线为低电平→B 低→C_1 放电→T_1 截止

写"0"：I/O 线加低电平→A 低→C_2 放电→T_2 截止

$\overline{I/O}$ 线为高电平→B 高→C_1 充电→T1 导通

（3）读出状态（X、Y 译码线均为高电平，即 T_5、T_6、T_7、T_8 均导通并预充信号为高，T_9、T_{10} 导通）：

读"1"（C_2 有电荷，C_1 无电荷）：预充信号通过 T_9 到 T_5、T_2 对 C_2 补充电荷→T_2 导通→B 低→C_1 无电荷→T_1 截止→A 高→D 线为高。

读"0"（C_1 有电荷，C_2 无电荷）：预充信号通过 T_{10} 到 T_6、T_1 对 C_1 补充电荷→T_1 导通→A 低→D 线为低。

所以，通过判断 D 线的高低即可判断读出的是"1"信息还是"0"信息，同时还刷新了所读的存储元。

（4）刷新操作（X 译码线为低电平，即 T_5、T_6 导通，同时预充信号为高，T_9、T_{10} 导通）

C_2 有电荷，C_1 无电荷：预充信号通过 T_9 到 T_5、T_2 对 C_2 补充电荷。

C_1 有电荷，C_2 无电荷：预充信号通过 T_{10} 到 T_6、T_1 对 C_1 补充电荷。

由于刷新时不加 Y 译码信号，所以刷新时不读出；但读出时可以刷新。

2．单管动态存储元的结构图和工作原理

为了进一步缩小存储器的体积，提高它们的集成度，动态存储元被由四管简化到三管单元，最后简化到单管单元。单管动态存储元电路如图 4.1.10 所示，它由一个管子和一个电容 C 构成。

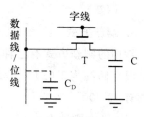

图 4.1.10　单管动态存储元

写入：字选择线为"1"，T 管导通，写入信息由位线（数据线）存入电容 C 中。

读出：字选择线为"1"，存储在电容 C 上的电荷通过 T 输出到数据线上，通过读出放大器即可得到存储信息。

单管电路的元件数量少，集成度高，但因读"1"和"0"时，数据线上的电平差别很小，所以需要有高鉴别能力的读出放大器配合工作，故外围电路比较复杂。

4.1.10　动态随机存储器（DRAM）的特点有哪些？

DRAM 有以下特点：

- DRAM 中数据输入线与数据输出线是分开的。
- 它有 $\overline{WE}$ 控制信号，而没有 $\overline{CS}$ 片选信号，扩展时用 $\overline{RAS}$ 信号代替 $\overline{CS}$ 信号。
- 地址线引脚只引出一半，因此内部有两个锁存器。在对存储器存取时，总是先由行地址选通信号 $\overline{RAS}$ 将行地址送至 DRAM 内部的行地址锁存器，再由列地址选通信号 $\overline{CAS}$ 将列地址送至 DRAM 内部的列地址锁存器，然后再进行读/写操作。行地址选通信号 $\overline{RAS}$ 和列地址选通信号 $\overline{CAS}$ 在时间上错开进行复用。
- 地址线也作刷新用。
- 刷新和地址的两次输入是 DRAM 最突出的特点。SRAM 则不同，由于 SRAM 是以双稳态电路为存储单元的，因此不需要刷新。

4.1.11 动态随机存储器的刷新有哪些方式?

1. 刷新

动态存储元是依靠栅极电容上有无电荷来表示信息的,但电容的绝缘电阻不是无穷大,因而电荷会泄漏掉。通常,MOS 管栅极电容上的电荷只能保持几毫秒。为了使已写入存储器的信息保持不变,一般每隔一定时间必须对存储体中所有记忆单元的栅极电容补充电荷,这个过程就是刷新。

2. 动态随机存储器刷新方式

- 无论是由刷新控制逻辑产生地址逐行循环的刷新,还是芯片内部自动的刷新,都不依赖于外部的访问,刷新对 CPU 是透明的。

- 刷新通常是一行一行进行的,每一行中各记忆单元同时被刷新,故刷新操作时仅需要行地址,不需要列地址。

- 刷新操作类似于读出操作,但又有所不同。刷新操作仅给栅极电容补充电荷,不需要信息输出。另外,刷新时不需要加片选信号,即整个存储器中的所有芯片同时被刷新。

3. 刷新方式

常用的刷新方式有三种:集中式、分散式、异步式。

设存储器为 $1\,024 \times 1\,024$ 矩阵,读/写周期 $t_c = 200$ ns,刷新间隔为 2 ms,那么,在 2 ms 内就有 10 000 个 t_c。

(1) 集中刷新方式

图 4.1.11(a)为集中刷新方式的时间分配图。在 2 ms 内,前一段时间进行读/写/保持(保持状态即未选中状态,不读也不写)。后一段集中进行刷新。用于刷新的时间只需 1 024 个 t_c,且集中在后段时间,前段 8 976 个 t_c 都用来读/写/保持。

这种方式的主要缺点是在集中刷新的这段时间内不能进行存取访问,称之为死时间。

(2) 分散刷新方式

分散刷新方式如图 4.1.11(b)所示。它把系统周期 t_s 分为两半,前半段用来进行读/写/保持,后半段作为刷新时间。这种方式下,每过 1 024 个 t_s,整个存储器就刷新一次。读写周期 $t_c = 200$ ns,系统周期为 400 ns,那么,只需 409.6 μs 即可将整个存储器刷新一遍。显然,在 2 ms 内可进行多次刷新。此时因刷新过于频繁,影响了系统的速度,但它不存在死时间。这种方式不适合于高速存储器。

(3) 异步刷新方式

将以上两种方式结合起来,便形成异步刷新方式,如图 4.1.11(c)所示。它是先用要刷新的行数对 2 ms 进行分割,然后再将已分割的每段时间分为两部分,前段时间用于读/写/保持,后一小段时间用于刷新。行数为 1 024 时,可保证每隔 $2 \times 10^6 / 1\,024 \approx 1\,953$ ns 刷新一行,取刷新信号周期为 1 800 ns。这样既充分利用了 2 ms 时间,又能保持系统的高速性。

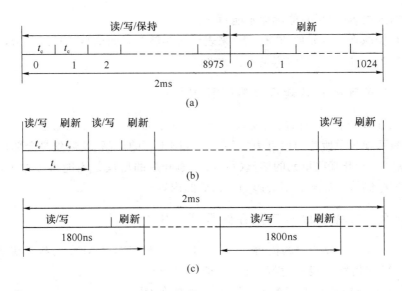

图 4.1.11　刷新方式的时间分配图

4.1.12　DRAM 与 SRAM 有何区别？

- 每片 DRAM 存储容量约是 SRAM 的 4 倍。
- DRAM 的价格比较便宜，大约只有 SRAM 的 1/4。
- 由于使用动态元件，DRAM 所需功率大约只有 SRAM 的 1/6。
- 由于电容充放电以及刷新需要一定的时间，所以 DRAM 的存取速度比 SRAM 慢。但由于 DRAM 的存储密度高而成本低、功耗小、易于封装，在微机系统中被大量用于作内存。
- DRAM 需要再生，这不仅浪费了宝贵的时间，还需要有配套的再生电路，也要用去一部分功率。
- SRAM 一般用作容量不大的高速存储器。DRAM 一般用作主存。
- 它们的共同特点是当供电电源切断时，原来保存的信息也消失。

4.1.13　什么是只读存储器？

只读存储器 ROM 中一旦有了信息，就不能轻易改变，也不会在掉电时丢失，它们在计算机系统中是只供读出的存储器。

ROM 器件有两个显著的优点：结构简单，所以位密度比可读/写存储器高；具有非易失性，所以可靠性高。但是，由于 ROM 器件的功能是只许读出，不许写入，所以，它只能用在不需要经常对信息进行修改和写入的地方。计算机系统中，一般既有 RAM 模块，也有 ROM 模块。ROM 模块中常常用来存放系统启动程序和参数表，也用来存放常驻内存的监控程序或者操作系统的常驻内存部分，甚至还可以用来存放字库或者某些语言的编译程序及解释程序。

4.1.14　什么是掩膜式只读存储器 MROM？

MROM 是通过掩膜工艺实现数据模式编程的，即掩膜编程。掩膜式 ROM 由芯片制造商在制造时写入内容,以后只能读而不能写入。

其基本存储原理是以元件的"有/无"来表示该存储单元的信息("1"或"0"),可以用二极管或晶体管作为元件,其存储内容是不会改变的。

4.1.15 什么是可编程只读存储器(PROM)?

PROM 可由用户根据自己的需要来确定 ROM 中的内容,常见的熔丝式 PROM 是以熔丝的接通和断开来表示所存的信息为"1"或"0"。刚出厂的产品,其熔丝是全部接通的,使用前,用户根据需要断开某些单元的熔丝(写入)。断开后的熔丝是不能再接通了,因此,它是一次性写入的存储器。掉电后不会影响其存储的内容。

4.1.16 什么是可擦可编程只读存储器(EPROM)?

为了能多次修改 ROM 中的内容,产生了 EPROM。EPROM 是可擦可编程的只读存储器。EPROM 采用紫外线照射擦去信息,即使要改变其中的一位,也必须把整个内容擦去。写入信息是在专用编程器上实现的。在线运行时,EPROM 仍然是一种只读存储器。其基本存储单元由一个管子组成,但与其他电路相比管子内多增加了一个浮置栅,如图4.1.12所示。

EPROM 存储器在出厂时,浮置栅中无电子,所有位线输出均为"1"信息。

写"0"时,在 D、S 间加 25V 高压,外加编程脉冲(宽50ms),被选中的单元在高压的作用下被注入电子,EPROM 管导通,位线输出"0"信息,即使掉电,信息仍保存。

图 4.1.12   EPROM 存储单元

当 EPROM 中的内容需要改写时,先将其全部内容擦除,然后再编程。擦除是靠紫外线使浮置栅上电荷泄漏而实现的。EPROM 芯片封装上方有一个石英玻璃窗口,将器件从电路上取下,用紫外线照射这个窗口,可实现整体擦除。EPROM 的编程次数不受限制。

4.1.17 什么是可电擦可编程只读存储器(E²PROM)?

E²PROM 和 EPROM 一样,是一种可多次编程的只读存储器,要擦除 E²PROM 中的内容,只需在某些引脚上加上合适的电压即可,不必像 EPROM 那样用紫外线照射,所以称其为电可擦除可编程存储器。其读写操作可按每个位或每个字节进行,类似于 SRAM,但每字节的写入周期要几毫秒,比 SRAM 长得多。E²PROM 每个存储单元采用两个晶体管。其栅极氧化层比 EPROM 薄,因此具有电擦除功能。

4.1.18 什么是闪速存储器(Flash Memory)?

Flash Memory 是在 EPROM 与 E²PROM 基础上发展起来的,它与 EPROM 一样,用单管来存储一位信息,它与 E²PROM 相同之处是用电来擦除。但是它只能擦除整个区或整个器件。

闪速存储器兼有 ROM 和 RAM 两者的性能,又有 ROM、DRAM 一样的高密度。目前价格已略低于 DRAM,芯片容量已接近于 DRAM,是唯一具有大存储量、非易失性、低价格、可在线改写和高速度(读)等特性的存储器。它是近年来发展很快很有前途的存储器。

4.1.19　什么是 ROM 芯片?

用户一般所使用的只读存储器(ROM)是 EPROM 存储器,它与 RAM 存储器芯片的区别是没有 $\overline{WE}$ 信号,但增加了一个高压输入引脚和一个编程脉冲(宽 50ms)两个写入信号。

2716 是 2K×8EPROM 芯片,因为 2K=2^{11},所以地址线 11 根;字长 8 位,所以数据线 8;加上芯片片选信号 $\overline{CS}$,高压输入引脚线、编程脉冲(宽 50ms)线、电源线、地线,该芯片引出线的最小数目为 24。

4.1.20　如何提高存储器速度?

并行读写是提高存储器速度的另一个有效手段。

4.1.21　什么是双端口存储器?

存储器在现代计算机系统中往往处于中心地位,它一方面要不断地接受 CPU 的访问;另一方面还要频繁地与众多的 I/O 设备交换信息。传统的单端口存储器只有一套主存地址寄存器(MAR)、地址译码器、主存数据寄存器(MDR)和一套读写电路,在任一时刻只能接受来自 CPU 和 I/O 其中一方的访问内存请求,是一种串行工作模式,使 CPU 与 I/O 经常面临争访主存的矛盾。

双端口随机存储器 DPARAM(Dual-Port Access RAM)正是为解决这一问题而设计的,它有两个访问端口,即两套主存地址寄存器(MAR)、地址译码器、主存数据寄存器(MDR)和两套读写电路,两个端口分别连接两套独立的总线(AB、DB 和 CB),如图 4.1.13 所示。它可同时接受来自两方面的访问内存请求,使存储器工作实现了并行,从而提高了整个计算机系统的效率。

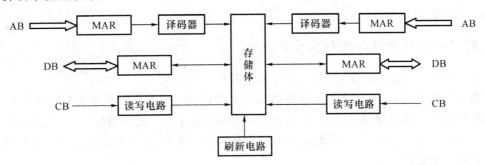

图 4.1.13　双端口存储器框图

两个访问端口独立工作互不干扰,只有当两个端口试图在同一时间内访问同一地址单元时,才会发生冲突。这时由存储器的仲裁逻辑根据两端口访问请求到达存储器的微小时间差来决定首先为哪一方服务,被延缓访问的另一方被耽误的时间很短,小于一个存取周期。

4.1.22 什么是多体交叉存储器？

CPU 的速度比存储器的速度快，假如能同时从存储器取出 n 条指令，这必然会提高机器的运行速度，多体交叉存储器就是基于这种思想提出来的。

1. 编址方式

多体交叉存储器是指存储体内有多个容量相同的存储模块，而且各存储模块都有各自独立的地址寄存器、译码器和数据寄存器。各模块可独立进行工作。交叉存取是指各个模块的存储单元交叉编址且存取时间均匀分布在一个存取时间周期内。多个模块采用交叉编址，连续的地址被安排在不同的模块中。

2. 重叠与交叉存取控制

多体交叉存储模块可以有两种不同的方式进行访问。一种是所有模块同时启动一次存储周期，相对各自的数据寄存器并行地读出或写入信息；另一种是 M 个模块按一定的顺序轮流启动各自的访问周期，启动两个相邻模块的最小时间间隔等于单模块访问周期的 $1/M$。前一种称为"同时访问"，同时访问要增加数据总线宽度；后一种称为"交叉访问"。

多体交叉存储器一般采用交叉访问方式，为了实现流水线方式存储，每通过 τ（τ 为总线传送周期）时间延迟后启动下一模块，应满足 $T=m\tau$。交叉存储器要求其模块数 $\geqslant m$，以保证启动某模块后经过 $m\tau$ 时间再次启动该模块时，它的上次存取操作已经完成。这样连续读取 m 个字所需要时间为 $t=T+(m-1)\tau$。

下面做定量分析：我们认为模块字长等于数据总线宽度，模块存取一个字的存储周期为 T，总线传送周期为 τ，存储器的交叉模块数为 m，为了实现流水线方式存取，应当满足

$$T=m\cdot\tau \quad (m=T/\tau \text{ 称为交叉存取度})$$

交叉存储器要求其模块数必须大于或等于 m，以保证启动某模块后经 $m\tau$ 时间再次启动该模块时，它的上次存取操作已经完成。这样，连续读取 m 个字所需的时间为 $t_1=T+(m-1)\tau$。而顺序方式存储器连续读取 m 个字所需时间为：$t_2=mT$，可见交叉存储器的带宽确实大大提高了。

4.1.23 如何对存储器进行容量扩展？

为了区分不同的存储单元，每个内存单元都有一个地址。

在微型机系统中，一般用半导体存储器件来组成内存。1 个内存单元对应了半导体存储器件中的 8 个基本存储电路，每个基本存储电路对应 1 个二进制数位。不过，在制造半导体存储器件时，常常把各个字节的同一位制造在一个器件中，但有时也把各个字节的某几位制造在同一个器件中。

比如，规格为 $1K\times 1$ 的芯片就是指内部有 1 024 个基本存储电路，在使用时，它们作为 1 024 个字节的同一位，用 8 个这样的片子就可组成 1K 字节的内存空间。又如，规格为 $1K\times 4$ 的芯片内部有 4 096 个基本存储电路，在使用时它们可以作为 1K 字节的高 4 位或者低 4 位，所以用 2 个这样的片子就可以组成 1K 字节的内存空间。表 4.1.1 列出当前有代表性的半导体存储器件的规格以及由它们所组成的几种不同大小的内存矩阵。

表 4.1.1　几种半导体存储器件的规格以及其组成的几种不同大小的内存矩阵

内存大小	存储器件规格	每列中芯片数	每行中芯片数	芯片总数
4K×8	1K×1	4	8	32
	4K×1	1	8	8
	256×4	16	2	32
	1K×4	4	2	8
4K×16	1K×1	4	16	54
（双字节）	4K×1	1	16	16
	256×4	16	4	64
	1K×4	4	4	16
16K×8	1K×4	2	32	32
	4K×1	4	8	32
	8K×1	2	8	16
	16K×1	1	8	8
64K×8	16K×1	4	8	32
	64K×1	1	8	8

1．位扩展

位扩展指的是用多个存储器器件对字长进行扩充。位扩展的连接方式是将多片存储器的地址、片选$\overline{CS}$、读写控制端并联，数据端分别引出。

由 $mK×n_1$ 的存储器芯片组成 $mK×n_2$ 的存储器，需 (n_2/n_1) 片 $mK×n_1$ 的存储器芯片。

2．字扩展

静态存储器进行字扩展时，将芯片的地址线、数据线、读写控制线并联，而由片选信号来区分各芯片的地址范围。动态存储器一般不设置$\overline{CS}$端，但可以用$\overline{RAS}$端来扩展字数。

由 $m_1K×n$ 的存储器芯片组成 $m_2K×n$ 的存储器，需 (m_2/m_1) 片 $m_1K×n$ 的存储器芯片。

3．字位同时扩展

实际存储器往往需要字向和位向同时扩充，由 $m_1K×n_1$ 的存储器芯片组成 $m_2K×n_2$ 的存储器，需 $(m_2/m_1)×(n_2/n_1)$ 片 $m_1K×n_1$ 的存储器芯片。

4.1.24　存储器接口有哪些？

1．8位存储器接口

如果数据总线为8位，则存储器只能按字节编址。

2．16位存储器接口

16位存储器系统由2个存储体组成，存储体选择通过选择信号$\overline{BHE}$实现。如果要传送一个16位数，那么2个存储体都被选中；若传送的是8位数，则只有一个存储体被选中。

3．32位存储器接口

32位存储器系统由4个存储体组成，存储体选择通过选择信号$\overline{BHE_3}\sim\overline{BHE_0}$实现。如果要传送一个32位数，那么4个存储体都被选中；若要传送一个16位数，则有2个存储体被选中；若传送的是 8 位数，则只有一个存储体被选中。

4. 64 位存储器接口

64 位存储器系统由 8 个存储体组成，存储体选择通过选择信号 $\overline{BHE_7} \sim \overline{BHE_0}$ 实现。如果要传送一个 64 位数，那么 8 个存储体都被选中；如果要传送一个 32 位数，那么 4 个存储体被选中；若要传送一个 16 位数，则有 2 个存储体被选中；若传送的是 8 位数，则只有一个存储体被选中。

典型题解 主存储器

4.2 典型题解

题型1 存储器的分类

1. 选择题

【例 4.1.1】 计算机的存储器系统是指_____。

A. RAM
B. ROM
C. 主存储器
D. cache，主存储器和外存储器

答：计算机系统中广义的存储器包括 CPU 内部寄存器、高速缓存（cache）、主存储器和外存储器。本题答案为：D。

【例 4.1.2】 存储器是计算机系统的记忆设备，它主要用来_____。

A. 存放数据　　B. 存放程序　　C. 存放数据和程序　　D. 存放微程序

答：当前计算机正在执行的程序和数据均存放在内存储器中，外存储器存放 CPU 当前不使用的程序和数据。本题答案为：C。

【例 4.1.3】 内存若为 16MB，则表示其容量为_____KB。

A. 16　　　　B. 16 384　　　　C. 1 024　　　　D. 16 000

答：16MB＝16×1 024KB＝16 384KB。本题答案为：B。

【例 4.1.4】 存储周期是指_____。

A. 存储器的读出时间
B. 存储器进行连续读和写操作所允许的最短时间间隔
C. 存储器的写入时间
D. 存储器进行连续写操作所允许的最短时间间隔

答：存储器的读出时间和写入时间均小于存储周期。本题答案为：B。

【例 4.1.5】 存储单元是指_____。

A. 存放一个二进制信息位的存储元
B. 存放一个机器字的所有存储元集合
C. 存放一个字节的所有存储元集合
D. 存放两个字节的所有存储元集合

答：存储单元是若干个存储元的集合，它可以存放一个字或一个字节。本题答案为：B。

【例 4.1.6】 下列元件中存取速度最快的是_____。

A. cache　　　B. 寄存器　　　C. 内存　　　D. 外存

答：本题答案为：B。

【例 4.1.7】 若一台计算机的字长为 4 个字节,则表明该机器_____。

A. 能处理的数值最大为 4 位十进制数

B. 能处理的数值最多由 4 位二进制数组成

C. 在 CPU 中能够作为一个整体处理 32 位的二进制代码

D. 在 CPU 中运算的结果最大为 2 的 32 次方

答:字长是计算机内部一次可以处理的二进制数码的位数。本题答案为:C。

【例 4.1.8】 机器字长 32 位,其存储容量为 64MB,若按字编址,它的寻址范围是_____。

A. 0～16MB−1   B. 0～16M−1   C. 0～8M−1   D. 0～8MB−1

答:因为字长 32 位,所以按字编址即按 32 位编址。64MB＝16 M×4B＝1 M×32＝16MW,所以其寻址范围是 0～16M−1。本题答案为:B。

【例 4.1.9】 某计算机字长 16 位,其存储容量为 2MB,若按半字编址,它的寻址范围是_____。

A. 0～8M−1   B. 0～4M−1   C. 0～2M−1   D. 0～1M−1

答:因为字长 16 位,所以半字是 8 位,按半字编址即按 8 位编址。

2MB＝2M×8,其寻址范围是 0～2M−1。本题答案为:C。

【例 4.1.10】 某计算机字长 32 位,存储容量是 16MB,若按双字编址,它的寻址范围是_____。

A. 0～256K−1   B. 0～512K−1   C. 0～2M−1   D. 0～1M−1

答:因为字长 32 位,所以双字是 64 位,按双字编址即按 64 位编址。

16MB＝2M×8B＝2M×64,其寻址范围是 0～2M−1。本题答案为:C。

2. 填空题

【例 4.1.11】 存储器的读出时间通常称为 ___①___,它定义为 ___②___。为便于读写控制,一般认为存储器设计时写入时间和读出时间相等,但事实上写入时间 ___③___ 读出时间。

答:本题答案为:①存取时间;②从存储器接受读出请求到所要的信息出现在它的输出端的时间;③小于。

【例 4.1.12】 计算机中的存储器是用来存放 ___①___ 的,随机访问存储器的访问速度与 ___②___ 无关。

答:随机存储器访问所需的时间基本固定,而与存储单元地址无关。

本题答案为:①程序和数据;②存储位置。

【例 4.1.13】 计算机系统中的存储器分为 ___①___ 和 ___②___。在 CPU 执行程序时,必须将指令存放在 ___③___ 中。

答:CPU 通过使用地址寄存器和数据寄存器与主存直接进行数据传送,CPU 不能直接访问外存上的数据。本题答案为:①内存;②外存;③内存。

【例 4.1.14】 主存储器的性能指标主要是 ___①___、___②___、存储周期和存储器带宽。

答:本题答案为:① 存储容量;② 存取时间。

【例 4.1.15】 存储器中用 ___①___ 来区分不同的存储单元,1GB＝ ___②___ KB。

答:1 G＝2^{30},1K＝2^{10}＝1 024。本题答案为:① 地址;② 1 024×1 024。

【例 4.1.16】 半导体存储器分为 ___①___、___②___、只读存储器(ROM)和相联存储器等。

答:半导体存储器分为随机存储器和只读存储器,随机存储器又分为静态随机存储器和动态随机存储器。本题答案为:① 静态随机存储器(SRAM);② 动态随机存储器(DRAM)。

【例 4.1.17】 计算机的主存容量与 ___①___ 有关,其容量为 ___②___。

答:地址码的位数决定了主存储器的可直接寻址的最大空间。本题答案为:①计算机地址总线的根数;②$2^{地址线数}$。

【例 4.1.18】 内存储器容量为 6K 时,若首地址为 00000H,那么末地址的十六进制表示是_____。

答:因为 6K＝4K＋2K＝2^{12}＋2^{11},所以 6K 的末地址的十六进制表示是:FFFH＋7FFH＋1＝17FFH。本题答案为:17FFH。

【例 4.1.19】 主存储器一般采用 ① 存储器件,它与外存比较存取速度 ② 、成本 ③ 。

答:目前的计算机都使用半导体存储器。本题答案为:①半导体;②快;③高。

【例 4.1.20】 表示存储器容量时,KB= ① ,MB= ② ;表示硬盘容量时,KB= ③ ,MB= ④ 。

答:本题答案为:①1 024B;②1 024×1 024(或 2^{20})B;③$10^3$B;④$10^6$B。

3. 判断题

【例 4.1.21】 计算机的内存由 RAM 和 ROM 两种半导体存储器组成。

答:通常计算机的内存储器由 RAM 和 ROM 两部分组成。本题答案为:对。

【例 4.1.22】 个人微机使用过程中,突然断电 RAM 中保存的信息全部丢失,而 ROM 中保存的信息不受影响。

答:ROM 称之为"非易失性存储器",即使停电,仍能保持其内容。而 RAM 为"易失性存储器",一断电,其保持的内容将丢失。本题答案为:对。

【例 4.1.23】 CPU 访问存储器的时间是由存储器的容量决定的,存储器容量越大,访问存储器所需的时间越长。

答:CPU 访问存储器的时间与容量无关,而是由存储元的材料决定的。本题答案为:错。

4. 简答题

【例 4.1.24】 目前微机中使用的半导体存储器包括哪几种类型? 它们各有哪些特点? 分别适用于什么场合(请从存取方式、制造工艺、速度、容量等各个方面讨论)? 人们通常所说的内存是指这其中的哪一种或哪几种类型?

答:微机中使用的半导体存储器包括半导体随机存储器(RAM)和半导体只读存储器(ROM),其中 RAM 又可以分为静态 RAM(SRAM)和动态 RAM(DRAM)。

RAM 是可读、可写的存储器,CPU 可以对 RAM 单元的内容随机地读/写访问。RAM 多用 MOS 型电路组成。SRAM 的存取速度快,但集成度低,功耗也较大,所以一般用来组成高速缓冲存储器和小容量内存系统;DRAM 集成度高,功耗小,但存取速度慢,一般用来组成大容量内存系统。

ROM 可以看作 RAM 的一种特殊形式,其特点是:存储器的内容只能随机读出而不能写入。这类存储器常用来存放那些不需要改变的信息,由于信息一旦写入存储器就固定不变了,即使断电,写入的内容也不会丢失,所以又称为固定存储器。

内存是指 RAM 和 ROM,其中的 RAM 是动态 RAM。

【例 4.1.25】 存储元、存储单元、存储体、存储单元地址这几个术语有何联系和区别?

答:计算机在存取数据时,以存储单元为单位进行存取。机器的所有存储单元长度相同,一般由 8 的整数倍个存储元构成。同一单元的存储元必须并行工作,同时读出、写入。由许多存储单元构成一台机器的存储体。由于每个存储单元在存储体中的地位平等,为区别不同单元,给每个存储单元赋予地址。

【例 4.1.26】 针对寄存器组、主存、cache、光盘存储器、软盘、硬盘、磁带,回答以下问题:

(1) 按存储容量排出顺序(从小到大);

(2) 按读写时间排出顺序(从快到慢)。

答:计算机系统中广义的存储器包括 CPU 内部寄存器、高速缓存(cache)、内存储器和外存储器,其存取速度依次降低,存储成本也依次降低。

(1) 寄存器组→cache→软盘→主存→光盘存储器→硬盘→磁带。

(2) 寄存器组→cache→主存→硬盘→光盘存储器→软盘→磁带。

【例 4.1.27】 ROM 与 RAM 两者的差别是什么? 指出下列存储器哪些是易失性的? 哪些是非易失性的? 哪些是读出破坏性的? 哪些是非读出破坏性的?

动态 RAM、静态 RAM、ROM、cache、磁盘、光盘。

答：ROM、RAM 都是主存储器的一部分，但它们有很多差别：

① RAM 是随机存取存储器，ROM 是只读存取存储器。

② RAM 是易失性的，一旦掉电，所有信息全部丢失。ROM 是非易失性的，其信息可以长期保存，常用于存放一些固定的数据和程序，比如计算机的自检程序、BIOS、BASIC 解释程序、游戏卡中的游戏等。

③ 动态 RAM、静态 RAM、cache 是易失性的，ROM、磁盘、光盘是非易失性的。动态 RAM 是读出破坏性的，其余均为非读出破坏性的。

【例 4.1.28】 指令中地址码的位数与直接访问的存储器空间和最小寻址单位有什么关系？字寻址计算机和字节寻址计算机在地址码的安排上有何区别？PC 系列微机的指令系统可支持对字节、字、双字、四倍字的运算，试写出在对准边界时，字节地址、字地址、双字地址和四倍字地址有何特点？

答：主存容量越大，所需的地址码位数就越长；对于相同容量来说，最小寻址单位越小，地址码的位数就越长。

在一定容量的情况下，对于字编址（字寻址）的计算机，最小寻址单位是一个字，相邻存储单元地址指向相邻的存储字，由于存储单元数目少，所以地址信息没有任何浪费。对字节编址的计算机，最小寻址单位是一个字节，相邻的存储单元地址指向相邻的存储字节，由于存储单元数目多，所以地址信息存在着浪费。

PC 系列微机是一种字节寻址的计算机，它支持字节（8 位）、字（16 位）、双字（32 位）、四倍字（64 位）的运算。不同宽度的数据存放在主存中，如果需要保证对准边界（即整数界或边界对齐），则要求：字地址必须是 2 的整倍数，双字地址必须是 4 的整倍数，四倍字地址必须是 8 的整倍数。凡对准边界存放的数据都能在一个存取周期中访问，而未在边界存放的数据有时需要两个存取周期才能访问。

5. 综合题

【例 4.1.29】 设有一个 1MB 容量的存储器，字长为 32 位，问：

(1) 按字节编址，地址寄存器、数据寄存器各为几位？编址范围为多大？

(2) 按半字编址，地址寄存器、数据寄存器各为几位？编址范围为多大？

(3) 按字编址，地址寄存器、数据寄存器各为几位？编址范围为多大？

解：

(1) 按字节编址，$1MB = 2^{20} \times 8$，地址寄存器为 20 位，数据寄存器为 8 位，编址范围为 00000H～FFFFFH。

(2) 按半字编址，$1MB = 2^{20} \times 8 = 2^{19} \times 16$，地址寄存器为 19 位，数据寄存器为 16 位，编址范围为 00000H～7FFFFH。

(3) 按字编址，$1MB = 2^{20} \times 8 = 2^{18} \times 32$，地址寄存器为 18 位，数据寄存器为 32 位，编址范围为 00000H～3FFFFH。

【例 4.1.30】 某机字长 32 位，主存储器按字节编址，现有 4 种不同长度的数据（字节、半字、单字、双字），请采用一种既节省存储空间，又能保证任何长度的数据都在单个存取周期内完成读/写的方法，将一批数据顺序地存入主存，画出主存中数据的存放示意图。

这批数据一共有 10 个，它们依次为字节、半字、双字、单字、字节、单字、双字、半字、单字、字节。

解：

因为题目中要求用一种既节省存储空间，又能保证任何长度的数据都在单个存取周期内完成读/写的方法，所以只能选用边界对齐的存放方法。

因为主存储器按字节编址，所以字节、半字、双字、单字、字节、单字、双字、半单字、字节在主存中数据的存放示意图如图 4.2.1 所示（一行有 8 个字节）。

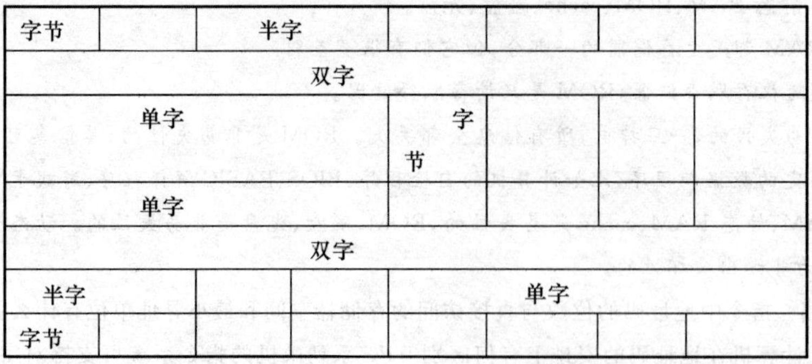

字节		半字			
双字					
单字			字节		
单字					
双字					
半字			单字		
字节					

图 4.2.1 主存中数据的存放示意图

题型 2 随机存储器

1. 选择题

【例 4.2.1】 下列说法正确的是_____。

A. 半导体 RAM 信息可读可写,且断电后仍能保持记忆

B. 动态的 RAM 属非易失性存储器,而静态的 RAM 存储信息是易失性的

C. 静态 RAM、动态 RAM 都属易失性存储器,断电后存储的信息将消失

D. ROM 不用刷新,且集成度比动态 RAM 高,断电后存储的信息将消失

答:A. 半导体 RAM 信息可读可写,但断电后不能保持记忆。B. 动态的 RAM 和静态的 RAM 都是易失性存储器。D. ROM 不用刷新,但集成度不比动态 RAM 高,且断电后存储的信息仍能保持。本题答案为:C。

【例 4.2.2】 某一动态 RAM 芯片其容量为 16K×1,除电源线、接地线和刷新线外,该芯片的最小引脚数目应为_____。

A. 16　　　　　　　B. 12　　　　　　　C. 18

答:地址线引脚只引出一半,所以 16K×1 的动态随机存储器有地址线 7 根,输入/输出数据线 2 根,一根读写线$\overline{WE}$,一根行地址选择线$\overline{RAS}$,一根列地址选择线$\overline{CAS}$,所以其总和是 12 根。本题答案为:B。

【例 4.2.3】 动态 RAM 的刷新是以_____为单位进行的。

A. 存储单元　　　　B. 行　　　　C. 列　　　　D. 存储矩阵

答:刷新通常是一行一行地进行的,每一行中各记忆单元同时被刷新。本题答案为:B。

【例 4.2.4】 若 SRAM 芯片的容量是 2M×8 位,则该芯片引脚中地址线和数据线的数目之和是_____。

A. 21　　　　　　　B. 29　　　　　　　C. 18　　　　　　　D. 不可估计

答:2M×8 位的 SRAM,地址线 21 根(因为 $2^{21}=2M$),数据线 8 根。

本题答案为:B。

【例 4.2.5】 若 RAM 中每个存储单元为 16 位,则下面所述正确的是_____。

A. 地址线也是 16 位　　　　　　　　B. 地址线与 16 无关

C. 地址线与 16 有关　　　　　　　　D. 地址线不得少于 16 位

答:地址线只与 RAM 的存储单元数有关,而与存储单元的字长无关。本题答案为:B。

【例 4.2.6】 下面所述不正确的是_____。

A. 随机存储器可随时存取信息,掉电后信息丢失

B. 在访问随机存储器时,访问时间与单元的物理位置无关

C. 内存储器中存储的信息均是不可改变的

D. 随机存储器和只读存储器可以统一编址

答:内存储器中存储的信息是可以改变的。本题答案为:C。

【例 4.2.7】 某一 SRAM 芯片,其容量为 512×8 位,除电源端和接地端外,该芯片引出线的最小数目应为 _____。

A. 23　　　　　B. 25　　　　　C. 50　　　　　D. 19

答:512×8 的静态随机存储器有 9 根地址线,8 根数据线,一根读写线 $\overline{\text{WE}}$,一根芯片选择线 $\overline{\text{CS}}$,所以其总和是 19 根。本题答案为:D。

2. 填空题

【例 4.2.8】 与存储有关的物理过程本身有时是不稳定的,因此所存放的信息在一段时间后可能丢失。有三种破坏信息的重要存储特性,它们是 ___①___ 、 ___②___ 、 ___③___ 。

答:本题答案为:①破坏性读出;②动态存储;③断电后信息丢失。

【例 4.2.9】 动态存储单元以电荷的形式将信息存储在电容上,由于电路中存在 ___①___ ,因此需要定期不断地进行 ___②___ 。

答:动态存储元是依靠栅极电容上有无电荷来表示信息的,但电容的绝缘电阻不是无穷大,因而电荷会泄漏掉。本题答案为:①泄漏电流;②刷新。

【例 4.2.10】 地址译码分为 ___①___ 方式和 ___②___ 方式。

答:地址译码器的设计方案有两种:一种是单译码,另一种是双译码。本题答案为:①单译码;②双译码。

【例 4.2.11】 双译码方式采用 ___①___ 个地址译码器,分别产生 ___②___ 和 ___③___ 信号。

答:本题答案为:①两;②行选通;③列选通。

【例 4.2.12】 若 RAM 芯片内有 1 024 个单元,用单译码方式,地址译码器将有 ___①___ 条输出线;用双译码方式,地址译码器有 ___②___ 条输出线。

答:当 $n=10$,单译码器的输出状态为 $2^{10}=1\,024$ 个,译码线有 1 024 根;而采用双译码方式时,译码线却只有 $2×2^5=64$ 根。本题答案为:①1 024;②64。

【例 4.2.13】 静态存储单元是由晶体管构成的 ___①___ ,保证记忆单元始终处于稳定状态,存储的信息不需要 ___②___ 。

答:静态 MOS 存储元组成的双稳态触发器保存信息,它能长期保持信息的状态不变。本题答案为:①双稳态电路;②刷新(或恢复)。

【例 4.2.14】 半导体 SRAM 靠 ___①___ 存储信息,半导体 DRAM 则是靠 ___②___ 存储信息。

答:本题答案为:①触发器;②栅极电容。

【例 4.2.15】 半导体动态 RAM 和静态 RAM 的主要区别是 _____。

答:刷新和地址的两次输入是 DRAM 最突出的特点。本题答案为:动态 RAM 需要刷新,而静态 RAM 不需要刷新。

【例 4.2.16】 MOS 半导体存储器可分为 ___①___ 、 ___②___ 两种类型,其中 ___②___ 需要刷新。

答:静态 RAM 的元件可分为双极型和 MOS 型两类。构成动态 RAM 的元件只有 MOS 一种。本题答案为:①静态随机存储器;②动态随机存储器。

【例 4.2.17】 广泛使用的 ___①___ 和 ___②___ 都是半导体 ___③___ 存储器。前者的速度比后者快,但 ___④___ 不如后者高,它们的共同缺点是断电后 ___⑤___ 保存信息。

答:由于电容充放电以及刷新需要一定的时间,所以 DRAM 的存取速度比 SRAM 慢。本题答案为:①SRAM;②DRAM;③随机读写;④集成度;⑤不能。

【例 4.2.18】 单管动态 MOS 型半导体存储单元是由一个 ___①___ 和一个 ___②___ 构成的。

答:为了提高集成度,出现了单管单元,它由一个晶体管和一个电容 C 构成。本题答案为:①晶体管;②电容器。

【例 4.2.19】 动态半导体存储器的刷新一般有 ___①___ 、 ___②___ 和 ___③___ 三种方式。

答:本题答案为:①集中式;②分散式;③异步式。

3. 判断题

【例 4.2.20】 动态 RAM 和静态 RAM 都是易失性半导体存储器。

答:动态 RAM 和静态 RAM 的共同特点是当供电电源切断时,原来保存的信息也消失。本题答案为:对。

【例 4.2.21】 因为单管动态随机存储器是破坏性读出,所以必须不断地刷新。

答:刷新不仅仅因为存储器是破坏性读出,还在于动态随机存储器在存储数据时,若存储器不做任何操作,电荷也会泄漏。为保证数据的正确性,必须使数据周期性地再生,即刷新。本题答案为:错。

4. 简答题

【例 4.2.22】 简述存储器芯片中地址译码的方式。

答:单译码方式只有一个译码电路,将所有的地址信号转换成字选通信号,每个字选通信号用于选择一个对应的存储单元。

双译码方式采用两个地址译码器,分别产生行选通信号和列选通信号,行选通信号和列选通信号同时有效的单元被选中。存储器一般采用双译码方式,目的是减少存储单元选通线的数量。地址译码的方式有两种:单译码方式和双译码方式。

【例 4.2.23】 说明 SRAM 的组成结构;与 SRAM 相比,DRAM 在电路组成上有什么不同之处?

答:SRAM 由存储体、读写电路、地址译码电路、控制电路组成,DRAM 还需要有动态刷新电路。

与 SRAM 相比,DRAM 在电路组成上有以下不同之处:

① 地址线的引脚一般只有一半,因此,增加了两根控制线$\overline{RAS}$和$\overline{CAS}$,分别控制接收行地址和列地址。

② 没有$\overline{CS}$引脚,在存储器扩展时用$\overline{RAS}$来代替。

【例 4.2.24】 DRAM 存储器为什么要刷新?DRAM 存储器采用何种方式刷新?有哪几种常用的刷新方式?

答:DRAM 存储元是通过栅极电容存储电荷来暂存信息。由于存储的信息电荷终究会泄漏,电荷又不能像 SRAM 存储元那样由电源经负载管来补充,时间一长,信息就会丢失。为此,必须设法由外界按一定规律给栅极充电,按需要补给栅极电容的信息电荷。此过程称为"刷新"。

DRAM 是逐行进行刷新,刷新周期数与 DRAM 的扩展无关,只与单个存储器芯片的内部结构有关,对于一个 128×128 矩阵结构的 DRAM 芯片,只需 128 个刷新周期数。

常用的刷新方式有三种:集中式、分散式、异步式。

【例 4.2.25】 静态 MOS 存储元、动态 MOS 存储元、双极型存储元各有什么特点?

答:静态 MOS 存储元 V_1、V_2、V_3、V_4 组成的双稳态触发器能长期保持信息的状态不变,是因为电源通过 V_3、V_4 不断供给 V_1 或 V_2 电流。

动态 MOS 存储元是为了提高芯片的集成度而设计的。它利用 MOS 管栅极电容上电荷的状态来存储信息。时间长了,栅极电容上的电荷会泄漏,而存储元本身又不能补充电荷,因此,需要外加电路给存储元充电,这就是所谓刷新。刷新是动态随机存储器所特有的。

双极型存储元由两个双发射极晶体管组成。它也是由双稳电路保存信息,其特点是工作速度比 MOS 存储元要高。

以上三种存储元的共同特点是当供电电源切断时,原来保存的信息会消失。

5. 综合题

【例 4.2.26】 某 RAM 芯片,其存储容量为 $16K \times 8$ 位,问:

(1) 该芯片引出线的最小数目应为多少?

(2) 存储器芯片的地址范围是什么?

解:

(1) $16K = 2^{14}$,所以地址线 14 根;字长 8 位,所以数据线 8,加上芯片片选信号$\overline{CS}$,读/写信号$\overline{WE}$,电源

线,地线,该芯片引出线的最小数目为 26。

(2) 存储器芯片的地址范围为 0000H~3FFFH。

【例 4.2.27】 某一动态 RAM 芯片,容量为 64K×1,除电源线、接地线和刷新线外,该芯片的最小引脚数目应为多少。

解:

① 64K=2^{16},由于地址线引脚只引出一半,因此地址线引脚数为 8;

② 由于数据输入线与数据输出线是分开的,所以数据线引脚数为 2;

③ 它有 $\overline{WE}$ 控制信号,而没有 $\overline{CS}$ 片选信号;

④ 它有行地址选通信号 $\overline{RAS}$ 和列地址选通信号 $\overline{CAS}$。

综上所述,除电源线、接地线和刷新线外,该芯片的最小引脚数目应为 13。

【例 4.2.28】 有一个 16K×16 的存储器,用 1K×4 位的 DRAM 芯片(内部结构为 64×16,引脚同 SRAM)构成,设读/写周期为 0.1 μs,问:

(1) 采用异步刷新方式,如单元刷新间隔不超过 2 ms,则刷新信号周期为多少?

(2) 如采用集中刷新方式,存储器刷新一遍最少用多少读/写周期? 死时间率是多少?

解:

(1) 采用异步刷新方式,在 2 ms 时间内分散地把芯片 64 行刷新一遍,故刷新信号的时间间隔为 2ms/64=31.25 μs,即可取刷新信号周期为 31 μs。

(2) 如采用集中刷新方式,假定 T 为读/写周期,如 16 组同时进行刷新,则所需刷新时间为 64T。因为 T 单位为 0.1μs,2ms=2 000μs,则死时间率=64T/2 000×100%=0.32%。

【例 4.2.29】 用 16K×1 位的 DRAM 芯片构成 64K×8 位的存储器。要求:(1)画出该芯片组成的存储器逻辑框图。(2)设存储器读/写周期均为 0.5 μs,CPU 在 1 μs 内至少要访存一次。试问采用哪种刷新方式比较合理? 两次刷新的最大时间间隔是多少? 对全部存储单元刷新一遍,所需实际刷新时间是多少?

解:

(1) 根据题意,存储器总量为 64KB,故地址线总需 16 位。现使用 16K×1 位的动态 RAM 芯片,共需 32 片。芯片本身地址线占 14 位,所以采用位并联与地址串联相结合的方法来组成整个存储器,其组成逻辑框图如图 4.2.2 所示,其中使用一片 2:4 译码器。

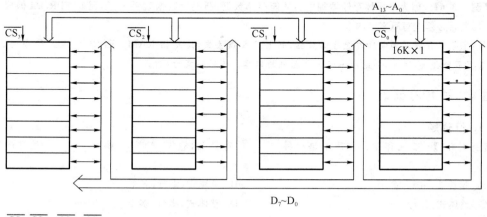

图 4.2.2 存储器逻辑图

(2) 根据已知条件，CPU 在 1 μs 内至少需要访存一次，所以整个存储器的平均读/写周期与单个存储器片的读/写周期相差不多，故应采用异步刷新比较合理。对动态 MOS 存储器来讲，两次刷新的最大时间间隔是 2 μs。RAM 芯片读/写周期为 0.5 μs，假设 16K×1 位的 RAM 芯片由 128×128 矩阵存储元构成，刷新时只对 128 行进行异步方式刷新，则刷新间隔为 2m/128＝15.6 μs，可取刷新信号周期 15 μs。

题型 3 只读存储器

1. 选择题

【例 4.3.1】 可编程的只读存储器_____。

A. 不一定可以改写　　B. 可以改写　　C. 不可以改写　　D. 以上都不对

答：PROM 可由用户根据自己的需要来确定 ROM 中的内容。本题答案为：B。

【例 4.3.2】_____类型的存储器速度最快？

A. DRAM　　B. ROM　　C. EPROM　　D. SRAM

答：由于电容充放电以及刷新需要一定的时间，所有 DRAM 的存取速度比 SRAM 慢；掩膜式 ROM 由芯片制造商在制造时写入内容，以后只能读而不能写入；EPROM 采用紫外线照射擦去信息，读写时间比 RAM 长的多。本题答案为：D。

2. 填空题

【例 4.3.3】 只读存储器 ROM 可分为 ___①___ 、___②___ 、___③___ 和 ___④___ 四种。

答：本题答案为：①ROM；②PROM；③EPROM；④E^2PROM。

【例 4.3.4】 EPROM 属于 ___①___ 的可编程 ROM，擦除时一般使用 ___②___，写入时使用高压脉冲。

答：EPROM 是可擦可编程的只读存储器，EPROM 采用紫外线照射擦去信息。本题答案为：①可多次擦写；②紫外线照射。

【例 4.3.5】 闪速存储器能提供高性能、低功耗、高可靠性以及 ___①___ 能力，闪速存储器特别适合于 ___②___ 微型计算机系统，被誉为 ___③___ 而成为代替磁盘的一种理想工具。

答：本题答案为：①瞬时启动；②便携式；③固态盘。

3. 判断题

【例 4.3.6】 因为半导体存储器加电后才能存储数据，断电后数据就丢失了，因此 EPROM 做成的存储器，加电后必须重写原来的内容。

答：半导体存储器加电后才能存储数据，断电后数据丢失，这是指 RAM。EPROM 是只读存储器，断电后数据不会丢失，因此，加电后不必重写原来的内容。本题答案为：错。

题型 4 并行存储器

1. 选择题

【例 4.4.1】 交叉存储器实质上是一种_____存储器，它能_____执行_____独立的读写操作。

A. 模块式,并行,多个　　　　　　　　B. 模块式,串行,多个

C. 整体式,并行,一个　　　　　　　　D. 整体式,串行,多个

答：本题答案为：A。

【例 4.4.2】 双端口存储器在_____情况下会发生读/写冲突。

A. 左端口与右端口的地址码不同　　　　B. 左端口与右端口的地址码相同

C. 左端口与右端口的数据码相同　　　　D. 左端口与右端口的数据码不同

答：两个访问端口独立工作互不干扰，只有当两个端口试图在同一时间内访问同一地址单元时，才会发生冲突。本题答案为：B。

【例4.4.3】 双端口存储器所以能高速进行读/写,是因为采用了_____。

A. 高速芯片 　　　　　　　B. 两套相互独立的读写电路

C. 流水技术 　　　　　　　D. 新型器件

答:双端口存储器有两个访问端口,两个端口分别连接两套独立的总线。本题答案为:B。

2. 填空题

【例4.4.4】 双端口存储器和多模块交叉存储器属于___①___存储器结构。前者采用___②___技术,后者采用___③___技术。

答:本题答案为:①并行;②空间并行;③时间并行。

【例4.4.5】 模4交叉存储器是一种___①___存储器,它有4个存储模块,每个模块有自己的___②___和___③___寄存器。

答:多体交叉存储器各存储模块都有各自独立的地址寄存器、译码器和数据寄存器。本题答案为:①高速;②地址寄存器;③数据缓冲寄存器。

3. 综合题

【例4.4.6】 设存储器容量为32字,字长64位,模块数 $m=4$,请分别画出顺序方式和交叉方式组织的存储器结构和编址示意图。

解:

(1) 顺序方式

内存地址格式如下:

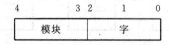

存储器结构和编址示意图如图4.2.3所示。

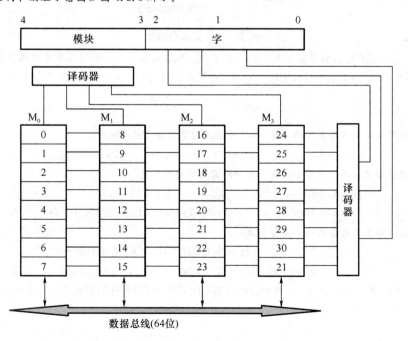

图 4.2.3　顺序存储器

(2) 交叉方式

内存地址格式如下：

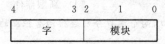

4		3	2	1	0
	字			模块	

交叉方式组织的存储器编址示意图如图 4.2.4 所示。

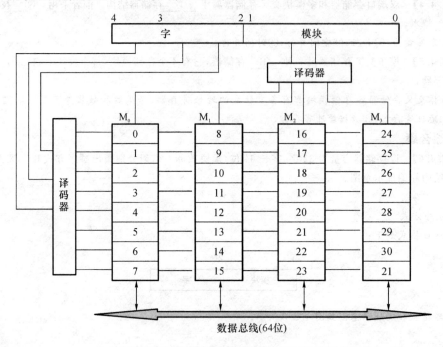

图 4.2.4　交叉存储器

【例 4.4.7】　设存储器容量为 128M 字，字长 64 位，模块数 $m=8$，分别用顺序方式和交叉方式进行组织。存储周期 $T=200$ ns，数据总线宽度为 64 位，总线传送周期 $\tau=50$ ns。问顺序存储器和交叉存储器带宽各是多少？

解：

顺序存储器和交叉存储器连续读出 $m=8$ 个字的信息总量都是

$$q=64 \text{ 位} \times 8=512 \text{ 位}$$

顺序存储器和交叉存储器连续读出 8 个字所需的时间分别是

$$t_2=mT=8 \times 200 \text{ ns}=1\,600 \text{ ns}=1.6 \times 10^{-7}(\text{s})$$

$$t_1=T+(m-1)=200+7 \times 50 \text{ ns}=550 \text{ ns}=5.5 \times 10^{-7}(\text{s})$$

顺序存储器和交叉存储器的带宽分别是：

$$W_2=q/t_2=512 \div (1.6 \times 10^{-7})=32 \times 10^7(\text{bit/s})$$

$$W_1=q/t_1=512 \div (5.5 \times 10^{-7})=93.1 \times 10^7(\text{bit/s})$$

【例 4.4.8】　某机字长 32 位，常规设计的存储空间≤32 M，若将存储空间扩至 256 M，请提出一种可能方案。

解：

可采用多体交叉存取方案，即将主存分成 8 个相互独立、容量相同的模块 $M_0, M_1, M_2, \cdots, M_7$。每个模块 32 M×32 位，各自具备一套地址寄存器、数据缓冲寄存器，各自以同等的方式与 CPU 传递信息，其组成结构如图 4.2.5 所示。

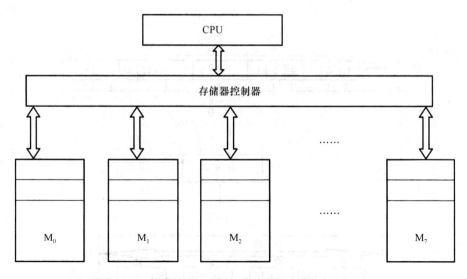

图 4.2.5　组成结构

CPU 访问 8 个存储模块,可采用两种方式:一种是在一个存取周期内,同时访问 8 个存储模块,由存储器控制器控制它们分时使用总线进行信息传递。另一种方式是:在存取周期内分时访问每个个体,即经过 1/8 存取周期就访问一个模块。这样,对每个模块而言,从 CPU 给出访存操作命令直到读出信息,仍然是一个存取周期时间。而对 CPU 来说,它可以在一个存取周期内连续访问 8 个存储体,各体的读写过程将重叠进行。

【例 4.4.9】　设有 64K×1 位的 DRAM 芯片,访问周期为 100 ns。试构成 1M×16 位存储器,平均访问周期降至 50 ns 以内。

(1) 可供选择的方案有哪些?

(2) 画出该存储器的组成逻辑框图。

解:

(1) 采用双端口存储器。

由 64K×1 位的 DRAM 芯片构成 1M×16 位存储器,需芯片总数 =(1 024/64)×(16/1)=256 片。

地址线 16 位($A_{15} \sim A_0$)作芯片内部地址,4 位($A_{19} \sim A_{16}$)作芯片选择地址,数据线 16 位。双端口存储器有两套独立的地址寄存器(MAR)、地址译码器、数据寄存器(MDR)和读写电路,可同时接受来自两方面的访存请求,使存储器并行工作,从而使平均访问周期降至 50 ns。双端口存储器逻辑框图如图 4.2.6 所示。

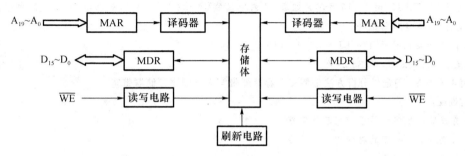

图 4.2.6　双端口存储器逻辑框图

(2) 采用四体交叉存储器。

存储器的组成逻辑框图如图 4.2.7 所示。

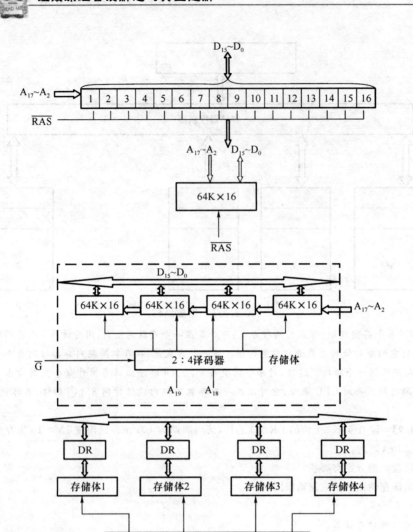

图 4.2.7　存储器的组成逻辑框图

分成四个体,体选地址为 $A_1 A_0$。

每体为 256K×16,由 4×16 片芯片组成,片内地址线 16 位($A_{17} \sim A_2$),数据线 16 位。体内字扩展用 $A_{19} A_{18}$ 进行 2:4 译码器选择。

此时,平均访问时间 $T_a = (T+3\tau)/4 = (100+3\tau)\text{ns}/4$。

要使 $T_a < 50$ ns,则 $\tau < 33$ ns 即可。

【例 4.4.10】　用定量分析方法证明交叉存储器带宽大于顺序存储器带宽。

解:假设:

① 存储器模块字长等于数据总线宽度。

② 模块存取一个字的存储周期等于 T。

③ 总线传送周期为 τ。

④ 交叉存储器的交叉模块数为 m。

(1) 交叉存储器为实现流水线方式存储,即每通过 τ 时间延迟后启动下一模块,应满足

$$T = m\tau \qquad \qquad ①$$

交叉存储器要求其模块数大于等于 m，以保证启动某模块后经过 $m\tau$ 时间再次启动该模快时，它的上次存取操作已经完成。这样连续读取 m 个字所需要时间为

$$t_1 = T + (m-1)\tau = m\tau + m\tau - \tau = (2m-1)\tau \qquad ②$$

故存储器带宽为

$$W_1 = 1/t_1 = 1/(2m-1)\tau \qquad ③$$

（2）顺序方式存储器连续读取 m 个字所需时间为

$$t_2 = mT = m^2\tau \qquad ④$$

存储器带宽为

$$W_2 = 1/t_2 = 1/m^2\tau \qquad ⑤$$

比较式③和式⑤可知，$W_1 > W_2$，所以，交叉存储器带宽 > 顺序存储器带宽。

题型 5　存储器的组成、控制和设计

1. 选择题

【例 4.5.1】　组成 2 M×8 位的内存，可以使用_____。

A. 1 M×8 位进行并联　　　　　　B. 1 M×4 位进行串联

C. 2 M×4 位进行并联　　　　　　D. 2 M×4 位进行串联

答：本题答案为：C。

【例 4.5.2】　RAM 芯片串联时可以_____。

A. 增加存储器字长　　　　　　　B. 增加存储单元数量

C. 提高存储器的速度　　　　　　D. 降低存储器的平均价格

答：本题答案为：B。

【例 4.5.3】　RAM 芯片并联时可以_____。

A. 增加存储器字长　　　　　　　B. 增加存储单元数量

C. 提高存储器的速度　　　　　　D. 降低存储器的平均价格

答：本题答案为：A。

2. 填空题

【例 4.5.4】　存储器芯片并联的目的是为了___①___，串联的目的是为了___②___。

答：本题答案为：① 位扩展；② 字单元扩展。

【例 4.5.5】　要组成容量为 4 M×8 位的存储器，需要___①___ 片 4 M×1 位的存储器芯片并联，或者需要___②___ 片 1 M×8 位的存储器芯片串联。

答：本题答案为：① 8；② 4。

3. 综合题

【例 4.5.6】　模块化存储器设计。已知某 8 位机的主存采用半导体存储器，地址码为 18 位，若使用 4K×4 位 RAM 芯片组成该机所允许的最大主存空间，并选用模块条的形式，问：

（1）若每个模块条为 32K×8 位，共需几个模块条？

（2）每个模块内共有多少片 RAM 芯片？

（3）主存共需多少 RAM 芯片？CPU 如何选择各模块条？

解：

（1）由于主存地址码给定 18 位，所以最大存储空间为 $2^{18} = 256$K，主存的最大容量为 256KB。现每个模块条的存储容量为 32KB，所以主存共需 256KB/32KB = 8 块板。

（2）每个模块条的存储容量为 32KB，现使用 4K×4 位的 RAM 芯片拼成 4K×8 位（共 8 组），用地址码的低 12 位（$A_0 \sim A_{11}$）直接接到芯片地址输入端，然后用地址的高 3 位（$A_{14} \sim A_{12}$）通过 3：8 译码器输出

分别接到 8 组芯片的片选端。共有 $8 \times 2 = 16$ 个 RAM。

（3）主存共需 128 片 RAM 芯片。CPU 用 $A_{17} A_{16} A_{15}$ 通过 $3 : 8$ 译码器来选择模块条，如图 4.2.8 所示。

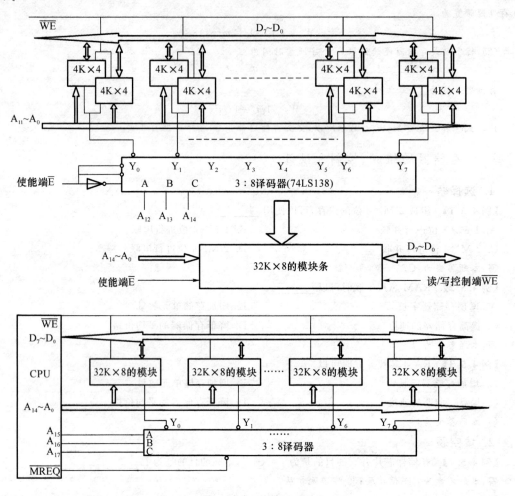

图 4.2.8　CPU 选择模块条示意图

【例 4.5.7】 用 $8K \times 8$ 位的 ROM 芯片和 $8K \times 4$ 位的 RAM 芯片组成存储器，按字节编址，其中 RAM 的地址为 2000H～7FFFH，ROM 的地址为 C000～FFFFH，画出此存储器组成结构图及与 CPU 的连接图。

解：

RAM 的地址范围展开为 001,0000000000000～011,1111111111111，$A_{12} \sim A_0$ 为 0000H～1FFFH，容量为 8K，高位地址 $A_{15} A_{14} A_{13}$ 为 001～011，所以 RAM 的容量为 $8K \times 3 = 24K$。

RAM 用 $8K \times 4$ 的芯片组成，需 $8K \times 4$ 的芯片 6 片。

ROM 的末地址－首地址＝FFFFH－C000H＝3FFFH，所以 ROM 的容量为 $2^{14} = 16K$。

ROM 用 $8K \times 8$ 的芯片组成，需 $8K \times 8$ 的芯片 2 片。

ROM 的地址范围展开为 1100000000000000～1111111111111111，高位地址 $A_{15} A_{14} A_{13}$ 为 110～111。

存储器的组成结构图及与 CPU 的连接图如图 4.2.9 所示。

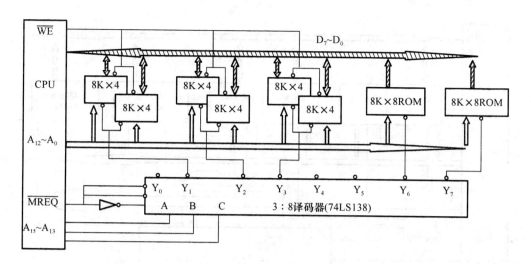

图 4.2.9　存储器的组成结构图及与 CPU 的连接图

【例 4.5.8】　存储器分布图如图 4.2.10 所示(按字节编址)。现有芯片 ROM 4K×8 和 RAM 8K×4，设计此存储系统，将 RAM 和 ROM 与 CPU 连接。

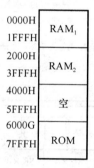

0000H	RAM$_1$
1FFFH	
2000H	RAM$_2$
3FFFH	
4000H	空
5FFFH	
6000G	ROM
7FFFH	

图 4.2.10　存储器分布图

解：

RAM$_1$ 区域是 8K×8，需 2 片 8K×4 的芯片；RAM$_2$ 区域也是 8K×8，需 2 片 8K×4 的芯片；ROM 区域是 8K×8，需 2 片 4K×8 的芯片。地址分析如下：

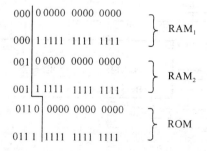

(1) 方法一

以内部地址多的为主，地址译码方案为：用 A$_{14}$A$_{13}$ 作译码器输入，则 Y$_0$ 选 RAM$_1$，Y$_1$ 选 RAM$_2$，Y$_3$ 选 ROM，当 A$_{12}$＝0 时选 ROM$_1$，当 A$_{12}$＝1 时选 ROM$_2$，扩展图与连接图如图 4.2.11 所示。

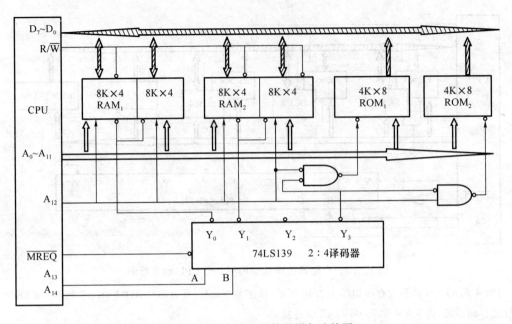

图 4.2.11　方法一的扩展图与连接图

(2) 方法二

以内部地址少的为主,地址译码方案为:用 $A_{14} A_{13} A_{12}$ 作译码器输入,则 Y_0 和 Y_1 选 RAM_1, Y_2 和 Y_3 选 RAM_2, Y_6 选 ROM_1, Y_7 选 ROM_2, 扩展图与连接图如图 4.2.12 所示。

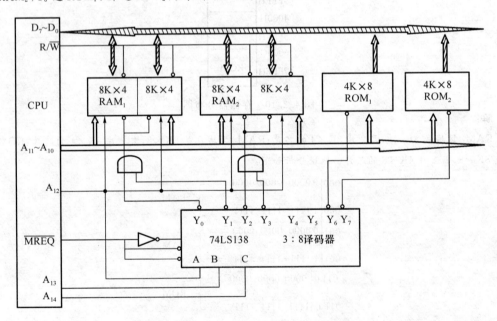

图 4.2.12　方法二的扩展图与连接图

【例 4.5.9】　用 $16K \times 8$ 的芯片设计一个 $64K \times 16$ 的存储器。当 $\overline{BHE} = 0$ 时访问 16 位数;当 $\overline{BHE} = 1$ 时访问 8 位数。

解:

由于要求存储器能按字节访问,即 $64K \times 16 = 128K \times 8 = 2^{17} \times 8$,所以地址线需 17 根,数据线为 16 根。

先设计一个模块将 $16K \times 8$ 扩展成 $16K \times 16$，内部地址为 $A_{15} \sim A_1$，如图 4.2.13 所示。

设偶存储体选中时 $C = 1$；奇存储体选中时 $D = 1$。

设计方案如表 4.2.1 所示。

由此真值表可得：

$$C = \overline{A_0}$$

$$D = \overline{\overline{BHE} \oplus \overline{A_0}}$$

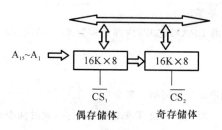

$A_{15} \sim A_1 \Rightarrow$ 偶存储体　奇存储体

图 4.2.13　单模块逻辑图

表 4.2.1　设计方案真值表

$\overline{BHE}$	A_0	C	D	说明
0	0	1	1	访问 16 位数
0	1	0	0	不访问
1	0	1	0	访问偶存储体
1	1	0	1	访问奇存储体

$64K \times 16$ 的存储器需要四个模块，因此需用 2：4 译码器，译码器的输出一般是低电平有效，设经反相后的输出分别为 Y_3、Y_2、Y_1、Y_0，则 $\overline{CS_1}$、$\overline{CS_2}$、$\overline{CS_3}$、$\overline{CS_4}$、$\overline{CS_5}$、$\overline{CS_6}$、$\overline{CS_7}$、$\overline{CS_8}$ 的表达式分别为：

$$\overline{CS_1} = \overline{C \cdot Y_0} \qquad \overline{CS_3} = \overline{C \cdot Y_1} \qquad \overline{CS_5} = \overline{C \cdot Y_2} \qquad \overline{CS_7} = \overline{C \cdot Y_3}$$

$$\overline{CS_2} = \overline{D \cdot Y_0} \qquad \overline{CS_4} = \overline{D \cdot Y_1} \qquad \overline{CS_6} = \overline{D \cdot Y_2} \qquad \overline{CS_8} = \overline{D \cdot Y_3}$$

存储器结构图及与 CPU 连接的示意图如图 4.2.14 所示。

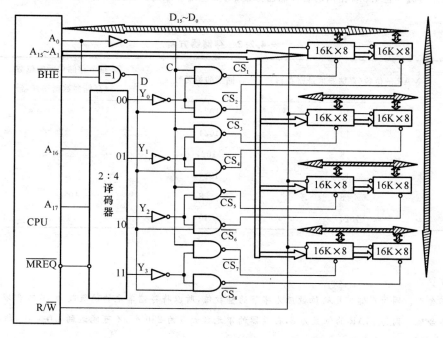

图 4.2.14　存储器的结构图及与 CPU 的连接图

【例 4.5.10】　欲设计具有 $64K \times 2$ 位存储容量的芯片，问如何安排地址线和数据线引脚的数目，才能使两者之和最小。请说明有几种解答。

解:

设地址线 x 根,数据线 y 根,则 $2^x \times y = 64K \times 2$。

$$
\begin{array}{lll}
若 & y=1 & 则 x=17 \\
& y=2 & x=16 \\
& y=4 & x=15 \\
& y=8 & x=14
\end{array}
$$

因此,当数据线为 1 或 2 时,引脚之和为 18。即共有 2 种解答。

【例 4.5.11】 有一个 $16K \times 16$ 的存储器,用 $1K \times 4$ 位的 DRAM 芯片(内部结构为 64×16,引脚同 SRAM)构成,问:

(1) 总共需要多少 DRAM 芯片?

(2) 采用异步刷新方式,如单元刷新间隔不超过 2 ms,则刷新信号周期是多少?

(3) 如采用集中刷新方式,存储器刷新一遍最少用多少读/写周期?设 T 单位为 $0.1~\mu s$,死时间率是多少?

解:

(1) 芯片 $1K \times 4$ 位,片内地址线 10 位($A_9 \sim A_0$),数据线 4 位,芯片总数为 $16K \times 16 / (1K \times 4) = 64$ 片。

(2) 采用异步刷新方式,在 2 ms 时间内分散地把芯片 64 行刷新一遍,故刷新信号的时间间隔为 $2ms/64 = 31.25~\mu s$,即可取刷新信号周期为 $30~\mu s$。

(3) 如采用集中刷新方式,假定 T 为读/写周期,如 16 组同时进行刷新,则所需刷新时间为 $64T$。因为 T 为 $0.1~\mu s$,$2~ms = 2~000~\mu s$,死时间率 $= 64T/2~000 \times 100\% = 0.32\%$。

【例 4.5.12】 表 4.2.2 给出的各存储器方案中,哪些是合理的?哪些不合理?对那些不合理的可以怎样修改?

表 4.2.2 存储器方案

存储器	MAR 的位数(存储器地址寄存器)	存储器的单元数	每个存储单元的位数 (存储器数据寄存器)
①	10	1024	8
②	10	1024	12
③	8	1024	8
④	12	1024	16
⑤	8	8	1024
⑥	1024	10	8

解:

① 合理。

② 不合理。因为存储单元的位数应为字节的整数倍,所以将存储单元的位数改为 16 较合理。

③ 不合理。因为 MAR 的位数为 8,存储器的单元数最多为 256 个,不可能达到 1 024 个,所以将存储器的单元数改为 256 较合理。

④ 不合理。因为 MAR 的位数为 12,存储器的单元数应为 4K 个,不可能只有 1 024 个,所以将存储器的单元数改为 4096 才合理。

⑤ 不合理。因为 MAR 的位数为 8,存储器的单元数应为 256 个,不可能只有 8 个,所以将存储器的单

元数改为 256 才合理;另外,存储单元的位数为 1 024 太长,改为 8、16、32、64 均可。

⑥ 不合理。因为 MAR 的位数为 1 024,太长,而存储单元数为 10,太短,所以将 MAR 的位数与存储单元数对调一下,即 MAR 的位数为 10,存储器的单元数正好为 1 024,合理。

【例 4.5.13】 某存储器容量为 4KB,其中:ROM 2KB,选用 EPROM 2K×8;RAM 2KB,选用 RAM 1K×8;地址线 $A_{15} \sim A_0$。写出全部片选信号的逻辑式。

解:

ROM 的容量为 2KB,故只需 1 片 EPROM;而 RAM 的容量为 2KB,故需 RAM 芯片 2 片。ROM 片内地址为 11 位,用了地址线的 $A_{10} \sim A_0$ 这 11 根地址线;RAM 片内地址为 10 位,用了地址线的 $A_9 \sim A_0$ 这 10 根地址线。总容量 4KB 需要 12 根地址。可以考虑用 1 根地址线 A_{11} 作为区别 EPROM 和 RAM 的片选信号,对于 2 片 RAM 芯片可利用 A_{10} 来区别其片选信号。由此,可得到如下的逻辑式:

$$EPROM \qquad CS_0 = \overline{A_{11}}$$
$$RAM \qquad CS_1 = A_{11}\overline{A_{10}} \qquad\qquad CS_2 = A_{11}A_{10}$$

【例 4.5.14】 利用 2716(2K×8 位)、2114(1K×4 位)和 8205(或 74LS138)等集成电路为 8 位微机设计一个容量为 4KB 的 ROM、2KB 的 RAM 的存储子系统(ROM 安排在内存的低端,RAM 紧靠 ROM)。要求写出设计步骤。

解:

① 计算出需要的各种芯片数。

用 2K×8 的 2716 芯片设计容量为 4KB 的 ROM,需 2716 芯片 2 片;

用 1K×4 的 2114 芯片设计容量为 2KB 的 RAM,需 2114 芯片 4 片。

② 写出每个芯片的地址分配。

ROM1	0000H～07FFH
ROM2	0800H～0FFFH
RAM1+RAM2	1000H～13FFH
RAM3+RAM4	1400H～17FFH

③ 设计片选逻辑。

④ 连接存储子系统。

【例 4.5.15】 设 CPU 有 16 根地址线,8 根数据线,并用 $\overline{MREQ}$ 作访存控制信号,用 $R/\overline{W}$ 作为读写命令信号。自选各类存储芯片,画出 CPU 与存储芯片的连接图。要求:

(1) 最大 8KB 地址是系统程序区,与其相邻的 8KB 地址是系统程序工作区,最小 16KB 地址是用户程序区。

(2) 写出每片存储芯片的类型及地址范围(用十六进制表示)。

(3) 用 3∶8 译码器或其他门电路详细画出存储芯片的片选逻辑。

解:

(1) 假设选用 8K×8 的 ROM 和 RAM。系统程序区用 1 片 ROM,系统程序工作区和用户程序区用 3 片 RAM。CPU 与存储芯片的连接图如图 4.2.15 所示。

(2) 每片存储芯片的类型及地址范围(用十六进制表示)如下:

RAM1(8K×8)		0000H～1FFFH
RAM2(8K×8)		2000H～3FFFH
RAM3(8K×8)		A000H～BFFFH
ROM(8K×8)		C000H～FFFFH

（3）片选逻辑：

$$CS_0 = \overline{A_{15}}\, \overline{A_{14}}\, \overline{A_{13}} \qquad CS_1 = \overline{A_{15}}\, \overline{A_{14}}\, A_{13} \qquad CS_2 = \overline{A_{15}}\, A_{14}\, \overline{A_{13}} \qquad CS_3 = \overline{A_{15}}\, A_{14}\, A_{13}$$

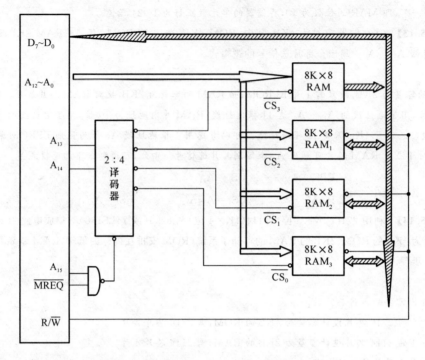

图 4.2.15　CPU 与存储芯片的连接图

【例 4.5.16】　用容量为 $L \times K$ 的动态 RAM 芯片，构成容量为 $M \times N$ 的存储器。问：

（1）需要多少块存储芯片？

（2）存储器共有多少个片选信号，如何来实现？需要几位译码？

（3）若采用自动刷新模式，刷新计数器的最大值是多少？

解：

（1）因为存储器的容量为 $M \times N$，存储芯片的容量为 $L \times K$，所以需要的存储芯片数为：$(M \times N)/(L \times K)$（片）。

（2）这个存储器既使用了字扩展，又使用了位扩展。共有 M/L 组存储芯片，需要 M/L 个片选信号。片选信号由译码器产生，需要 $\log_2(M/L)$ 位地址参与译码。

（3）动态 RAM 需要刷新，刷新计数器的最大值是 $\sqrt{L \times K}$。这是因为，在存储器中所有片同时被刷新，所以在考虑刷新问题时，应当从单个芯片的存储容量着手。在本题中动态 RAM 的内部结构应该是一个 $(\sqrt{L \times K}) \times (\sqrt{L \times K})$ 的方阵，刷新通常是一行一行地进行的，每行中各记忆单元是同时被刷新的。

【例 4.5.17】　用 16K×8 位的 SRAM 芯片构成 64K×16 位的存储器，试画出该存储器的组成逻辑框图。

解：

存储器容量为 64K×16 位，其地址线为 16 位（$A_{15} \sim A_0$），数据线也是 16 位（$D_{15} \sim D_0$）；SRAM 芯片容量为 16K×8 位，其地址线为 14 位，数据线为 8 位。因此组成存储器时需字位同时扩展。字扩展采用 2:4 译码器，以 16K 为一个模块，共 4 个模块。位扩展采用两片串接。存储器的组成逻辑框图如图 4.2.16 所示。

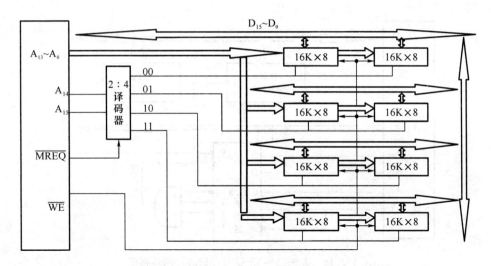

图 4.2.16　存储器的组成逻辑框图

【例 4.5.18】用 8K×8 的 RAM 芯片和 2K×8 的 ROM 芯片设计一个 10K×8 的存储器,ROM 和 RAM 的容量分别为 2K 和 8K,ROM 的首地址为 0000H,RAM 的末地址为 3FFFH。

(1) ROM 存储器区域和 RAM 存储器区域的地址范围分别为多少?

(2) 画出存储器控制图及与 CPU 的连接图。

解:

(1) ROM 的首地址为 0000H,ROM 的总容量为 2K×8,所以末地址为 07FFH。

RAM 的末地址为 3FFFH,RAM 的总容量为 8K×8,所以,3FFFH－首地址＝1FFFH,首地址为:2000H。

(2) 设计方案

ROM 的地址范围为

$$
\begin{array}{l}
000\ |\ 000\ 0000\ 0000 \\
\hline
000\ |\ 111\ 1111\ 1111 \\
1\ |\ 00\ 000\ 0000\ 0000 \\
\hline
1\ |\ 11\ 111\ 1111\ 1111
\end{array}
$$

RAM 的地址范围为

方法一:

以内部地址多的为主,地址译码方案为:用 A_{13} 来选择,当 A_{13}＝1 时选 RAM,当 $A_{13} A_{12} A_{11}$＝000 时选 ROM,如图 4.2.17 所示。

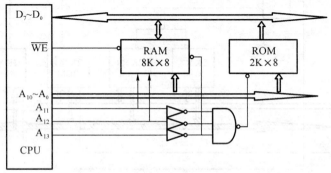

图 4.2.17　方法一的 CPU 与存储芯片的连接图

方法二:

以内部地址少的为主,地址译码方案为:用 $A_{13} A_{12} A_{11}$ 作译码器输入,则 Y_0 选 ROM,Y_4、Y_5、Y_6、Y_7 均选 RAM,如图 4.2.18 所示。

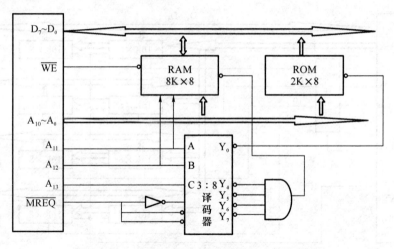

图 4.2.18　方法二的 CPU 与存储芯片的连接图

【例 4.5.19】　某机字长 8 位,试用如下所给芯片设计一个存储器,容量为 10 KW,其中 RAM 为高 8 KW,ROM 为低 2 KW,最低地址为 0(RAM 芯片类型是:4K×8;ROM 芯片类型是:2K×4)。

(1) 地址线、数据线各为多少根?

(2) RAM 和 ROM 的地址范围分别为多少?

(3) 每种芯片各需要多少片?

(4) 画出存储器结构图及与 CPU 连接的示意图。

解:

(1) 地址线为 14 根,数据线为 8 根。

(2) ROM 的地址范围为 0000H~07FFH、RAM 的地址范围为 0800~27FFH。

(3) RAM 芯片共 2 片,ROM 芯片共 2 片。

(4) 存储器结构图及与 CPU 连接的示意图如图 4.2.19 所示。

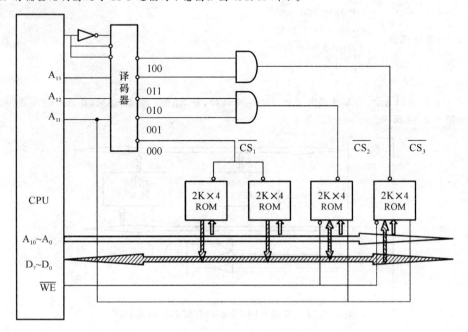

图 4.2.19　存储结构图及与 CPU 连接的示意图

【例 4.5.20】　用 64K×8 的 RAM 芯片和 32K×16 的 ROM 芯片设计一个 256K×16 的存储器,地址范围为 00000H～3FFFFH,其中 ROM 的地址范围为 10000H～1FFFFH,其余为 RAM 的地址。

(1) 地址线、数据线各为多少根?

(2) RAM、ROM 芯片各用多少片?

(3) 画出存储器扩展图和与 CPU 的连接图。

解:

(1) 因为总容量为 256K×16＝2^{18}×16,所以地址线、数据线分别为 18 根和 16 根。

(2) 因为 ROM 的地址范围为 10000H～1FFFFH,所以 ROM 为 64K,用 32K×16 的 ROM 芯片来设计,需要 2 片。

RAM 的容量＝256K－64K＝192K,用 64K×8 的 RAM 芯片来设计,需要 6 片。

(3) 存储器扩展图和与 CPU 的连接图如图 4.2.20 所示。

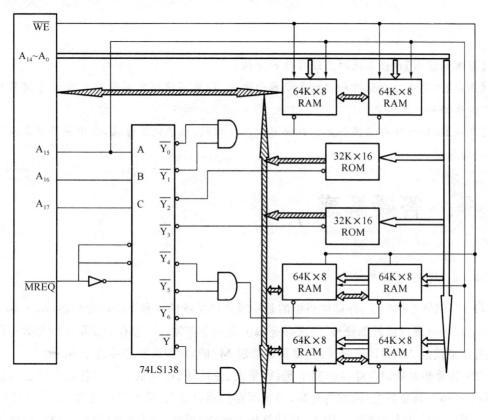

图 4.2.20　存储器扩展图和与 CPU 的连接图

CPU 的刷新信号 $\overline{\text{RFSH}}$ 反相后送 REFRQ(因为 REFRQ 是高电平有效)控制刷新。在刷新周期,通过刷新定时器和刷新计数器,使 $\overline{\text{RAS}_0}$～$\overline{\text{RAS}_3}$ 全部有效,以实现对 4 个体同时刷新(这里只有一个存储体);同时 $\overline{\text{RFSH}}$ 信号控制译码器的输出使存储器扩展的四个信号 $\overline{\text{RAS}_1}$～$\overline{\text{RAS}_4}$ 全部有效,以实现对 4 个组的同时刷新。

当 CPU 访存时 $\overline{\text{MREQ}}$ 信号有效,当 $\overline{\text{MREQ}}$＝0 同时 $\overline{\text{WE}}$＝0 时 $\overline{\text{WR}}$＝0 送 8203;当 $\overline{\text{MREQ}}$＝0 同时 $\overline{\text{WE}}$＝1 时 RD＝0 送 8203;而 8203 的 $\overline{\text{WE}}$ 输出信号用于控制数据的读/写;此时 $\overline{\text{RFSH}}$ 信号为高电平,存储器扩展的四个信号 $\overline{\text{RAS}_1}$～$\overline{\text{RAS}_4}$ 由译码器的输出来决定,其中只有一个有效,选中一个存储组。

由于 DRAM 存储器的数据线是分开的,而 CPU 的数据线是双向的,所以在存储器的数据线与 CPU 的数据线之间加了三态门,由 $\overline{\text{WE}}$ 信号控制数据的流向。

第5章

存 储 系 统

【基本知识点】存储系统的三级存储器结构。

【重点】高速缓冲存储器和虚拟存储器的概念,设置高速缓冲存储器和虚拟存储器的目的、理论依据和基本思想。

【难点】高速缓冲存储器和虚拟存储器的基本结构、地址映像原理,命中率的计算以及存储保护的原理。

5.1 答疑解惑

5.1.1 什么是存储系统?

(1) 存储体系的概念:存储体系指的是构成存储系统的 n 种不同的存储器($M_1 \sim M_n$)之间,配上辅助软硬件或辅助硬件,使之在逻辑上是一个整体。一般存储器层次的等效访问速度接近于最高层 M_1 的访问速度,容量是最低层 M_n 的,每位价格是接近于 M_n 的。

(2) 计算机系统对存储器的要求是:容量大、速度快、成本低。由于各类存储器各具特点,即半导体存储器速度快、成本较高;磁表面存储器容量大、成本低但速度慢,无法与 CPU 高速处理信息的能力相匹配。因此,在计算机系统中,通常采用三级存储器结构,即使用高速缓冲存储器(cache)、主存储器和外存储器(简称外存,它是大容量辅助存储器)组成的结构。主-辅存层次结构满足了存储器的大容量和低成本的需求。cache-主存层次的速度接近于 cache,容量与每位价格接近于主存,是解决存取速度的重要方法。CPU 能直接访问的存储器称为内存储器,它包括高速缓冲存储器和主存储器;CPU 不能直接访问外存储器,外存储器的信息必须调入内存储器后才能由 CPU 进行处理。

(3) cache-主存-外存三级存储层次如图 5.1.1 所示。其中 cache 容量最小,外存容量最大,各层次中存放的内容都可以在下一层次中找到。这种多层次结构已成为现代计算机的典型存储结构。

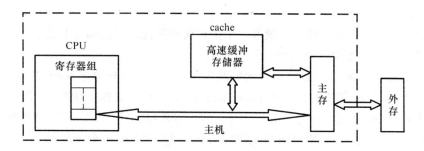

图 5.1.1 cache-主存-外存三级存储系统结构图

5.1.2 高速缓冲存储器(cache)的工作原理是什么?

1. 程序访问的局部性

在一个较短的时间间隔内,CPU 对局部范围的存储器地址频繁访问,而对此地址范围之外的地址访问很少,这种现象称程序访问的局部性。

2. 设立 cache 的理论依据

它是为了提高存储系统的存取速度而设立的,其理论依据是程序访问的局部性原理。

3. 什么是 cache

cache 是位于 CPU 和主存之间的一个容量相对较小的存储器,它的工作速度倍于主存,全部功能由硬件实现,并且对程序员是透明的。

4. cache 的基本结构

设主存有 2^n 个单元,地址码为 n 位,将主存分块(block),每块有 2^b 个字节,(如图 5.1.2 所示,每块的地址码为 b 位,故每块有 2^b 个字节);cache 也由同样大小的块组成,由于其容量小,所以块的数目小得多,主存中只有一小部分块的内容可存放在 cache 中。

设 $n=m+b$,则可得出,主存的块数 $M=2^m$,块内字节数 $=2^b$。cache 地址码为 $(c+b)$ 位,cache 的块数为 2^c(cache 块号用 c 位表示,故 cache 块数为 2^c),块内字节数与主存相同,如图 5.1.2 所示。

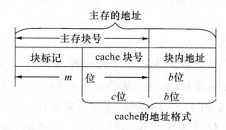

图 5.1.2 cache 和主存的地址格式

当 CPU 发出读请求时,将主存地址的 $m-c$ 位与 cache 某块的标记相比较,根据其比较结果是否相等而区分出两种情况:当比较结果相等时,说明需要的数已在 cache 中,那么直接访问 cache 就行了,在 CPU 与 cache 之间,通常一次传送一个字块;当比较结果不相等时,说明需要的数据尚未调入 cache,则要把该数据所在的整个字块从主存一次调进来。前一种情况称为访问 cache 命中,后一种情况称为访问 cache 不命中。

5. 块长

块的大小称为"块长"。块长一般取一个主存周期所能调出的信息长度。

6. 多层次 cache 结构

当芯片集成度提高后,可以将更多的电路集成在一个微处理器芯片中,片内 cache 的读取速度要比片外 cache 快得多。片内 cache 的容量受芯片集成度的限制,一般在几十 KB,命中率比大容量 cache 低。于是又有了二级 cache 方案:其中第一级 cache 在处理器芯片内部;第二级 cache 在片外采用 SRAM 存储器,其容量可以从几十 KB 到几百 KB。两级 cache 之间一般有专用总线相连。

7. 如何保持 cache 与主存的一致性

cache 中保存的字块是主存中相应字块的一个副本。如果程序执行过程中要对该字块的某个单元进行写操作,就会遇到如何保持 cache 与主存的一致性问题。通常有标志交换(flag-swap)方法和写直达法。

5.1.3　cache 的地址映像有哪些方式?

为了把信息放到 cache 中,必须应用某种函数把主存地址映像到 cache,称作地址映像。在信息按照这种映像关系装入 cache 后,执行程序时,应将主存地址变换成 cache 地址,这个变换过程叫做地址变换。

1. 直接地址映像方式

直接地址映像方式的优点是实现简单。

直接地址映像方式的缺点是不够灵活,即主存的 2^t 个字块只能对应唯一的 cache 字块,因此,即使 cache 中的许多地址空着也不能占用,这使得 cache 存储空间得不到充分利用,并降低了命中率。(直接映象方式由于发生 cache 块冲突的概率很高,cache 的空间利用率很低,所以现在的系统上已经很少使用)。

在直接地址映像方式中,映像函数可定义为:$j = i \bmod 2^c$。

其中,j 是 cache 的字块号,i 是主存的字块号。在这种映像方式中,主存的第 0 块,第 2^c 块,第 2^{c+1} 块,……只能映像到 cache 的第 0 块,而主存的第 1 块,第 $2^c + 1$ 块,第 $2^{c+1} + 1$ 块,……只能映像到 cache 的第 1 块。

2. 全相联地址映像方式

全相联地址映像方式是最灵活但成本最高的一种方式,它允许主存中的每一个字块映像到 cache 的任何一个字块位置上,也允许从已被占满的 cache 中替换出任何一个旧字块。这是一个理想的方案,实际上由于它的成本太高并不能采用。不只是它的标记位数从 $m-c$ 位增加到 m 位(与直接地址映像相比),使 cache 标记容量加大,主要问题是在访问 cache 时,需要和 cache 的全部标记进行"比较"才能判断出所访主存地址的内容是否已在 cache 中。由于 cache 速度要求高,所以全部"比较"操作都要用硬件实现,通常由"按内容寻址"的相联存储器完成。尽管全相联地址映像方法的 cache 块冲突概率是最低的,物理 cache 的空间利用率是最高的,但用于地址映像的相联目录表容量太大,成本极高,查表进行地址变换的速度太低,所以无法使用。

3. 组相联地址映像方式

组相联地址映像方式是直接地址映像和全相联地址映像方式的一种折中方案。组相联地址映像把 cache 字块分为 $2^{c'}$ 组，每组包含 2^r 个字块，于是有 $c=c'+r$。那么，主存字块 $M_m(i)(0 \leqslant i \leqslant 2^m-1)$ 可以用下列映像函数映像到 cache 字块 $M_c(j)(0 \leqslant j \leqslant 2^c-1)$ 上。

$$j=(i \bmod 2^{c'}) \times 2^r+k \qquad 0 \leqslant k \leqslant 2^r-1$$

k 为位于上列范围内的可选参数（整数）。按这种映像方式，组间为直接地址映像方式，而组内的字块为全相联地址映像方式。

在实际 cache 中用的最多的是直接地址映像（$r=0$）、两路组相联地址映像（$r=1$）和 4 路组相联地址映像（$r=2$）。如 $r=2$，则 $0 \leqslant k \leqslant 3$，所以主存某一字块可映像到 cache 某组 4 个字块的任一字块中，这大大地增加了映像的灵活性，提高了命中率。

组相联地址映像方式的性能与复杂性介于直接地址映像与全相联地址映像两种方式之间。只要组内的块数比较多，例如，8 块或 16 块，cache 的块冲突概率就可以显著降低到接近于全相联，但组相联映像比全相联映像的成本要低得多。当 $r=0$ 时，它就成为直接地址映像方式；当 $r=c$ 时，就是全相联地址映像方式。cache 的命中率除了与地址映像的方式有关外，还与 cache 的容量有关。cache 容量大，命中率高，但达到一定容量后，命中率的提高就不明显了。

4. 替换算法

当新的主存字块需要调入 cache 而它的可用位置又已被占满或辅存的页需要调入主存而主存的页已被占满时，就产生替换问题。常用的替换算法有先进先出（FIFO）算法和近期最少使用（LRU）算法。

FIFO 算法总是把一组中最先调入的块或页替换出去，它不需要随时记录各个字块或页的使用情况，所以实现容易、开销小。

LRU 算法是把一组中近期最少使用的字块或页替换出去。这种替换算法需随时记录 cache 中各个字块或主存中各页的使用情况，以便确定哪个字块是近期最少使用的字块。LRU 替换算法的平均命中率比 FIFO 要高，并且当分组容量加大时，能提高 LRU 替换算法的命中率。

5.1.4 什么是虚拟存储器？

1. 什么是虚拟存储器

虚拟存储技术是为了扩大主存的寻址空间。采用该技术之后，扩大的存储空间称为虚拟存储器。它靠外存储器（磁盘）支持。其中虚、实地址的转换需借助软件（操作系统）完成。

虚拟存储器是建立在主存与辅存物理结构基础之上，由附加硬件装置以及操作系统存储管理软件组成的一种存储体系，它能使计算机具有辅存的容量，接近于主存的速度和辅存的每位成本。它把主存和辅存的地址空间统一编址，形成一个庞大的存储空间，在这个大空间里，用户可自由编程，完全不必考虑程序在主存中是否装得下，或者放在辅存的程序将来在主存中的实际位置。编好的程序由计算机操作系统装入辅助存储器中，程序运行时，附加的辅助硬件机构和存储管理软件会把辅存的程序一块块自动调入主存并由 CPU 执行或从主存调出，用户感觉到的不再是处处受主存容量限制的存储系统，而是一个容量充分大的存储器。因为实质上 CPU 仍只能执行调入主存的程序，所以这样的存储体系称为"虚拟存储器"。

2. 虚地址和实地址

用户编程时指令地址允许涉及辅存的空间范围,这种指令地址称为"虚地址"(即虚拟地址),或称"逻辑地址",虚地址对应的存储空间称为"虚拟空间",或称"逻辑空间"。

实际的主存储器单元的地址则称为"实地址"(即主存地址),或称"物理地址",实地址对应的是"主存空间",也称"物理空间"。显然,虚地址范围要比实地址范围大得多。

3. 主存-辅存层次与主存-cache 层次的比较

两个存储体系均以信息块作为存储层次之间基本信息的传递单位,主存-cache 每次传递定长的信息块,长度只有几十字节,而虚拟存储器信息块划分方案很多,有页、段等,长度均在几百字节至几十万字节左右。

主存-cache 采用与 CPU 速度匹配的快速存储元件来弥补主存和 CPU 之间的速度差距,而虚拟存储器却弥补了主存的容量不足,具有容量大和程序编址方便的优点。

CPU 访问快速 cache 的速度比访问慢速主存快 5～10 倍。虚拟存储器中主存的速度要比辅存快 100～1000 倍以上。

主存-cache 存储体系中 CPU 与 cache 和主存都建立了直接访问的通路,一旦在 cache 中命中,CPU 就直接访问 cache,并同时向 cache 调度信息块,从而减少了 CPU 等待的时间,辅助存储器与 CPU 之间没有直接通路,一旦在主存中不命中,则只能从辅存调度信息块到主存,因为辅存的速度与 CPU 的速度差距太大,调度需要毫秒级时间,因此,CPU 一般将改换执行另一个程序,等到调度完成后再返回原程序继续工作。

5.1.5 虚拟存储器的结构是什么?

1. 段式虚拟存储器

段是利用程序的模块化性质,按照程序的逻辑结构划分成的多个相对独立的部分,段式虚拟存储器用段表来指明各段在主存中的位置,如图 5.1.3 所示。

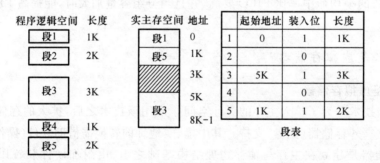

图 5.1.3 段式管理示意图

段式管理系统的优点是段的分界与程序的自然分界相对应;段的逻辑独立性使它易于编译、管理、修改和保护,也便于多道程序共享。其缺点是容易在段间留下许多空余的零碎存储空间不好利用,造成浪费。

2. 页式虚拟存储器

在页式虚拟存储系统中,把虚拟空间分成页,主存空间也分成同样大小的页,称为实页或物理页,而把前者称为虚页或逻辑页。假设虚页号为 $0,1,2,\cdots,m$,实页号为 $0,1,\cdots,l$,显然有 $m>l$。可把虚拟地址分为两个字段,高位字段为虚页号,低位字段为页内字地址。

虚拟地址到主存实地址的变换是由页表来实现的。在页表中,每一个虚存页号对应有一个表目,表目内容至少要包含该虚页所在的主存页面号,用它作为主存地址的高字段,与虚拟地址的页内地址字段相拼接,就产生完整的实主存地址,据此访问主存。通常,在页表的表项中还包括装入位(有效位)、修改位、替换控制位以及其他保护位等组成的控制字。

3. 段页式虚拟存储器

段页式存储管理系统把程序按逻辑结构分段以后,再把每段分成固定大小的页。程序对主存的调入调出是按页面进行的,但它又可以按段实现共享和保护。因此,它可以兼取页式和段式系统的优点。它的缺点是在地址映像过程中需要多次查表,虚拟地址转换成物理地址是通过一个段表和一组页表来进行定位的。段表中的每个表目对应一个段,每个表目有一个指向该段的页表的起始页号及该段的控制保护信息。由页表指明该段各页在主存中的位置以及是否已装入、已修改等标志。

如果有多个用户在机器上运行,称为多道程序,多道程序的每一道需要一个基号(用户标志号),可由它指明该道程序的段表起点(存放在基址寄存器中)。这样,虚拟地址应包括基号 D、段号 S、页号 P、页内地址 d。格式如下:

基号 D	段号 S	页号 P	页内地址 d

假设实主存分成 32 个页面,有 A,B,C 三道程序已经占用主存,如图 5.1.4(a)中阴影(斜线)部分所示。现在又有 D 道程序要进入,它有三段如图 5.1.4(b)所示,段内页号分别为 0,1;0,1;0,1,2。如采用纯段式管理,虽然主存空间总计空余相当于 8 个页面,比 D 道程序所需空间(相当于 7 个页面)要大,但因第二段所需空间相当于 3 个页面,比任何空隙都大而无法进入。采用段页式管理后则可调入,各段、页在主存位置如图 5.1.4(a)所示。

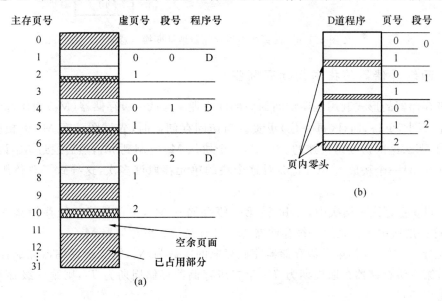

图 5.1.4 段页式存储举例

当要访问的程序地址为 D 道 1 段页 4 单元时,其地址变换过程如图 5.1.5 所示。

首先根据基号 D 取出 D 道程序的段表起点 S_D,加上段号 2 找到该道程序的页表起点 c,再加上页号 1,找到 D 道程序 2 段 1 页的主存页号 8,最后和页内地址 6 拼接成该虚拟地址对应的实主存地址（图中未画出段表的控制保护信息）。

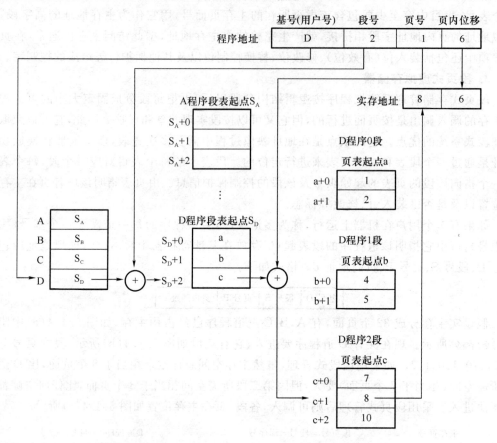

图 5.1.5　段页式虚拟存储器地址变换示意图

5.1.6　两级存储器的技术指标有哪些？

两级存储器的形式利用程序访问的局部性原理。与低一级存储器（M_2）相比，高一级存储器（M_1）更小，更快，而且（每一位）更贵。当访问存储器时，先试图访问 M_1 中相应的项，如果成功，那么这次访问是快速的。否则，一个块从 M_2 复制到 M_1，然后通过 M_1 访问。因为局部性，一旦一个块放入 M_1，将会对这个块的单元存取许多次，这导致了总体服务的快速性。

在 cache-主存这一层次中，cache 是第一级存储器 M_1，主存是第二级存储器 M_2；在主存-辅存这一层次中主存是第一级存储器 M_1，辅存是第二级存储器 M_2。

设执行一段程序时，第一级存储器完成存取的次数为 N_1，第二级存储器完成存取的次数为 N_2，第一级存储器存取周期为 T_1，第二级存储器存储周期为 T_2，则第一级存储器 M_1 的技术指标为：

① 第一级存储器的命中率：$H = N_1/(N_1 + N_2)$。

② 两级存储器的平均访问时间：$T_s = H \times T_1 + (1-H) \times (T_1 + T_2) = T_1 + (1-H) \times (T_2)$。

③ 两级存储器的访问效率：$e = T_1/T_s$。

当机器刚加电启动时,机器的 reset 信号或执行程序将所有标记的有效位置"0",使标记无效。在程序执行过程中,当 cache 不命中时逐步将指令块或数据块从主存调入 cache 中的某一块,并将这一块标记中的有效位置"1",当再次用到这一块中的指令或数据时,肯定命中,可直接从 cache 中取指或取数。因此开始执行程序时,命中率较低。

cache 的存储容量比主存的容量小得多,但不能太小,太小会使命中率太低;也没有必要过大,过大不仅会增加成本,而且当容量超过一定值后,命中率随容量的增加将不会明显地增大。

5.1.7 什么是相联存储器?

相联存储器不按地址访问存储器,而按所存数据字的全部内容或部分内容进行查找(或检索)。在 cache 和虚拟存储器中,都要使用页表。为了提高查表的速度,要用到相联存储器。例如,在虚拟存储器中,将虚地址的虚页号与相联存储器中所有行的虚页号进行比较,若有内容相等的行,则将其相应的实页号取出。

5.1.8 什么是存储保护?

由于多个用户对主存的共享,就有多个用户程序和系统软件存于主存中。为使系统能正常工作,要防止由于一个用户程序出错而破坏其他用户的程序和系统软件,还要防止一个用户程序不合法地访问不是分配给它的主存区域。为此,系统应提供存储保护。

存储保护主要包括两个方面:存储区域保护和访问方式保护。

5.1.9 什么是存储区域保护?

对于不是虚拟存储器的主存系统可采用界限寄存器方式。由系统软件经特权指令设置上、下界寄存器为每个程序划定存储区域,禁止越界访问。由于用户程序不能改变上、下界的值,所以它如果出现错误,也只能破坏该用户自身的程序,侵犯不到别的用户程序及系统软件。

界限寄存器方式只适用于每个用户占用一个或几个连续的主存区域;在虚拟存储系统中,由于一个用户程序的各页能离散地分布于主存中,不能使用这种保护方式,所以,通常采用页表保护和键保护等方式。

1. 页表保护方式

每个程序都有自己的页表和段表,段表和页表本身都有自己的保护功能。无论地址如何出错,也只能影响到相应的几个主存页面。

2. 键保护方式

键保护方式的基本思想是为主存的每一页配一个键,称为存储键,它相当于一把"锁",是由操作系统赋予的。每个用户的实存页面的键都相同。为了打开这个锁,必须有钥匙,称为访问键。访问键赋予每道程序,保存在该道程序的状态寄存器中。当数据要写入主存的某一页时,访问键要与存储键相比较。若两键相符,则允许访问该页,否则拒绝访问。

3. 环状保护方式

环状保护方式则可以做到对正在执行的程序本身进行保护。环保护方式是按系统程序和用户程序的重要性及对整个系统的正常运行的影响程度进行分层,每一层称为一个环,列有环号。环号大小表示保护的级别,环号越大,等级越低。所以系统程序应在内层,用户程序应在外层,内层允许访问外层的存储区。

5.1.10 什么是访问方式保护?

对主存信息的使用可以有三种方式:读(R)、写(W)和执行(E),相应的访问方式保护就有 R、W、E 三种以及由这三种方式形成的逻辑组合。访问方式可以和上述区域保护结合起来使用。

5.2 典型题解

存储系统

题型 1 存储系统的层次结构

1. 选择题

【例 5.1.1】 计算机的存储器采用分级方式是为了_____。

A. 减少主机箱的体积

B. 解决容量、价格、速度三者之间的矛盾

C. 保存大量数据方便

D. 操作方便

答:本题答案为:B。

【例 5.1.2】 在主存和 CPU 之间增加 cache 的目的是_____。

A. 增加内存容量

B. 提高内存的可靠性

C. 解决 CPU 与内存之间的速度匹配问题

D. 增加内存容量,同时加快存取速度

答:cache 是从主存储器速度满足不了 CPU 速度要求提出来的。本题答案为:C。

【例 5.1.3】 现行奔腾机的主板上都带有 cache,这个 cache 是_____。

A. 硬盘与主存之间的缓存   B. 软盘与主存之间的缓存

C. CPU 与视频设备之间的缓存   D. CPU 与主存储器之间的缓存

答:在 CPU 和主存中间设置 cache 是解决存取速度的重要方法。本题答案为:D。

【例 5.1.4】 下列有关存储器的描述中,不正确的是_____。

A. 多体交叉存储器主要解决扩充容量问题

B. 访问存储器的请求是由 CPU 发出的

C. cache 与主存统一编址,即主存空间的某一部分属于 cache

D. cache 的功能全由硬件实现

答:多体交叉存储器主要解决内存的速度问题;cache 是位于 CPU 和主存之间的一个容量相对较小的存储器,它的工作速度倍于主存,全部功能由硬件实现,并且对程序员是透明的。本题答案为:A、C。

2. 填空题

【例 5.1.5】 cache 是指_____。

答:本题答案为:高速缓冲存储器。

【例5.1.6】 计算机系统的三级存储器结构指的是　①　、　②　和　③　。

答:在计算机系统中通常采用cache、主存储器和外存储器三级存储器结构。本题答案为:①高速缓冲存储器;②主存储器;③辅助存储器。

【例5.1.7】 在多级存储体系中,cache的主要功能是　①　,虚拟存储器的主要功能是　②　。

答:cache是从主存速度满足不了要求提出来的;虚拟存储器是从主存容量满足不了要求提出来的。本题答案为:①提高存储速度;②扩大存储容量。

【例5.1.8】 对存储器的要求是　①　,　②　,　③　。为了解决这三个方面的矛盾,计算机采用多级存储器体系结构。

答:衡量存储器有三个指标:容量、速度、价格。本题答案为:①容量大;②速度快;③成本低。

【例5.1.9】 提高存储系统的速度最有效的方法是　　　　　。

答:常见的存储系统有三级:cache、主存储器、辅助存储器。其中cache用来存放当前正在执行的程序中的活跃部分的副本,它的存取速度可以与CPU的速度相匹配,以便快速地向CPU提供指令和数据。本题答案为:设置高速缓冲存储器/设置cache。

【例5.1.10】 cache是一种　①　存储器,是为了解决CPU和主存之间　②　不匹配而采用的一项重要的硬件技术,现发展为　③　体系,　④　分设体系。

答:本题答案为:①高速缓冲;②速度;③多级cache;④指令cache与数据cache。

【例5.1.11】 在多层次存储系统中,上一层次存储器比其下一层次存储器　①　、　②　,每字节存储容量的成本更高。

答:从存储体系层次可以看出,器存储速度从下到上逐层加快,容量逐层减小。本题答案为:①容量小;②速度快。

【例5.1.12】 cache介于主存和CPU之间,其速度比主存　①　,容量比主存小很多。它的作用是弥补CPU与主存在　②　上的差异。

答:设置cache是解决存取速度问题的重要方法。本题答案为:①快;②速度。

【例5.1.13】 CPU能直接访问　①　和　②　,但不能直接访问磁盘和光盘。

答:本题答案为:①cache;②主存。

【例5.1.14】 计算机系统中,下列部件都能够存储信息:

a. 主存　　　　b. CPU内的通用寄存器　　　　c. cache　　　d. 磁带　　　e. 磁盘

按照CPU存取速度排列,由快到慢依次为　①　,其中,内存包括　②　,属于外存的是　③　。

答:从存储体系层次可以看出,器存储速度从下到上逐层加快,容量逐层减小。本题答案为:①B c a e d;②a;③d e。

3. 判断题

【例5.1.15】 在计算机中,存储器是数据传送的中心,但访问存储器的请求是由CPU或I/O所发出的。

答:本题答案为:对。

【例5.1.16】 cache是内存的一部分,它可由指令直接访问。

答:cache不是内存的一部分,它可由指令直接访问。本题答案为:错。

【例5.1.17】 引入虚拟存储系统的目的,是为了加快外存的存取速度。

答:引入虚拟存储系统的目的,是为了扩大存储系统的容量。本题答案为:错。

4. 简答题

【例5.1.18】 能不能把 cache 的容量扩大,然后取代现在的主存?

答:从理论上讲是可以取代的,但在实际应用时有如下两方面的问题:

① 存储器的性能价格比下降,用 cache 代替主存,主存价格增长幅度大,而在速度上比带 cache 的存储器提高不了多少。

② 用 cache 做主存,则主存与辅存的速度差距加大,在信息调入调出时,需要更多的额外开销,因此,从现实而言,难以用 cache 取代主存。

【例5.1.19】 为什么要把存储系统细分成若干个级别?目前微机的存储系统中主要有哪几级存储器?各级存储器是如何分工的?

答:为了解决存储容量、存取速度和价格之间的矛盾,通常把各种不同存储容量、不同存取速度的存储器,按一定的体系结构组织起来,形成一个统一整体的存储系统。

目前,微机中最常见的是三级存储系统。主存储器可由 CPU 直接访问,存取速度快但存储容量较小,一般用来存放当前正在执行的程序和数据。辅助存储器设置在主机外部,它的存储容量大,价格较低,但存取速度较慢,一般用来存放暂时不参与运行的程序和数据,CPU 能直接访问辅助存储器。当 CPU 速度很高时,为了使访问存储器的速度能与 CPU 的速度匹配,又在主存和 CPU 间增设了一级 cache,它的存取速度比主存更快,但容量更小,用于存放当前正在执行的程序中的活跃部分的副本,以便快速地向 CPU 提供指令和数据。

三级存储系统最终的效果是:速度接近于 cache 的速度,容量是辅存的容量,每位的价格接近于辅存。

【例5.1.20】 计算机存储系统分哪几个层次?每一层次主要采用什么存储介质?其存储容量和存取速度的相对关系如何?

答:存储系统层次:cache-主存-辅存或寄存器组-cache-主存-辅存。

相应的存储介质为:寄存器——电路;cache——SRAM;主存——DRAM;辅存——磁表面存储器。

对应的容量由小到大,速度由高到低。

【例5.1.21】 说明层次结构的存储系统中 cache 和虚拟存储器的作用有何不同。

答:引入 cache 结构的目的是为了解决主存和 CPU 之间的速度匹配问题。而采用虚拟存储结构的目的是解决主存容量不足的问题。

题型2 高速缓冲存储器

1. 选择题

【例5.2.1】 程序访问的局限性是使用_____的依据。

A. 缓冲　　　　　　　　B. cache　　　　　　　　C. 虚拟内存

答:根据局部性原理,可以在主存和 CPU 之间设置一个高速的容量相对较小的存储器,这个存储器称作高速缓冲存储器(cache)。本题答案为:B。

【例5.2.2】 有关高速缓冲存储器(cache)的说法正确的是_____。

A. 只能在 CPU 以外　　　　　　　　B. CPU 内外都可设置 cache

C. 只能在 CPU 以内　　　　　　　　D. 若存在 cache,CPU 就不能再访问内存

答:芯片集成度提高后,推出了多层次的 cache 结构,即有片内 cache 和片外 cache。本题答案为:B。

2. 填空题

【例5.2.3】 高速缓冲存储器中保存的信息是主存信息的_____。

答:由于高速缓冲存储器的存取速度比主存快,但容量小,所以只能保存主存信息中的活跃部分,而且

只是这部分内容的副本,其正本仍然保存在主存中。本题答案为:活跃块的副本。

【例5.2.4】 常用的地址映像方法有____①____、____②____、组相联地址映像三种。

答:本题答案为:① 直接地址映像;② 全相联地址映像。

【例5.2.5】 建立高速缓冲存储器的理论依据是_____。

答:根据局部性原理,可以在主存和CPU之间设置一个高速的容量相对较小的存储器,这个存储器称作高速缓冲存储器(cache)。本题答案为:程序访问的局部性原理。

3. 判断题

【例5.2.6】 cache的功能全由硬件实现。

答:cache存储器介于CPU和主存之间,它的工作速度倍于主存,全部功能由硬件实现,并且对程序员是透明的。本题答案为:对。

4. 简答题

【例5.2.7】 简述cache的替换策略。

答:常用的替换算法有随机法、先进先出法、近期最少使用法等。随机法是用一个随机数产生器产生一个随机的替换块号;先进先出法是替换最早调入的存储块;近期最少使用法是替换近期最少使用的存储块。

【例5.2.8】 简述引入cache结构的理论依据。

答:引入cache结构的理论依据是程序访存的局部性规律。由程序访问的局部性规律可知,在较短的时间内,程序对内存的访问都局限于某一个较小的范围,将这一范围的内容调入cache后,利用cache的高速存取能力,可大大提高CPU的访存速度。

5. 综合题

【例5.2.9】 设主存容量1MB,cache容量16KB,块的大小为512B,采用直接地址映像方式。

(1)写出cache的地址格式。

(2)写出主存地址格式。

(3)块表的容量为多大?

(4)画出地址映像及变换示意图。

(5)主存地址为CDE8FH的单元在cache中的什么位置?

解:

(1) cache容量16KB,16KB=2^{14},所以cache地址为14位;块的大小为512B,所以块内地址为9位,块地址为5位。cache的地址格式为

13	9 8	0
块地址	块内地址	

(2) 主存容量1MB,1MB=2^{20},所以主存地址为20位;块的大小为512B,所以块内地址为9位,块地址为5位,块标记为6位。主存的地址格式为

19	14 13	9 8	0
块标记	块地址	块内地址	

(3) cache的每一块在块表有一项,cache的块地址为5位,所以块表的单元数为2^5;块表中存放的是块标记,由于块标记为6位,所以块表的字长为6位。故块表的容量为2^5字×6位。

(4) 直接地址映像方式及变换示意图如图5.2.1所示。

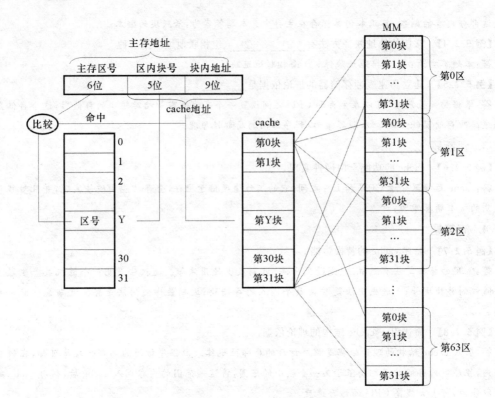

图 5.2.1 直接地址映像方式及变换示意图

(5) 因为 cache 容量为 16KB＝2^{14}B，块的大小为 512B，所以 cache 有 $16×1024/512＝32$ 个块。

因为　CDE8FH＝1100,1101,1110,1000,1111

所以块号＝1100,1101,111　块内地址＝0,1000,1111

在直接地址映像方式下，主存中的第 i 块映像到 cache 中第 $i \bmod 2^5$ 个块中；

$$1100,1101,111 \bmod 32＝01111$$

所以，地址 CDE8FH 的单元在 cache 中的地址为 01111,010001111。

【例 5.2.10】　在上例中，改用全相联地址映像方式进行计算。

解：

(1) cache 容量 16KB，16KB＝2^{14}，所以 cache 地址为 14 位；块的大小为 512B，所以块内地址为 9 位，块地址为 5 位，共 32 个块。cache 的地址格式为：

13	9 8	0
块地址	块内地址	

(2) 主存容量 1MB，1MB＝2^{20}，所以主存地址为 20 位；块的大小为 512B，所以块内地址为 9 位，块地址为 11 位，共 $2^{11}＝2\ 048$ 个块。主存的地址格式为

19	9 8	0
块标记	块内地址	

(3) cache 的每一块在块表中有一项，cache 的块地址为 5 位，所以块表的单元数为 2^5；块表中存放的是块标记，由于块标记为 11 位，所以块表的字长为 11 位。

故块表的容量为 2^5 字×11 位。

(4) 全相联地址映像方式及变换示意图如图 5.2.2 所示。

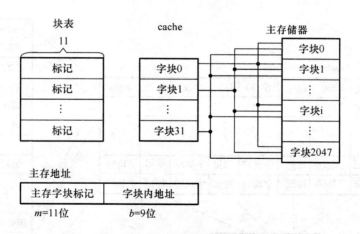

主存地址

主存字块标记	字块内地址
$m=11$位	$b=9$位

图 5.2.2　全相联地址映像方式及变换示意图

（5）主存地址为 CDE8FH 的单元可映像到 cache 中任何一个字块位置，块内地址为 010001111。

【例 5.2.11】　一个组相联地址映像 cache 由 64 个存储块构成，每组包含 4 个存储块。主存包含 4 096 个存储块，每块由 8 字组成，每字为 32 位。存储器按字节编址，访存地址为字地址。

（1）写出 cache 的地址位数和地址格式。

（2）写出主存的地址位数和地址格式。

（3）画出组相联地址映像方式的示意图。

（4）主存地址 18AB9H 映像到 cache 的哪个字块？

解：

（1）cache 由 64 个存储块构成，每块由 8 字组成，每字为 32 位，存储器按字节编址，cache 容量$=64\times8$字$\times4B=2^{11}B$，所以 cache 的地址总数为 11 位。

每组包含 4 个存储块，所以组内块号为 2 位；cache 有 64/4$=16$ 个组，所以组号为 4 位。cache 的地址格式为

（2）主存包含 4 096 个存储块，主存容量$=4\,096\times8$字$\times4$字节$=2^{17}$字节。

主存字块标记为 17－11$=6$ 位。主存的地址格式为

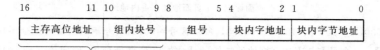

主存字块标记

（3）组相联地址映像方式的示意图如图 5.2.3 所示。

由于访存地址为字地址，所以块内字节地址无用，图中由主存高位地址和组内块号组成标记，分别与由组号选中的组中的四个标记进行比较，结果符合即可访问相应的字块。

（4）主存地址 18AB9H$=$11000101 010111001

方法 1：

组号为 0101，所以主存地址 18AB9H 可以映像到 cache 的第 5 组中的字块 21、字块 22、字块 23 或字块 24。

方法 2：

块内地址为 11001；块号为 $i=$110001010101；设 cache 的块号为 j，因为

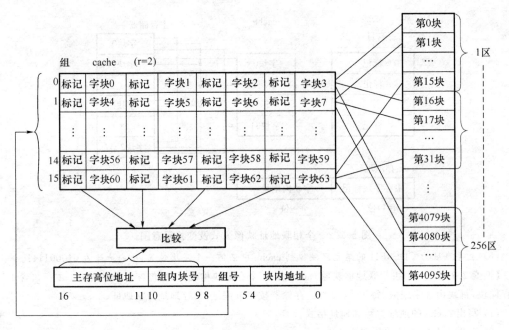

图 5.2.3 组相联地址映像方式的示意图

$$j = (i \bmod 2^4) \times 2^2 + k \quad 0 \leqslant k \leqslant 2^2 - 1$$

所以 $j = (110001010101 \bmod 2^4) \times 2^2 + k = 0101 \times 2^2 + k = 5 \times 4^+ k$

所以主存地址 18AB9H 可以映像到 cache 的第 5 组中的字块 21、字块 22、字块 23 或字块 24。

【例 5.2.12】 有一主存-cache 层次的存储器,其主存容量 1MB,cache 容量 64KB,每块 8KB,采用直接地址映像方式。

(1) 求主存地址格式。

(2) 主存地址为 25301H,问它在主存的哪个块?

解:

(1) cache 容量 $64KB = 2^{16}B$,每块 $8KB = 2^{13}B$,所以块内地址为 13 位,块地址为 $16 - 13 = 3$ 位,又因为主存容量 $1MB = 2^{20}B$,所以页面标记为 $20 - 16 = 4$ 位。主存地址格式如下:

19	16 15	13 12	0
页面标记	页面地址	页内地址	

(2) 因为 25301H = 00100101001100000001,所以区号 = 0010,块号 = 010,块内地址 = 1001100000001。

【例 5.2.13】 一个具有 16KB 直接地址映像 cache 的 32 位微处理器,假定该 cache 的块为 4 个 32 位的字,问主存地址为 ABCDE8F8H 的单元在 cache 中的什么位置?

解:

cache 容量为 $16KB = 2^{14}B$,块长为 $4 \times 32bit = 16B$,所以 cache 有 $16 \times 1\,024/16 = 1\,024$ 个块。

因为 ABCDE8F8H = 10101011110011011110100011111000

所以块号 = 1010101111001101111010001111,块内地址 = 1000

在直接地址映像方式下,主存中的第 i 块映像到 cache 中第 $i \bmod 1024$ 个块中,故有

10101011110011011110100011111 mod 1024 = 1010001111

所以,地址 ABCDE8F8 的单元在 cache 中的字地址为 10100011111000。

【例 5.2.14】 一台计算机的主存容量为 1MB,字长为 32 位,直接地址映像的 cache 容量为 512 字。试设计主存地址格式。

(1) cache 块长为 1 字。

(2) cache 块长为 8 字。

解：

(1) cache 块长为 1 字时，因为字长为 32 位，所以有 4 个字节，字地址为 2 位。又 cache 容量为 512 字 $=512\times32=2^{11}$B，所以 cache 地址格式为

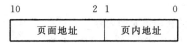

主存容量为 1MB$=2^{20}$B，所以主存地址格式为

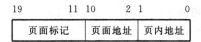

(2) cache 块长为 8 字时，因为字长为 32 位，所以有 32 个字节，字地址为 5 位。又 cache 容量为 512 字 $=512\times32=2^{11}$B，所以 cache 地址格式为

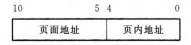

主存地址格式为

【例 5.2.15】 有一个 cache 的容量为 2K 字，每块为 16 字，问：

(1) 该 cache 可容纳多少个块？

(2) 如果主存的容量是 256K 字，则有多少个块？

(3) 主存的地址有多少位？ cache 的地址有多少位？

(4) 在直接地址映像方式下，主存中的第 i 块映像到 cache 中哪一个块？

(5) 进行地址映像时，存储器地址分成哪几段？各段分别有多少位？

解：

(1) cache 的容量为 2K 字，每块为 16 字，则 cache 中有 2 048/16$=$128 块。

(2) 主存的容量是 256K 字，则有 256$\times$1 024/16$=$16 384 个块。

(3) 因为主存的容量是 256K 字$=2^{18}$字，所以主存的地址有 18 位。cache 的容量为 2K 字，所以 cache 的地址有 11 位。

(4) 在直接地址映像方式下，主存中的第 i 块映像到 cache 中第 i mod 128 个块中。

(5) 存储器的字地址分成三段：区号、块号、块内地址。区号的长度为主存地址长度与 cache 地址长度之差，即 18$-$11$=$7 位，这 7 位做为标志存放在块表中。块地址长度与 cache 中的块数有关，因为 cache 中有 128$=2^7$ 个块，所以块号为 7 位。块内字地址位数取决于块的容量，因为每个块有 16$=2^4$ 个字，所以块内字地址为 4 位。如果每个字由几个字节构成，则存储器的字节地址中还有字内的字节地址部分。

格式如下：

区号(7 位)	块号(7 位)	块内地址(4 位)

题型 3　虚拟存储器

1. 选择题

【例 5.3.1】 采用虚拟存储器的主要目的是_____。

A. 提高主存储器的存取速度　　　　　　　　B. 扩大存储器空间，并能进行自动管理

C. 提高外存储器的存取速度 　　　　　　　　D. 扩大外存储器的存储空间

答：虚拟存储技术是为了扩大主存的寻址空间。本题答案为：B。

【例5.3.2】 在虚拟存储器中，当程序正在执行时，由_____完成地址映像。

A. 程序员　　　　　　B. 编译器　　　　　　C. 装入程序　　　　　　D. 操作系统

答：虚、实地址的转换需借助软件（操作系统）完成。本题答案为：D。

【例5.3.3】 选择正确的答案填空。

① cache 的内容应与主存储器的相应单元的内容_____。

A. 保持一致　　　　　　B. 可以不一致　　　　　　C. 无关

② cache 的速度应比从主存储器取数据速度_____。

A. 快　　　　　　B. 稍快　　　　　　C. 相等　　　　　　D. 慢

③ cache 的内容是_____调入的。

A. 由操作系统　　　　　　B. 执行程序时逐步　　　　　　C. 指令系统设置的专用指令

④ 虚拟存储器的逻辑地址位数比物理地址_____。

A. 多　　　　　　B. 相等　　　　　　C. 少

答：

① cache 中实际上是主存的一个副本，因此其内容必须与主存相应的内容保持一致。

② cache 的作用就是为了提高存取速度，肯定要比主存速度快。

③ cache 中内容的调入调出是由硬件实现的，在程序执行时逐步调入。

④ 使用虚拟存储器就是要为程序员提供比物理空间大得多的虚拟编程空间，因此虚拟存储器的逻辑地址位数要比物理地址多。本题答案为：①A；②A；③B；④A。

2. 填空题

【例5.3.4】 将辅助存储器（磁盘）当作主存来使用，从而扩大程序可访问的存储空间，这样的存储结构称为_____。

答：虚拟存储器把主存和辅存的地址空间统一编址，形成一个庞大的存储空间，在这个大空间里，用户可自由编程。本题答案为：虚拟存储器。

【例5.3.5】 虚拟存储器指的是__①__层次，它给用户提供了一个比实际__②__空间大得多的__③__空间。

答：虚拟存储器是建立在主存与辅存物理结构基础之上，把主存和辅存的地址空间统一编址，虚地址范围要比实地址范围大得多。本题答案为：①主存-外存；②主存；③虚拟地址。

【例5.3.6】 虚拟存储器在运行时，CPU 根据程序指令生成的地址是__①__，该地址经过转换形成__②__。

答：当 CPU 用虚拟地址访问主存时，机器自动地把它经辅助软件、硬件变换成主存实地址。本题答案为：①虚拟地址（逻辑地址）；②实际地址（物理地址）。

【例5.3.7】 虚拟存储器通常由主存和__①__两级存储系统组成。为了在一台特定的机器上执行程序，必须把__②__映像到这台机器主存储器的__③__空间上，这个过程称为地址映像。

答：虚拟存储器是建立在主存与辅存物理结构基础之上。本题答案为：①辅存；②逻辑地址；③物理地址。

【例5.3.8】 页表中的主要内容是__①__和__②__。

答：表目内容至少要包含该虚页所在的主存页面号，通常，在页表的表项中还包括装入位（有效位）、修改位、替换控制位以及其他保护位等组成的控制字。本题答案为：①物理页号；②是否装入内存的标志位。

【例5.3.9】 使用虚拟存储器是为了解决__①__问题，存储管理主要由__②__实现，CPU__③__访问第二级存储器。

答：虚拟存储技术是为了扩大主存的寻址空间，其中虚、实地址的转换需借助软件完成。CPU 不能直接访问辅助存储器的内容。本题答案为：①扩大主存容量和地址分配；②软件；③不能直接。

【例5.3.10】 使用高速缓冲存储器是为了解决　①　问题，存储管理主要由　②　实现。使用虚拟存储器是为了解决　③　问题，存储管理主要由　④　实现。后者在执行程序时，必须把　⑤　映射到主存储器的　⑥　空间上，这个过程称为　⑦　。

答：主存-辅存层次满足了存储器的大容量和低成本需求。而设置cache是解决存取速度的重要方法。本题答案为：①速度；②硬件；③容量；④软件；⑤逻辑地址；⑥物理；⑦虚实地址的转换。

【例5.3.11】 虚拟存储器只是一个容量非常大的存储器　①　模型，不是任何实际的　②　存储器。

答：虚拟存储器指的是"主存-辅存"层次。本题答案为：①逻辑；②物理。

【例5.3.12】 根据地址格式不同，虚拟存储器分为　①　、　②　和　③　三种。

答：主存-辅存层次的信息传送单位可采用几种不同的方案：段、页或段页。本题答案为：①页式；②段式；③段页式。

3. 判断题

【例5.3.13】 在虚拟存储器中，逻辑地址转换成物理地址是由硬件实现的，仅在页面失效时才由操作系统将被访问页面从辅存调到主存，必要时还要先把被淘汰的页面内容写入辅存。

答：在虚拟存储器中，主要通过存储管理软件来进行虚实地址的转换。本题答案为：错。

【例5.3.14】 在虚拟存储器中，辅助存储器与主存储器以相同的方式工作，因此允许程序员用比主存空间大得多的辅存空间编程。

答：在虚拟存储器中，之所以允许程序员用比主存空间大得多的辅助空间编程，并不是因为辅助存储器与主存的工作方式相同，而是因为在主存与辅存之间加了一级存储管理机制，由机器自动进行主辅存信息的调度。本题答案为：错。

【例5.3.15】 机器刚加电时cache无内容，在程序运行过程中CPU初次访问存储器某单元时，信息由存储器向CPU传送的同时传送到cache；当再次访问该单元时即可从cache取得信息（假设没有被替换）。

答：当机器刚加电启动时，机器的reset信号或执行程序将所有标记的有效位置"0"，使标记无效。在程序执行过程中，当cache不命中时逐步将指令块或数据块从主存调入cache中的某一块，并将这一块标记中的有效位置"1"，当再次用到这一块中的指令或数据时，肯定命中，可直接从cache中取指或取数。本题答案为：对。

4. 简答题

【例5.3.16】 存储器系统的层次结构可以解决什么问题？实现存储器层次结构的先决条件是什么？用什么度量？

答：存储器层次结构可以提高计算机存储系统的性能/价格比，即在速度方面接近最高级的存储器，在容量和价格方面接近最低级的存储器。

实现存储器层次结构的先决条件是程序局部性，即存储器访问的局部性是实现存储器层次结构的基础。其度量方法主要是存储系统的命中率，即由高级存储器向低级存储器访问数据时能够直接得到数据的概率。

【例5.3.17】 简述页表的作用。

答：页表的作用是反映逻辑（虚）号和物理（实）号的对应关系，用于实现虚实地址的变换。页表由与逻辑页相同数量的表单元构成，每个单元包含有装入位和物理页号。装入位表示相应的逻辑页是否在主存中，若在，则物理页号表示在哪一个物理页中。

【例5.3.18】 在虚拟存储器中，术语物理空间与逻辑空间有何联系和区别？

答：物理空间是实际地址对应的空间，也称"实存空间"；逻辑空间是程序员编程时可用的虚地址对应的地址空间，也称"虚存空间"。一般情况下，逻辑空间远远大于物理空间。物理空间是在运行程序时计算机能提供的真正主存空间；逻辑空间则是用户编程时可以运用的虚拟空间。程序运行时，必须把逻辑空间映射到物理空间。

【例 5.3.19】 CPU 访问内存的平均时间与哪些因素有关？

答：由公式 $T_a = H \times T_c + (1-H) \times T_m$ 可以看出，cache 和主存的存取周期直接影响 CPU 访问内存的平均时间，而命中率也是影响 cache-主存系统速度的原因之一。命中率越高，平均访问时间越接近于 cache 的存取速度。

而影响命中率的因素包括 cache 的替换策略、cache 的写操作策略、cache 的容量、cache 的组织方式、块的大小，以及所运行的程序特性。另外，还包括控制 cache 的辅助硬件的调度方式。如果实现信息调度功能的辅助硬件能事先预测出 CPU 未来可能需要访问的内容，就可以把有用的信息事先调入 cache，从而提高命中率。而扩大 cache 的存储容量可以尽可能多地装入有用信息，减少从主存调度的次数，同样能提高命中率。

但是 cache 的容量受到性能价格比的限制，加大容量会使成本增加，致使 cache-主存系统的平均位价格上升。虽然提高命中率能提高平均访存速度，但提高命中率会受到多种因素的制约。

【例 5.3.20】 设主存容量 4MB，虚存容量 1 GB，页面大小为 4KB。

(1) 写出主存地址格式。

(2) 写出虚拟地址格式。

(3) 页表长度为多少？

(4) 画出虚实地址转换示意图。

解：

(1) 主存地址格式为

21	12	11	0
页号(10 位)		页内地址(12 位)	

(2) 虚拟地址格式为

29	12	11	0
页面号(18 位)		页内地址(12 位)	

(3) 页表长度为 $2^{18} = 256\text{K}$。

(4) 虚实地址转换示意图如图 5.2.4 所示。

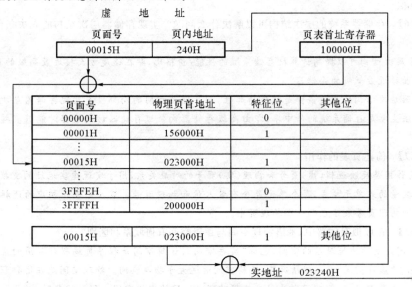

图 5.2.4 虚实地址转换示意图

【例5.3.21】 CPU 执行一段程序时,cache 完成存取的次数为 5 000 次,主存完成存取的次数为 200 次。已知 cache 存取周期为 40ns,主存存取周期为 160 ns。求:

(1) cache 的命中率 H。

(2) 平均访问时间 T_a。

(3) cache-主存系统的访问效率 e。

解:

(1) 命中率 $H = N_c/(N_c + N_m) = 5\ 000/(5\ 000 + 200) \approx 0.96$。

(2) 平均访问时间 $T_a = T_c + (1-H) \times T_m = 40\ \text{ns} + (1-0.96) \times 160\ \text{ns} = 46.4\ \text{ns}$。

(3) 访问效率 $e = T_c/T_a = 40\ \text{ns}/46.4\ \text{ns} \times 100\% \approx 86.2\%$。

【例5.3.22】 某计算机的存储系统是由 cache、主存和磁盘组成的虚拟存储系统。若一字在 cache 中,访问它需要时间 T_1ns;若字不在主存中,将其从磁盘装入主存需要时间 T_2ns。主存字访问周期为 T_3ns,设 cache 的命中率为 P_1,主存命中率为 P_2,求出该存储系统的平均字访问时间。

解:

cache-主存的平均访问时间:$T_1\text{ns} \times P_1 + (1-P_1) \times P_2 \times (T_1+T_3)\text{ns}$。

对于主存不命中的情况,由于 CPU 到辅存没有直接通路,除了调入内存的时间 T_2ns,还要加一个访问主存的时间 T_3ns,数据调入主存后,再调入 cache,所以还要加一个访问 cache 的时间 T_1ns,这样:

辅存-主存-cache 的平均访问时间 $= (1-P_1) \times (1-P_2) \times (T_1+T_2+T_3)$ns。

该存储系统的平均字访问时间 $=$

$$T = T_1\ \text{ns} \times P_1 + (1-P_1) \times P_2 \times (T_3+T_1)\text{ns} + (1-P_1) \times (1-P_2) \times (T_1+T_2+T_3)\text{ns}。$$

【例5.3.23】 已知 cache 命中率 $H = 0.98$,主存周期是 cache 的 4 倍,主存存取周期为 200 ns,求 cache-主存的效率和平均访问时间。

解:

$$R = T_m/T_c = 4;\ T_c = T_m/4 = 50\ \text{ns}$$

平均访问时间 $T_a = T_c + (1-H) \times T_m = 50\ \text{ns} + (1-0.98) \times 200\ \text{ns} = 54\ \text{ns}$

访问效率 $e = T_c/T_a = 50\text{ns}/54\text{ns} \times 100\% = 92.6\%$

【例5.3.24】 已知 cache-主存系统效率为 85%,平均访问时间为 60 ns,cache 比主存快 4 倍,求主存周期是多少? cache 命中率是多少?

解:

因为 $T_a = T_c/e$,所以 $T_c = T_a \times e = 60\ \text{ns} \times 0.85 = 51\ \text{ns}$(cache 存取周期)

$r = 5,T_m = T_c \times r = 51 \times 5 = 255\ \text{ns}$(主存存取周期)

因为 $T_a = T_c + (1-H) \times T_m = 51\ \text{ns} + (1-H) \times 255\ \text{ns} = 60\ \text{ns}$

所以命中率 $H = 246/255 \approx 96.5\%$

【例5.3.25】 设某流水线计算机有一个指令和数据合一的 cache,已知 cache 的读/写时间为 10 ns,主存的读/写时间为 100 ns,取指的命中率为 98%,数据的命中率为 95%,在执行程序时,约有 1/5 指令需要存/取一个操作数,为简化起见,假设指令流水线在任何时候都不阻塞。问:

(1) 与无 cache 比较,设置 cache 后计算机的运算速度可提高多少倍?

(2) 如果采用哈佛结构(分开的指令 cache 和数据 cache),运算速度可提高多少倍?

解:

(1) 若有 cache,平均访存时间

$$= (10\ \text{ns} \times 0.98 + (10+100) \times 0.02) + (10\ \text{ns} \times 0.95 + (10+100) \times 0.05) \times 1/5$$

$$= (9.8+2.2) + (9.5+5.5)/5 = 12+3 = 15\ \text{ns}$$

若无 cache,平均访存时间 $= 100 \times 1 + 100 \times 1/5 = 120\ \text{ns}$。

速度提高倍数 $= 120\ \text{ns}/15\ \text{ns} = 8$ 倍。

（2）如果采用哈佛结构,则有 cache 使取指和取数可以同时进行,平均访存时间＝12 ns。

速度提高倍数＝120 ns/12 ns＝10 倍。

题型 4　相联存储器

填空题

【例 5.4.1】　相联存储器不按地址而是按　①　访问的存储器,在 cache 中用来存放　②　,在虚拟存储器中用来存放　③　。

答:相联存储器是按内容寻址的存储器;内存储器是按地址寻址的存储器。本题答案为:①内容;②行地址表;③页表、段表和快表。

题型 5　存储保护

1. 选择题

【例 5.5.1】　下面是有关存储保护的描述。请从题后列出的选项中选择正确答案。

为了保护系统软件不被破坏,以及在多道程序环境下防止一个用户破坏另一用户的程序,而采取下列措施:

（1）不准在用户程序中使用"设置系统状态"等指令。此类指令是　①　指令。

（2）在段式管理存储器中设置　②　寄存器,防止用户访问不是分配给这个用户的存储区域。

（3）在环状保护的主存中,把系统程序和用户程序按其允许访问存储区的范围分层;假如规定内层级别高,那么系统程序应在　③　,用户程序应在　④　。内层　⑤　访问外层的存储区。

（4）为了保护数据及程序不被破坏,在页式管理存储器中,可在页表内设置 R(读)、W(写)及　⑥　位,　⑦　位为 1,表示该页内存放的是程序代码。

供选择的项:

①,②:A. 特权　　　B. 特殊　　　　　C. 上、下界　　　　D. 系统

③,④:A. 内层　　　B. 外层　　　　　C. 内层或外层

⑤:　A. 允许　　　B. 不允许

⑥:　A. M(标志)　B. P(保护)　　　C. E(执行)　　　　D. E(有效)

答:为了防止因程序员编程出错而影响整个系统的工作,在机器中设置了一些特权指令,规定特权指令只有操作系统等系统程序才能使用,如程序状态字 PSW 的设置是特权指令,界限寄存器的上下界设置也是特权指令。本题答案为:①A;②C;③A;④B;⑤A;⑥C。

2. 填空题

【例 5.5.2】　多个用户共享主存时,系统应提供　①　。通常采用的方法是　②　保护和　③　保护,并用硬件来实现。

答:为使系统能正常工作,要防止由于一个用户程序出错而破坏其他用户的程序和系统软件,系统应提供存储保护。存储保护主要包括两个方面:存储区域保护和访问方式保护。本题答案为:①存储保护;②存储区域;③访问方式。

第6章

辅助存储器

【基本知识点】辅助存储器的记录原理、记录方式、地址格式与技术指标。

【重点】磁记录原理,磁盘存储器的地址格式。

【难点】磁盘存储器地址格式与技术指标的计算。

6.1 答疑解惑

6.1.1 磁表面存储器的读写原理是什么?

磁表面存储器的读写过程如图6.1.1所示。

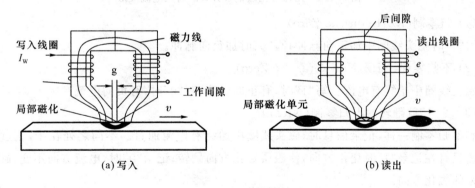

(a) 写入　　　　　　　　　　　　(b) 读出

图6.1.1　磁表面存储器的读写原理

写入原理:写"1"和写"0"时分别在读写线圈中通以不同方向的电流,当磁头相对磁层运动时就在磁层的表面留下不同方向的磁化单元,分别代表"1"和"0"。

读出原理:当磁头相对磁层运动时,磁层表面不同方向的磁化单元在读写线圈感应出不同方向的感应电动势,分别记为"1"和"0"。

6.1.2　信息的记录方式有哪些?

1. 记录方式

把待写入的二进制信息按照某种规律变成对应的写电流脉冲序列,写入电流波形的组成方式称为记录方式。

几种常见的磁记录方式的写入电流波形如图 6.1.2 所示。

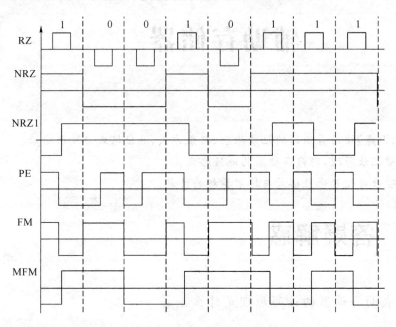

图 6.1.2　几种常见磁记录方式的写入电流波形

(1) 归零制(RZ:Return to Zero)

写"1"时磁头线圈中加正向脉冲;写"0"时加负向脉冲。

(2) 不归零制(NRZ:Not Return to Zero)

磁头线圈中始终有电流。写"1"时,有正向电流;写"0"时,有负向电流。

(3) 见"1"就翻转的不归零制(NRZ1)

和不归零制一样,记录信息时,磁头线圈中始终有电流通过。不同之处在于,流过磁头的电流只有在记录"1"时变化方向,使磁层磁化方向翻转;记录"0"时,电流方向不变,磁层保持原来的磁化方向。

(4) 调相制(PE:Phase Encoding)

写"1"时,磁头线圈中的电流先正后负;写"0"时,电流先负后正。

(5) 调频制(FM:Frequency Modulation)

写"1"时,磁头线圈中的电流在位周期开始时改变一次方向、在位周期中间还要改变一次方向;写"0"时,磁头线圈中的电流只在位周期开始时改变一次方向。

(6) 改进调频制(MFM)

这种记录方式基本上与调频制相同,即记录数据"1"时在位周期中心磁化翻转一次,记录数据"0"时不翻转。区别在于只有连续记录两个或两个以上"0"时才在位周期的起始位置翻转一次,而不是在每个位周期的起始处都翻转。

2. 评定记录方式的优劣标准

(1)自同步能力

自同步能力是指从单个磁道读出的脉冲序列中提取同步时钟脉冲的难易程度。同步信号可以从同步信号的磁道中取得,这种方法称为外同步。但对于高密度的记录系统来说,能直接从磁盘读出的信号中提取同步信号,这种方法称为自同步。

(2)编码效率

编码效率是指位密度与最大磁化翻转密度之比。

(3)读分辨率

磁记录系统对读出信号的分辨能力。

(4)信息的相关性

即漏读或错读一位是否能传播误码。

(5)信道带宽、抗干扰能力、编码译码电路的复杂性等。

对于不同种类的设备,还要根据设备读写机构的特点来选择记录方式,例如磁带机是多道并行存取结构,一般采用调相制记录方式(PE)和成组编码(GCR)。磁盘机中则主要选择 FM 和 MFM,分别用于单密度和双密度磁盘存储器。

6.1.3 什么是信息的还原?

无论采用哪一种磁记录方式,当记录介质在磁头下匀速通过时,如磁层的磁化强度发生变化,将在磁头的读出线圈中感应出电压。但从读出线圈读出的信号需经过一些变换、选通才能还原成写进去的信息。

6.1.4 磁盘的分类有哪些?

根据磁盘的盘体材料可分为软磁盘和硬磁盘。

根据磁头运动与否,分为固定磁头磁盘和活动磁头磁盘。活动磁头式磁盘的每个记录盘面只用一个磁头,目前使用得最多的是活动磁头磁盘。

根据磁头是否与盘面接触,可分为接触式磁头和浮动式磁头。接触式磁头在读写时接触盘面,因而磁头与盘面都会磨损,影响使用寿命,但结构简单,价格低廉,多用于软盘。浮动式磁头与盘面无直接接触,使磁头与记录介质均不受磨损,主要应用于各类硬盘。

根据盘片是否可更换,可分为可换盘片磁盘和固定盘片磁盘。

6.1.5 磁盘的信息是如何分布的?

在磁盘中,信息分布是按记录面、磁道、扇区、记录块层次安排的。

1. 基本概念

(1)记录面:磁盘片表面称为记录面。

(2) 磁道：记录面上一系列同心圆称为磁道。它的编址是由外向内依次编号，最外一个同心圆称为零磁道。

(3) 柱面：所有记录块上半径相等的磁道的集合称为圆柱面，一个磁盘组的圆柱面数等于其中一个记录面上的磁道数。

(4) 扇区：将每一个记录面分成若干个区域，每一个区域称为一个扇区。

(5) 记录块：将每一个磁道分成若干个段，每段称为一个记录块。

2. 磁盘地址格式

记录块是磁盘存储器读写信息的最小单位。对于活动头磁盘组来说，磁盘地址由记录面号（也称为磁头号）、磁道号和扇区号组成。一台主机如果配有几台磁盘机，就要给它们编号。因此，磁盘地址格式为

驱动器号	磁道号（圆柱面号）	记录面号（磁头号）	扇区号

请注意磁道号（圆柱面号）与记录面号的顺序。如果有一个较大的文件，在某磁道、某记录面的所有扇区都存不下时，应先改变记录面号（即换成与该磁道号对应的另一记录面存放），这样，可避免磁头的机械运动给存取速度带来影响。只有当该磁道号（圆柱面号）对应的所有记录面都存不下时，才改变磁道号（圆柱面号）。

3. 磁道的信息格式

目前，大部分磁盘采用 IBM 磁道记录格式，如图 6.1.3 所示。

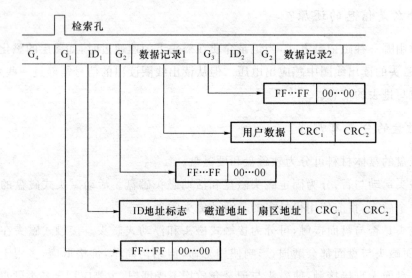

图 6.1.3　磁道记录格式

G_4 间隙一条磁道上只有一个。它是一个自由的间隙，处在一条磁道的末尾到索引孔之前。

G_1 间隙在一磁道的开始处。

ID_1 是第一个记录的标识段。它包括：ID 地址标志、磁道地址、扇区地址和两个 CRC（循环冗余校验）检验字节。磁道地址和扇区地址是实现读写的依据，它们是在磁盘初始化

(格式化)时确定的。

G_2 为标识符间隙,它被用来分隔记录中的数据和标识段。

数据记录段中第一个字节是数据或被删除的地址标记,接着是用户数据,最后两个是 CRC 检验字节。

G_3 用来结束第一个记录,称为数据间隙。

以后的记录均由 ID、G_2 开始,G_3 结束。

磁盘片的地址信息和控制信息是由磁盘格式化操作(FORMAT)写入的,这些信息占用了磁盘的存储空间,但它们对于管理、使用磁盘文件是必不可少的。至于如何在磁盘上存储文件,这是计算机操作系统的任务,不同的计算机和操作系统有不同的约定格式。

6.1.6 磁盘存储器的主要技术指标有哪些?

1. 存储密度

存储密度是指磁盘单位面积能记录的二进制信息量,它包括道密度和位密度:

(1) 道密度是沿磁盘半径方向单位长度上的磁道数。道密度=磁道数/存储区域的长度,单位为道/英寸(TPI)或道/毫米(TPM)。

(2) 位密度是磁道单位长度上可以记录的二进制代码位数。位密度=磁道容量/内圈的周长,单位为位/英寸(bit/in)或位/毫米(bit/mm)。

虽然磁道的周长各不相同,但其磁道容量是相同的,所以内圈的位密度最大,外圈的位密度最小。位密度一般是指内圈的位密度。

2. 存储容量

存储容量是指磁表面存储器可以存储的总字节数,它包括格式化容量和非格式化容量。

(1) 格式化容量是指按照某种特定的记录格式所能存储信息的总量,也是用户真正可以使用的容量。

格式化容量=记录面数×每面的磁道数×扇区数×记录块的字节数

(2) 非格式化容量是磁记录表面可以利用的磁化单元总数。

非格式化容量=记录面数×每面的磁道数×磁道容量

存储容量的单位是 KB 或 MB,精确地说 $1KB=1\,024B$,$1MB=1\,024KB$,但由于外存的容量很大,所以 $1KB \approx 10^3 B$,$1MB \approx 10^6 B$。

3. 平均存取时间

平均存取时间是指从读写命令发出后,磁头从某一起始位置出发移动到新的记录位置,再到开始从盘片表面读出或写入信息所需要的时间。它包括找道时间和等待时间:

(1) 找道时间是将磁头定位到所要求的磁道上所需要的时间。

(2) 等待时间是等待磁道上需要访问的信息到达磁头的时间。

由于找道时间和等待时间的数值可随机变化,所以

平均存取时间=平均找道时间+平均等待时间

平均找道时间=(最大找道时间+最小找道时间)/2

平均等待时间=磁盘旋转一周所需要时间的一半=1/2×(1/转速)

4. 数据传输率

磁表面存储器在单位时间向主机传送数据的字节数称为数据传输率。

如果磁盘的旋转速度为每秒 n 转,每条磁道的容量为 N 个字节,则

$$数据传输率\ D_r = nN(B/s)$$

由于各扇区之间存在间隙,存取时还需有一些判别性操作,所以一条磁道的平均数据传输率要低于存取一个扇区的"瞬时"数据传输率。

平均数据传输率=每道扇区数×扇区容量×盘片转速

6.1.7 光盘分类有哪些?

(1) 只读型(CD-ROM 和 DVD-ROM)。

(2) 一次写入型(WORM 和 CD-R)。

(3) 可擦重写型:磁光型(MO)和相变型(PC)。

(4) 直接重写型。

6.1.8 光盘中数据存放的形式有哪些?

1. 光道

CD-ROM 上的光道与磁盘上的磁道不同,光道是一条螺旋线,与老式唱片上的音轨类似。

2. 扇区

扇区模式 0 规定数据区和校验区的全部 2 336 个字节都是 0,这种扇区不用于记录数据,而是用于光盘的导入区和导出区。

扇区模式 1 规定 288 字节的校验区包括 4 字节的检测码(EDC)、8 字节的保留域(未定义)和 276 字节的纠错码(ECC)。这种扇区模式能容纳 2 048 个字节的数据并有很强的检测和纠错能力,适合于保存计算机的程序和数据。

扇区模式 2 规定 288 字节的检验区也用于存放数据,可保存声音、图像等对误码率要求不高的数据。

光盘的恒定线速度是每秒读出 75 个扇区。

6.1.9 如何计算 CD-ROM 驱动器的数据传输率?

CD-ROM 的速率指的是传输率,最初的单倍传输率相当于音频 CD 150KB/s 的标准。CD-ROM 的倍速均是指单速的倍数,即双速的传输率=2×150KB/s,4 速的传输率=4×150KB/s,8 速的传输率=8×150KB/s,24 速的传输率=24×150KB/s,32 倍速的传输率=32×150KB/s,40 倍速的传输率=40×150KB/s 等。

6.1.10 接口类型有哪些?

目前常用的光驱接口有 IDE 和 SCSI 两种。与 IDE 接口的驱动器相比,SCSI 接口的驱

动器占用的 CPU 资源较少。但是,现在大多数主板只集成了 IDE 接口,SCSI 接口卡要另外购买。此外,现在的 CD-ROM 一般都支持 UDMA/33 和 UDMA/66 接口。

6.2 典型题解

题型 1 磁记录原理

1. 选择题

【例 6.1.1】 磁盘存储器的记录方式一般采用_____。

A. 归零制   B. 不归零制

C. 改进的调频制   D. 调相制

答:本题答案为:C。

【例 6.1.2】 具有自同步能力的记录方式是_____。

A. NRZ   B. NRZ1

C. PM   D. MFM

答:本题答案为:C,D。

2. 综合题

【例 6.1.3】 欲将 10011101 写入磁表面存储器,请分别画出以下各项的波形图:归零制、不归零制、调频制的写入电流、记录介质磁化状态、读出信号、整流、选通及输出信号。指出哪几种方式有自同步能力?

答:有如下几种自同步能力:

① 归零制(RZ)(有自同步能力),如图 6.2.1 所示。

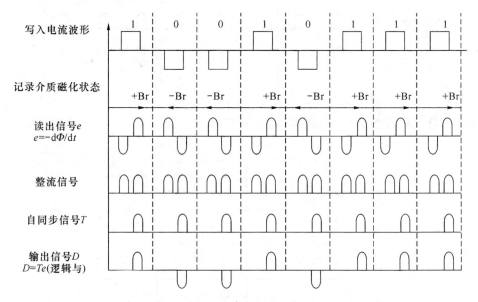

图 6.2.1 归零制记录方式信息的还原过程

② 不归零制(NRZ)(无自同步能力),如图 6.2.2 所示。

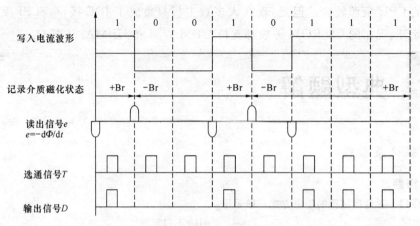

图 6.2.2　不归零制记录方式信息的还原过程

③ 调频制(FM)(有自同步能力)，如图 6.2.3 所示。

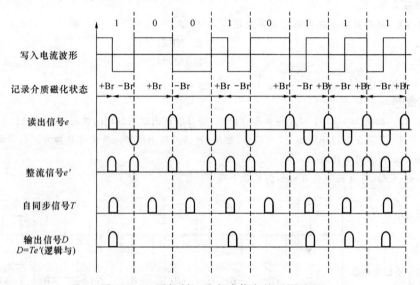

图 6.2.3　调频制记录方式信息的还原过程

【例 6.1.4】　试分析图 6.2.4 所示写电流波形属于何种记录方式。

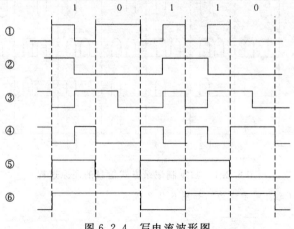

图 6.2.4　写电流波形图

答:图中①是调频制(FM),②是改进的调频制(MFM),③是调相制(PE),④是调频制(FM),⑤是不归零制(NRZ),⑥是"见1就翻制"(NRZ1)。

题型2 磁盘存储器

1. 选择题

【例6.2.1】 软盘驱动器在寻找数据时_____。

A. 盘片不动,磁头运动　　　　　　　B. 磁头不动,盘片运动

C. 盘片、磁头都运动　　　　　　　　D. 盘片、磁头都不动

答:本题答案为:C。

【例6.2.2】 对于磁盘和磁带这两种磁表面介质来说,存取时间与存储单元的物理位置有关。就其存取方式而言,_____。

A. 两者都是顺序存取的

B. 两者都是随机存取的

C. 磁盘是随机存取的,磁带是顺序存取的

D. 磁盘是顺序存取,磁带是随机存取的

答:本题答案为:C。

【例6.2.3】 一张3.5英寸软盘的存储容量为_____,每个扇区存储的固定数据是_____。

A. 1.44MB,512B　　　　　　　　　B. 1MB,1 024B

C. 2MB,256B　　　　　　　　　　　D. 1.44MB,512KB

答:本题答案为:A。

【例6.2.4】 磁盘存储器的等待时间通常是指_____。

A. 磁盘旋转半周所需的时间　　　　　B. 磁盘转2/3周所需时间

C. 磁盘转1/3周所需时间　　　　　　D. 磁盘转一周所需时间

答:本题答案为:A。

【例6.2.5】 软磁盘、硬磁盘、磁带机、光盘、固态盘属于_____设备。

A. 远程通信　　　B. 外存储器　　　C. 内存储器　　　D. 人机界面的I/O

答:本题答案为:B。

【例6.2.6】 磁盘驱动器向盘片磁层记录数据时采用_____方式写入。

A. 并行　　　　　B. 串行　　　　　C. 并行-串行　　　D. 串行-并行

答:本题答案为:B。

【例6.2.7】 下列外存中,属于顺序存取存储器的是_____。

A. 软盘　　　　　B. 磁带　　　　　C. 硬盘　　　　　D. 光盘

答:本题答案为:B。

【例6.2.8】 以下描述中基本概念正确的句子是_____。

A. 硬盘转速高,存取速度快　　　　　B. 软盘转速高,存取速度快

C. 硬盘是接触式读写　　　　　　　　D. 软盘是浮动磁头读写

答:本题答案为:A。

【例6.2.9】 若磁盘的转速提高一倍,则_____。

A. 平均存取时间减半　　　　　　　　B. 平均找道时间减半

C. 存储密度可以提高一倍　　　　　　D. 平均定位时间不变

答:本题答案为:D。

【例 6.2.10】 活动头磁盘存储器的平均存取时间是指_____。

A. 最大找道时间加上最小找道时间   B. 平均找道时间

C. 平均找道时间加上平均等待时间   D. 平均等待时间

答：本题答案为：C。

【例 6.2.11】 活动头磁盘存储器的找道时间通常是指_____。

A. 最大找道时间

B. 最小找道时间

C. 最大找道时间与最小找道时间的平均值

D. 最大找道时间与最小找道时间之和

答：本题答案为：C。

【例 6.2.12】 选择正确的答案填空。

磁盘上的磁道是___①___。在磁盘存储器中查找时间是指___②___。活动头磁盘存储器的平均存取时间是指___③___。磁道长短不同，其所存储的数据量___④___。

① A. 记录密度不同的同心圆

    B. 记录密度相同的同心圆

    C. 阿基米德螺线

② A. 磁头移动到要找的磁道的时间

    B. 在磁道上找到扇区的时间

    C. 在扇区中找到数据块的时间

③ A. 平均找道时间

    B. 平均找道时间＋平均等待时间

    C. 平均等待时间

④ A. 相同   B. 长的容量大   C. 短的容量大

答：① 磁盘上的磁道和唱盘不同，是一圈圈的同心圆，磁盘上的每个磁道容量相同。因此，每条磁道上的密度不同。

② 在磁盘上存取数据时，地址由两部分组成：磁道和扇区。把磁头移动到要找的磁道的时间称为查找时间，找到磁道后把要找的扇区转到磁头下所需的时间称为等待时间。

③ 由②可知，查找一个磁盘地址所需时间包括两部分：查找时间和等待时间。这两个时间不能唯一地确定，与磁头上次的位置和磁盘上次旋转的位置有关，因此其存取时间只能用平均查找时间与平均等待时间的和来计量。

④ 见①。

本题答案为：①A；②A；③B；④A。

2. 填空题

【例 6.2.13】 在磁盘的一个记录块中，所有数据字都存放在___①___存储元中，从而在读写整个记录块所需的时间中，只包括一次___②___和一次___③___时间。

答：本题答案为：①前后相继；②找道；③等待。

【例 6.2.14】 磁盘存储器主要技术指标有存储密度，___①___，___②___和___③___。

答：本题答案为：①存储容量；②平均存取时间；③数据传输速率。

【例 6.2.15】 磁表面存储器是以___①___作为记录信息的载体，对信息进行记录和读取的部件是___②___。

答：本题答案为：①磁介质；②磁头。

【例 6.2.16】 磁盘按盘片的组成材料分为___①___和___②___。前者一般使用塑料材质作为基片，单片使用。

答：本题答案为：①软盘；②硬盘。

【例6.2.17】 硬盘一般由_____盘片组成,将其组装在同一个轴上。

答：本题答案为：多个。

【例6.2.18】 磁盘上由一系列同心圆组成的记录轨迹称为 ① ,最外圈的轨迹是第 ② 道。

答：本题答案为：①磁道；②0。

【例6.2.19】 磁盘上访问信息的最小物理单位是_____。

答：本题答案为：记录块。

【例6.2.20】 磁盘上每个磁道被划分成若干个 ① ,其上面存储有 ② 数量的数据。

答：本题答案为：①扇区；②相同。

【例6.2.21】 磁盘格式化就是在磁盘上形成 ① 和 ② 的过程。

答：本题答案为：①磁道；②扇区。

【例6.2.22】 各磁道起始位置的标志是_____标志。

答：本题答案为：索引。

【例6.2.23】 磁盘存储设备的主要技术指标包括存储密度、 ① 、 ② 和数据传输率等。

答：本题答案为：①存储容量；②寻址时间。

【例6.2.24】 对活动头磁盘来讲,磁盘地址是由 ① 、 ② 和 ③ 组成的,每个区存储一个
④ 。沿盘半径方向单位长度内的磁道数称为 ⑤ ,而磁道单位长度上记录的二进制代码的位数称
为 ⑥ ,两者总称为 ⑦ 。

答：本题答案为：①记录面号(磁头号)；②磁道号(柱面号)；③扇区号；④记录块；⑤道密度；⑥位密度；
⑦存储密度。

【例6.2.25】 硬磁盘机按盘片结构分成 ① 与 ② 两种;磁头分为 ③ 和 ④ 两种。

答：本题答案为：①可换盘片式；②固定盘片式；③可移动磁头；④固定磁头。

【例6.2.26】 半导体存储器的速度指标是 ① ,磁盘存储器的速度指标是 ② 、 ③ 和
④ ,其中 ⑤ 与磁盘的旋转速度有关。

答：本题答案为：①存取时间和存取周期；②平均找道时间；③平均等待时间；④数据传输率；⑤平均等
待时间和数据传输率。

【例6.2.27】 评价磁记录方式的基本要素一般有 ① 、 ② 和 ③ 。

答：本题答案为：①编码效率；②同步能力；③可靠性。

【例6.2.28】 温彻斯特磁盘是一种 ① 磁头的 ② 盘片的磁盘机,它将磁头、盘片、电机驱动部
件、读写电路等组装成一个 ③ 的机电一体化整体,成为最有代表性的 ④ 存储器。

答：本题答案为：①可移动；②固定；③不可拆卸；④硬磁盘。

【例6.2.29】 磁盘、磁带属于 ① 存储器,特点是 ② 大, ③ 低,记录信息 ④ ,但存取速
度慢,因此在计算机系统中作为 ⑤ 存储器使用。

答：本题答案为：①磁表面；②存储容量；③价格；④永久保存；⑤辅助大容量。

【例6.2.30】 软磁盘和硬磁盘的 ① 原理与 ② 方式基本相同,但在 ③ 和 ④ 上存在较
大的差别。

答：本题答案为：①存储；②记录；③结构；④性能。

3. 判断题

【例6.2.31】 外存比内存的存储容量大,存取速度快。

答：本题答案为：错。外存比内存的存储容量大,但存取速度慢。

【例6.2.32】 内存与外存都能直接向CPU提供数据。

答：本题答案为：错。外存不能直接向CPU提供数据,CPU需要数据时向主存发出请求,若主存中无
此数据,由存储管理软件从辅存中调入,然后再提供给CPU。

4. 简答题

【例 6.2.33】 简述主存和辅存的区别。

答：考虑到计算机的性能价格比，将存储器分为主存储器和辅助存储器两部分。主存储器通常采用半导体存储器，用于存放正在运行的程序或数据，它速度快但成本高。辅助存储器一般采用磁盘、磁带、光盘等，虽然速度较慢，但存储容量大、成本低。

【例 6.2.34】 试将硬盘、软盘、磁带、光盘等外存的访问时间、数据传输率按大小(或高低)排序，并列出各外存突出的优缺点、适用场合及共同的发展趋势。

答：硬盘、光盘、软盘、磁带等外存的访问时间由少到多，数据传输率由高到低。

突出的优点：硬盘速度快；光盘和软盘的盘片可更换；磁带容量大，便宜且可更换。

适用场合：硬盘用于做主存的后援；光盘用于保存资料、文献档案，支持多媒体技术；磁带为海量后备；软盘用于输入/输出传递及小容量备份。

共同的发展趋势是提高容量和速度，降低价格，减小体积。

【例 6.2.35】 试推导磁盘存储器读写一块信息所需总时间的公式。

答：设读写一块信息所需总时间为 T_b，平均找道时间为 T_s，平均等待时间为 T_L，读写一块信息的传输时间为 T_m，则 $T_b = T_s + T_L + T_m$。假设磁盘以每秒 r 转速率旋转，每条磁道容量为 N 个字，则数据传输率 $= rN$ 字/秒。又假设每块的字数为 n，因而一旦读写头定位在该块始端，就能在 $T_m \approx (n/rN)$ 秒传输完毕。T_L 是磁盘旋转半周的时间，$T_L = (1/2r)$ 秒，由此可得 $T_b = T_s + 1/2r + n/rN$ 秒。

5. 综合题

【例 6.2.36】 若某磁盘有两个记录面，每面 80 个磁道，每磁道 18 扇区，每扇区存 512 字节，试计算该磁盘的容量为多少？

答：磁盘容量 $= 512B \times 18 \times 80 \times 2 = 1\ 440KB$。

【例 6.2.37】 若某磁盘平均找道时间为 20 ms，数据传输速率为 2MB/s，控制器延迟为 2 ms，转速为 5 000 转/分。试计算读写一个扇区(512 个字节)的平均时间。

答：平均等待时间 $= 0.5 \times (60/5\ 000)s = 6$ ms

传输时间 $= 512B/(2MB/s) = 512B/(2 \times 1\ 024 \times 1\ 024) = 0.244$ ms

平均访问时间 $=$ 平均找道时间 $+$ 平均等待时间 $+$ 传输时间 $+$ 控制器延时

$\qquad = (20 + 6 + 0.244 + 2)ms = 28.244$ ms

【例 6.2.38】 某硬盘有 20 个磁头，900 个柱面，每柱面 46 个扇区，每扇区可记录 512B。试计算该硬盘的容量。

答：硬盘容量 $= 512B \times 20 \times 900 \times 46 = 423\ 936\ 000B \approx 414\ 000KB \approx 404MB$。

【例 6.2.39】 某双面磁盘，每面有 220 道，已知磁盘转速 $r = 3\ 000$ 转/分，数据传输率为 17 500B/s，求磁盘总容量。

答：因为 $D_r = r \times N$，$r = 3\ 000$ 转/分 $= 50$ 转/秒，所以 $N = D_r/r = (17\ 500B/s) \div (50$ 转/秒$) = 350B$。磁盘总容量 $= 350B \times 220 \times 2 = 154\ 000B$。

【例 6.2.40】 已知某磁盘存储器转速为 2 400 转/分，每个记录面道数为 200 道，平均查找时间为 60 ms，每道存储容量为 96 kbit，求磁盘的存取时间与数据传输率。

答：2 400 转/分 $= 40$ 转/秒，平均等待时间 $= 1/40 \times 0.5 = 12.5$ ms，磁盘存取时间 $= 60$ ms $+ 12.5$ ms $= 72.5$ ms。数据传输率 $D_r = r \times N = 40 \times 96$ kbit $= 3\ 840$ kbit/s。

【例 6.2.41】 某双面磁盘每面有 220 道，内层磁道周长 70 cm，位密度 400 bit/cm，转速 3 000 转/分，求：

(1) 磁盘存储容量是多少？

(2) 数据传输率是多少？

答：

(1) 每道信息量 $= 400$ bit/cm $\times 70$ cm $= 28\ 000$ bit $= 3\ 500B$，每面信息量 $= 3\ 500B \times 220 = 770\ 000B$，磁

盘总容量＝770 000B×2＝1 540 000B。

(2) 磁盘数据传输率(磁盘带宽)$D_r = r \times N$,其中 N 为每条磁道容量,$N=3 500B$,r 为磁盘转速,$r=3 000$转/分$=50$转/秒,所以 $D_r = 50$转/秒$\times 3 500B = 175 000B/s$。

【例 6.2.42】 某磁盘组有 4 个盘片,5 个记录面,每个记录面的内磁道直径为 22 cm,外磁道直径为 33 cm,最大位密度为 1 600 bit/cm,道密度为 80 道/厘米,转速为 3 600 转/分。

(1) 磁盘组的总存储容量是多少位(非格式化容量)?

(2) 最大数据传输率是多少?

(3) 请提供一个表示磁盘信息地址的方案。

答:

(1) 总容量＝每面容量×记录面数,每面容量＝某一磁道容量×磁道数,某磁道容量＝磁道长×本道位密度,因此,最内磁道的容量＝1 600 bit/cm×(22 cm×3.14)/道＝110 528bit/道＝13 816B/道,磁道数＝存储区域长×道密度＝(33－22)cm/2×80 道/cm＝440 道,最后得该磁盘组的容量＝13 816B/道×440 道×5＝30 395 200B。

(2) 最大数据传输率＝转速×某磁道的容量＝3 600r/60 s×13 816B＝828 960B/s。

(3) 磁盘地址由台号、盘面号、柱面号、扇区号构成,扇区中又以数据块进行组织。由上述计算看出:盘面有 5 个,需 3 位,柱面有 440 个,需 9 位,扇区一般为 9 个,需要 4 位地址,台号一般设 2 位,故磁盘地址共由 18 位二进制构成。地址格式如下:

17	16 15	7 6	4 3	0
台号	柱面(磁道)号	盘面(磁头)号	扇区号	

【例 6.2.43】 一台有 3 个盘片的磁盘组,共有 4 个记录面,转速为 7 200 转/分,盘面有效记录区域的外径为 30 cm,内径为 20 cm,记录位密度为 250bit/mm,磁道密度为 8 道/mm,盘面分 16 个扇区,每扇区 1 024字节,设磁头移动速度为 2 m/s。

(1) 试计算盘组的非格式化容量和格式化容量。

(2) 计算该磁盘的数据传输率、平均找道时间和平均等待时间。

(3) 若一个文件超出 1 个磁道容量,余下的部分是存于同一盘面上还是存于同一柱面上?请给出一个合理的磁盘地址方案。

答:

(1) 磁盘的记录区域为(30－20)cm/2＝5 cm,磁盘的磁道数＝5×10 mm×8 道/毫米＝400 道,每道的非格式化容量＝20×10 mm×3.14×250 bit/mm＝157 000 bit＝19 625B,每道的格式化容量＝16×1 024B/＝16 384B,盘组的非格式化容量＝4×400×19 625B＝31 400 000B≈31.4MB,盘组的格式化容量＝4×400×16 384B＝26 214 400B≈26.2MB。

(2) 磁盘的数据传输率＝16 384B×7 200 转/60 s＝1 966 080B/s≈1.966MB/s,磁头移动 400 道的时间＝50 mm/2 000 mm/s＝0.025 s＝25 ms,平均找道时间＝25 ms/2＝12.5 ms,转一周的时间＝60 s/7 200≈8.3 ms,平均等待时间≈8.3 ms/2＝4.15 ms。

(3) 若一个文件超出一个磁道容量,余下的部分存于同一柱面上。磁盘地址方案如下:

14	6 5	4 3	0
柱面号(9 位)	面号(2 位)	扇区号(4 位)	
选 400 个磁道	选 4 个记录面	选 16 个扇区	

【例 6.2.44】 有一台磁盘机,平均找道时间为 30 ms,平均旋转等待时间为 120 ms,数据传输速率为 500B/ms,磁盘机上随机存放着 1 000 件每件 3 000B 的数据。现欲把一件件数据取走,更新后再放回原地。假设一次取出或写入所需时间为:平均找道时间＋平均等待时间＋数据传送时间。另外,使用 CPU 更新信息所需时间为 4 ms,并且更新时间同输入输出操作不相重叠。试问:

(1) 更新磁盘上全部数据需要多少时间?

(2) 若磁盘机旋转速度和数据传输率都提高一倍,更新全部数据需要多少时间?

答:(1) 读出/写入一块数据所需时间＝3 000B÷500B/ms＝6 ms。由于 1 000 件数据是随机存放,所以每取出或写入一块数据均要定位。故更新全部数据所需的时间＝2×1 000(平均找道时间＋平均等待时间＋传送一块数据的时间)＋1 000×CPU 更新一块数据的时间＝2×1 000(30＋120＋6)ms＋1 000×4 ms＝316 000 ms＝316 s。

(2) 磁盘机旋转速度提高一倍后,平均等待时间为 60 ms。数据传输率提高一倍后,数据传输速率为 1 000B/ms。读出/写入一块数据所需时间＝3 000B÷1 000B/ms＝3 ms。更新全部数据所需的时间＝2×1 000(30＋60＋3)ms＋1 000×4 ms＝190 000 ms＝190 s。

【例 6.2.45】 某磁盘存储器转速为 3 000 转/m,共有 4 个记录面,每毫米 5 道,每道记录信息为 12 288B,最小磁道直径为 230 mm,共有 275 道。

(1) 磁盘存储器的容量是多少?

(2) 最高位密度与最低位密度是多少?

(3) 磁盘数据传输率是多少?

(4) 平均等待时间是多少?

(5) 给出一个磁盘地址格式方案。

答:

(1) 每道记录信息容量＝12 288B,每个记录面信息容量＝275×12 288B＝3 379 200B,共有 4 个记录面,所以磁盘存储器总容量＝4×3 379 200B＝13 516 800B。

(2) 最高位密度 D_1 按最小磁道半径 R_1 计算,R_1＝230 mm/2＝115 mm,D_1＝12 288B/$2\pi R_1$≈17B/mm,最低位密度 D_2 按最大磁道半径 R_2 计算。R_2＝R_1＋(275÷5)＝115＋55＝170 mm。D_2＝12 288B/$2\pi R_2$≈11.5B/mm。

(3) 磁盘传输率 $C＝r×N$,r＝3 000/60＝50 转/秒,N＝12 288B(每道信息容量),$C＝r×N$＝50×12 288＝614 400B/s。

(4) 平均等待时间＝1/2r＝1/(2×50)＝10 ms。

(5) 假定只有一台磁盘存储器,所以可不考虑台号地址。有 4 个记录面,每个记录面有 275 个磁道。假定每个扇区记录 1 024B,则需要 12 288÷1 024B≈12 个扇区。由此可得如下地址格式:

14		6 5		4 3		0
柱面(磁道)号		盘面(磁头)号		扇区号		

【例 6.2.46】 已知某软盘及驱动器的规格如下:单面,77 道,4 条控制磁道,73 条数据磁道,每磁道 26 个扇区,128B/扇区,平均等待时间 83 ms,平均查找时间 17 ms,数据传输率 256 kbit/s。问:

(1) 一张软盘的数据存储容量约为多少字节?

(2) 若把平均访问时间定为"平均查找时间＋平均等待时间＋1 个扇区数据的传送时间",则此软盘每个扇区的平均访问时间是多少?

答:(1) 数据的存储容量＝数据磁道数×每磁道扇区数×每扇区字节数＝73×26×128B≈242.9KB (1KB≈10^3B)。

(2) 每个扇区的平均访问时间＝平均查找时间＋平均等待时间＋1 个扇区数据的传送时间。已知数据传输率是 256 kbit/s,一个扇区有 128B,即 128×8 bit,故一个扇区数据的传送时间=128×8/(256×1 024)=4 ms。每个扇区的平均访问时间=83+17+4≈104 ms。

【例 6.2.47】 一磁带机有 9 个磁道,带长 700 m,带速 2 m/s,每个数据块 1KB,块间间隔 14 mm。若数据传输速率为 128KB/s。

(1) 求记录位密度。

(2) 若带首尾各空 2 m,求此带最大有效储容量。

答:(1)因为数据传输速率=记录位密度×带速,所以,记录位密度=数据传输速率/带速=128KB/s÷2 m/s=64KB/m。

(2) 传送一个数据块的时间 T=1KB/(128KB/s)=1/128 s,一个数据块的长度 L=V×T=2 m/s×1/128 s=0.016 m,块间隔 L_1=0.014 m,数据块总数=(700-4)/(L+L_1)=696/(0.016+0.014)=232 00(块)。

磁带存储器容量=23 200×1KB=23.2MB

【例 6.2.48】 一盘组共 11 片,记录面为 20 面,每面上外道直径为 14 英寸,内道直径为 10 英寸,分 203 道。数据传输率为 983 040B/s,磁盘组转速为 3 600 转/分。假定每个记录块记录 1 024 字节,且系统可挂多达 16 台这样的磁盘,请设计适当的磁盘地址格式,并计算总存储容量。

答:设数据传输率为 C,每一磁道的容量为 N,磁盘转速为 r,则根据公式 C=N×r 可求得:

$$N=C/r=983\ 040÷(3\ 600/60)=16\ 384B$$
$$扇区数=16\ 384÷1\ 024=16$$

故表示磁盘地址格式的所有参数为台数 16,记录面 20,磁道数 203 道,扇区数 16,由此可得磁盘地址格式为

20	17 16	9 8	4 3	0
台号	柱面号	盘面号	扇区号	

磁盘总存储容量为 16×20×203×16 384=1 064 304 640B

【例 6.2.49】 某磁盘存储器的转速为 3 000 转/分,共有 4 个记录面,每毫米 5 道,每道记录信息为 12 288B,最小磁道直径为 230 mm,共有 275 道。问:

(1) 磁盘存储器的存储容量是多少?

(2) 最大位密度,最小位密度是多少?

(3) 磁盘数据传输率是多少?

(4) 平均等待时间是多少?

(5) 给出一个磁盘地址格式方案。

答:

(1) 每道记录信息容量=12 288 字节,每个记录面信息容量=275×12 288B,共有 4 个记录面,所以磁盘存储器总容量为:4×275×12 288B=13 516 800B。

(2) 最高位密度 D_1 按最小磁道半径 R_1 计算(R_1=115 mm),D_1=122 88 字节/$2\pi R_1$=17 字节/mm,最低位密度 D_2 按最大磁道半径 R_2 计算:

$$R_2=R_1+(275/5)=115+55=170\ mm$$
$$D_2=12\ 288B/2\pi R_2=11.5B/mm$$

(3) 磁盘数据传输率

$$r=3\ 000/60=50\ 周/秒$$
$$N=12\ 288\ 字节(每道信息容量)$$
$$C=r×N=50×12\ 288=614\ 400B/s$$

(4) 平均等待时间=1/2r=1/2×50=1/100 s=10 ms

(5) 本地磁盘存储器假设只有一台,所以可不考虑台号地址。有 4 个记录面,每个记录面有 275 个磁道。假设每个扇区记录 1 024 个字节,则需要 12 288 字节/1 024B=12 个扇区。由此可得如下地址格式:

14	6 5	4 3	0
柱面(磁道)号	盘面(磁头)号	扇区号	

题型 3　光盘存储设备

1. 选择题

【例 6.3.1】 CD-ROM 光盘是_____型光盘,可用作计算机的_____存储器和数字化多媒体设备。

A. 重写,内　　　 B. 只读,外　　　 C. 一次,外

答:本题答案为:B。

【例 6.3.2】 用于笔记本电脑的外存储器是_____。

A. 软磁盘　　　 B. 硬磁盘　　　 C. 固态盘　　　 D. 光盘

答:本题答案为:C。

【例 6.3.3】 一张 CD-ROM 光盘的存储容量可达_____MB,相当于_____多张 1.44MB 的 3.5 英寸软盘。

A. 400;600　　　 B. 600;400　　　 C. 200;400　　　 D. 400;200

答:常识题。本题答案为:B。

2. 填空题

【例 6.3.4】 按读写性质分,光盘分只读型、一次型、重写型三类。MO 属于 ①　 型,DVD 属于 ②　 型,CD-R 属于 ③　 型。

答:本题答案为:① 重写;② 只读;③ 一次。

【例 6.3.5】 光盘是近年来发展起来的一种 ①　 设备,它是 ②　 不可缺少的设备。按读写性质分,光盘分 ③　 型、④　 型、⑤　 型三类。

答:本题答案为:①外存;②多媒体计算机;③只读;④一次;⑤重写。

3. 简答题

【例 6.3.6】 简述 CD-ROM 光盘存储信息的原理。

答:CD-ROM 靠光盘表面的"凹坑"记录数字信息,凹坑端部的前沿和后沿代表 1,凹坑和非凹坑平面代表 0。读 CD-ROM 时,光学头把聚集后的激光束射到光盘表面,利用反射光读取数据信号。

4. 综合题

【例 6.3.7】 16 倍速 CD-ROM 的数据传输速率为多少?32 倍速 CD-ROM 的数据传输速率为多少?

答:因为单速的 CD-ROM 的数据传输速率为 150KB/s,所以 16 倍速 CD-ROM 的数据传输速率为 150×16=2 400KB/s,32 倍速 CD-ROM 的数据传输速率为 150×32=4 800KB/s。

【例 6.3.8】 CD-ROM 的外缘有 5 mm 的范围因记录数据困难,一般不使用,故标准的播放时间为 60 分钟。请计算模式 1 和模式 2 情况下 CD-ROM 存储容量各是多少?

答:由于光盘的恒定线速度是每秒读出 75 个扇区,因此:

扇区总数=60×60×75=270 000。

模式 1 存放计算机程序和数据,这种模式每扇区有 2 048 字节的数据,

存储容量=270 000×2 048/1 024/1 024=527MB。

模式 2 存放声音、图像等多媒体数据,这种模式规定 288 字节的检验区也用于存放数据,存储容量=270 000×(2 048+288)/1 024/1 024=270 000×2 336/1 024/1 024=601.5MB。

第7章

控制信息的表示——指令系统

【基本知识点】指令、指令系统等基本概念,指令格式,指令操作码的扩展技术,寻址方式,RISC 指令系统和 CISC 指令系统的特点。

【重点】指令格式,指令操作码的扩展技术,寻址方式。

【难点】指令格式,指令操作码的扩展技术,寻址方式。

7.1 答疑解惑

7.1.1 什么是指令?

指令就是让计算机执行某种操作的命令。

指令由表示操作性质的操作码和表示操作对象的地址码两部分组成。即

操作码字段	地址码字段

操作码指出指令中该指令应该执行什么性质的操作和具有何种功能。N 位操作码字段的指令系统最多能够表示 2^N 条指令。

地址码指出该操作数所在的存储器地址或寄存器地址。

7.1.2 指令的格式有哪些?

根据指令中的操作数地址码的数目的不同,可将指令分成以下几种格式。

1. 零地址指令

格式: OP

指令中只给出操作码,没有地址码。这种指令有两种可能:

(1) 不需要操作数的指令。

(2) 隐含对累加器 AC 内容进行操作。

2. 一地址指令

格式: | OP | A |

功能：OP(A)→A 或(AC)OP(A)→AC

其中，A 是操作数的存储器地址或寄存器名。

一地址指令有两种常见的形态，根据操作码含义确定它究竟是哪一种：

(1) 只有目的操作数的单操作数指令。

(2) 隐含约定目的地址的双操作数指令。

3．二地址指令

格式：

OP	A_1	A_2

功能：$(A_1)OP(A_2) \rightarrow A_1$

其中，A_1 是第一个源操作数的存储器地址或寄存器地址。

A_2 是第二个源操作数和存放操作结果的存储器地址或寄存器地址。

4．三地址指令

格式：

OP	A_1	A_2	A_3

功能：$(A_1)OP(A_2) \rightarrow A_3$

其中，A_1 是第一个源操作数的存储器地址或寄存器地址，A_2 是第二个源操作数的存储器地址或寄存器地址，A_3 是操作结果的存储器地址或寄存器地址。

5．多地址指令

为了描述一批数据，指令中需要多个地址来指出数据存放的首地址、长度和下标等信息。

注意：采用隐地址(隐含约定)可以简化指令地址结构，即减少指令中的显地址数。

零地址、一地址和两地址指令具有指令短，执行速度快，硬件实现简单等特点，多为结构较简单、字长较短的小型和微型机所采用。

两地址、三地址和多地址指令具有功能强、便于编程等特点，多为字长较长的大、中型机所采用。

指令的地址是由程序计数器(PC)规定的，而数据的地址是由指令规定的。

7.1.3 什么是指令操作码的扩展技术？

通常在指令字中用一个固定长度的字段来表示基本操作码，而对于一部分不需要某个地址码的指令，把它们的操作码扩充到该地址字段，这样既能充分地利用指令字的各个字段，又能在不增加指令长度的情况下扩展操作码的长度，使它能表示更多的指令。

7.1.4 指令长度与字长有什么关系？

字长是指计算机能直接处理的二进制数据的位数，是计算机的一个重要技术指标。首先，字长决定了计算机的运算精度，字长越长，计算机的运算精度就越高。其次，地址码长度决定了指令的直接寻址能力，若为 n 位，则给出的位直接地址寻址 2^n 字节。

指令的长度主要取决于操作码的长度、操作数地址的长度和操作数地址的个数，与机器的字长没有固定的关系，它既可以小于或等于机器的字长，也可以大于机器的字长。前者称为短格式指令，后者称为长格式指令。

7.1.5 什么是指令的寻址方式?

寻址方式就是寻找指令地址和操作数有效地址的方式。指令寻址有顺序和跳跃两种方式。

7.1.6 操作数的寻址方式有哪些?

操作数寻址有多种方式,它由指令中寻址方式字段给定。设指令格式如下:

OP	寻址特征 MOD	形式地址 D

常用的寻址方式有以下几种:

(1) 立即寻址:操作数在指令中,即 Data=D。

(2) 直接寻址:操作数地址在指令中,即 EA=D。

(3) 存储器间接寻址:操作数地址在内存中,即 EA=(D)。

(4) 寄存器寻址:操作数在寄存器中,即 Data=(R)。

(5) 寄存器间接寻址:操作数地址在寄存器中,即 EA=(R)。

(6) 隐含寻址:操作数的地址隐含在指令的操作码中。

(7) 变址寻址:操作数地址为变址寄存器中的内容与位移量 D 之和,即 EA=(R)$_{变址}$+D。

(8) 基址寻址:操作数地址为基址寄存器中的内容与位移量 D 之和,即 EA=(R)$_{基址}$+D。

(9) 相对寻址:操作数地址为程序计数器中的内容与位移量 D 之和,即 EA=(PC)+D。

(10) 复合型寻址方式

① 相对间接寻址:操作数的有效地址 EA=((PC)+D)。

② 间接相对寻址:操作数的有效地址 EA=(PC)+(D)。

③ 变址间接寻址:操作数的有效地址 EA=((R)+D)。

④ 间接变址寻址:操作数的有效地址 EA=(R)+(D)。

⑤ 基址+变址寻址:操作数的有效地址 EA=(R)$_{基址}$+(R)$_{变址}$+D。

7.1.7 指令类型有哪些?

(1) 算术逻辑运算指令。

(2) 移位操作指令:移位操作指令分为算术移位、逻辑移位和循环移位 3 种。

(3) 浮点运算指令:浮点运算指令对用于科学计算的计算机是很必要的,可以提高机器的运算速度。

(4) 十进制运算指令。

(5) 字符串处理指令。

(6) 数据传送指令:这类指令用以实现寄存器与寄存器,寄存器与存储器单元,存储器单元与存储器单元之间的数据传送。

(7) 转移类指令:按转移的性质,分为无条件转移、条件转移、过程调用与返回、陷阱等几种。

(8) 堆栈及堆栈操作指令:堆栈是由若干个连续存储单元组成的先进后出存储区,第一个送入堆栈中的数据存放在栈底,最近送入堆栈中的数据存放在栈顶。栈底是固定不变的,而栈顶却是随着数据的入栈和出栈在不断变化。

(9) 输入输出(I/O)指令。

(10) 特权指令:特权指令不提供给用户使用。

(11) 其他指令:包括向量指令、多处理机指令、控制指令。

7.1.8 指令系统是什么?

指令系统是计算机硬件所能识别的,它是计算机软件和硬件之间的接口。

RISC 代表精简指令系统计算机,它有以下特点:

(1) 选取使用频率最高的一些简单指令,以及很有用但不复杂的指令。

(2) 指令长度固定,指令格式种类少,寻址方式种类少。

(3) 只有取数/存数指令访问存储器,其余指令的操作都在寄存器之间进行。

(4) 大部分指令在一个机器周期内完成。

(5) CPU 中通用寄存器数量相当多。

(6) 以硬布线控制为主,不用或少用微指令码控制。

(7) 一般用高级语言编程,特别重视编译优化工作,并采用指令流水线调度,以减少程序执行时间。

CISC 是复杂指令系统计算机的英文缩写。其特点是:

(1) 指令系统复杂庞大,指令数目一般多达 200~300 条。

(2) 寻址方式多。

(3) 指令格式多。

(4) 指令字长不固定。

(5) 可访存指令不受限制。

(6) 各种指令使用频率相差很大。

(7) 各种指令执行时间相差很大。

(8) 大多数采用微程序控制器。

7.2 典型题解

题型 1 指令格式

1. 选择题

【例 7.1.1】 关于二地址指令,以下论述正确的是_____。

A. 二地址指令中,运算结果通常存放在其中一个地址码所提供的地址中

B. 二地址指令中,指令的地址码字段存放的一定是操作数

C. 二地址指令中,指令的地址码字段存放的一定是寄存器号

D. 指令的地址码字段存放的一定是操作数地址

答:二地址指令中,如果有一个操作数是立即寻址,则指令的地址码字段存放的是该操作数;如果有一

个操作数是寄存器寻址,则指令的地址码字段存放的是寄存器号;如果有一个操作数是直接寻址,则指令的地址码字段存放的是该操作数地址。所以 B、C、D 都不一定正确,只有 A 是合理的。本题答案为:A。

【例 7.1.2】 在一地址指令格式中,下面论述正确的是_____。

A. 仅能有一个操作数,它由地址码提供

B. 一定有两个操作数,另一个是隐含的

C. 可能有一个操作数,也可能有两个操作数

D. 如果有两个操作数,另一个操作数是本身

答:在一地址指令格式中,可能有一个操作数,也可能有两个操作数,如果有两个操作数,则这个操作数隐含在约定的地址中。本题答案为:C。

【例 7.1.3】 二地址指令中,操作数的物理位置可以安排在_____。

A. 栈顶和次栈顶　　　　　　　　　B. 两个主存单元

C. 一个主存单元和一个通用寄存器　　D. 两个通用寄存器

答:本题答案为:B、C、D

2. 填空题

【例 7.1.4】 指令编码中,操作码用来指定____①____,n 位操作码最多可以表示____②____条指令。

答:本题答案为:①操作的类型;②$2^n$。

【例 7.1.5】 通常指令编码的第一个字段是_____。

答:指令由表示操作性质的操作码和表示操作对象的地址码两部分组成。通常指令编码的第一个字段是操作码。本题答案为:操作码。

【例 7.1.6】 指令的编码将指令分成____①____、____②____等字段。

答:指令由表示操作性质的操作码和表示操作对象的地址码两部分组成。本题答案为:①操作码;②操作数地址码。

【例 7.1.7】 计算机通常使用_____来指定指令的地址。

答:指令的地址是由程序计数器(PC)规定的,而数据的地址是由指令规定的。本题答案为:程序计数器 PC。

【例 7.1.8】 地址码表示____①____。以其数量为依据,可以将指令分为____②____、____③____、____④____、____⑤____、____⑥____。

答:本题答案为:①操作数的地址;②一地址指令;③二地址指令;④三地址指令;⑤零地址指令;⑥多地址指令。

【例 7.1.9】 只有操作码而没有地址码的指令称为_____指令。

答:本题答案为:零地址。

3. 判断题

【例 7.1.10】 执行指令时,指令在内存中的地址存放在指令寄存器中。

答:执行指令时,指令在内存中的地址存放在程序计数器中。本题答案为:错。

【例 7.1.11】 计算机指令是指挥 CPU 进行操作的命令,指令通常由操作码和操作数地址码组成。

答:本题答案为:对。

【例 7.1.12】 扩展操作码是一种优化技术,它使操作码的长度随地址码的减少而增加,不同地址的指令可以具有不同长度的操作码。

答:本题答案为:对。

【例 7.1.13】 程序计数器 PC 用来指示从内存中取指令。

答:本题答案为:对。

【例 7.1.14】 内存地址寄存器用来指示从内存中取数据。

答:内存地址寄存器用来指示从内存中取数据或指令。本题答案为:错。

4. 综合题

【例 7.1.15】 某指令系统的指令字长为 20 位,具有双操作数、单操作数和无操作数 3 种指令格式,每

个操作数地址规定用 6 位表示,当双操作数指令条数取最大值,而且单操作数指令条数也取最大值时,这 3 种指令最多可能拥有的指令数各是多少?

解:按控制操作码的思想来设计,双操作数指令条数最大为 $2^8-1=255$ 条,单操作数指令条数最大为 63 条,无操作数指令条数最大为 64 条。

操作码的扩展如下:

```
00000000      ×××××       ×××××
   ⋮            ⋮            ⋮           255 条二地址指令
11111110      ×××××       ×××××
11111111      000000      ×××××
   ⋮            ⋮            ⋮           63 条一地址指令
11111111      111110      ×××××
11111111      111111      000000
   ⋮            ⋮            ⋮           64 条零地址指令
11111111      111111      111111
```

【例 7.1.16】 指令字长为 16 位,每个地址码为 6 位,采用扩展操作码的方式,设计 14 条二地址指令,100 条一地址指令,100 条零地址指令。

(1) 画出扩展图。

(2) 给出指令译码逻辑。

(3) 计算操作码平均长度。

解:(1)操作码的扩展如下:

```
0000      ×××××       ×××××
  ⋮          ⋮            ⋮          14 条二地址指令
1101      ×××××       ×××××
1110      000000      ×××××
  ⋮          ⋮            ⋮          100 条一地址指令
1111      100011      ×××××
1111      100100      000000
  ⋮          ⋮            ⋮          100 条零地址指令
1111      100101      100011
```

(2) 指令译码逻辑如图 7.2.1 所示。

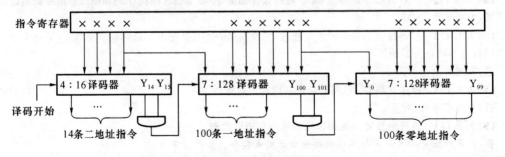

图 7.2.1 指令译码逻辑图

(3) 操作码平均长度=$(4×14+10×100+16×100)/214≈12.4$。

【例7.1.17】 假设某计算机指令字长度为32位,具有二地址、一地址、零地址3种指令格式,每个操作数地址规定用8位表示,若操作码字段固定为8位,现已设计出 K 条二地址指令,L 条零地址指令,那么这台计算机最多能设计出多少条单地址指令?

解: 因为操作码字段固定为8位,所以最多能设计 $2^8=256$ 条指令。现已设计出 K 条二地址指令,L 条零地址指令,所以这台计算机最多还能设计出$(256-K-L)$条单地址指令。

【例7.1.18】 某计算机指令字长16位,地址码6位,指令有一地址和二地址两种格式,设共有 N 条 $(N<16)$ 二地址指令,试问一地址指令最多可以有多少条?

解: 指令字长16位,地址码6位,二地址指令 N 条 $(N<16)$,还有 $(16-N)$ 个编码用于扩展;地址码是6位,所以一地址指令最多可以有 $(16-N)×2^6$ 条。

【例7.1.19】 某计算机的指令系统字长定长为16位,采用扩展操作码,操作数地址需4位。该指令系统已有三地址指令 M 条,二地址指令 N 条,没有零地址指令。问:最多还有多少条一地址指令?

解: 由于指令总长度为16位,操作数地址为4位,则:

对于三地址指令,操作码长度为$(16-4×3)=4$位。

对于二地址指令,操作码长度为$(16-4×2)=8$位,可扩展位为$8-4=4$位。

对于一地址指令,操作码长度为$(16-4)=12$位,可扩展位为$12-8=4$位。

由于三地址指令有 M 条,而三地址指令最多有 2^4 条,所以留有 (2^4-M) 个编码用于扩展到两地址指令。

二地址指令 N 条,而二地址指令最多有 $(2^4-M)×2^4$ 条,所以留有 $[(2^4-M)×2^4-N]$ 个编码用于扩展到一地址指令。

根据以上分析,一地址指令条数=$[(2^4-M)×2^4-N]×2^4$。

【例7.1.20】 某计算机的指令系统字长定长为24位,采用扩展操作码,每个操作数地址码长8位,指令分为无操作数、单操作数和双操作数三类。若该指令系统已有单操作数指令 M 条,无操作数指令 N 条,问:最多有多少条双操作数指令?

解: 由于指令总长度为24位,操作数地址为8位,则:

对于二地址指令,操作码长度为$(24-2×8)=8$位。

对于一地址指令,操作码长度为$(24-8)=16$位,可扩展位为$16-8=8$位。

对于零地址指令,操作码长度为24位,可扩展位为$24-16=8$位。

设二地址指令有 X 条,而二地址指令最多有 2^8 条,所以留有 (2^8-X) 个编码用于扩展到一地址指令。

一地址指令 M 条,而一地址指令最多有 $(2^8-X)×2^8$ 条,所以留有 $[(2^4-X)×2^4-M]$ 个编码用于扩展到零地址指令。

根据以上分析,零地址指令条数=$[(2^8-X)×2^8-M]×2^8=N$,

所以 $X=2^8-(N×2^{-8}+M)×2^{-8}$。

题型2 寻址方式

1. 选择题

【例7.2.1】 指令的寻址方式有顺序和跳跃两种方式。采用跳跃寻址方式,可以实现_____。

A. 堆栈寻址　　　　　　　　　　B. 程序的条件转移

C. 程序的无条件转移　　　　　　D. 程序的条件转移或无条件转移

答: 本题答案为:D。

【例7.2.2】 先计算后再访问内存的寻址方式是_____。

A. 立即寻址　　　B. 直接寻址　　　C. 间接寻址　　　D. 变址寻址

答：A、B、C 中所给出的寻址方式都不需要先计算。本题答案为：D。

【例 7.2.3】 在相对寻址方式中，若指令中地址码为 X，则操作数的地址为_____。

A. X   B. (PC)+X   C. X+段基址   D. 变址寄存器+X

答：相对寻址时，操作数地址为程序计数器中的内容与位移量 D 之和，即 EA＝(PC)+D。本题答案为：B。

【例 7.2.4】 以下四种类型指令中，执行时间最长的是_____。

A. RR 型   B. RS 型   C. SS 型   D. 程序控制指令

答：对数据操作的指令通常有以下几类：RR 型是寄存器-寄存器型指令，执行速度最快；RS 型是寄存器-存储器型指令，执行速度较快；SS 型是存储器-存储器型指令，执行速度最慢。本题答案为：C。

【例 7.2.5】 指令系统中采用不同寻址方式的目的主要是_____。

A. 可直接访问外存

B. 提供扩展操作码并降低指令译码难度

C. 实现存储程序和程序控制

D. 缩短指令长度，扩大寻址空间，提高编程灵活性

答：在同一台计算机中可能既有短格式指令，又有长格式指令；但通常是把最常用的指令设计成短格式指令，以便节省存储空间和提高指令的执行速度。本题答案为：D。

【例 7.2.6】 在变址寄存器寻址方式中，若变址寄存器的内容是 $4E3C_{16}$，给出的偏移量是 63_{16}，则它对应的有效地址是_____。

A. 63_{16} B. $4D9F_{16}$

C. $4E3C_{16}$ D. $4E9F_{16}$

答：有效地址＝$4E3C_{16}+63_{16}=4E9F_{16}$。本题答案为：D。

【例 7.2.7】 操作数地址存放在寄存器的寻址方式称为_____。

A. 相对寻址方式   B. 变址寄存器寻址方式

C. 寄存器寻址方式   D. 寄存器间接寻址方式

答：本题答案为：D。

【例 7.2.8】 _____方式对实现程序浮动提供了支持。

A. 变址寻址   B. 相对寻址

C. 间接寻址   D. 寄存器间接寻址

答：相对寻址便于程序的浮动，可在内存中任意定位。本题答案为：B。

【例 7.2.9】 变址寻址方式中，操作数的有效地址是____①____。基址寻址方式中，操作数的有效地址是____②____。

A. 基址寄存器内容加上形式地址(位移量)

B. 程序计数器内容加上形式地址

C. 变址寄存器内容加上形式地址

答：本题答案为：①C ②A。

【例 7.2.10】 寄存器间接寻址方式中，操作数处在_____。

A. 通用寄存器   B. 主存单元

C. 程序计数器   D. 堆栈

答：寄存器间接寻址方式中，操作数地址在寄存器中，但是操作数处在主存单元。本题答案为：B。

【例 7.2.11】 在计算机的指令系统中，通常采用多种确定操作数的方式。当操作数直接由指令给出时，其寻址方法称为____①____；当操作数的地址由某个指定的变址寄存器内容与位移量相加得到时，称为____②____；如果操作数的地址是主存中与该指令地址无关的存储单元的内容，则称为____③____；是否进行____④____，用指令中某个特征位指定。把____④____看成变址器进行____②____，称为____⑤____。

①、②、③、⑤：

A. 间接寻址　　　　　　　　　B. 相对寻址

C. 相对寻址　　　　　　　　　D. 变址寻址

E. 单纯寻址　　　　　　　　　F. 堆栈寻址

G. 立即数寻址　　　　　　　　H. 低位数

④：

A. 地址寄存器　　　　　　　　B. 指令寄存器

C. 数据寄存器　　　　　　　　D. 缓冲寄存器

答：立即数寻址的操作数就在指令中；变址寻址的操作数的地址由某个指定的变址寄存器内容与位移量相加；间接寻址的操作数的地址是主存中的存储单元的内容；相对寻址的操作数的地址由指令寄存器内容与位移量相加。本题答案为：①G　②D　③A　④B　⑤B。

【例 7.2.12】 设相对寻址的转移指令占两个字节，第 1 字节是操作码，第 2 字节是相对位移量（用补码表示）。每当 CPU 从存储器取出第一个字节时，即自动完成（PC）＋1→PC。设当前 PC 的内容为 2003H，要求转移到 200AH 地址，则该转移指令第 2 字节的内容应为 ___①___ 。若 PC 的内容为 2008H，要求转移到 2001H 地址，则该转移指令第 2 字节的内容应为 ___②___ 。

A. 05H　　　　　　　　　　　B. 06H

C. 07H　　　　　　　　　　　D. F7H

E. F8H　　　　　　　　　　　F. F9H

答：因为 2003H＋2＋①＝200AH，所以①＝05H；2008H＋2＋②＝2001H，所以②＝2001H－200AH＝－9，其补码为 F7H。本题答案为：①A　②D。

【例 7.2.13】 在计算机中存放当前指令地址的寄存器称为 ___①___ ；在顺序执行指令的情况下（存储器按字节编址，指令字长 32 位），每执行一条指令，使寄存器自动加 ___②___ ；在执行 ___③___ 指令或 ___④___ 操作时， ___⑤___ 应接收新地址。

A. 指令寄存器　　　　　　　　B. 地址寄存器

C. 程序计数器　　　　　　　　D. 转移

E. 中断　　　　　　　　　　　F. 顺序

G. 1　　　　　　　　　　　　H. 2

I. 4

答：指令的地址是由程序计数器（PC）规定的，而数据的地址是由指令规定的。存储器按字节编址，指令字长 32 位，每执行一条指令，使寄存器自动加 4。本题答案为：①C　②I　③D　④E　⑤C。

2. 填空题

【例 7.2.14】 操作数的存储位置隐含在指令的操作码中，这种寻址方式是 _____ 寻址。

答：隐含寻址是指操作数的地址隐含在指令的操作码中。本题答案为：隐含。

【例 7.2.15】 操作数直接出现在地址码位置的寻址方式称为 _____ 寻址。

答：注意区别直接寻址和立即寻址。立即寻址中，操作数在指令中；直接寻址中，操作数地址在指令中。本题答案为：立即。

【例 7.2.16】 寄存器寻址方式中，指令的地址码部分给出 ___①___ ，而操作数在 ___②___ 。

答：本题答案为：①寄存器号；②该寄存器中。

【例 7.2.17】 直接寻址方式指令中，直接给出 ___①___ ，只需 ___②___ 一次就可获得操作数。

答：本题答案为：①操作数的地址；②访问内存。

【例 7.2.18】 寄存器间接寻址方式指令中，给出的是 _____ 所在的寄存器号。

答：寄存器间接寻址中，操作数地址在寄存器中。本题答案为：操作数地址。

【例 7.2.19】 存储器间接寻址方式指令中给出的是 ___①___ 所在的存储器地址，CPU 需要访问内存

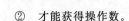

___② 才能获得操作数。

答：存储器间接寻址中，操作数地址在内存中。第一次访问内存获取操作数地址，第二次访问内存获得操作数。本题答案为：①操作数地址；②两次。

【例 7.2.20】 变址寻址方式中操作数的地址由 ___① 与 ___② 的和产生。

答：变址寻址中，操作数地址为变址寄存器中的内容与位移量 D 之和。本题答案为：①变址寄存器中的内容；②地址码中地址。

【例 7.2.21】 相对寻址方式中操作数的地址由 ___① 与 ___② 之和产生。

答：相对寻址中，操作数地址为程序计数器中的内容与位移量 D 之和。本题答案为：①当前 PC 值；②地址码中给出的偏移量。

3. 简答题

【例 7.2.22】 简述立即寻址方式的特点。

答：立即寻址方式的特点是执行速度快，取指令的同时也取出数据，不需要寻址计算和访问内存，但操作数是固定不变的，因此适合于访问常数。

【例 7.2.23】 简述基址寻址方式和变址寻址方式的主要区别。

答：基址寻址用于程序定位，一般由硬件或操作系统完成。而变址寻址是面向用户的，用于对一组数据进行访问等。

【例 7.2.24】 简述相对寻址的特点。

答：相对寻址方式中，操作数的地址是程序计数器 PC 的值加上偏移量形成的，是一种特殊的变址寻址方式，偏移量用补码表示，可正可负。相对寻址方式可用较短的地址码访问内存。

4. 综合题

【例 7.2.25】 表 7.2.1 列出某机的寻址方式有效地址 E 的算法，请在第 2 列中填写寻址方式名称。

表 7.2.1　某机的寻址方式有效地址 E 的算法

序号	寻址方式名称	有效地址 E 算法	说明
(1)		—	操作数在指令中
(2)		—	操作数在某个寄存器内，指令给出寄存器号
(3)		$E=D$	Disp 为偏移量
(4)		$E=(B)$	B 为基址寄存器
(5)		$E=(B)+D$	—
(6)		$E=(I)\times S+D$	I 为变址寄存器，S 为比例因子(1,2,4,8)
(7)		$E=(B)+(I)+D$	—
(8)		$E=(B)+(I)\times S+D$	—
(9)		指令地址=$(PC)+D$	PC 为程序计数器或当前指针寄存器

解：32 位的指令寻址方式是构成有效地址 E 的最复杂情形。E 是由一个基址寄存器、一个比例因子为 1、2、4 或 8 的变址寄存器及一个常数偏移量组成的三部分之和。E={基址}+{变址}{比例因子+{偏移量}}；{}项表示可选项。从(1)~(9)行第二列分别是：(1)立即；(2)寄存器；(3)直接；(4)基址；(5)基址+偏移量；(6)比例变址+偏移量；(7)基址+变址+偏移量；(8)基址+比例变址+偏移量；⑨相对。

【例 7.2.26】 一种单地址指令格式如下所示，其中 I 为间接特征，X 为寻址模式，D 为形式地址。I、X、D 组成该指令的操作数有效地址 EA。设 R 为变址寄存器，(R)=1000H；PC 为程序计数器，(PC)=2000H；D=100；存储器的有关数据如表 7.2.2 所示。请将表 7.2.3 填写完整。

指令格式：

OP	I	X	D

表 7.2.2 存储器的有关数据

地址	0080H	0100H	0165H	0181H	1000H	1100H	2100H
数据	40H	80H	66H	100H	256H	181H	165H

表 7.2.3 题目

寻址方式	I	X	有效地址 EA	操作数
直接	0	00		
相对	0	01		
变址	0	10		
寄存器	0	11		
相对间接				
变址间接				
寄存器间接				

解：表 7.2.3 的填写如表 7.2.4 所示。

表 7.2.4 答案

寻址方式	I	X	有效地址 EA	操作数
直接	0	00	$EA=D=100H$	80H
相对	0	01	$EA=(PC)+D=2100H$	165H
变址	0	10	$EA=(R)+D=1100H$	181H
寄存器	0	11	$EA=R$	1000H
间接	1	00	$EA=(D)=80H$	40H
相对间接	1	01	$EA=((PC)+D)=165H$	66H
变址间接	1	10	$EA=((R)+D)=181H$	100H
寄存器间接	1	11	$EA=(R)=1000H$	256H

【例 7.2.27】 某计算机有变址寻址、间接寻址和相对寻址等寻址方式。设当前指令的地址码部分为 001AH，正在执行的指令所在地址为 1F05H，变址寄存器中的内容为 23A0H，其中 H 表示十六进制数。请填充：

(1) 当执行取数指令时，如为变址寻址方式，则取出的数为_____。

(2) 如为间接寻址，取出的数为_____。

(3) 当执行转移指令时，转移地址为_____。

已知存储器的部分地址及相应内容如下：

地址	内容
001AH	23A0H
1F05H	2400H
1F1FH	2500H
23A0H	2600H
23BAH	1748H

解:(1) 使用变址寻址,指令地址码部分是偏移值,主地址值在寄存器中,操作数在内存单元(23A0H＋001AH)＝23BAH中,所以取出的数为1748H。

(2) 使用间接寻址,指令地址码部分是操作数的地址,即操作数在地址001AH中为23A0H,所以取出的数为2600H。

(3) 使用相对寻址,指令地址码部分是下一条指令相对本指令所在位置的偏移。因为正在执行的指令所在地址为1F05H,设正在执行的指令占2个字节,则下一条指令在(1F05H＋2＋1AH)＝1F21H中,故转移地址为1F21H。

【例 7.2.28】 在一个单地址指令的计算机系统中有一个累加器,给定以下存储器数值:

地址为 20 的单元中存放的内容为 30;

地址为 30 的单元中存放的内容为 40;

地址为 40 的单元中存放的内容为 50;

地址为 50 的单元中存放的内容为 60。

问以下指令分别将什么数值装入到累加器中?

(1) load ＃20

(2) load 20

(3) load (20)

(4) load ＃30

(5) load 30

(6) load (30)

解:

(1) 立即寻址,(累加器)＝20。

(2) 直接寻址,(累加器)＝(20)＝30。

(3) 间接寻址,(累加器)＝((20))＝(30)＝40。

(4) 立即寻址,(累加器)＝30。

(5) 直接寻址,(累加器)＝(30)＝40。

(6) 间接寻址,(累加器)＝((30))＝(40)＝50。

【例 7.2.29】 基址寄存器的内容为2000H(H表示十六进制),变址寄存器内容为03A0H,指令的地址码部分是003FH,当前正在执行的指令所在地址为2B00H。

(1) 求基址变址编址和相对编址两种情况的访存有效地址(即实际地址)。

(2) 设变址编址用于取数指令,相对编址用于转移指令,存储器内存放的内容如下:

地址	内容
003FH	2300H
203FH	2500H
23DFH	2800H
2B00H	063FH

请写出从存储器中所取的数据以及转移地址。

(3) 若采取直接编址,请写出从存储器取出的数据。

解:(1) 基址变址编址访存地址＝2000H＋03A0H＋3FH＝23DFH;设正在执行的指令占2个字节,则相对编址访存地址＝2B00H＋2＋3FH＝2B41H。

(2) 取出的数据为2800H,转移地址为2B41H。

(3) 若采取直接编址,从存储器取出的数据为2300H。

【**例 7.2.30**】 变址间接寻址为组合寻址方式,请说明其寻址过程,或写出有效地址的计算式。指令格式如下:

OP	MOD	R$_i$	D

其中 OP 为操作码,MOD 为寻址方式,R$_i$ 为变址寄存器,D 为偏移量。

解:有效地址 EA=((R$_i$)+D),寻址过程如图 7.2.2 所示。

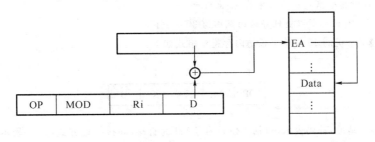

图 7.2.2 变址间接寻址的寻址过程

【**例 7.2.31**】 某计算机字长 16 位,运算器 16 位,有 16 个通用寄存器,8 种寻址方式,主存容量为 64K 字,指令中地址码由寻址方式字段和寄存器字段组成,试问:

(1) 双操作数指令最多有多少条?
(2) 单操作数指令最多有多少条?
(3) 间接寻址的范围有多大(单字长)?
(4) 直接寻址的范围有多大(双字长)?
(5) 变址寻址的范围有多大(双字长)?

解:(1) 双操作数指令格式如下:

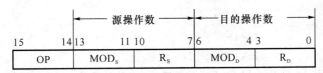

OP 有 2 位,双操作数指令最多有 $2^2-1=3$ 条,留一个编码用于扩展到单操作数指令。

(2) 单操作数指令格式如下:

15	7	6 5 4	3 2 1 0
OP		MOD$_D$	R$_D$

OP 有 9 位,可扩展位为 $9-2=7$ 位,所以单操作数指令最多有 $2^7=128$ 条。

(3) 间接寻址时指令格式为单字长,EA=(R)(16 位),所以间接寻址的范围为 $2^{16}=64$K。

(4) 直接寻址时指令格式为双字长,如下所示:

15	7	6 5 4	3 2 1 0
OP		MOD$_D$	R$_D$
D			

或

	源操作数			目的操作数	
15 14	13 11	10 7	6 4	3	0
OP	MODs	Rs	MODD	RD	
D					

$EA=D(16$位$)$,所以直接寻址的范围为$2^{16}=64K$。

(5) 变址寻址时指令格式也为双字长,如上所示。

$EA=(R)+D(16$位$)$,所以变址寻址的范围为$2^{16}=64K$。

【例 7.2.32】 某机的 16 位单字长访内存指令格式如下:

4	2	1	1	8
OP	M	I	X	D

其中 D 为形式地址,补码表示(包括 1 位符号位);I 为直接/间接寻址方式,I=1 表示间接寻址方式,I=0 表示直接寻址方式;M 为寻址模式,0 表示绝对地址,1 表示基址寻址,2 表示相对寻址,3 表示立即寻址;X 为变址寻址。设 PC,R_x,R_b 分别为指令计数器、变址寄存器、基址寄存器,E 为有效地址。请回答以下问题:

(1) 该指令格式能定义多少种不同的操作? 立即寻址操作数的范围是多少?

(2) 在非间接寻址情况下,写出计算有效地址的各表达式。

(3) 设基址寄存器为 14 位,在非变址直接基址寻址时,确定存储器可寻址的地址范围。

(4) 间接寻址时,寻址范围是多少?

解:(1) 该指令格式可定义 16 种不同的操作,立即寻址操作数的范围是$-128\sim+127$

(2) 绝对寻址(直接寻址)$EA=D$

基址寻址　　　　　$EA=(R_b)+D$

相对寻址　　　　　$EA=(PC)+D$

立即寻址　　　　　$D=D$

变址寻址　　　　　$EA=(R_x)+D$

(3) 由于 $EA=(R_b)+D,R_b=14$ 位,故存储器可寻址的地址范围为$((R_b)-128)\sim((R_b)+127)$。

(4) 间接寻址时,寻址范围为 64K,因为此时从主存读出的数作为有效地址(16 位)。

题型 3　指令系统

1. 选择题

【例 7.3.1】 人们根据特定需要预先为计算机编制的指令序列称为_____。

A. 软件　　　　　B. 文件　　　　　C. 集合　　　　　D. 程序

答:人们根据特定需要预先为计算机编制的指令序列称为程序。本题答案为:D

【例 7.3.2】 假设微处理器的主振频率为 50 MHz,两个时钟周期组成一个机器周期,平均三个机器周期完成一条指令,则它的机器周期为　①　ns,平均运算速度近似为　②　MIPS。

① A. 10　　　　　B. 20　　　　　C. 40　　　　　D. 100

② A. 2　　　　　B. 3　　　　　C. 8　　　　　D. 15

答:① 因为主振频率为 50 MHz,所以主振周期$=1/50=0.02\ \mu s$,机器周期$=2\times0.02\ \mu s=40$ ns。② 指令周期$=3\times40$ ns$=120$ ns,平均运算速度$=1/0.12(MISP)\approx8.3(MISP)$。本题答案为:①C;②C。

【例 7.3.3】 下列叙述中,能反映 RISC 特征的有_____。

A. 丰富的寻址方式

B. 使用微程序控制器

C. 执行每条指令所需的机器周期数的平均值小于 2

D. 多种指令格式

E. 指令长度不可变

F. 简单的指令系统

G. 只有 Load/Store 指令访问存储器

H. 设置大量通用寄存器

I. 在编译软件作用下的指令流水线调度

答:RISC 是指精简指令系统计算机,其寻址方式简单,使用组合逻辑控制器、指令格式简单;优先选取使用频率最高的一些简单指令,以及一些很有用但不复杂的指令,避免复杂指令。所以 A,B,D 不能反映 RISC 的特征。本题答案为:C,E,F,G,H,I。

【例 7.3.4】 堆栈常用于_____。

A. 数据移位　　　B. 保护程序现场　　　C. 程序转移　　　D. 输入输出

答:本题答案为:B

【例 7.3.5】 在堆栈中,保持不变的是_____。

A. 栈顶　　　　B. 栈指针　　　　C. 栈底　　　　D. 栈中的数据

答:栈底是固定不变的,而栈顶却是随着数据的入栈和出栈在不断变化。本题答案为:C。

【例 7.3.6】 数据传送类指令不包括_____。

A. 寄存器-寄存器　B. 寄存器-存储器　C. 立即数-存储器　D. 寄存器-立即数

答:本题答案为:D。

【例 7.3.7】 能够改变程序执行顺序的是_____。

A. 数据传输类指令　　　　　　B. 移位操作类指令

C. 输入输出类指令　　　　　　D. 转移类指令

答:转移类指令能够改变程序执行顺序。本题答案为:D。

【例 7.3.8】 堆栈寻址方式中,设 A 为通用寄存器,SP 为堆栈指示器,M_{SP} 为 SP 指示器的栈顶单元,如果入栈操作的动作是:$(A)\rightarrow M_{SP}$,$(SP)(1\rightarrow SP$,那么出栈的动作应是_____。

A. $(M_{SP})\rightarrow A$,$(SP)+1\rightarrow SP$　　B. $(SP)+1\rightarrow SP$,$(M_{SP})\rightarrow A$

C. $(SP)(1\rightarrow SP$,$(M_{SP})\rightarrow A$　　D. $(M_{SP})\rightarrow A$,$(SP)(1\rightarrow SP$

答:注意入栈操作的动作是:$(A)\rightarrow M_{SP}$,$(SP)(1\rightarrow SP$,堆栈从高地址向低地址扩展。本题答案为:B。

【例 7.3.9】 算术右移指令执行的操作是_____。

A. 符号位填 0,并顺次右移 1 位,最低位移至进位标志位

B. 符号位不变,并顺次右移 1 位,最低位移至进位标志位

C. 进位标志位移至符号位,顺次右移 1 位,最低位移至进位标志位

D. 符号位填 1,并顺次右移 1 位,最低位移至进位标志位

答:本题答案为:B。

【例 7.3.10】 下面描述的 RISC 机器基本概念中不正确的是_____。

A. RISC 机器不一定是流水 CPU　　B. RISC 机器一定是流水 CPU

C. RISC 机器有复杂的指令系统　　D. CPU 中配置很少的通用寄存器

答:RISC 代表精简指令系统计算机,CPU 中通用寄存器数量相当多。一般用高级语言编程,特别重视编译优化工作,并采用指令流水线调度,以减少程序执行时间。本题答案为:A、C、D。

2. 填空题

【例 7.3.11】 一台计算机所具有的各种机器指令的集合称为该计算机的_____。

答：本题答案为：指令系统。

【例 7.3.12】 指令系统是计算机硬件所能识别的,它是计算机_____之间的接口。

答：指令系统是计算机硬件所能识别的,它是计算机软件和硬件之间的接口。本题答案为：软件和硬件。

【例 7.3.13】 计算机通常使用_____来指定指令的地址。

答：指令的地址是由程序计数器(PC)规定的。本题答案为：程序计数器 PC。

【例 7.3.14】 从计算机指令系统设计的角度,可将计算机分为复杂指令系统计算机(CISC)和_____。

答：本题答案为：精简指令系统计算机(RISC)。

【例 7.3.15】 计算机对信息进行处理是通过_____来实现的。

答：本题答案为：执行程序(或指令)。

【例 7.3.16】 指令系统是计算机的___①___件语言系统,也称为___②___语言。

答：本题答案为：①硬;②机器。

【例 7.3.17】 RISC CPU 是克服 CISC 机器缺点的基础上发展起来的,它具有的三个基本要素是：一个有限的___①___;CPU 配备大量的___②___;强调___③___的优化。

答：本题答案为：①简单指令系统　②通用寄存器　③指令流水线。

3. 判断题

【例 7.3.18】 没有设置乘、除法指令的计算机系统中,就不能实现乘、除法运算。

答：在没有设置乘、除法指令的计算机系统中,可通过加、减、移位运算实现乘、除法运算。本题答案为：错。

【例 7.3.19】 浮点运算指令对用于科学计算的计算机是很必要的,可以提高机器的运算速度。

答：本题答案为：对。

【例 7.3.20】 不设置浮点运算指令的计算机,就不能用于科学计算。

答：不设置浮点运算指令的计算机,仍可用于科学计算,只是要增加编程量且速度较慢。本题答案为：错。

【例 7.3.21】 兼容机之间的指令系统是相同的,但硬件的实现方法可以不同。

答：本题答案为：对。

【例 7.3.22】 处理大量输入/输出数据的计算机,一定要设置十进制运算指令。

答：可以用二进制运算指令处理输入/输出数据,然后编程将运算结果转为十进制输出。本题答案为：错。

【例 7.3.23】 一个系列中的不同型号计算机,保持软件向上兼容的特点。

答：本题答案为：对。

【例 7.3.24】 在计算机的指令系统中,真正必须的指令数是不多的,其余的指令都是为了提高机器速度和便于编程而引入的。

答：本题答案为：对。

【例 7.3.25】 转移类指令能改变指令执行顺序,因此当执行这类指令时,PC 和 SP 的值都将发生变化。

答：执行这类指令时,SP 的值不会发生变化。本题答案为：错。

【例 7.3.26】 RISC 的主要设计目标是减少指令数,降低软、硬件开销。

答：本题答案为：对。

【例 7.3.27】 新设计的 RISC,为了实现其兼容性,是从原来 CISC 系统的指令系统中挑选一部分简单指令实现的。

答:选用的是使用频度高的一些简单指令,以及很有用但不复杂的指令。本题答案为:错。

【例 7.3.28】 采用 RISC 技术后,计算机的体系结构又恢复到早期的比较简单的情况。

答:只是相对 CISC 机要简单些。本题答案为:错。

【例 7.3.29】 RISC 没有乘、除指令和浮点运算指令。

答:RISC 有乘、除指令和浮点运算指令。本题答案为:错。

4. 简答题

【例 7.3.30】 在寄存器-寄存器型、寄存器-存储器型和存储器-存储器型三类指令中,哪类指令的执行时间最长? 哪类指令的执行时间最短? 为什么?

答:寄存器-寄存器型执行速度最快,存储器-存储器型执行速度最慢。因为前者操作数在寄存器中,后者操作数在存储器中,而访问一次存储器所需的时间一般比访问一次寄存器所需时间长。

【例 7.3.31】 一个较完善的指令系统应包括哪几类指令?

答:包括数据传送指令、算术运算指令、逻辑运算指令、程序控制指令、输入/输出指令、堆栈指令、字符串指令、特权指令等。

【例 7.3.32】 试述指令兼容的优缺点。

答:最主要的优点是软件兼容。最主要的缺点是指令字设计不尽合理,指令系统过于庞大。

【例 7.3.33】 简述 RISC 的主要优缺点。

答:优点是 RISC 技术简化了指令系统,以寄存器-寄存器方式工作、采用流水方式、减少访存等。缺点是指令功能简单使得程序代码较长,占用了较多的存储器空间。

5. 综合题

【例 7.3.34】 请在表 7.2.5 中第二列、第三列填写简要文字对 CISC 和 RISC 的主要特征进行对比。

表 7.2.5 题目

比 较 内 容	CISC	RISC
指令系统		
指令数目		
指令格式		
寻址方式		
指令字长		
可访存指令		
各种指令使用频率		
各种指令执行时间		
优化编译实现		
程序源代码长度		
控制器实现方式		
软件系统开发时间		

解:对应的答案如表 7.2.6 所示。

表 7.2.6 答案

比较内容	CISC	RISC
指令系统	复杂、庞大	简单、精简
指令数目	一般大于 200	一般小于 100
指令格式	一般大于 4	一般小于 4
寻址方式	一般大于 4	一般小于 4
指令字长	不固定	等长
可访存指令	不加限制	只有 LOAD/STORE 指令
各种指令使用频率	相差很大	相差不大
各种指令执行时间	相差很大	绝大多数在一个周期内完成
优化编译实现	很难	较容易
程序源代码长度	较短	较长
控制器实现方式	绝大多数为微程序控制	绝大多数为硬布线控制
软件系统开发时间	较短	较长

【例 7.3.35】 指令格式如下所示,其中 OP 为操作码,试分析指令格式的特点。

15	10 7	4 3	0
OP	源寄存器	目标寄存器	

解:(1) 操作数字段 OP 可以指定 $2^6 = 64$ 种基本操作。

(2) 单字长(16 位)两地址指令。

(3) 源寄存器和目标寄存器都是通用寄存器(各指定 16 个),所以是 RR 型指令,两个操作数均在通用寄存器中。

(4) 这种指令结构常用于算术/逻辑运算类指令,执行速度最快。

【例 7.3.36】 指令格式如下所示,OP 为操作码字段,试分析指令格式的特点。

31	26 25	23 22	18 17	16 15	0
OP		源寄存器	变址寄存器	偏移量	

解:(1) 操作码字段为 6 位,可指定 $2^6 = 64$ 种操作,即 64 条指令。(2) 单字长(32 位)二地址指令。(3) 一个操作数在源寄存器(共 16 个),另一个操作数在存储器中(由变址寄存器内容+偏移量来决定),所以是 RS 型指令。(4) 这种指令结构用于访问存储器。

【例 7.3.37】 一台处理机具有如下指令格式:

2 位	6 位	3 位	3 位	
X	OP	源寄存器	目标寄存器	地址

格式表明有 8 位通用寄存器(长度 16 位),X 指定寻址模式,主存实际容量为 256K 字。

(1) 假设不用通用寄存器也能直接访问主存中的每一个单元,并假设操作码域 OP=6 位,请问地址码域应分配多少位? 指令字长度应有多少位?

(2) 假设 X=11 时,指定的那个通用寄存器用做基址寄存器,请提出一个硬件设计规划,使得被指定的通用寄存器能访问 1M 主存空间中的每一个单元。

解:

(1) 因为 $2^{18}=256$K,所以地址码域$=18$ 位,操作码域$=6$ 位。指令长度$=2+6+3+3+18=32$ 位。

(2) 此时指定的通用寄存器用作基址寄存器(16 位),但 16 位长度不足以覆盖 1M 字地址空间,为此将通用寄存器左移,4 位低位补 0 形成 20 位基地址,然后与指令字形式地址相加得到有效地址,可访问主存 1M 地址空间中任何单元。

【**例 7.3.38**】 一台处理机具有如下指令字格式:

1		3 位	
X	OP	寄存器	地址

其中,每个指令字中专门分出 3 位来指明选用哪一个通用寄存器(12 位),最高位用来指明它所选定的那个通用寄存器将用作变址寄存器(X=1 为变址),主存容量最大为 16 384 字。假如我们不用通用寄存器也能直接访问主存中的每一个操作数,同时假设有用的操作码位数至少有 7 位,试问:

(1) 在此情况下"地址"码域应分配多少位?"OP"码域应分配多少位?指令字应有多少位?

(2) 假设条件位 X=0,且指令中也指明要使用某个通用寄存器(此种情况表明指定的那个通用寄存器将用作基址寄存器)。请提出一个硬件设计规则,使得被指定的通用寄存器能访问主存中的每一个位置。

(3) 假设主存容量扩充到 32 768 字,且假定硬件结构已经确定,问采用什么方法可解决这个问题?

解:

(1) 地址码域$=14$ 位,$2^{14}=16$ 384,操作码域$=7$ 位,指令字长度$=14+7+3+1=25$ 位。

(2) 此时指定的通用寄存器用作基址寄存器(12 位),但 12 位长度不足以覆盖 16K 地址空间,为此可将通用寄存器内容(12 位)左移 2 位低位补 0 以形成 14 位基地址,然后与形式地址相加得一地址,该地址可访问主存 16K 地址空间中的任一单元。

(3) 可采用间接寻址方式来解决这一问题,因为不允许改变硬件结构。

【**例 7.3.39**】 假设某 RISC 机有加法指令和减法指令,指令格式及功能与 SPARC 相同,且 R_0 的内容恒为 0,现要将 R_2 的内容清除,该如何实现?

解:

清除 R_2 可采用下面任意一条指令:

指令	操作说明
① ADD R_0,R_0,R_2	$R_2 \leftarrow (R_0)+(R_0)$
② SUB R_2,R_2,R_2	$R_2 \leftarrow (R_2)-(R_2)$
③ ADD R_0,imm(0),R_2	imm(0)为立即数 0,$R_2 \leftarrow (R_0)+0$

【**例 7.3.40**】 RISC 机中一些指令没有选入指令系统,但它们很重要,请使用指令集中的另外一条指令来替代它们。表 7.2.7 左半部分列出 6 条指令的功能,请在表的右半部分填入 SPARC 机的替代指令及实现方法。

表 7.2.7 6 条指令的功能

指令	功能	替代指令	实现方法
MOV	寄存器间传送数据		
INC	寄存器内容加 1		
DEC	寄存器内容减 1		
NEG	取负数		
NOT	取反码		
CLR	清除寄存器		

解：因为 SPARC 机约定 R_0 的内容恒为 0，而且立即数作为一个操作数处理，所以某些指令可以替代实现。由此可体会到"精简指令系统"的含义和用意。答案如表 7.2.8 所示。

表 7.2.8 6 条指令的 SPARC 机的替代指令及实现方法

指令	功能	替代指令	实现方法
MOV	寄存器间传送数据	ADD（加法）	$R_s + R_0 \rightarrow R_d$
INC	寄存器内容加 1	ADD（加法）	立即数 imm13 = 1，作为操作数
DEC	寄存器内容减 1	SUB（减法）	立即数 imm13 = −1，作为操作数
NEG	取负数	SUB（减法）	$R_0 - R_s \rightarrow R_d$
NOT	取反码	XOR（异或）	立即数 imm13 = −1，作为操作数
CLR	清除寄存器	ADD（加法）	$R_0 + R_0 \rightarrow R_d$

【例 7.3.41】 假设以下各条指令在执行前均存放在地址为 500 的单元中，存储器按字节编址，字地址为偶数。每条指令执行前 $(R_0) = 100$，$(100) = 200$，$(200) = 500$，$(604) = 200$，MOV(OP) = 1001（二进制）。MOV 指令的功能是将源操作数传到目的地址，指令格式如下：

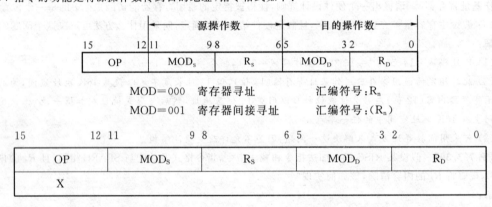

	MOD = 000	寄存器寻址	汇编符号：R_n
	MOD = 001	寄存器间接寻址	汇编符号：(R_n)

	MOD = 010	变址寻址	汇编符号：$X(R_n)$
	MOD = 011	变址间接寻址	汇编符号：@$X(R_n)$
	MOD = 100	相对寻址	汇编符号：X
	MOD = 101	相对间接寻址	汇编符号：@X
	MOD = 110	立即寻址	汇编符号：♯X
	MOD = 111	直接寻址	汇编符号：@♯X

请将以下每条指令译成机器代码，并确定每条指令执行后 $(R_1) = ?$

(1) MOV R_0, R_1 (2) MOV (R_0), R_1 (3) MOV 100(R_0), R_1

(4) MOV @100(R_0), R_1 (5) MOV 100, R_1 (6) MOV @100, R_1

(7) MOV ♯100, R_1 (8) MOV @♯100, R_1

解：

(1) MOV R_0, R_1

机器代码格式：

1001	000	000	000	001

源操作数有效地址 EA $=_{R_0}$，源操作数 D = (R_0) = 100。

指令执行后 (R_1) = D = 100。

(2) MOV (R$_0$),R$_1$

机器代码格式：

1001	001	000	000	001

源操作数有效地址 EA＝(R$_0$)＝100,源操作数 D＝((R$_0$))＝200。

指令执行后(R$_1$)＝D＝200。

(3) MOV 100(R$_0$),R$_1$

机器代码格式：

1001	010	000	000	001
100				

源操作数有效地址 EA＝(R$_0$)＋100＝200,源操作数 D＝(EA)＝(200)＝500。

指令执行后(R$_1$)＝D＝500。

(4) MOV @100(R$_0$),R$_1$

机器代码格式：

1001	011	000	000	001
100				

源操作数有效地址 EA＝((R$_0$)＋100)＝500,源操作数 D＝(EA)＝(500)＝1001011000000001(二进制)。

指令执行后(R$_1$)＝D＝1001011000000001(二进制)。

(5) MOV 100,R$_1$

机器代码格式：

1001	100	000	000	001
100				

源操作数有效地址 EA＝(PC)＋100＝504＋100＝604,源操作数 D＝(EA)＝(604)＝200。

指令执行后(R$_1$)＝D＝200。

(6) MOV @100,R$_1$

机器代码格式：

1001	101	000	000	001
100				

源操作数有效地址 EA＝((PC)＋100)＝(504＋100)＝(604)＝200。

源操作数 D＝(EA)＝(200)＝500。

指令执行后(R$_1$)＝D＝500。

(7) MOV ＃100,R$_1$

机器代码格式：

1001	110	000	000	001
100				

源操作数有效地址 EA＝502,源操作数 D＝(EA)＝(502)＝100。

指令执行后(R$_1$)＝D＝100。

(8) MOV @＃100,R$_1$

机器代码格式：

1001	111	000	000	001
100				

源操作数有效地址 EA＝(502)＝100,源操作数 D＝(EA)＝(100)＝200。

指令执行后(R$_1$)＝D＝200。

【例 7.3.42】 某二地址指令系统的双操作数指令有单字（16 位）和双字（32 位）两种格式：

15	8	7	6	4 3	2 1	0

单字指令

OP	S/D	R_y	M	R_x

15	8	7	6	4 3	2 1	0

双字指令

OP	S/D	R_y	M	R_x

31	16

Imm or Disp or Addr

其中 OP 为操作码（共 8 位）。该指令规定：双操作数指令必须有一个操作数为寄存器寻址，该寄存器由 R_y 字段（共 3 位）指出，S/D 位用以指明 R_y 字段为源操作数还是目的操作数。另一操作数由指令位 3 至位 0 指出。其含义如表 7.2.9 所示。

表 7.2.9　操作数的寻址方式

位 3210	寻址方式
00××	寄存器寻址，寄存器号由位 1 和位 0 指出，单字指令
01××	寄存器间接寻址，寄存器号由位 1 和位 0 指出，单字指令
1000	立即寻址，双字指令，第二字为立即数
1001	无定义
1010	直接寻址，双字指令，第二字为直接地址
1011	间接寻址，双字指令，第二字为间接地址
1100	基址寻址，双字指令，第二字为位移量地址，使用基址寄存器 BP
1101	相对寻址，双字指令，第二字为位移量地址，使用程序计数器 PC
1110	源变址寻址，双字指令，第二字为基准地址，使用源变址寄存器 SI
1111	目的变址寻址，双字指令，第二字为基准地址，使用目的变址寄存器 DI

试回答以下问题：

(1) 若不考虑单操作数指令和无操作数指令，问该指令系统最多可定义多少种双操作数指令？

(2) 指出各种寻址方式中操作数存于何处？若操作数在内存，请写出有效地址 EA 的表达式，并指出取得操作数需访问内存几次？

(3) 若立即数为补码表示，请写出立即数的表示范围是多少？

(4) 直接寻址的范围是多大？间接寻址呢？

(5) 若变址寄存器 SI、DI 均为 8 位，变址值为正整数，变址寻址的范围为多大？

(6) 若基址寄存器为 24 位，位移量 16 位（可正可负），基址寻址的范围为多大？

(7) 若 PC 为 16 位，位移量可正可负，PC 相对寻址的范围为多大？

解：

(1) 不考虑单操作数指令和无操作数指令，该指令系统最多可定义 $2^8=256$ 种双操作数指令。

(2) 寄存器寻址：操作数在寄存器中，不需访问内存。

寄存器间接寻址：操作数在内存，EA＝(R_x)，需访问内存一次。

立即寻址：操作数在指令的第二字中，即 Data＝Imm，EA＝(PC)，需访问内存一次。

直接寻址：操作数在内存中，EA＝Addr，需访问内存两次。

间接寻址：操作数在内存中，EA＝(Addr)，需访问内存三次。

基址寻址:操作数在内存中,EA＝(BP)＋Disp,需访问内存两次。

相对寻址:操作数在内存中,EA＝(PC)＋Disp,需访问内存两次。

源变址寻址:操作数在内存中,EA＝(SI)＋Disp,需访问内存两次。

目的变址寻址:操作数在内存中,EA＝(DI)＋Disp,需访问内存两次。

(3) 立即数的表示范围是$-2^{15}\sim 2^{15}-1$。

(4) 直接寻址的范围是$2^{16}=64K$,间接寻址的范围是$2^{16}=64K$。

(5) 在变址寻址中,变址寄存器提供修改量,指令中的形式地址提供基准地址,现在变址值为8位正整数,所以变址寻址的范围为$0\sim 255$。

(6) 在基址寻址中,基址寄存器提供基准地址,指令中的形式地址提供修改量,现在基准地址为24位,位移量为16位且可正可负,所以基址寻址的范围为

$$基址值-2^{15}\sim 基址值+2^{15}-1$$

(7) 在相对寻址中,PC寄存器提供基准地址,位移量提供修改量,位移量为16位且可正可负,所以相对寻址的范围为

$$(PC)-2^{15}\sim (PC)+2^{15}-1。$$

第 8 章

中央处理器

【基本知识点】中央处理器的功能和组成,指令的执行,时序与控制,组合逻辑控制器,微程序控制器,流水线工作原理。

【重点】指令的执行,时序与控制,组合逻辑控制器,微程序控制器。

【难点】指令的执行,时序与控制,组合逻辑控制器,微程序控制器。

8.1 答疑解惑

8.1.1 中央处理器的功能有哪些?

中央处理器简称 CPU,它具有如下四方面的功能:

(1) 程序的顺序控制。

(2) 操作控制:产生取出并执行指令的微操作信号,并把各种操作信号送往相应的部件,从而控制这些部件按指令的要求进行动作。

(3) 时间控制:对各种操作实施时间上的控制。

(4) 数据加工:对数据进行算术运算和逻辑运算处理。

8.1.2 中央处理器由哪些组成?

中央处理器由控制器、运算器、cache 和总线组成。

1. 控制器

控制器是全机的指挥中心,其基本功能就是执行指令。

控制器由程序计数器(PC)、指令寄存器(IR)、地址寄存器(AR)、数据缓冲寄存器(DR)、指令译码器、时序发生器和微操作信号发生器组成。

(1) 程序计数器(PC)

用以指出下条指令在主存中的存放地址,PC 有自增功能。

（2）指令寄存器（IR）

用来保存当前正在执行的一条指令的代码。

（3）地址寄存器（AR）

用来存放当前 CPU 访问的内存单元地址。

（4）数据缓冲寄存器（DR）

用来暂存由内存中读出或写入内存的指令或数据。

（5）指令译码器

分别对操作码字段、寻址方式字段、地址码字段进行译码，向控制器提供操作的特定信号。

（6）时序发生器

用来产生各种时序信号，时序信号可分为 CPU 周期信号、节拍周期信号和节拍脉冲信号。

（7）微操作信号发生器

根据 IR 的内容（指令）、PSW 的内容（状态信息）以及时序线路的状态，产生控制整个计算机系统所需的各种控制信号。其结构有组合逻辑型和存储逻辑型。

2．运算器

运算器由算术逻辑单元（ALU）、通用寄存器组、程序状态字寄存器（PSW）、数据暂存器、移位器等组成。它接收从控制器送来的命令并执行相应的动作，负责对数据的加工和处理。

各组成部件的作用是：

（1）算术逻辑单元（ALU）：用以进行双操作数的算术逻辑运算。

（2）通用寄存器组：用来存放操作数和各种地址信息等。

（3）数据暂存器：在 ALU 的输入端，用来暂存送到运算器进行运算的数据。

（4）程序状态字寄存器（PSW）：保留由算术逻辑运算指令或测试指令的结果建立的各种状态信息。

（5）移位器：在 ALU 输出端设暂存器用来存放运算结果，它具有对运算结果进行移位运算的功能。

3．总线与数据通路结构

（1）内部总线

指 CPU 内部连接各寄存器的总线。

（2）系统总线

系统总线是 CPU 与主存储器（MM）及外部设备接口相连的总线，它包括地址总线、数据总线和控制总线。CPU 向地址总线提供访问主存单元或 I/O 接口的地址；CPU 向数据总线发送或接收数据，以完成与主存单元或 I/O 接口之间的数据传送，主存 MM 和 I/O 设备之间也可以通过数据总线传送数据。CPU 通过控制总线向主存或 I/O 设备发出有关控制信号，或接收控制信号；I/O 设备也可以向控制总线发出控制信号。

8.1.3 指令执行的周期有哪些?

1. 取指周期

取指周期要解决两个问题:一是 CPU 到哪个存储单元去取指令;二是如何形成后继指令地址。

指令地址由 PC 给出,取出指令后 PC 内容递增;当出现转移情况时,指令地址在执行周期被修改。

2. 取操作数周期

取操作数周期要解决的问题是,根据操作数有效地址的寻址方式计算操作数地址并取出操作数。

操作数有效地址的形成由寻址方式确定。寻址方式不同,有效地址获得的方式、过程不同,提供操作数的途径也不同。因此,取操作数周期所进行的操作对不同的寻址方式是不相同的。

3. 执行周期

执行周期的主要任务是完成由指令操作码规定的动作,并传送结果及记录状态信息。操作结果送到什么地方由寻址方式确定;状态信息(主要是条件码)记录在 PSW 中。若程序出现转移时,则在执行周期内还要决定转移地址。因此,执行周期的操作对不同指令也不相同。

4. 指令周期

一条指令从取出到执行完成所需要的时间称为指令周期。

5. 指令周期与机器周期和时钟周期的关系

指令周期是完成一条指令所需的时间,包括取指令、分析指令和执行指令所需的全部时间。

指令周期划分为几个不同的阶段,每个阶段所需的时间称为机器周期,又称为 CPU 工作周期或基本周期,通常等于取指时间(或访存时间)。

时钟周期是时钟频率的倒数,也可称为节拍脉冲或 T 周期,是处理操作的最基本单位。

一个指令周期由若干个机器周期组成,每个机器周期又由若干个时钟周期组成。

一个机器周期内包含的时钟周期个数取决于该机器周期内完成的动作所需的时间。一个指令周期包含的机器周期个数亦与指令所要求的动作有关。

8.1.4 指令如何执行?

1. 指令的执行过程

(1) 取指令

根据程序计数器(PC)提供的地址从主存储器中读取现行指令,送到主存数据缓冲器(MDR)中,然后再送往 CPU 内的指令寄存器(IR)中。同时改变程序计数器的内容,使之指向下一条指令地址或紧跟现行指令的立即数或地址码。

(2) 取操作数

如果是无操作数指令,则可直接进入下一个过程。如果需要操作数,则根据寻址方式计算地址,然后到存储器中去取操作数。如果是双操作数指令,则需两个取数周期。

（3）执行操作

根据操作码完成相应的操作并根据目的操作数的寻址方式保存结果。

2. 指令之间的衔接方式

指令之间的衔接方式有：串行的顺序执行方式、并行的重叠处理方式和流水执行方式。

8.1.5 什么是指令执行的操作流程与微操作序列？

每条指令的执行过程可以分解为一组操作序列。

"操作"是指功能部件级的动作，它可进一步分解为一组微操作序列。

"微操作"是指指令序列中最基本的、不可再分割的动作。

将指令的执行过程以流程图的形式描述，就得到指令操作流程图。

8.1.6 控制器基本控制方式有哪些？

1. 同步控制方式

所谓同步控制方式，就是系统有一个统一的时钟，所有的控制信号均来自这个统一的时钟信号。根据指令周期、CPU 周期和节拍周期的长度固定与否，同步控制方式又可分为以下几种。

（1）定长指令周期。即所有的指令执行时间都相等。若指令的繁简差异很大，规定统一的指令周期无疑会造成太多的时间浪费，因此定长指令周期的方式很少被采用。

（2）定长 CPU 周期。这种方式中各 CPU 周期都相等，一般都等于内存的存取周期。而指令周期不固定，等于整数个 CPU 周期。

（3）变长指令周期。这种方式的指令周期长度不固定，而且 CPU 周期也不固定，不会造成时间浪费，但时序系统的控制比较复杂，要根据不同情况确定每个 CPU 周期的节拍数。

2. 异步控制方式

异步控制方式中没有统一的时钟信号，各部件按自身固有的速度工作，通过应答方式进行联络，常见的应答信号有准备好（READY）或等待（WAIT）等，异步控制相对于同步要复杂。

CPU 内部的操作采用同步方式，CPU 与内存和 I/O 设备的操作采用异步方式，这就带来一个同步方式与异步方式如何过渡、如何衔接的问题。也就是说，当内存或 I/O 设备的 READY 信号到达 CPU 时，不可能恰好为 CPU 脉冲源的整周期或节拍的整周期。

3. 联合控制方式

联合控制方式是介于同步、异步之间的一种折中。对大多数需要节拍数相近的指令，用相同的节拍数来完成，即采用同步控制；而对少数需要节拍数多的指令或节拍数不固定的指令，给予必要的延长，即采用异步控制。

8.1.7 控制器的时序有哪些？

1. 组合逻辑控制器的时序

采用同步控制方式的组合逻辑控制器的时序如图 8.1.1 所示。

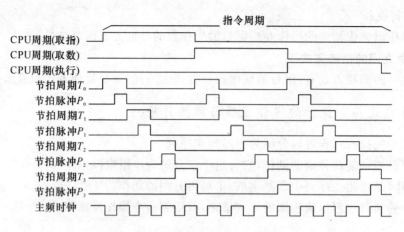

图 8.1.1　组合逻辑控制器的时序

2. 微程序控制器的时序

一个机器指令周期包括一系列微周期,每个微周期给出固定的同步脉冲,这就是微程序控制器的时序,它比组合逻辑控制器的时序简单,如图 8.1.2 所示。

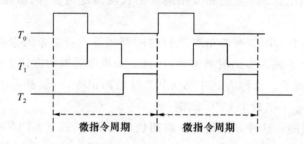

图 8.1.2　微程序控制的三相控制时序

8.1.8　什么是组合逻辑控制器?

组合逻辑控制器的核心部件就是微操作产生部件。微操作产生部件是采用组合逻辑设计思想,以布尔代数为主要工具设计而成。它的输入信号来自指令译码器的输出、时序发生器的时序信号及程序运行的结果特征及状态。它的输出是一组带有时间标志的微操作控制信号。每个微操作控制信号是指令、时序、结果特征及状态等的逻辑函数,可表示为:

$$微操作＝周期·节拍·脉冲·指令码·其他条件$$

组合逻辑控制器的设计步骤如下:

(1) 根据 CPU 的结构图描绘出每条指令的微操作流程图并综合成一个总的流程图;

(2) 选择合适的控制方式和控制时序;

(3) 对微操作流程图安排时序,排出微操作时间表;

(4) 根据操作时间表写出微操作的表达式;

(5) 根据微操作的表达式画出组合逻辑电路。

组合逻辑控制器的核心部分比较烦琐、零乱,设计效率较低,设计过程十分麻烦,其结构也十分复杂,特别是当指令系统比较庞大、操作码多、寻址方式多时,其复杂程度会成倍增加。另外检查调试也比较困难,而且设计结果用印制电路板(硬布线逻辑)固定下来以后,就很难再修改与扩展。

组合逻辑控制器的最大优点是微操作控制信号产生的速度很快,只需两级门(一级与、一级或)的延时就可产生。对于指令系统比较简单的精简指令系统计算机(RISC),采用组合逻辑控制器是比较合适的,可以提高指令执行的速度,由于指令系统简单,逻辑组成也不至于太复杂。

8.1.9 什么是微程序控制?

1.微程序控制方式的基本思想

将机器指令分解为基本的微命令序列,用二进制代码表示这些微命令,并编成微指令,多条微指令再形成微程序。每种机器指令对应一段微程序,在制造 CPU 时固化在 CPU 中的一个控制存储器(CS)中。执行一条机器指令时,CPU 依次从 CS 中取微指令,从而产生微命令。

微程序控制器框图如图 8.1.3 所示。

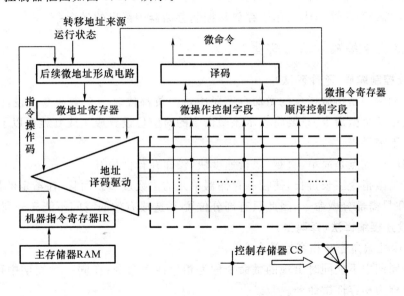

图 8.1.3　微程序控制器原理框图

微程序控制器也称为存储逻辑控制器,它的核心是控制存储器(CS),用它存放各指令对应的微程序,CS 可用只读存储器 ROM 构成。若采用可擦除可编程只读存储器(EPROM)做 CS,则有利于微程序的修改和动态微程序设计。

控制存储器(CS)的一行表示存放的是一条微指令,列线输出微指令代码。行列交叉处有黑点者表示该位信息为"1",行列交叉处无黑点者表示该位信息为"0"。

微指令寄存器存放从 CS 中读出的微指令,它包含两大部分:微操作控制字段(微命令字段)和顺序控制字段(微地址字段)。微命令字段可直接按位或通过译码提供微命令。顺序控制字段用于控制产生下一条微指令地址,该地址也可由微指令地址形成电路按有关条件形成。

2.基本概念和术语

(1) 微命令:控制完成微操作的命令。

(2) 微操作:由微命令控制实现的最基本操作。

(3) 微指令:若干个微命令的组合,以编码形式存放在控制存储器的一个单元中,它控制实现一步操作。

(4) 微周期:通常指从控制存储器中读取一条微指令并执行相应的微操作所需的时间。若一个微周期的全部微命令用一个同步脉冲定时,则这种微周期称为单周期;若一个微周期内用一个以上的同步脉冲定时全部微命令,则称多周期。

(5) 机器语言程序:系列指令的有序集合。

(6) 微程序:系列微指令的有序集合,一条指令的功能由一段微程序来实现。

(7) 主存储器:用于存放程序和数据,在 CPU 外部,用 RAM 来实现。

(8) 控制存储器:用于存放微程序,在 CPU 内部,用 ROM 来实现。

(9) 地址寄存器(AR):用于存放主存的读/写地址。

(10) 微地址寄存器(μAR):用于存放控制存储器的读/写微指令的地址。

(11) 指令寄存器(IR):用于存放从主存中读出的指令。

(12) 微指令寄存器(μIR):用于存放从控制存储器中读出的微指令。

8.1.10 微指令编码方法有哪些?

1. 直接控制编码(不译码法)

直接控制编码是指微指令的微命令字段中每一位都代表一个微命令。设计微指令时,选用或不选用某个微命令,只要将表示该微命令的对应位设置成 1 或 0 就可以了。因此,微命令的产生不需译码。

这种编码的优点是简单、直观,执行速度快,操作并行性最好。

其缺点是微指令字长过长,使控制存储器单元的位数过多。而且,在给定的任何一个微指令中,往往只需部分微命令,因此只有部分位置 1,造成有效的空间不能充分利用。

2. 字段直接编译法(译码法)

(1) 相斥性微命令和相容性微命令

同一微周期中不能同时出现的微命令称为相斥性微命令;在同一微周期中可以同时出现的微命令称为相容性微命令。

(2) 分段直接编译法

将微指令的微命令字段分成若干小字段,把相斥性微命令组合在同一字段中,而把相容性微命令组合在不同的字段中,每个字段独立编码,每种编码代表一个微命令且各字段编码含义单独定义,与其他字段无关,这就称为分段直接编译法。

(3) 分段的原则

- 互斥性的微命令分在同一段内,兼容性的微命令分在不同段内。
- 与数据通路结构相适应。
- 每个小段中包含的信息位不能太多,否则将增加译码线路的复杂性和译码时间。
- 一般每个小段还要留出一个状态,表示本字段不发出任何现行命令。因此当某字段的长度为 3 位时,最多只能表示 7 个互斥的微命令,通常用 000 表示不操作。

3. 分段间接编译法(间接译码法)

分段间接编译法是在直接编译法的基础上进一步缩短微指令字长的一种编码方法。在这种编译方法中,一个字段的含义不仅取决于本字段编码,还由其他字段来解释,以便使用较少的信息位表示更多的微命令。

4. 混合控制法

混合控制法是直接控制法与译码控制法的混合使用。

8.1.11 什么是微程序的顺序控制?

1. 微程序入口地址的形成

由于每条机器指令都需要取指操作,所以将取指操作编制成一段公用微程序,通常安排在控制存储器的0号或1号单元开始的一段CM空间。

每一条机器指令对应着一段微程序,其入口就是初始微地址。首先由"取指令"微程序取出一条机器指令到IR中,然后根据机器指令操作码转换成该指令对应的微程序入口地址。这是一种多分支(或多路转移)的情况,常用以下方式形成入口地址:

如操作码为P,则入口地址为$\times \cdots \times$P或P$\times \cdots \times$。

2. 后继微地址的形成

在转移到一条机器指令对应的微程序入口地址后,则开始执行微程序,这时每条微指令执行完毕时,需根据其中顺序控制字段的要求形成后继微指令地址。

(1)计数器方式

这种方式与用程序计数器产生机器指令地址的方式相类似。在顺序执行微指令时,后续微指令地址由现行微指令加上一个增量来产生。在非顺序执行微指令时,由转移微指令实行转移,转移微指令的控制字段分成两部分:条件选择字段与转移地址字段。当转移条件满足时,则将转移地址字段作为下一个微地址;若转移条件不满足,则直接从微程序计数器中取得下一条指令。

用计数器法产生微地址的缺点是微程序中出现大量的转移微指令,它们约占整个微指令数的25%,导致执行时间大大增加。另外,在编制微程序中,因微指令的地址受到限制,因而不方便;要区分微命令的微指令和转移微指令,会使微程序控制电路复杂化。

(2)下址字段法——也称为断定方式

下址字段法与计数器法不同,它不采用μPC,而是在微指令格式中设置一个下址字段,用于指明下一条要执行的微指令地址。当一条微指令被取出时,下一条微指令的地址已获得。它相当于每条微指令都具有转移微指令的功能。采用这种方法就不必设置专门的转移微指令,但增加了微指令字的长度。

(3)增量方式与断定方式相结合

在这种控制方式中,微指令寄存器有计数的功能,在微指令中仍设置一个顺序控制字段,它分成两部分:条件选择字段与转移地址字段。当转移条件满足时,将转移地址字段作下一个微地址;若无转移要求,则直接从微程序计数器中取得下一条指令。

8.1.12 微指令格式及执行方式有哪些?

1. 微指令格式

(1)水平型微指令

一次能定义并执行多个并行操作的微命令的微指令,称为水平型微指令。

水平型微指令的一般格式如下：

控制字段	判别测试字段	下地址字段

（2）垂直型微指令

垂直型微指令的结构类似于机器指令的结构。它有操作码,在一条微指令中只有 1～2 个微操作命令,每条微指令的功能简单。因此,实现一条机器指令的微程序要比用水平型微指令编写的微程序长得多,它是采用较长的微程序结构去换取较短的微指令结构。

（3）水平型微指令与垂直型微指令的比较

- 水平型微指令并行操作能力强、效率高、灵活性大,垂直型微指令则较差。
- 水平型微指令执行一条指令的时间短,垂直型微指令执行时间长。
- 由水平型微指令解释指令的微程序,具有微指令字比较长、但微程序短的特点;垂直型微指令则相反,微指令字比较短而微程序长。

2. 微指令的执行方式

（1）串行执行方式

串行执行方式又称顺序执行方式。它是指取微指令、执行微指令完全按顺序进行,即只有在上一条微指令执行完后,才能取下一条微指令。串行执行方式微指令执行速度慢,但微程序控制器结构简单。

（2）并行执行方式

并行执行方式又称重叠执行方式,在这种方式中,取微指令与执行微指令是重叠进行的。在一条微指令取出并开始执行时,同时去取下一条微指令。

8.1.13 如何进行微程序控制器的设计？

微程序控制器的设计步骤如下：

（1）根据 CPU 的结构图描绘出每条指令的微操作流程图并综合成总的流程图;

（2）用混合控制法对微命令进行编码;

（3）选择合适的控制和时序;

（4）选用微程序的顺序控制方法为微指令安排微地址;

（5）画出微程序控制器组成框图。

8.1.14 什么是动态微程序设计和毫微程序设计？

1. 动态微程序设计

在一台微程序控制的计算机中,假如能根据用户的要求改变微程序,那么这台机器就具有动态微程序设计功能。

动态微程序设计需要可写控制存储器的支持,否则难以改变微程序的内容。用于动态微程序设计的控制存储器称为可写控制存储器(WCS)或用户控制存储器(UCS)。

2. 毫微程序设计

在普通的微程序计算机中,从主存取出的每条指令是由放在控制存储器中的微程序来解释执行,通过控制线对硬件进行直接控制。

如果微程序并不直接控制硬件,而是通过存放在第二级控制存储器中的毫微程序来解释的,这个第二级控制存储器就称为毫微存储器,直接控制硬件的是毫微指令。

8.1.15 流水线基本工作原理是什么?

计算机执行程序是按顺序的方式进行的,即程序中各条机器指令是按顺序串行执行的。如按四个周期完成一条指令来考虑,串行执行的过程如图 8.1.4(a)所示;4 条指令重叠执行的过程如图 8.1.4(b)所示。

取指$_1$	计算地址$_1$	取操作数$_1$	运算并保存结果$_1$	取指$_2$	计算地址$_2$	取操作数$_2$	……

(a)4条指令顺序执行

取指	计算地址	取操作数	运算并保存结果			
	取指	计算地址	取操作数	运算并保存结果		
		取指	计算地址	取操作数	运算并保存结果	
			取指	计算地址	取操作数	运算并保存结果

(b)4条指令重叠执行

图 8.1.4　指令执行情况

当将一条指令的执行过程分成 4 段,每段有各自的功能部件执行时,每个功能部件的执行时间是不可能完全相等的。为了保证完成指定的操作,t 值应取 4 段中最长的时间。

在流水线计算机中,当任务饱满时,任务源源不断地输入流水线,不论有多少级过程段,每隔一个时钟周期都能输出一个任务。从理论上说,一个具有 k 级过程段的流水线处理 n 个任务需要的时钟周期数为 $T_k = k + (n-1)$。其中 k 个时钟周期用于处理第一个任务,k 个周期后,流水线被装满,剩余的 $n-1$ 个任务只需 $n-1$ 个周期就完成了。

如果用非流水线处理器来处理这 n 个任务,则所需时钟周期数为 $T_1 = n \cdot k$。

我们将 T_l 和 T_k 的比率定义为 k 级线性流水处理器的加速比 $C_k = T_1/T_k$。当 $n > k$ 时,$C_k \to k$,这就是说,理论上 k 级线性流水线处理器几乎可以提高 k 倍速度。但实际上由于存储器冲突、数据相关、程序分支和中断,这个理想的加速比不一定能达到。

8.1.16 流水线中有哪些相关问题?

流水线不能连续工作的原因,除了编译形成的程序不能发挥流水线的作用或存储器不能连续提供所需的指令和数据以外,还因为出现了"相关"情况或遇到了程序转移指令。

1. 数据相关

假如第二条指令的操作数地址即为第一条指令保存结果的地址,那么取操作数 2 的动作需要等待第一条指令的结果保存后才能进行,否则取得的数据是错误的,这种情况称为数据相关。该数据可以是存放在存储器中或通用寄存器中,分别称为存储器数据相关或寄存器数据相关。

改善流水线的数据相关问题有两种方法:一种方法是推迟取操作数 2 的动作;另一种方法是设置相关专用通路,当发生数据相关时,第 2 条指令的操作数直接从数据处理部件得到,而不是存入后再读取。由于数据不相关时仍需到存储器或寄存器中取数,因此增加了控制的复杂性。

2. 程序相关

在大多数流水线机器中,当遇到条件转移指令时,确定转移与否的条件码往往由条件转移指令本身或由它前一条指令形成,只有当它流出流水线时,才能建立转移条件并决定下条指令地址。因此,当条件转移指令进入流水线后直到确定下一地址之前,流水线不能继续处理后面的指令而处于等待状态,因而影响流水线效率。在某些计算机中采用了"猜测法"技术,机器先选定转移分支中的一个,按它取指并处理。假如条件码生成后猜测是正确的,那么流水线可继续进行下去,时间得到充分利用;假如猜错了,则要返回分支点。编译程序可根据硬件上采取的措施,使猜测正确的概率尽量高些。另一种方法是预取两条指令,等转移条件确定后再决定用哪一条指令。

典型题解 中央处理器

8.2 典型题解

题型 1 中央处理器的功能和组成

1. 选择题

【例 8.1.1】 CPU 内通用寄存器的位数取决于_____。

A. 存储器容量
B. 机器字长
C. 指令的长度
D. CPU 的管脚数

答:本题答案为:B。

【例 8.1.2】 CPU 组成中不包括_____。

A. 指令寄存器
B. 指令译码器
C. 地址寄存器
D. 地址译码器

答:本题答案为:D。

【例 8.1.3】 程序计数器(PC)属于_____。

A. 运算器
B. 控制器
C. 存储器
D. I/O 接口

答:本题答案为:B。

【例 8.1.4】 Intel 80486 是 32 位微处理器,Pentium 是_____位微处理器。

A. 16
B. 32
C. 48
D. 64

答:本题答案为:D。

【例 8.1.5】 Intel _____是一个具有 16 位数据总线的 32 位 CPU。

A. 80286
B. 80386DX
C. 80386SX
D. 80486DX2

答:80386SX 是准 32 位的 CPU,内部的数据总线为 32 位,外部的数据总线为 16 位。本题答案为:C。

【例 8.1.6】 在 CPU 中,跟踪后继指令地址的寄存器是_____。

A. 指令寄存器
B. 程序计数器
C. 地址寄存器
D. 状态条件寄存器

答:程序计数器(PC)用以指出下条指令在主存中的存放地址,PC 有自增功能。本题答案为:B。

【例 8.1.7】 状态寄存器用来存放_____。

A. 算术运算结果
B. 逻辑运算结果
C. 运算类型
D. 算术、逻辑运算及测试指令的结果状态

答:PSW 保留算术、逻辑运算及测试指令的结果状态。本题答案为:D。

【例 8.1.8】　多媒体 CPU 是指_____。

A. 以时间并行性为原理构造的处理器

B. 带有 MMX 技术的处理器,适合于图像处理

C. 精简指令系统的处理器

D. 拥有以上所有特点的处理器

答:本题答案为:B。

【例 8.1.9】　用于科学计算的计算机中,改善系统性能的主要措施是_____。

A. 提高 CPU 主频　　　　　　　　　　B. 扩大主存容量

C. 采用非冯·诺依曼结构　　　　　　　D. 采用并行处理技术

答:本题答案为:A。

【例 8.1.10】　从供选择的答案中,选出正确答案填空:

微指令分成　①　和　②　,　③　可同时执行若干个　④　,所以执行速度比　⑤　的速度快;在执行微程序时,取下一条微指令和执行本条微指令一般是　⑥　进行的,而微指令之间是　⑦　执行的;实现机器指令的微程序一般存放在　⑧　中,而用户可写的控制存储器则由　⑨　组成。

供选择的答案:

A. 微指令　　　　　　　　　　　　　　B. 微操作

C. 水平型微指令　　　　　　　　　　　D. 垂直型微指令

E. 顺序　　　　　　　　　　　　　　　F. 重叠

G. 随机存储器(RAM)　　　　　　　　　H. 只读存储器(ROM)

答:本题答案为:①C;②D;③C;④B;⑤D;⑥F;⑦E;⑧H;⑨G。

【例 8.1.11】　微机 A 和 B 是采用不同主频的 CPU 芯片,片内逻辑电路完全相同。若 A 机的 CPU 主频为 8 MHz,B 机为 12 MHz,则 A 机的 CPU 主振周期为　①　μs。如 A 机的平均指令执行速度为 0.4MIPS,那么 A 机的平均指令周期为　②　μs,B 机的平均指令执行速度为　③　MIPS。

供选择的答案:

A. 0.125　B. 0.25　C. 0.5　D. 0.6　E. 1.25　F. 1.6　G. 2.5

答:因为 A 机 CPU 的主频为 8 MHz,所以 A 机的主振周期$=1/8(\mu s)=0.125\mu s$;因为平均指令执行速度为 0.4MIPS,所以平均指令周期$=1/0.4(\mu s)=2.5\mu s$,A 机的一个指令周期包含 2.5/0.125$=20$ 个时钟周期。因为 B 机主频为 12 MHz,所以 B 机的时钟周期$=1/12(\mu s)$,又因为微机 A 和 B 的 CPU 芯片片内逻辑完全相同,所以 B 机的一个指令周期也包含 20 个时钟周期,即 B 机的指令周期$=20\times(1/12)(\mu s)=5/3(\mu s)$,B 机平均指令执行速度$=3/5(MIPS)=0.6(MIPS)$。本题答案为:①A;②G;③D。

2. 填空题

【例 8.1.12】　目前的 CPU 包括　①　、　②　、cache 和总线。

答:本题答案为:①控制器;②运算器。

【例 8.1.13】　中央处理器(CPU)的四个主要功能是:　①　、　②　、　③　、　④　。

答:本题答案为:①程序的顺序控制;②操作控制;③时间控制;④数据加工。

【例 8.1.14】　CPU 中,保存当前正在执行的指令的寄存器为　①　,保存下一条指令地址的寄存器为　②　,保存 CPU 访存地址的寄存器为　③　。

答:本题答案为:①指令寄存器 IR;②程序计数器(PC);③内存地址寄存器(AR)。

【例 8.1.15】　CPU 中用于存放当前正在执行的指令并为指令译码器提供信息的部件是_____。

答:本题答案为:指令寄存器 IR。

【例 8.1.16】　控制器由于设计方法的不同,可分为　①　型和　②　型控制器。

答:本题答案为:①组合逻辑;②存储逻辑。

3. 简答题

【例 8.1.17】　计算机内部有哪两股信息在流动?它们彼此有什么关系?

答：一股是控制信息，即操作命令，其发源地是控制器，它分散流向各个部件；一股是数据信息，它受控制信息的控制，从一个部件流向另一个部件，边流动边加工处理。

【例8.1.18】 如何区分数据信息和控制信息？

答：指令和数据统统放在内存中，从形式上看，它们都是二进制编码，似乎很难分清哪些是指令字，哪些是数据字，然而控制器完全可以分辨它们。一般来讲，取指周期从内存读出的信息流是指令流，它流向控制器，由控制器解释从而发出一系列微操作信号；而执行周期从内存读出或送入内存的信息流是数据流，它由内存流向运算器，或者由运算器流向内存。

【例8.1.19】 微程序控制器有何特点？

答：与硬连线控制器比较，微程序控制器具有规整性、可扩展性等优点，是一种用软件方法来设计硬件的技术。它可实现复杂指令的操作控制，且极具灵活性，可方便地增加和修改指令。

【例8.1.20】 控制器的控制方式解决什么问题？有哪几种基本控制方式？

答：计算机的基本工作由指令控制。指令的操作不仅涉及CPU内部，还涉及内存和I/O接口。另外，指令的繁简程度不同，所需要的执行时间也有很大差异。如何根据具体情况实施不同的控制，就是控制方式所要解决的问题。

控制器有三种控制方式：同步控制、异步控制和联合控制。

题型2 指令的执行

1. 选择题

【例8.2.1】 在微程序控制器中，机器指令和微指令的关系是_____。

A. 每一条机器指令由一条微指令来执行

B. 一条微指令由若干条机器指令组成

C. 每一条机器指令由一段用微指令组成的微程序来解释执行

D. 一段微程序由一条机器指令来执行

答：本题答案为：C。

【例8.2.2】 在并行微程序控制器中，下列叙述正确的是：_____。

A. 执行现行微指令的操作与取下一条微指令的操作在时间上是并行的

B. 执行现行微指令的操作与取下一条微指令的操作在时间上是串行的

C. 执行现行微指令的操作与执行下一条微指令的操作在时间上是并行的

D. 取现行微指令的操作与执行现行微指令的操作在时间上是并行的

答：本题答案为：A。

【例8.2.3】 机器指令代码中的地址字段起_____作用，微指令代码中的地址字段起作用。

A. 确定执行顺序   B. 存取地址   C. 存取数据

答：本题答案为：C、A。

【例8.2.4】 下列信号中，_____属于"操作"。

A. BUS→PC   B. MDR→BUS   C. PC→MAR   D. (PC)+1

答：本题答案为：C、D。

2. 填空题

【例8.2.5】 在程序执行过程中，控制器控制计算机的运行总是处于___①___、分析指令和___②___的循环之中。

答：本题答案为：①取指令；②执行指令。

【例8.2.6】 顺序执行时，PC的值_____，遇到转移和调用指令时，后继指令的地址（即PC的内容）是从指令寄存器中的_____取得的。

答:本题答案为:①自动加1;②地址字段。

【例8.2.7】 指令执行过程中,DBUS→MDR→IR 所完成的功能是将从存储器中读取的指令经存储器数据线送入 ___①___ ,再通过总线送入 ___②___ 。

答:本题答案为:①存储器的数据寄存器;②指令寄存器。

【例8.2.8】 CPU 从主存取出一条指令并执行该指令的时间称为 ___①___ ,它常用若干个 ___②___ 来表示,而后者又包含若干个 ___③___ 。

答:本题答案为:①指令周期;②机器周期;③时钟周期。

3. 简答题

【例8.2.9】 什么称为指令?什么称为微指令?两者有什么关系?

答:指令,即指机器指令。每一条指令可以完成一个独立的算术运算或逻辑运算操作。

控制部件通过控制线向执行部件发出各种控制命令,通常把这种控制命令称为微命令,而一组实现一定操作功能的微命令的组合,构成一条微指令。

一条机器指令在执行时,需要计算机做很多微操作。在微操作控制器中,一条机器指令需要由一组微指令组成的微程序来完成,即微程序完成对指令的解释执行。因此,一条指令对应多条微指令,而一条微指令可为多个机器指令服务。

题型3 时序与控制

1. 选择题

【例8.3.1】 计算机主频的周期是指_____。

A. 指令周期　　　　　B. 时钟周期　　　　　C. CPU 周期　　　　　D. 存取周期

答:计算机主频的周期是指时钟周期。本题答案为:B。

【例8.3.2】 一节拍脉冲持续的时间长短是_____。

A. 指令周期　　　　　B. 机器周期　　　　　C. 时钟周期　　　　　D. 以上都不对

答:一节拍脉冲持续的时间长短是时钟周期。本题答案为:C。

【例8.3.3】 指令周期是指_____。

A. CPU 从主存取出一条指令的时间

B. CPU 执行一条指令的时间

C. CPU 从主存取出一条指令加上执行这条指令的时间

D. 时钟周期时间

答:本题答案为:C。

【例8.3.4】 与微指令的执行周期对应的是_____。

A. 指令周期　　　　　B. 机器周期　　　　　C. 节拍周期　　　　　D. 时钟周期

答:本题答案为:B。

【例8.3.5】 由于 CPU 内部的操作速度较快,而 CPU 访问一次主存所花的时间较长,因此机器周期通常用_____来规定。

A. 主存中读取一个指令字的最短时间

B. 主存中读取一个数据字的最长时间

C. 主存中写入一个数据字的平均时间

D. 主存中取一个数据字的平均时间

答:本题答案为:A。

2. 填空题

【例8.3.6】 控制器在生成各种控制信号时,必须按照一定的_____进行,以便对各种操作实施时间上的控制。

答:本题答案为:时序。

【例8.3.7】 任何指令周期的第一步必定是_____周期。

答:本题答案为:取指。

【例8.3.8】 微指令中的顺序控制部分用来决定_____。

答:本题答案为:下一条微指令的地址。

【例8.3.9】 计算机中执行一条指令的机器周期可以是____①____的,也可以是____②____的,前者指的是在一个周期中含有的节拍数相同。

答:本题答案为:①相同;②可变。

3. 简答题

【例8.3.10】 什么是指令周期、机器周期(CPU周期)和时钟周期?指令的解释有哪3种控制方式?

答:指令周期是指取出并执行一条指令的时间。CPU周期也称为机器周期,通常指从内存读取一个指令字的最短时间。时钟周期又称节拍周期,是处理操作的最基本单位。指令周期包含若干个CPU周期,而一个CPU周期又包含若干个时钟周期。指令的解释有组合逻辑型、存储逻辑型和结合型3种控制方式。

【例8.3.11】 机器指令包括哪两个基本要素?微指令又包括哪两个基本要素?程序靠什么实现顺序执行?靠什么实现转移?微程序中顺序执行和转移依靠什么方法?

答:机器指令包括操作码和地址码。微指令包括微命令字段和下址地址字段。程序中靠程序计数器(PC)实现程序的顺序执行,靠转移指令实现转移。微程序中:若采用计数法,则靠微程序计数器 μPC 计数实现微程序的顺序执行,靠微转移指令实现转移。若采用下址法,则靠下址字段和控制字段决定下一条微指令的地址,可能是顺序执行也可能是转移执行。

题型4 组合逻辑控制器

1. 选择题

【例8.4.1】 以硬连线方式构成的控制器也称为_____。

A. 组合逻辑型控制器　　　　　　　　B. 微程序控制器

C. 存储逻辑型控制器　　　　　　　　D. 运算器

答:组合逻辑型控制器又称硬连线控制器。本题答案为:A。

【例8.4.2】 直接转移指令的功能是将指令中的地址代码送入_____。

A. 累加器　　　　B. 地址寄存器　　　　C. PC　　　　D. 存储器

答:本题答案为:C。

【例8.4.3】 将微程序存储在 ROM 中不加修改的控制器属于_____。

A. 组合逻辑控制器　　　　　　　　B. 动态微程序控制器

C. PLA 控制器　　　　　　　　　　D. 静态微程序控制器

答:本题答案为:D。

【例8.4.4】 在计算机中,存放微指令的控制存储器隶属于_____。

A. 外存　　　　B. 高速缓存　　　　C. 内存储器　　　　D. CPU

答:本题答案为:D。

【例8.4.5】 CPU 读/写控制信号的作用是_____。

A. 决定数据总线上的数据流方向　　　B. 控制存储器操作(R/W)的类型

C. 控制流入、流出存储器信息的方向　　D. 以上任一作用

答:本题答案为:D。

【例8.4.6】 在计算机中存放指令地址的称为 ___①___ ,在取指令之前,首先把 ___①___ 的内容送到 ___②___ ,然后由CPU发读命令,把指令从 ___②___ 指定的内存单元中取出,送到CPU的 ___③___ ;在执行 ___④___ 类指令或 ___⑤___ 类操作时, ___①___ 必须具有接受新地址的功能。

供选择的答案:A. 指令 B. 累加器 C. 通用寄存器 D. 变址寄存器

E. 程序计数器 F. 状态寄存器 G. 内存地址寄存器 H. 指令寄存器

I. 转移 J. 控制 K. 算术 L. 中断 M. DMA N. I/O

答:本题答案为:①E ②G ③H ④I ⑤L。

【例8.4.7】 假设微操作控制信号用 C_n 来表示,指令操作码译码器输出用 I_m 表示,节拍电位信号用 M_k 表示,节拍脉冲信号用 T_i 表示,状态反馈信息用 B_j 表示,则硬布线控制器的基本原理可表示为_____。

A. $C_n = f(I_m, T_i)$　　　　　　　　B. $C_n = f(I_m, B_j)$

C. $C_n = f(M_k, T_i, B_j)$　　　　　　D. $C_n = f(I_m, M_k, T_i, B_j)$

答:微操作=周期·节拍·脉冲·指令码·其他条件。本题答案为:D。

2. 填空题

【例8.4.8】 CPU中用于存放当前正在执行的指令并为指令译码器提供信息的部件是_____。

答:本题答案为:指令寄存器IR。

【例8.4.9】 控制器由于设计方法的不同,可分为 ___①___ 型和 ___②___ 型控制器。

答:本题答案为:①组合逻辑;②存储逻辑。

【例8.4.10】 一般而言,CPU至少有 ___①___ 、___②___ 、___③___ 、___④___ 、___⑤___ 和 ___⑥___ 六个寄存器。

答:本题答案为:①程序计数器(PC);②指令寄存器(IR);③地址寄存器(AR);④数据缓冲寄存器(DR);⑤程序状态字寄存器(PSW);⑥累加器。

【例8.4.11】 硬布线控制器的基本思想是:某一 ___①___ 控制信号是 ___②___ 译码器输出、___③___ 信号、___④___ 信号的逻辑函数。

答:本题答案为:①微操作;②指令操作码;③时序;④状态条件。

【例8.4.12】 实现下面各功能可以使用哪些寄存器?

① 加法和减法运算;

② 乘法和除法运算;

③ 表示运算结果是零;

④ 指明操作数超出了机器表示范围;

⑤ 循环计数;

⑥ 当前正在运行的指令地址;

⑦ 向堆栈存放数据的地址;

⑧ 保存当前正在执行的指令字代码;

⑨ 识别指令操作码;

⑩ 暂时存放参加ALU中运算的操作数和结果。

答:本题答案为:①通用寄存器;②AX或AL;③状态寄存器中的ZF;④状态寄存器中的OF;⑤CX;⑥IP;⑦SP;⑧IR;⑨指令译码器;⑩累加器AC。

3. 简答题

【例8.4.13】 在组合逻辑控制器中,指令寄存器(IR)提供哪些与微操作命令形成有关的信息?时序部件提供哪些信号?它们在微命令形成中起什么作用?为什么微命令的形成与状态信息(PSW中的标志位)有关?

答:指令寄存器(IR)提供的操作码(OP)和寻址模式与微操作命令形成有关。

时序部件提供机器周期状态电位、节拍电位、脉冲信号,它们在微命令形成中起时序控制作用。

状态信息(PSW 中的标志位)决定了微程序的转移,不同分支的微程序所需的微命令不同,所以微命令的形成与状态信息(PSW 中的标志位)有关。

【例 8.4.14】 简述微程序控制器和组合逻辑控制器的异同点。在微程序控制器中,微程序计数器 μPC 可以用具有计数(加 1)功能的微地址寄存器 μMAR 来代替,试问程序计数器(PC)是否可以用具有计数功能的存储器地址寄存器(MAR)代替?为什么?

答:微程序控制器和组合逻辑控制器的根本区别在于微操作序列形成部件的实现方法不同,控制器中的其他部分基本上是大同小异的。

不可以用 MAR 来代替 PC。因为控制存储器中只有微指令,为了降低成本,可以用具有计数功能的微地址寄存器 μMAR 来代替 μPC。而主存中既有指令又有数据,它们都以二进制代码形式出现,取指令和数据时地址的来源是不同的。

取指令:(PC)→MAR;取数据:地址形成部件→MAR,所以不能用 MAR 代替 PC。

4. 综合题

【例 8.4.15】 设计 ADD、SUB、JC 指令的硬布线控制器(组合逻辑控制器)。

解:① 根据 CPU 的结构图描绘出每条指令的微操作流程图并综合成一个总的流程图,如图 8.2.1 所示。

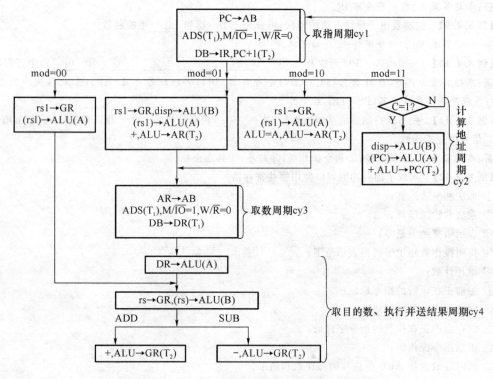

图 8.2.1 ADD、SUB、JC 指令的微操作流程图

② 选同步控制方式和二级时序。

安排四个机器周期:取指周期 cy1、计算地址周期 cy2、取数周期 cy3、执行周期 cy4。每个机器周期安排两个节拍 T_1 和 T_2,时序如图 8.2.2 所示。

③ 为微操作序列安排时序,如图 8.2.2 所示(将打入寄存器的控制信号安排在 T_2 节拍的下降沿,其他控制信号在 T_1、T_2 中一直有效)。

列出操作时间表。根据图 8.2.1 的操作流程安排的时间表如表 8.2.1 所示。

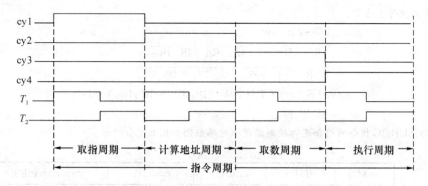

图 8.2.2 二级时序系统

表 8.2.1 ADD、SUB、JC 指令的操作时间表

微操作	cy1	cy2	cy3	cy4
PC→AB	ALL			
(PC)→ALU(A)		$IR_{17} IR_{16} C$		
ADS=1(T_1)	ALL		$\overline{IR_{17}} IR_{16} + IR_{17} \overline{IR_{16}}$	
W/$\overline{R}$=0	ALL		$\overline{IR_{17}} IR_{16} + IR_{17} \overline{IR_{16}}$	
M/$\overline{IO}$=1	ALL		$\overline{IR_{17}} IR_{16} + IR_{17} \overline{IR_{16}}$	
ALU→PC(T_2)		$IR_{17} IR_{16} C$		
PC+1(T_2)	ALL			
imm/disp→ALU(B)		$\overline{IR_{17}} IR_{16} + IR_{17} IR_{16} C$		
DB→IR(T_2)	ALL			
DB→DR(T_1)			$\overline{IR_{17}} IR_{16} + IR_{17} \overline{IR_{16}}$	
DR→DB				
rs1→GR		$\overline{IR_{17}} \overline{IR_{16}}$		
rs/rd→GR				$\overline{IR_{17}} \overline{IR_{16}}$
(rs1)→ALU(A)		$\overline{IR_{17}} \overline{IR_{16}}$		
(rs)→ALU(B)				$\overline{IR_{17}} \overline{IR_{16}}$
DR→ALU(A)				$\overline{IR_{17}} IR_{16} + IR_{17} \overline{IR_{16}}$
ALU→GR(T_2)				ADD+SUB
ALU→DR(T_2)				
ALU→AR(T_2)		$IR_{17} + IR_{16}$		
AR→AB			$\overline{IR_{17}} IR_{16} + IR_{17} \overline{IR_{16}}$	
+		$\overline{IR_{17}} IR_{16} + IR_{17} IR_{16} C$		ADD
−				SUB
∧				
∨				
ALU=A		$IR_{17} \overline{IR_{16}}$		

④ 综合微操作表达式：

$$PC \rightarrow AB = cy1$$

$$AR \rightarrow AB = cy3 \cdot \overline{IR_{17}} IR_{16} + IR_{17} \overline{IR_{16}}$$

$$W/\overline{R} = \overline{cy1 + cy3 \cdot (\overline{IR_{17}} IR_{16} + IR_{17} \overline{IR_{16}})}$$

$$ADS = cy1 \cdot T_1 + cy3 \cdot (IR_{17} IR_{16} + \overline{IR_{17}} IR_{16}) \cdot T_1$$

$$\vdots \qquad\qquad \vdots$$

⑤ ADD、SUB、JC 指令的组合逻辑控制器逻辑电路框图如图 8.2.3 所示。

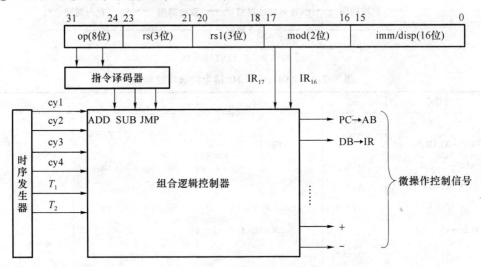

图 8.2.3　ADD、SUB、JC 指令的组合逻辑控制器逻辑电路框图

题型 5　微程序控制器

1. 选择题

【例 8.5.1】 微程序存放在_____中。

A. 控制存储器　　　　B. RAM　　　　　　C. 指令寄存器　　　　D. 内存储器

答：微程序存放在控制存储器中。本题答案为：A。

【例 8.5.2】 关于微指令的编码方式，下面叙述正确的是_____。

A. 直接表示法和编码表示法不影响微指令的长度

B. 一般情况下，直接表示法的微指令位数多

C. 一般情况下，编码表示法的微指令位数多

D. 以上都不对

答：本题答案为：B。

【例 8.5.3】 微指令格式分为水平型和垂直型，水平型微指令的位数_____，用它编写的微程序_____。

A. 较少　　　　　　　B. 较多　　　　　　　C. 较长　　　　　　　D. 较短

答：由水平型微指令解释指令的微程序，具有微指令字比较长，但微程序短的特点；垂直型微指令则相反，微指令字比较短而微程序长。本题答案为：B、D。

【例 8.5.4】 以下叙述中，正确的是：_____。

A. 同一个 CPU 周期中，可以并行执行的微操作称为相容性微操作

B. 同一个 CPU 周期中，不可以并行执行的微操作称为相容性微操作

C. 同一个 CPU 周期中,可以并行执行的微操作称为相斥性微操作

D. 同一个 CPU 周期中,不可以并行执行的微操作称为相斥性微操作

答:本题答案为:A、D。

【例 8.5.5】 水平型微指令与垂直型微指令相比,_____。

A. 前者一次只能完成一个操作   B. 后者一次只能完成一个操作

C. 两者都是一次只能完成一个操作   D. 两者都能一次完成多个操作

答:本题答案为:B。

【例 8.5.6】 为了确定下一条微指令的地址,通常采用断定方式,其基本思想是_____。

A. 用程序计数器 PC 来产生后继微指令地址

B. 通过微指令顺序控制字段由设计者指定或由设计者指定的判别字段控制产生后继微指令地址

C. 用微程序计数器 μPC 来产生后继微指令地址

D. 通过在指令中指定一个专门字段来控制产生后继微指令地址

答:本题答案为:B。

2. 填空题

【例 8.5.7】 在微程序控制中,计算机执行一条指令的过程就是依次执行一个确定的_____的过程。

答:本题答案为:微指令序列(微程序)。

【例 8.5.8】 微程序控制器的核心部件是存储微程序的 ___①___,它一般由 ___②___ 构成。

答:本题答案为:①控制存储器;②只读存储器。

【例 8.5.9】 由于数据通路之间的结构关系,微操作可分为 ___①___ 和 ___②___ 两种。

答:本题答案为:① 相容性;② 相斥性。

【例 8.5.10】 微命令的编码表示法是把一组_____的微指令信号编码在一起。

答:本题答案为:相斥。

【例 8.5.11】 微指令执行时,产生后继微地址的方法主要有 ___①___ 、___②___ 和结合方式。

答:本题答案为:① 计数器方式;② 断定方式。

【例 8.5.12】 微指令的格式可分为 ___①___ 微指令和 ___②___ 微指令两类。

答:本题答案为:①水平型;②垂直型。

【例 8.5.13】 如果控制存储器使用的是 EPROM 等可擦写的只读存储器,从而实现运行不同软件时使用不同的微程序,那么这种微程序称为_____。

答:本题答案为:动态微程序。

【例 8.5.14】 一条机器指令的执行可以与一段微指令构成的 ___①___ 相对应。微指令可由一系列 ___②___ 组成。

答:本题答案为:①微程序;② 微命令。

【例 8.5.15】 ① 微指令分成_____和_____微指令两类,_____微指令可以同时执行若干个微操作,所以执行指令的速度比_____微指令快。

② 在实现微程序时,取下一条微指令和执行本条微指令一般是_____进行的,而微指令之间是_____执行的。

③ 实现机器指令的微程序一般是存放在_____中,而用户可写的控制存储器则由_____组成。

答:本题答案为:①水平 垂直 水平 垂直;②并行 串行;③控制存储器 EPROM。

【例 8.5.16】 微指令格式中,微指令的编码通常采用以下三种方式:___①___,___②___,___③___。

答:本题答案为:①直接表示法;②字段直接译码法;③混合表示法。

【例 8.5.17】 在同一微周期中 ___①___ 的微命令,称之为互斥的微命令;在同一微周期中 ___②___ 的微命令,称之为相容的微命令。显然,___③___ 不能放在一起译码。

答：本题答案为：①不可能同时出现；②可以同时出现；③相容的微命令。

【例8.5.18】 ① 具有运算器和控制器功能，能分析、控制并执行指令的部件称为_____。

② 保存当前栈顶地址的寄存器称为_____。

③ 保存当前正在执行的指令的寄存器称为_____。

④ 指示当前正在执行的指令地址的寄存器称为_____。

⑤ 微指令分成_____型和_____型两种。

⑥ 可同时执行若干个微操作的微指令是_____型的，其执行速度快于_____型微指令。

⑦ 微程序通常是存放在_____中，用户可改写的控制存储器由_____组成。

⑧ 在微程序控制器中，时序信号比较简单，一般采用_____。

⑨ 在同样的半导体工艺条件下，硬布线控制逻辑比微程序控制逻辑复杂，但硬布线控制速度比微程序控制速度快，因此，现代新型 RISC 机中多采用_____。

⑩ 采用两级流水线，第一级为取指级，第二级为执行级。设第一级取指译码操作时间为 200 ns，第二级为执行周期，大部分指令在 180 ns 内完成，只有两条复杂指令需要 360 ns 才能完成。因此，机器周期应该选定_____，两条复杂指令应该采用_____方法解决。

答：本题答案为：①控制器；②栈顶指示器；③指令寄存器；④程序计数器；⑤水平、垂直；⑥水平、垂直；⑦控制存储器；EPROM；⑧同步控制；⑨组合逻辑控制器；⑩200 ns、延长机器周期或局部控制。

3. 判断题

【例8.5.19】 在主机中，只有内存能存放数据。

答：寄存器也可以存放数据。本题答案为：错。

【例8.5.20】 一个指令周期由若干个机器周期组成。

答：本题答案为：对。

【例8.5.21】 非访存指令不需从内存中取操作数，也不需将目的操作数存放到内存，因此这类指令的执行不需地址寄存器参与工作。

答：取指操作需地址寄存器参与工作。本题答案为：错。

【例8.5.22】 与微程序控制器相比，组合逻辑控制器的速度较快。

答：本题答案为：对。

【例8.5.23】 流水线中相关问题是指在一段程序的相邻指令之间存在某种关系，这种关系影响指令的并行执行。

答：流水线中相关问题包括指令相关、主存操作数相关、通用寄存器相关、变址相关、控制相关等。本题答案为：错。

【例8.5.24】 内部总线是指 CPU 内部连接一个逻辑部件的一组数据传输线，由三态门和多路开关来实现。

答：内部总线是微处理器芯片内各部件的连接总线，由三态门来支配总线的使用权。本题答案为：错。

【例8.5.25】 在 CPU 中，译码器主要用在运算器中挑选多路输入数据中的某一路数据送到 ALU。

答：在 CPU 中，译码器主要用于指令的译码、寻址模式的译码/操作数地址的译码。本题答案为：错。

【例8.5.26】 串行寄存器一般都具有移位功能。

答：本题答案为：对。

【例8.5.27】 对一个并行寄存器来说，只要时钟脉冲到来，便可从输出端同时输出各位的数据。

答：时钟脉冲到来，数据便被置入寄存器。本题答案为：错。

【例8.5.28】 计数器的功能是对输入脉冲进行计数，不能用它作分频器或定时等。

答：可以用它作分频器或定时等。本题答案为：错。

【例8.5.29】 可编程逻辑阵列是主存的一部分。

答：可编程逻辑阵列是控制器的一部分。本题答案为：错。

【例 8.5.30】 控制存储器是用来存放微程序的存储器,它应该比主存储器速度快。

答:本题答案为:对。

【例 8.5.31】 机器的主频最快,机器的速度就最快。

答:计算机的运算速度首先与主频有关,主频越高运算速度越快。其次是字长,字长越长,单位时间内完成的数据运算就越多,运算速度就越快。最后是计算机的体系结构,体系结构合理,同样器件的整机速度就快。所以,不能说机器的主频最快,机器的速度就最快。本题答案为:错。

4. 简答题

【例 8.5.32】 微程序控制和组合逻辑控制哪一种速度更快? 为什么?

答:组合逻辑控制速度更快。因为微程序控制器使每条机器指令都转化成为一段微程序并存入一个专门的存储器(控制存储器)中,微操作控制信号由微指令产生,增加了一级控制存储器,所以速度慢。

5. 综合题

【例 8.5.33】 用下址字段法设计 ADD、SUB、JC 指令的微地址,并画出下址字段法的微程序控制器组成框图。

解:为了将微指令中的微命令在时间上排开,选两相控制时序如下:

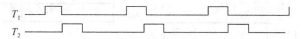

为了简单化,在此将图 8.2.1 中的微命令字段用字符 A、B、C…代替,如图 8.2.4 所示。

微指令格式为:

下址字段($A_9 \sim A_0$)	转移控制($P_2 P_1$)	微命令字段

设控制存储器为 1K,微指令地址寄存器 μAR 为 10 位,下址字段也为 10 位。

图 8.2.1 中有 11 条微指令,地址需 4 位编码,假设将图 8.2.1 中的取指微指令放在 000H 单元中,其余微指令安排在 100H~10FH 这 16 个单元中。

图中有三种转移情况,考虑顺序控制,需用两位 P_2、P_1 来控制,此时,100H~10FH 的地址中只有低 4 位在变化,所以地址只需修改低 4 位,转移地址修改方案如下:

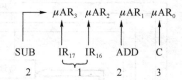

即:$P_2 P_1 = 0$ 　顺序控制

　　　$P_2 P_1 = 1$ 　由 $IR_{17} IR_{16}$ 控制修改 $\mu AR_3 \mu AR_2$

　　　$P_2 P_1 = 2$ 　由 ADD 控制修改 μAR_1 或由 SUB 控制修改 μAR_3

　　　$P_2 P_1 = 3$ 　由 C 控制修改 μAR_1

地址转移逻辑表达式为　$\mu AR_3 = (IR_{17} \cdot 1 + SUB \cdot 2) \cdot T_2$ 　　$\mu AR_2 = IR_{16} \cdot 1 \cdot T_2$

　　　　　　　　　$\mu AR_1 = ADD \cdot 2 \cdot T_2 + C \cdot 3 \cdot T_2$ 　　(在 T_2 节拍修改)

　　　　　　　　　$\mu AR_0 = C \cdot 3 \cdot T_2$ 　　(在 T_2 节拍修改)

地址安排如图 8.2.4 所示。

第一条微指令安排在 000H 号单元。

000H 号单元是多路分支转移,按修改方案分别转到 101H、105H、109H、10DH 这四个单元。

101H 号单元执行完后按顺序控制转移到 108H 单元;105H 号单元执行完后按顺序控制转移到 104H 单元;104H 号单元执行完后按顺序控制转移到 107H 单元;107H 号单元执行完后按顺序控制转移到

108H 单元;108H 单元执行完后由 ADD 控制转移到 106H 或由 SUB 控制转移到 10CH;106H 号单元执行完后按顺序控制转移到 000H,开始下一条微指令的执行;10CH 号单元执行完后按顺序控制转移到 000H,开始下一条微指令的执行。

109H 号单元执行完后按顺序控制转移到 104H 单元。

10DH 单元是一条空操作微指令,由 C 控制修改 μAR_0,当 C=0 时转移到 102H 单元,当 C=1 时转移到 103H 单元。

102H 号单元执行完后按顺序控制转移到 000H,开始下一条微指令的执行。

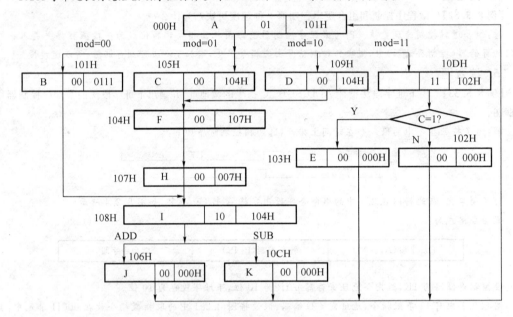

图 8.2.4 下址字段法的微地址安排

下址字段法的微程序控制器组成框图如图 8.2.5 所示。

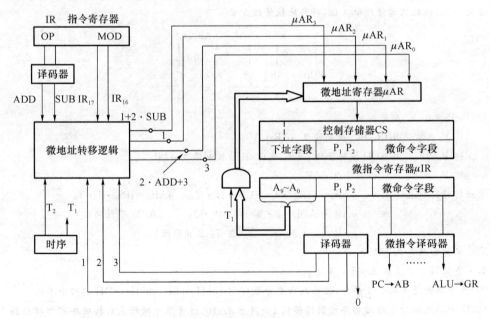

图 8.2.5 下址字段法微程序控制器组成框图

【例 8.5.34】　用增量方式与断定方式结合法设计 ADD、SUB、JC 指令的微地址,并画出微程序控制器组成框图。

解:此方法与下址字段法有些类似。

微指令格式为:

转移地址字段 BAF	转移控制字段 BCF	微命令字段

设控制存储器为 1K,微程序计数器 μPC 为 10 位,BAF 也为 10 位。

图 8.2.1 中有 11 条微指令,地址需 4 位编码,假设将其中的取指微指令放在 000H 单元中,其余微指令安排在 110H~11FH 这 16 个单元中。BCF 的定义如下:

BCF=0;由 PC 计数得到下址地址。

BCF=1;无条件转移。

BCF=2;由 ADD 控制修改 μPC$_2$ 或由 SUB 控制修改 μPC$_1$。

BCF=3;由 IR$_{17}$ IR$_{16}$ 控制修改 μPC$_3$ μPC$_2$。

BCF=4;由 C 控制,C=0 则转移,否则 μPC$_1$ 计数。

110H~11FH 的地址中只有低 4 位在变化,所以地址只需修改低 4 位,转移地址修改方案如下:

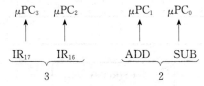

地址转移逻辑表达式为 μPC$_3$=IR$_{17}$ · 3 · T_2　　　μPC$_2$=IR$_{16}$ · 3 · T_2

$$\mu PC_1 = ADD \cdot 2 \cdot T_2 \qquad \mu PC_0 = SUB \cdot 2 \cdot T_2$$

地址安排如图 8.2.6 所示。

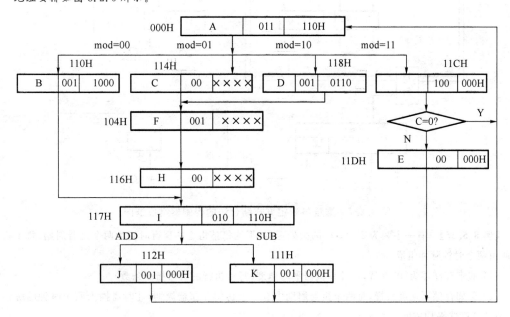

图 8.2.6　增量方式与断定方式结合法的微地址安排

通常第一条微指令安排在 000H 号单元。

000H 号单元是多路分支转移,按修改方案分别转到 110H、114H、118H、11CH 这四个单元。

110H 号单元执行完后无条件转移到 117H。

114H 号单元执行完后计数到地址 115H；115H 号单元执行完后计数到地址 116H；116H 号单元执行完后计数到地址 117H；117H 号单元执行完后由 ADD 控制转移到 112H 或由 SUB 控制转移到 111H；112H 号单元执行完后无条件转移到 000H，开始下一条微指令的执行；111H 号单元执行完后无条件转移到 000H，开始下一条微指令的执行。

118H 号单元执行完后无条件转移到 115H。

11CH 单元是一条空操作微指令，当 C=0 时转 000H 单元，否则 $\mu PC+1$ 到 11DH 单元。

11DH 号单元执行完后无条件转移到 000H，开始下一条微指令的执行。

增量方式与断定方式结合法的微程序控制器组成框图如图 8.2.7 所示。

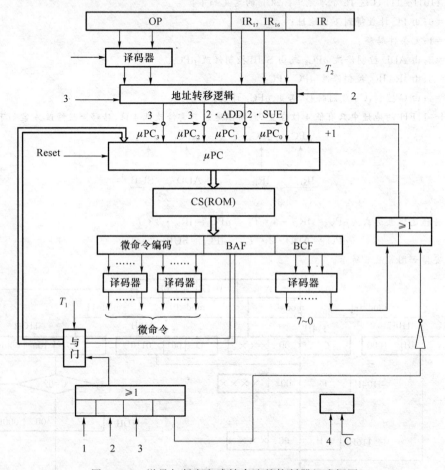

图 8.2.7　增量与断定方式结合法的控制器组成框图

【例 8.5.35】　有一主频为 25 MHz 的微处理器，平均每条指令的执行时间为两个机器周期，每个机器周期由两个时钟脉冲组成。

(1) 假定存储器为"0"等待，请计算机器平均速度（每秒执行的机器指令条数）。

(2) 假如存储器速度较慢，每两个机器周期中有一个访问存储器周期，此时需插入两个时钟的等待时间，请计算机器平均速度。

解：(1) 存储器"0"等待是假设在访问存储器时，存储周期=机器周期，此时，

机器周期=主振周期×2×一个机器周期由两个时钟脉冲组成=(1/25)×2 MHz=0.08 μs

指令周期=2×机器周期=0.16 μs

机器平均速度＝1/0.16＝6.25MIPS

（2）若每两个机器周期有一个是访存，则需要插入两个时钟的等待时间，所以指令周期＝0.16 μs＋0.08 μs＝0.24 μs，机器平均速度＝1/0.24≈4.2MIPS。

【例8.5.36】 某 CPU 主频为 8 MHz，设每个 CPU 周期平均包括 4 个节拍周期（主频周期），且该机平均指令执行速度为 1MIPS。

（1）求该机平均指令周期。

（2）求每个指令周期包含的平均 CPU 周期。

（3）若改用主频周期为 0.01 μs 的 CPU 芯片，试计算平均指令执行速度可提升到多少 MIPS？

解：

（1）因为平均指令执行速度为 1MIPS，所以

平均指令周期＝1／（1×10^6 s）＝1 μs

（2）因为 CPU 主频为 8 MHz，所以节拍周期（主频周期）＝1／（8×10^6 s）＝0.125 μs，又因为每个 CPU 周期平均包括 4 个节拍周期（主频周期），则一个 CPU 周期＝4×0.125 μs＝0.5 μs，指令周期包含的平均 CPU 周期＝1μs /0.5 μs＝2 个。

（3）若改用主频周期为 0.01 μs 的 CPU 芯片，则一个 CPU 周期＝4×0.01 μs＝0.04 μs，一条指令的执行时间＝2×0.04 μs＝0.08 μs，平均指令执行速度可提升到 1/0.08 μs＝12.5MIPS。

【例8.5.37】 若某机主频为 200 MHz，每个指令周期平均为 2.5 个 CPU 周期，每个 CPU 周期平均包括 2 个主频周期，问：

（1）该机平均指令执行速度为多少 MIPS？

（2）若主频不变，但每条指令平均包括 5 个 CPU 周期，每个 CPU 周期又包含 4 个主频周期，平均指令执行速度为多少 MIPS？

解：（1）主频为 200 MHz，所以，主频周期＝1/200 MHz＝0.005 μs。

每个指令周期平均为 2.5 个 CPU 周期，每个 CPU 周期平均包括 2 个主频周期，所以，一条指令的执行时间＝2×2.5×0.005 μs＝0.025 μs。

该机平均指令执行速度＝1/0.025＝40MIPS。

（2）每条指令平均包括 5 个 CPU 周期，每个 CPU 周期又包含 4 个主频周期，所以，一条指令的执行时间＝4×5×0.005 μs＝0.1 μs。

该机平均指令执行速度＝1/0.1＝10MIPS。

由此可见，指令的复杂程度影响指令的平均执行速度。

【例8.5.38】 已知某计算机有 80 条指令，平均每条指令由 12 条微指令组成，其中有一条取指微指令是所有指令公用的。设微指令长度为 32 位，请算出控制存储器容量。

解：微指令所占的单元总数＝（12＋79×11）×32＝881×32，所以控制存储器容量可选 1K×32 位。

【例8.5.39】 某机采用微程序控制器，已知每一条机器指令的执行过程均可分解成 8 条微指令组成的微程序，该机指令系统采用 6 位定长操作码格式。

（1）控制存储器至少应能容纳多少条微指令？

（2）如何确定机器指令操作码与该指令微程序起始地址的对应关系？请给出具体方案。

解：（1）由于一条机器指令可以分解为 8 条微指令，并且机器指令系统采用 6 位定长编码，6 位定长操作码总共有 2^6＝64 种不同的组合，可容纳的微指令条数为 64×8＝512。

（2）根据以上分析，控制存储器至少要有 512 个单元，所以微地址至少为 9 位。可用操作码直接修改微地址的 6 位，从而形成多路分支转移。可能采用的一种修改方案如下：

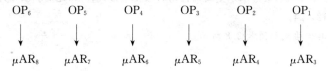

【例 8.5.40】 表 8.2.2 中给出了 8 条微指令 I1～I8 所包含的微命令控制信号。试设计微指令控制字段格式,要求所用的控制位最少,而且保持微指令本身内在的并行性。

表 8.2.2　微指令与包含命令对应表

微指令	所包含微命令	微指令	所包含微命令
I1	ABCDE	I5	CEGI
I2	ADFG	I6	AHJ
I3	BH	I7	CDH
I4	C	I8	ABH

解:微指令与包含的命令对应表如表 8.2.3 所示。

表 8.2.3　微指令与所包含命令的对应关系

微指令	A	B	C	D	E	F	G	H	I	J
I1	√	√	√	√	√					
I2	√			√		√	√			
I3		√						√		
I4			√							
I5			√		√		√		√	
I6	√							√		√
I7			√	√				√		
I8	√	√						√		

从表中可知,E、F、H 及 B、I、J 分别两两互斥,所以微指令控制字段格式设计如下:

××	××	×	×	×	×

00:不操作	00:不操作	0:不操作	0:不操作	0:不操作	0:不操作
01:E	01:B	1:A	1:C	1:D	1:G
10:F	10:I				
11:H	11:J				

【例 8.5.41】 某机采用微程序控制方式,微指令字长 24 位,水平型编码控制的微指令格式,断定方式,共有微命令 30 个,构成 4 个相斥类,各包含 5 个、8 个、14 个和 3 个微命令,外部条件共 3 个。

(1) 控制存储器的容量应为多少?

(2) 设计出微指令的具体格式。

解:

(1) 30 个微命令构成 4 个相斥类,其中 5 个相斥微命令需 3 位编码,8 个相斥微命令需 4 位编码,14 个相斥微命令需 4 位编码,3 个相斥微命令需 2 位编码;外部条件 3 个,采用断定方式需 2 位控制位。以上共需 15 位。微指令字长 24 位,采用水平型编码控制的微指令格式,所以还剩 9 位作为下址字段,这样控制存储器的容量应为 512×24。

(2) 微指令的具体格式如图 8.2.8 所示。

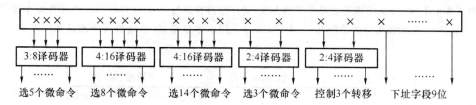

图 8.2.8　微指令格式

【例 8.5.42】　已知某运算器的基本结构如图 8.2.9 所示,它具有＋(加)、－(减)、M(传送)三种操作。

(1) 写出图 8.2.9 中 1～12 表示的运算器操作的微命令。

(2) 指出相斥性微操作。

(3) 设计适合此运算器的微指令格式。

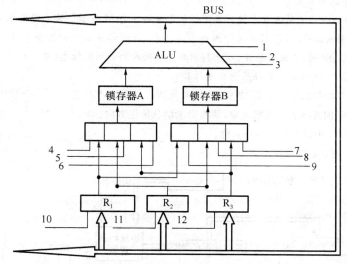

图 8.2.9　某运算器的基本结构图

解:

(1) 图 8.2.9 中 1～12 表示的运算器操作的微命令分别为:

1:＋	2:－	3:M
4:$R_1 \to A$	5:$R_2 \to A$	6:$R_3 \to A$
7:$R_3 \to B$	8:$R_2 \to B$	9:$R_1 \to B$
10:$BUS \to R_1$	11:$BUS \to R_2$	12:$BUS \to R_3$

(2) 以下几组微命令是相斥的:

＋、－、M

$R_1 \to A$、$R_2 \to A$、$R_3 \to A$

$R_1 \to B$、$R_2 \to B$、$R_3 \to B$

$BUS \to R_1$、$BUS \to R_2$、$BUS \to R_3$

(3) 此运算器的微指令格式如图 8.2.10 所示。

××	××	××	××
00:不操作	00:不操作	00:不操作	0:不操作
01:＋	01:$R_1 \to A$	01:$R_1 \to B$	01:$BUS \to R_1$
10:－	10:$R_2 \to A$	10:$R_2 \to B$	10:$BUS \to R_2$
11:M	11:$R_3 \to A$	11:$R_3 \to B$	11:$BUS \to R_3$

图 8.2.10　微指令格式

【例 8.5.43】 已知某机采用微程序控制方式,其存储器容量为 512×40(位),微程序在整个控制存储器中实现转移,可控制微程序的条件共 12 个,微指令采用水平型格式,后继微指令地址采用断定方式,如下所示:

微命令字段	判别测试字段	下地址字段
操作控制	顺序控制	

(1) 微指令中的三个字段分别应为多少位?

(2) 画出对应这种微指令格式的微程序控制器逻辑框图。

解:

(1) 假设判别测试字段中每一位为一个判别标志,那么由于有 12 个转移条件,故该字段为 4 位,下地址字段为 9 位。由于控制容量为 512 单元,微命令字段是 $(40-4-9)=27$ 位。

(2) 对应上述微指令格式的微程序控制器逻辑框图如图 8.2.11 所示。其中微地址寄存器对应下地址字段,P 字段即为判别测试字段,控制字段即为微命令字段,后两部分组成微指令寄存器。地址转移逻辑的输入是指令寄存器 OP 码,各状态条件,以及判别测试字段所给的判别标志(某一位为 1),其输出修改微地址寄存器的适当位数,从而实现微程序的分支转移。

【例 8.5.44】 CPU 结构如图 8.2.12 所示,其中包括一个累加寄存器 AC、一个状态寄存器和其他四个寄存器,各部分之间的连线表示数据通路,箭头表示信息传送方向。

(1) 标明图 8.2.11 中四个寄存器的名称。

(2) 简述取指令的数据通路。

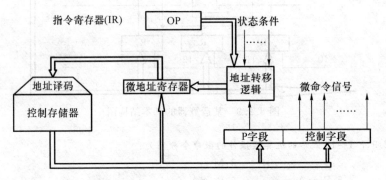

图 8.2.11　微程序控制器逻辑框图

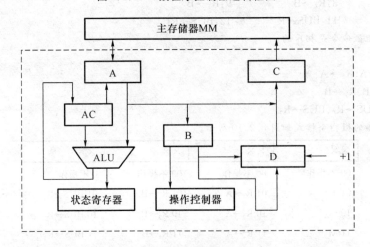

图 8.2.12　CPU 结构图

（3）简述完成指令 LDA X 的数据通路（X 为内存地址，LDA 功能为(X)→(AC)）。

（4）简述完成指令 ADD Y 的数据通路（Y 为内存地址，ADD 功能为(AC)+(Y)→(AC)）。

（5）简述完成指令 STA Z 的数据通路（Z 为内存地址，STA 功能为(AC)→(Z)）。

解：

（1）A 为数据缓冲寄存器 MDR，B 为指令寄存器 IR；C 为主存地址寄存器 MAR，D 为程序计数器 PC。

（2）取指令的数据通路：PC→MAR→MM→MDR→IR

（3）指令 LDA X 的数据通路：X→MAR→MM→MDR→ALU→AC

（4）指令 ADD Y 的数据通路：Y→MAR→MM→MDR→ALU→ADD→AC

（5）指令 STA Z 的数据通路：Z→MAR，AC→MDR→MM。

【例 8.5.45】 某运算器如图 8.2.13 所示。

（1）定义 a、b、c、d、e。

（2）设计微指令格式。

（3）规定每条微指令执行结束前，半加器结果自动送入寄存器 C。编一个微程序使两个寄存器的内容互换。

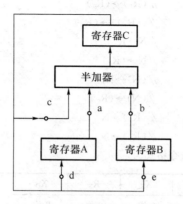

图 8.2.13 某运算的结构图

解：

（1）a、b、c、d、e 为 5 个微操作控制信号：

a. 控制寄存器 A 的内容送入半加器；

b. 控制寄存器 B 的内容送入半加器；

c. 控制寄存器 C 的内容送入半加器；

d. 控制寄存器 C 的内容送入寄存器 A；

e. 控制寄存器 C 的内容送入寄存器 B。

（2）微指令控制字段采用直接控制方式，微指令格式如下：

a	B	c	d	e

（3）设待交换数据已在寄存器中，完成寄存器内容互换的微程序如下：

11000　//寄存器 A、B 的内容送入半加器，结果 A⊕B 自动送入寄存器 C

00010　//寄存器 C 的内容送入寄存器 A

11000　//寄存器 A、B 的内容送入半加器，结果 A 自动送入寄存器 C

00001　//寄存器 C 的内容送入寄存器 B

11000　//寄存器 A、B 的内容送入半加器，结果 B 自动送入寄存器 C

00010　//寄存器 C 的内容送入寄存器 A

【例8.5.46】 图8.2.14所示为双总线结构的CPU数据通路，线上标有控制信号，未标字符的线为直通。试分析以下几条指令的操作流程：

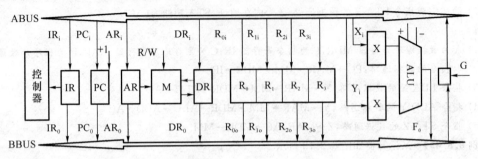

图8.2.14 双总线结构的CPU数据通路

(1) MOV R_1,R_0 // $(R_1) \to R_0$

(2) MOV (R_1),R_0 // $((R_1)) \to R_0$

(3) MOV R_1,(R_0) // $(R_1) \to (R_0)$

(4) MOV (R_1),(R_0) // $((R_1)) \to (R_0)$

(5) MOV #N,R_0 // $N \to R_0$

(6) MOV #N,(R_0) // $N \to (R_0)$

(7) MOV @#N,R_0 // $(N) \to R_0$

(8) MOV @#N,(R_0) // $(N) \to (R_0)$

(9) MOV R_1,@#N   // $(R_1) \to N$

(10) MOV (R_1),@#N   // $(R_1) \to N$

其中(1)~(4)为单字长指令,指令格式为

OP	X_S	R_S	X_D	R_D
8位	2位	2位	2位	2位

(5)~(10)为双字长指令,指令格式为

OP	X_S	R_S	X_D	R_D
N				
8位	2位	2位	2位	2位

解：

(1) MOV R_1,R_0 的操作流程如图8.2.15所示。

(2) MOV (R_1),R_0 的操作流程如图8.2.16所示。

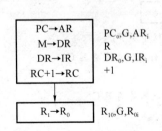

图8.2.15 MOV R_1,R_0 的操作流程图

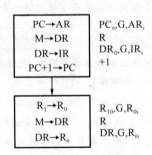

图8.2.16 MOV (R_1),R_0 的操作流程图

（3）MOV R_1,(R_0)的操作流程如图 8.2.17 所示。

（4）MOV （R_1）,(R_0)的操作流程如图 8.2.18 所示。

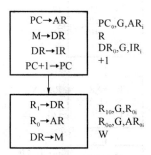

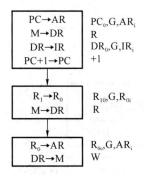

图 8.2.17　MOV R_1,(R_0)的操作流程图　　图 8.2.18　MOV （R_1）,(R_0)的操作流程图

（5）MOV ♯N,R_0 的操作流程如图 8.2.19 所示。

（6）MOV ♯N,(R0)的操作流程如图 8.2.20 所示。

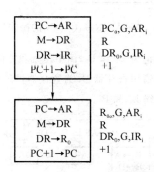

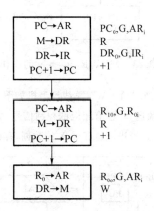

图 8.2.19　MOV ♯N,R_0 的操作流程图　　图 8.2.20　MOV ♯N,(R_0)的操作流程图

（7）MOV @♯N,R_0 的操作流程如图 8.2.21 所示。

（8）MOV @♯N,(R_0)的操作流程如图 8.2.22 所示。

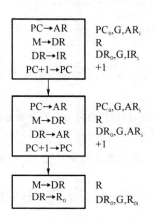

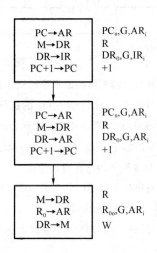

图 8.2.21　MOV @♯N,R_0 的操作流程图　　图 8.2.22　MOV @♯N,(R_0)的操作流程图

(9) MOV R_1,@#N 的操作流程如图 8.2.23 所示。

(10) MOV (R_1),@#N 的操作流程如图 8.2.24 所示。

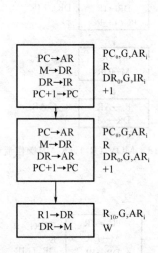

图 8.2.23　MOV R_1,@#N 的操作流程图　　　　图 8.2.24　MOV (R_1),@#N 的操作流程图

【例 8.5.47】 某双总线模型机如图 8.2.25 所示。双总线分别记为 B_1 和 B_2；图中连线和方向标明数据通路及流向,并注有相应的控制信号(微命令);A、B、C、D 为四个通用寄存器;X 为暂存器;M 为多路选择器,用于选择进入暂存器 X 的数据,存储器为双端口,分别面向总线 B_1 和 B_2。

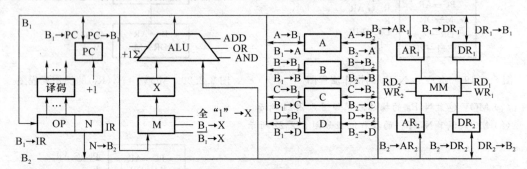

图 8.2.25　某双总线模型机结构图

(1) 画出该模型机的取指令周期流程。

(2) 写出指令 ADD (A),(B)的执行流程,该指令完成((A))+((B))→(A)。源和目的操作数均为寄存器间接寻址,即寄存器中存放操作数的地址。

(3) 写出指令 SUB N,A 的执行流程,该指令完成(N)-(A)→(N),源操作数部分为寄存器寻址,目的操作数为指令提供的内存直接地址。

(4) 写出指令 NEG (B+N)的执行流程。该指令完成求相反数。操作数为基址寻址。B 寄存器提供基址,指令中提供位移量 N。

(5) 写出指令 AND (A),#N 的执行流程。源操作数为指令提供的立即数 N,目的操作数为寄存器间接寻址。

(6) 写出指令 JMP Label 的执行流程,该指令完成(PC)+N→(PC),其中 N 为指令提供的位移量。

(7) 写出指令 DEC C 的执行流程。

(8) 设计微指令格式。

解：

(1) 该模型机的取指令周期流程如图 8.2.26 所示。

(2) 指令 ADD (A),(B) 的执行流程如图 8.2.27 所示。

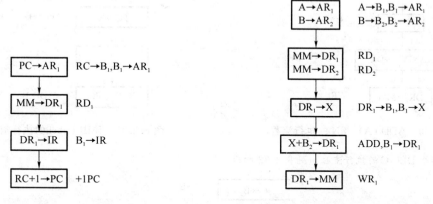

图 8.2.26　取指令周期流程图　　图 8.2.27　ADD (A),(B) 的执行流程图

(3) 指令 SUB N,A 的执行流程如图 8.2.28 所示。

(4) 指令 NEG (B+N) 的执行流程如图 8.2.29 所示。

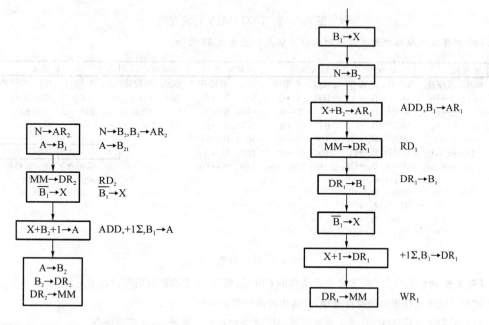

图 8.2.28　SUB N,A 的执行流程图　　图 8.2.29　NEG (B+N) 的执行流程图

(5) 指令 AND (A),#N 的执行流程如图 8.2.30 所示。

(6) 指令 JMP Label 的执行流程如图 8.2.31 所示。

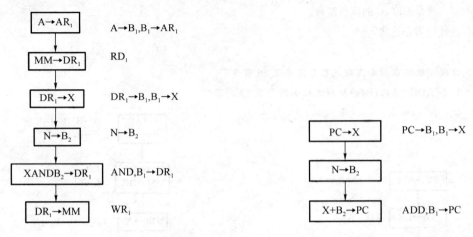

图 8.2.30 ADD（A），♯N 的执行流程图　　　　图 8.2.31 JMP Label 的执行流程图

（7）指令 DEC C 的执行流程如图 8.2.32 所示。

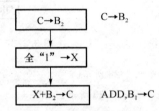

图 8.2.32 DEC C 的执行流程图

（8）按字段直接编码方式设计的微命令格式如图 8.2.33 所示。

×××	××××	×××	×××	×××	××	××
000：不操作	0000：不操作	000：不操作	000：不操作	000：不操作	00：不操作	00：不操作
001：$A \to B_1$	0001：$B_1 \to A_1$	001：$A \to B_2$	001：$B_2 \to A$	001：ADD	01：WR_1	01：WR_2
010：$B \to B_1$	0010：$B_1 \to B$	010：$B \to B_2$	010：$B_2 \to B$	010：AND	10：RD_1	10：RD_2
011：$C \to B_1$	0011：$B_1 \to C$	011：$C \to B_2$	011：$B_2 \to C$	011：OR		
100：$D \to B_1$	0100：$B_1 \to D$	100：$D \to B_2$	100：$B_2 \to D$	⋮		
101：$PC \to B_1$	0101：$B_1 \to PC$	101：$N \to B_2$	101：$B_2 \to AR_2$		×	×
110：$DR_1 \to B_1$	0110：$B_1 \to DR_1$	110：$DR_2 \to B_2$	110：$B_2 \to DR_2$		0：不操作	0：不操作
	0111：$B_1 \to AR_1$				1：$1 \to \Sigma$	1：$+1PC$
	1000：$B_1 \to IR$					
	1001：$\underline{B_1} \to X$					
	1010：$B_1 \to A$					
	1011：全"1"$\to X$					

图 8.2.33 微指令格式

【例 8.5.48】 图 8.2.34 为单总线结构的 CPU 结构图，所需的控制信号标在图上。试分析以下几条指令的执行过程，并标出所需的控制信号。

（1）ADD Z，(MEM)　　//Z 为累加器，MEM 为内存单元地址，运算结果保存
　　　　　　　　　　　在累加器中
（2）ADD R_3，R_1，R_2　　//$(R_1) + (R_2) \to R_3$
（3）STA 40　　//将累加器 Z 的内容送到 40 号单元中
（4）ROL（MEM）　　//将内存中 MEM 单元的数据循环左移 1 位（假设寄存器 R_1 具有循环左移功能）
（5）JMP X　　//直接转移指令

（6）LOAD R_1,MEM

（7）STORE MEM,R_1

（8）BR offs(offs 是相对转移地址)

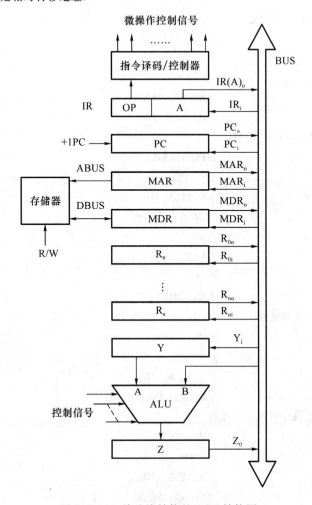

图 8.2.34　单总线结构的 CPU 结构图

解：

（1）指令 ADD Z,(MEM) 的执行过程

PC→MAR	// PC_o,MAR_i
PC+1→PC	// +1PC
DBUS→MDR→IR	// R,MDR_o,IR_i
IR(A)→MAR	// $IR(A)_o$,MAR_i
DBUS→MDR	// R
MDR→Y	// MDR_o,Y_i
Z+Y→Z	// Z_o,ADD

（2）指令 ADD R_3,R_1,R_2 的执行过程

PC→MAR	// PC_o,MAR_i
PC+1→PC	// +1PC
DBUS→MDR→IR	// R,MDR_o,IR_i

$R_1 \rightarrow Y$ // R_{1o}, Y_i

$R_2 + Y \rightarrow Z$ // R_{2o}, ADD

$Z \rightarrow R_3$ // Z_o, R_{3i}

（3）指令 STA 40 的执行过程

$PC \rightarrow MAR$ // PC_o, MAR_i

$PC+1 \rightarrow PC$ // +1PC

$DBUS \rightarrow MDR \rightarrow IR$ // R, MDR_o, IR_i

$IR(A) \rightarrow MAR$ // $IR(A)_o$, MAR_i

$Z \rightarrow MDR \rightarrow M$ // Z_o, MDR_i, W

（4）指令 ROL（MEM）的执行过程

$PC \rightarrow MAR$ // PC_o, MAR_i

$PC+1 \rightarrow PC$ // +1PC

$DBUS \rightarrow MDR \rightarrow IR$ // R, MDR_o, IR_i

$IR(A) \rightarrow MAR$ // $IR(A)_o$, MAR_i

$DBUS \rightarrow MDR$ // R

$MDR \rightarrow R_1$ // MDR_o, R_{1i}

$ROL\ R_1$ // ROL

$R_1 \rightarrow MDR \rightarrow M$ // R_{1o}, MDR_i, W

（5）指令 JMP X 的执行过程

$PC \rightarrow MAR$ // PC_o, MAR_i

$PC+1 \rightarrow PC$ // +1PC

$DBUS \rightarrow MDR \rightarrow IR$ // R, MDR_o, IR_i

$IR(A) \rightarrow PC$ // $IR(A)_o$, PC_i

（6）指令 LOAD R_1, MEM 的执行过程

$PC \rightarrow MAR$ // PC_o, MAR_i

$PC+1 \rightarrow PC$ // +1PC

$DBUS \rightarrow MDR \rightarrow IR$ // R, MDR_o, IR_i

$IR(A) \rightarrow MAR$ // $IR(A)_o$, MAR_i

$DBUS \rightarrow MDR$ // R

$MDR \rightarrow R_1$ // MDR_o, R_{1i}

（7）指令 STORE MEM, R_1 的执行过程

$PC \rightarrow MAR$ // PC_o, MAR_i

$PC+1 \rightarrow PC$ // +1PC

$DBUS \rightarrow MDR \rightarrow IR$ // R, MDR_o, IR_i

$IR(A) \rightarrow MAR$ // $IR(A)_o$, MAR_i

$R_1 \rightarrow MDR \rightarrow M$ // R_{1o}, MDR_i, W

（8）指令 BR offs 的执行过程

$PC \rightarrow MAR$ // PC_o, MAR_i

$PC+1 \rightarrow PC$ // +1PC

$DBUS \rightarrow MDR \rightarrow IR$ // R, MDR_o, IR_i

$PC \rightarrow Y$ // PC_o, Y_i

$$Y + IR(A) \rightarrow Z \qquad\qquad // IR(A)_o, +$$
$$Z \rightarrow PC \qquad\qquad // Z_o, PC_i$$

【例 8.5.49】 某假想主机主要部件如图 8.2.35 所示,其中 $R_0 \sim R_1$ 为通用寄存器,A、B 为暂存器,部件名称已标于图上。

(1) 画出数据通路,并标出控制信号。

(2) 给出以下指令的操作流程图及微操作序列。

$$\text{MOV } R_0, R_1 \qquad\qquad // (R_0) \rightarrow R_1$$
$$\text{MOV } (R_0), R_1 \qquad\qquad // ((R_0)) \rightarrow R_1$$
$$\text{MOV } R_0, (R_1) \qquad\qquad // (R_0) \rightarrow (R_1)$$
$$\text{ADD } R_2, (R_1) \qquad\qquad // ((R_1)) + (R_2) \rightarrow (R_1), \text{即 } R_1 \text{ 中存放的是目的操作数的地址}$$

指令格式如下:

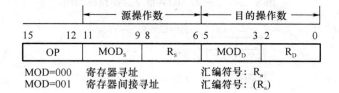

MOD=000 寄存器寻址   汇编符号: R_n
MOD=001 寄存器间接寻址   汇编符号: (R_n)

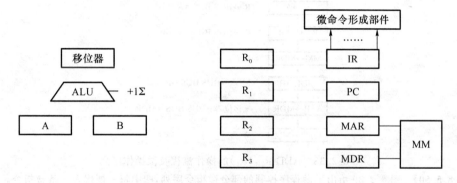

图 8.2.35 假想主机主要部件

解:

(1) 数据通路及控制信号如图 8.2.36 所示。

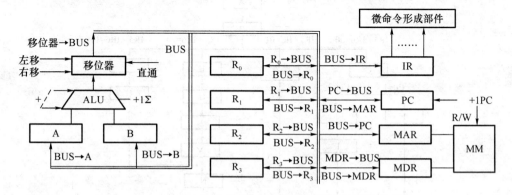

图 8.2.36 数据通路及控制信号

(2) 三条 MOV 指令的操作流程图如图 8.2.37 所示。指令 ADD $R_2, (R_1)$ 的操作流程及微操作序列如图 8.2.38 所示。

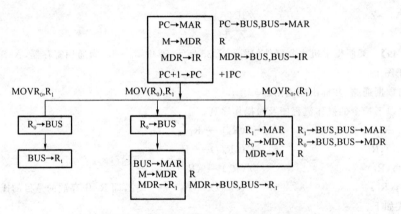

图 8.2.37　三条 MOV 指令的操作流程图

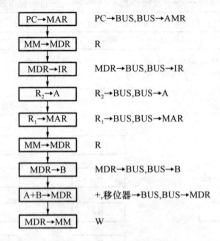

图 8.2.38　ADD R_2,(R_1) 的操作流程及微操作序列

【例 8.5.50】　图 8.2.39 给出了微程序控制的部分微指令序列,图中每一框代表一条微指令。分支点 a 由指令寄存器 IR_5、IR_6 两位决定,分支点 b 由条件码标志 C 决定。现采用断定方式实现微程序的程序控制,已知微地址寄存器长度为 8 位,要求:

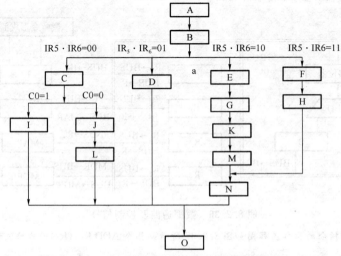

图 8.2.39　微程序控制的部分微指令序列

(1) 设计实现该微指令序列的微指令字顺序控制字段的格式。

(2) 画出微地址转移逻辑图。

(3) 为图中的微指令安排微地址。

解：

(1) 已知微地址寄存器长度为 8 位，故推知控制存储器容量为 256 单元。所给条件中微程序有两处分支转移。如不考虑其他分支转移，则需要判别测试位 P_1，P_2（直接控制），故顺序控制字段共 10 位，其格式如下（A_i 表示微地址寄存器中的位）：

$$P_1 \quad P_2 \quad A_1, A_2 \quad \cdots \quad A_8$$

判别字段	下地址字段

(2) 转移逻辑表达式如下：

$$\mu A_3 = P_1 \cdot IR_6 \cdot T_I$$
$$\mu A_2 = P_1 \cdot IR_5 \cdot T_I$$
$$\mu A_0 = P_2 \cdot C_0 \cdot T_I$$

其中 T_I 为节拍脉冲信号。在 P_1 条件下，当 $IR_6 = 1$ 时，T_I 脉冲到来时微地址寄存器的第 8 位 μA_3 将置"1"，从而将该位由"0"修改为"1"。如果 $IR_6 = 0$，则 μA_3 的"0"状态保持不变，μA_2、μA_0 的修改也类似。

根据转移逻辑表达式，很容易画出转移逻辑电路图如图 8.2.40 所示，可用触发器强制端实现。

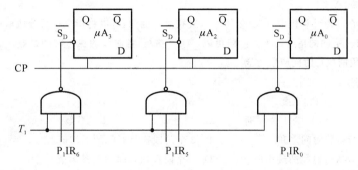

图 8.2.40 转移逻辑电路图

(3) 微地址安排如表 8.2.4 所示。

表 8.2.4 微地址安排

微指令	所在微地址	控制字段	下址字段微地址	说明
A	10H	00	11H	A 的控制字段为 00，按下址字段转 11H（B 微指令）
B	11H	01	12H	B 的控制字段为 01，由 $IR_6 \ IR_5$ 修改 $\mu A_3 \mu A_2$ 自动形成 C、D、E、F 微指令的地址 12H、16H、1AH、1EH
C	12H	10	14H	C 的控制字段为 10，由 C_0 修改 μA_0 自动形成 I、J 微指令的地址 14H、15H
D	16H	00	1DH	D 的控制字段为 00，按下址字段转 1DH（O 微指令）
E	1AH	00	13H	E 的控制字段为 00，按下址字段转 13H（G 微指令）
F	1EH	00	17H	F 的控制字段为 00，按下址字段转 17H（H 微指令）
G	13H	00	18H	G 的控制字段为 00，按下址字段转 18H（K 微指令）
H	17H	00	1CH	H 的控制字段为 00，按下址字段转 1CH（N 微指令）

微指令	所在微地址	控制字段	下址字段微地址	说明
I	14H	00	1D	I 的控制字段为 00,按下址字段转 1DH(O 微指令)
J	15H	00	19H	J 的控制字段为 00,按下址字段转 19H(L 微指令)
K	18H	00	1BH	K 的控制字段为 00,按下址字段转 1BH(M 微指令)
L	19H	00	1DH	L 的控制字段为 00,按下址字段转 1DH(O 微指令)
M	1BH	00	1CH	M 的控制字段为 00,按下址字段转 1CH(N 微指令)
N	1CH	00	1DH	N 的控制字段为 00,按下址字段转 1DH(O 微指令)
O	1DH	00	取指微指令	O 的控制字段为 00,按下址字段转取指微指令

题型 6　流水线工作原理

1. 选择题

【例 8.6.1】　和具有 m 个并行部件的处理器相比,一个 m 段流水线处理器_____。

A. 具备同等水平的吞吐能力　　　　　B. 不具备同等水平的吞吐能力

C. 吞吐能力大于前者的吞吐能力　　　D. 吞吐能力小于前者的吞吐能力

答:本题答案为:A。

【例 8.6.2】　在高速计算机中,广泛采用流水线技术。例如,可以将指令执行分成取指令、分析指令和执行指令 3 个阶段。不同的指令的不同阶段可以___①___执行,各阶段的执行时间最好___②___,否则在流水线运行时,每个阶段的执行时间应取___③___。

可供选择的答案:

① A. 顺序　　　B. 重叠　　　　C. 循环　　　　D. 并行

② A. 为 0　　　B. 为 1 个周期　C. 相等　　　　D. 不等

③ A. 3 个执行阶段时间之和　　　　　B. 3 个阶段执行时间的平均值

　 C. 3 个阶段执行时间的最小值　　　D. 3 个阶段执行时间的最大值

答:本题答案为:①D;②C;③D。

2. 简答题

【例 8.6.3】　什么是 8086 的指令预取?

答:8086 的指令预取是指总线空闲时,8086 从存储器中读取指令存放到指令队列中,从而加速指令的处理。

3. 综合题

【例 8.6.4】　设某一个任务需要 8 个加工部件加工才能完成,每个加工部件加工需要时间为 T,现采用流水线加工方式,要完成 100 个任务,共需要多少时间? 并简单叙述流水线加工方式在饱和段加工的特点。

解:所需时间 $=(100+7)\times T=107T$。

在饱和段流水线每 T 时间完成一个任务,流水线满负荷工作。

【例 8.6.5】　今有 4 级流水线,分别完成取指、指令译码并取数、运算、送结果四步操作,假设完成各步操作的时间依次为 100 ns,100 ns,80 ns,50 ns。

(1) 流水线的操作周期应设计为多少?

(2) 若相邻两条指令发生数据相关,且在硬件上不采取措施,那么第 2 条指令要推迟多少时间?

(3) 若对硬件加以改进,那么第 2 条指令至少要推迟多少时间?

解：

（1）流水线的操作周期应按各步操作的最大时间来考虑，即流水线的时钟周期为 100 ns。

（2）若相邻两条指令发生数据相关，就停顿第 2 条指令的执行，直到前面的指令结果已经产生，因此至少要推迟 2 个 CPU 周期。

（3）若对硬件加以改进，如采用专用的通路技术，那么第 2 条指令的执行不会被推迟。

【例 8.6.6】 用时空图法证明流水 CPU 比非流水 CPU 具有更高的吞吐率。

解： 如图 8.2.41(a)所示，假设指令周期包含四个子过程：取指令(IF)、指令译码(ID)、取操作数(EX)、进行运算(WB)，每个子过程称为过程段(S_i)，这样，一个流水线由一系列串连的过程段组成。在统一时钟信号控制下，数据从一个过程段流向相邻的过程段。

图 8.2.41(b)表示非流水 CPU 的时空图。由于上一条指令的四个子过程全部执行完毕后才能开始下一条指令，因此每隔 4 个单位时间才有一个输出结果，即一条指令执行结束。

图 8.2.41(c)表示流水 CPU 的时空图。由于上一条指令与下一条指令的四个过程在时间上可以重叠执行，因此，当流水线满载时，每一个单位时间就可以输出一个结果，即执行一条指令。

比较后发现：流水 CPU 在 8 个单位时间中执行了 5 条指令，而非流水 CPU 仅执行 2 条指令，因此流水 CPU 具有更强大的数据吞吐能力。

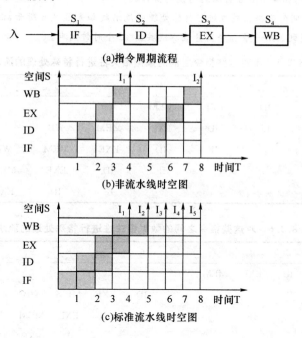

图 8.2.41 时空图

【例 8.6.7】 用定量分析法证明流水 CPU 比非流水 CPU 具有更大的吞吐能力。

解： 在流水 CPU 中，当任务饱满时，任务源源不断输入流水线，不论有多少级过程段，每隔一个时钟周期都能输出一个任务。从理论上说，一个具有 k 级过程的流水线，它处理 n 个任务需要的时钟周期为 $T_k = k + (n-1)$，其中 k 个周期用于处理第 1 个子任务，k 个周期后，流水线被填满，剩余的 $n-1$ 个任务只需 $n-1$ 个周期就完成了。

如果用非流水 CPU 来处理这 n 个任务，则所需时钟周期数为 $T_1 = n \times k$。

我们将 T_1 和 T_k 的比率定义为 k 级线性流水处理器的加速比：

$$C_k = T_1 / T_k = (n \times k) / [k + (n-1)]$$

当 $n \gg k$ 时，$C_k \approx k$。这就是说，理论上，相对于非流水 CPU，k 级线性流水 CPU 的速度几乎可以提高 k 倍。

【例 8.6.8】 设某处理器具有五段指令流水线：IF(取指令)、ID(指令译码及取操作数)、EXE(ALU 执行)、MEM(存储器访问)和 WB(结果寄存器写回)。现由该处理器执行如下的指令序列：

a. SUB R_2 , R_1 , R_3 // $R_1 - R_3 \rightarrow R_2$

b. ADD R_{12} , R_2 , RS   // $R_2 + R_5 \rightarrow R_{12}$

c. OR R_{13} , R_6 , R_2 // R_6 or $R_2 \rightarrow R_{13}$

d. AND R_{14} , R_2 , R_2 // R_2 and $R_2 \rightarrow R_{14}$

e. ADD R_{15} , R_3 , R_2 // $R_3 + R_2 \rightarrow R_{15}$

问：

(1) 如果不对这些指令之间的数据相关性进行特殊处理而允许这些指令进入流水线，哪些指令将从未准备好数据的 R_2 寄存器取到错误的操作数？

(2) 假定采用将相关指令延迟到所需操作数被写回寄存器堆时执行的方式解决数据相关问题，那么处理器执行这五条指令需要占用多少时钟周期？

解：

(1) 不对这些指令之间的数据相关性进行特殊处理的流水线如表 8.2.5 所示，由表 8.2.5 可以看出，如果不采取特殊措施，则指令 b、c、d 将取到错误的操作数。

(2) 对这些指令之间的数据相关性进行特殊处理的流水线如表 8.2.6 所示，由表 8.2.6 可以看出，从第一条指令进入流水线到最后一条指令离开流水线共需 12 个时钟周期。

表 8.2.5　不对这些指令之间的数据相关性进行特殊处理的流水线

时钟周期	1	2	3	4	5	6	7	8	9
SUB	IF	ID	EXE	MEM	WB				
ADD		IF	ID	EXE	MEM	WB			
OR			IF	ID	EXE	MEM	WB		
AND				IF	ID	EXE	MEM	WB	
ADD					IF	ID	EXE	MEM	WB

表 8.2.6　对这些指令之间的数据相关性进行特殊处理的流水线

时钟周期	1	2	3	4	5	6	7	8	9	10	11	12
SUB	IF	ID	EXE	MEM	WB							
ADD		IF					ID	EXE	MEM	WB		
OR			IF				ID	EXE	MEM	WB		
AND				IF				ID	EXE	MEM	WB	
ADD					IF				ID	EXE	MEM	WB

【例 8.6.9】 假设一条指令按取指、分析和执行三步解释执行，每步相应的时间分别为 $T_{取}$、$T_{分}$、$T_{执}$，设 $T_{取} = T_{分} = 2$，$T_{执} = 1$；和 $T_{取} = T_{分} = 5$，$T_{执} = 2$。请计算下列几种情况下执行完 100 条指令所需的时间：

(1) 顺序方式；

(2) 仅 $(K+1)$ 取指与 K 执行重叠；

(3) 仅 $(K+2)$ 取指、$(K+1)$ 分析、K 执行重叠。

解：

(1) 在顺序方式下，100 条指令需要的时间为 $100 \times (T_{取} + T_{分} + T_{执})$。

(2) $(K+1)$ 取指与 K 执行重叠如图 8.2.42 所示。100 条指令需要的时间为 $1 \times (T_{取} + T_{分} + T_{执}) +$

$99 \times (T_分 + \max(T_取, T_执))$。

（3）$(K+2)$取指、$(K+1)$分析、K执行重叠如图 8.2.43 所示。100 条指令需要的时间为 $T_取 + \max(T_分, T_取) + 98 \times \max(T_执, T_分, T_取) + \max(T_执, T_分) + T_执$。

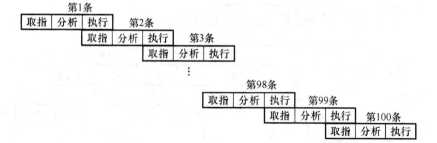

图 8.2.42　$(K+1)$取指与 K 执行重叠 100 条指令执行情况

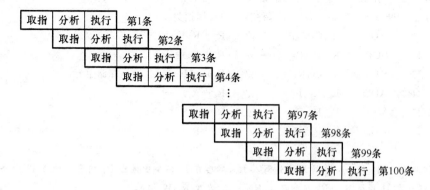

图 8.2.43　$(K+2)$取指、$(K+1)$分析、K 执行重叠时 100 条指令执行情况

若 $T_取 = T_分 = 2, T_执 = 1$，则

① 在顺序方式下 100 条指令需要的时间为 $100 \times 5 = 500$。

② $(K+1)$取指与 K 执行重叠 100 条指令需要的时间为 $5 + 99 \times (2+2) = 401$。

③ $(K+2)$取指、$(K+1)$分析、K 执行重叠 100 条指令需要的时间为 $2 + 2 + 98 \times 2 + 2 + 1 = 203$。

若 $T_取 = T_执 = 5, T_分 = 2$，则

① 在顺序方式下，100 条指令需要的时间为 $100 \times 12 = 1200$。

② $(K+1)$取指与 K 执行重叠 100 条指令需要的时间为 $1 \times 12 + 99 \times (2+5) = 705$。

③ $(K+2)$取指、$(K+1)$分析、K 执行重叠 100 条指令需要的时间为 $5 + 5 + 98 \times 5 + 5 + 5 = 510$。

【例 8.6.10】　指令流水线有取指(IF)、译码(ID)、执行(EX)、访存(MEM)、写回寄存器堆(WB)五个过程段，共有 7 条指令连续输入此流水线，时钟周期为 100 ns。

（1）画出流水处理的时空图。

（2）求流水线的实际吞吐率(单位时间里执行完毕的指令数)。

（3）求流水处理器的加速比。

解：

（1）7 条指令连续进入流水线的时空图如图 8.2.44 所示。

（2）流水线在 $5 + (7-1) = 11$ 个时钟周期中执行完 7 条指令，故实际吞吐率为

$$7/(11 \times 100 \text{ ns}) \approx 64 \times 10^5 \text{ 条指令/s}$$

（3）k 级流水线处理 n 个任务所需的时钟周期为 $T_k = k + (n-1)$

非流水处理器处理 n 个任务所需的时钟周期为 $T_L = n \times k$

k 级流水线处理器的加速比为 $C_k=T_L/T_k=n\times k/(k+(n-1))$

代入已知数据 $n=7,k=5$，则 $C_k=7\times5/(5+6)=35/11\approx3.18$

IF	ID	EX	MEM	WB	第1条						
	IF	ID	EX	MEM	WB	第2条					
		IF	ID	EX	MEM	WB	第3条				
			IF	ID	EX	MEM	WB	第4条			
				IF	ID	EX	MEM	WB	第5条		
					IF	ID	EX	MEM	WB	第6条	
						IF	ID	EX	MEM	WB	第7条

图 8.2.44　7 条指令连续进入流水线的时空图

【例 8.6.11】　流水线中有三类数据相关冲突：写后读（RAW）相关；读后写（WAR）相关；写后写（WAW）相关。判断以下三组指令各存在哪种类型的数据相关。

(1)	I1	ADD	R_1,R_2,R_3	// $(R_2+R_3)\rightarrow R_1$
	I2	SUB	R_4,R_1,R_5	// $(R_1-R_5)\rightarrow R_4$
(2)	I3	STA	$M(x),R_3$	// $(R_3)\rightarrow M(x)$，M(x)是存储单元
	I4	ADD	R_3,R_4,R_5	// $(R_4+R_5)\rightarrow R_3$
(3)	I5	MUL	R_3,R_1,R_2	// $(R_1)\times(R_2)\rightarrow R_3$
	I6	ADD	R_3,R_4,R_5	// $(R_4+R_5)\rightarrow R_3$

解：

第(1)组指令中，I1 指令运算结果应先写入 R_1，然后在 I2 指令中读出 R_1 内容。由于 I2 指令进入流水线，变成 I2 指令在 I1 指令写入 R_1 前就读出 R_1 内容，发生 RAW 相关。

第(2)组指令中，I3 指令应先读出 R_3 内容并存入存储单元 M(x)，然后在 I4 指令中将运算结果写入 R_3。但由于 I4 指令进入流水线，变成 I4 指令在 I3 指令读出 R_3 内容前就写入 R_3，发生 WAR 相关。

第(3)组指令中，如果 I6 指令的加法运算完成时间早于 I5 指令的乘法运算时间，变成指令 I6 在指令 I5 写入 R_3 前就写入 R_3，导致 R_3 的内容错误，发生 WAW 相关。

第 9 章

系统总线

【基本知识点】系统总线的类型、结构、控制方式和通信方式,常用的系统总线。

【重点】系统总线的类型、结构、控制方式和通信方式。

【难点】系统总线的控制方式和通信方式。

9.1 答疑解惑

9.1.1 什么是系统总线?

1. 总线概述

总线是连接计算机中 CPU、内存、辅存、各种输入/输出控制部件的一组物理信号线及其相关的控制电路。它是计算机中用于在各部件间运载信息的公共设施。它有三类信号:"数据信号"、"地址信号"和"控制信号"。

计算机系统中的总线分为三类:

(1) 内部总线:CPU 内部连接各寄存器及运算部件之间的总线。

(2) 系统总线:CPU 同计算机系统的其他高速功能部件,如存储器、内存、通道和各类 I/O 接口间互相连接的总线。

(3) 多机系统总线:多台处理机之间互相连接的总线。

2. 名词解释

(1) 总线周期:一次总线操作所需要的时间称为总线周期。

(2) 总线位宽:总线上同时能传输的数据位数。总线带宽与总线位宽成正比。

(3) 总线工作频率:协调总线上各种操作的时钟频率。总线工作频率越高,总线工作速度越快。

(4) 总线带宽:单位时间内总线上可传输的数据量。

(5) 总线带宽=(总线位宽/8)×总线工作频率(MHz)。

(6) 波特率:每秒通过信道传输的码元数(二进制位数)称为波特率。

（7）比特率：每秒通过信道传输的信息量（有效数据位）称为比特率。

（8）猝发式数据传输：是一种总线传输方式，即在一个总线周期传输存储地址连续的多个数据。

（9）消息传输：是将总线需要传送的数据信息、地址信息和控制信息等合成一个固定的数据结构，以猝发方式进行传输。

（10）总线协议：总线通信同步方式规定了实现总线数据传输的定时规则，即总线协议。

（11）主设备：获得总线控制权的设备称为总线的主设备。

（12）从设备：被主设备访问的设备称为从设备。

（13）总线事务：从请求总线到完成总线使用的操作序列称为总线事务。

（14）总线裁决方式：决定哪个设备进行总线控制的方式称为总线裁决方式。

9.1.2 总线结构有哪些？

1. 单总线结构

它是用一组总线连接整个计算机系统的各大功能部件，各大部件之间的所有信息传送都通过这组总线。其结构如图 9.1.1 所示。

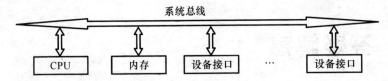

图 9.1.1 单总线结构

单总线的优点是允许 I/O 设备之间或 I/O 设备与内存之间直接交换信息，只需 CPU 分配总线使用权，不需要 CPU 干预信息的交换。所以，总线资源是由各大功能部件分时共享的。

单总线的缺点是：由于全部系统部件都连接在一组总线上，总线的负载很重，可能使其吞吐量达到饱和甚至不能胜任的程度，故多为小型机和微型机采用。

2. 双总线结构

它有两条总线：一条是内存总线，用于 CPU、内存和通道之间进行数据传送；另一条是 I/O 总线，用于多个外围设备与通道之间进行数据传送。其结构如图 9.1.2 所示。

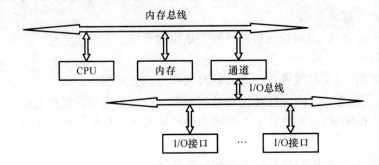

图 9.1.2 双总线结构

双总线结构中，通道是计算机系统中的一个独立部件，使 CPU 的效率大为提高，并可以实现形式多样且更为复杂的数据传送。双总线的优点是以增加通道这一设备为代价的，通道实际上是一台具有特殊功能的处理器，所以双总线通常在大中型计算机中采用。

3．三总线结构

即在计算机系统各部件之间采用三条各自独立的总线来构成信息通路。这三条总线是：内存总线，输入/输出（I/O）总线和直接存储器存取（DMA）总线，如图9.1.3所示。

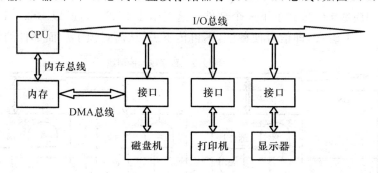

图9.1.3　三总线结构

内存总线用于 CPU 和内存之间传送地址、数据和控制信息。I/O 总线供 CPU 和各类外设之间通信用。DMA 总线实现内存和高速外设之间直接传送数据。

一般来说，在三总线系统中，任一时刻只使用一种总线；若使用多入口存储器，内存总线可与 DMA 总线同时工作，此时三总线系统可以比单总线系统运行得更快。但是三总线系统中，设备到设备不能直接进行信息传送，而必须经过 CPU 或内存间接传送，所以三总线系统工作效率较低。

9.1.3　总线结构对计算机系统性能有哪些影响？

总线结构对计算机系统性能的影响主要体现在以下几个方面：

（1）最大存储容量：单总线系统中，外设与内存统一编址，因此内存容易受外设数量的影响。双总线系统中，存储容量不会受外围设备数量的影响。

（2）指令系统：双总线系统必须有专门的 I/O 指令系统；单总线系统访问内存和 I/O 使用相同指令。

（3）吞吐量：总线数量越多，吞吐量越大。

9.1.4　总线控制方式有哪些？

为了解决多个主设备同时竞争总线控制权，必须具有总线仲裁部件，以某种方式选择其中一个主设备作为总线的下一次主方。

总线判优控制按其仲裁控制机构的设置，可分为集中式控制和分布式控制两种。总线控制逻辑基本上集中于一个设备（如 CPU）时，称为集中式控制；而总线控制逻辑分散在连接总线的各个部件或设备中时，称为分布式总线控制。集中式总线控制方式有以下几种。

9.1.5　什么是串行链接方式？

串行链接方式也称为菊花链方式。串行链接方式的电路如图9.1.4所示，下面说明其工作原理。在串行链接方式中，总线上所有的部件共用一根总线请求线。当有部件请求使用总线时,均需经此线发总线请求到总线控制器。由总线控制器检查总线忙否,若总线不忙,则立即发总线响应信号,经总线响应线 BG 串行地从一个部件送到下一个部件,依次查询。若响应信号到达的部件无总线请求,则该信号立即传送到下一个部件;若响应信号到达的部件有总线请求,则信号便截住,不再传下去。例如:设 BR2 有请求,则 BR=1,总线控制器检查总线忙否,若总线不忙,则立即发总线响应信号 BG,因为 BR1=0,所以 BS1=0,但 A=1,即经总线响应线 BG 传到了下一个部件。这里由于 BR2=1,所以 BS2=1,即部件 2 得到总线使用权,同时 B=0,即信号便截住,不再传下去,从而封锁了后面部件的请求。

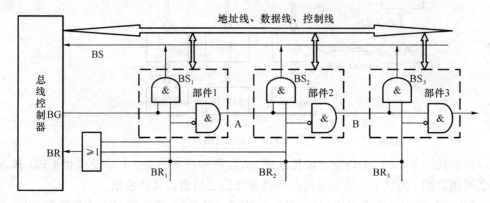

图 9.1.4　串行链接方式

查询链的优先级是通过各部件与总线接口的优先权排队电路实现的,离总线控制器越近的部件,其优先级越高;离总线控制器越远的部件,其优先级越低。例如:设 BR_1 与 BR_2 同时产生请求,则 BR=1,总线控制器检查总线忙否,若总线不忙,则立即发总线响应信号 BG,因为 $BR_1=1$,所以 $BS_1=1$,即部件 1 得到总线使用权,同时 A=0,即信号便截住,不再传下去,从而封锁了后面部件的请求。

串行链接方式的特点是采用硬件接线逻辑将各部件扣链在总线响应线上,因此优先级固定,有较高的实时响应性。此外,只需很少几根控制线就能按一定优先次序实现总线控制,结构简单,扩充容易。缺点是对硬件电路的故障很敏感,并且优先级不能改变。当优先级高的部件频繁请求使用总线时,会使优先级较低的部件长期不能使用总线。

9.1.6　计数器定时查询方式有哪些?

计数器定时查询方式的电路如图 9.1.5 所示,下面说明其工作原理。

定时查询方式采用一个计数器控制总线使用权。它仍公用一根请求线,当总线控制器收到总线请求信号,判断总线不忙时,计数器开始计数,计数值通过一组地址线发向各部件。当地址线上的计数值与请求使用总线设备的地址一致时,该设备获得总线控制权,置忙线为"1",同时中止计数器的计数及查询工作。

(1) 计数器初值为 00 时,优先级为:部件 0>部件 1>部件 2>部件 3。

① 若 $BR_1=1$,则计数器为 00 时,由于 $BR_0=0$,所以 $BS_0=0$;计数器继续计数到 01,由于 $BR_1=1$,所以 $BS_1=1$,部件 1 占用总线,计数器停止计数。

② 若 $BR_0=BR_1=1$,则计数器为 00 时,由于 $BR_0=1$,所以 $BS_0=1$,部件 0 占用总线,计数器停止计数,部件 1 要等待。

所以计数器初值为 00 时,优先级为:部件 0＞部件 1＞部件 2＞部件 3。

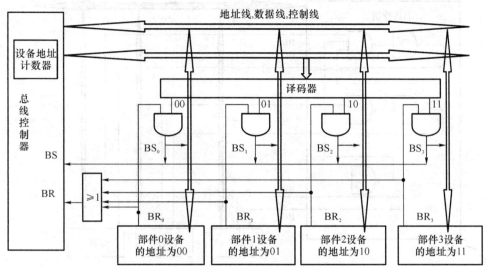

图 9.1.5　计数器定时查询方式

(2) 计数器初值为 01 时,优先级为:部件 1＞部件 2＞部件 3＞部件 0。

① 若 $BR_1=1$,则计数器为 01 时,由于 $BR_1=1$,所以 $BS_1=1$,部件 1 占用总线,计数器停止计数。

② 若 $BR_0=BR_1=1$,则计数器为 01 时,由于 $BR_1=1$,所以 $BS_1=1$,部件 1 占用总线,计数器停止计数,部件 0 要等待。

所以计数器初值为 01 时,优先级为:部件 1＞部件 2＞部件 3＞部件 0。

(3) 计数器初值为 10 时,优先级为:部件 2＞部件 3＞部件 0＞部件 1。

(4) 计数器初值为 11 时,优先级为:部件 3＞部件 0＞部件 1＞部件 2。

由于每次计数不都是从"0"开始,因此每个部件的优先级可随机改变,使它们使用总线的机会均等。此外,计数器的值可由程序设置,因而能方便地改变优先次序。但是,这种灵活性的获得是以增加线数为代价的。

9.1.7　独立请求方式有哪些?

独立请求方式的电路如图 9.1.6 所示,下面说明其工作原理。

图 9.1.6 中,$BG_1=BR_1$,$BG_2=BR_2 \cdot \overline{BR_1}$,$BG_3=BR_3 \cdot \overline{BR_2} \cdot \overline{BR_1}$,优先次序为 $BR_1＞BR_2＞BR_3$。

当总线上的部件需要使用总线时,经各自的总线请求线发送总线请求信号,在总线控制器中排队,当总线控制器按一定的优先次序决定批准某个部件的请求时,则给该部件发送总线响应信号,该部件接到此信号就获得了总线使用权,开始传送数据。

独立请求方式的特点是响应时间快,不必一个设备一个设备地查询。

独立请求方式的优点是通过增加线数换取的。在串行链接方式中,确定总线使用权属于哪个部件,只需用两根线;在独立请求方式中,每个部件需两根控制线,不但使线数大大增加,也增加了总线控制器的复杂性。

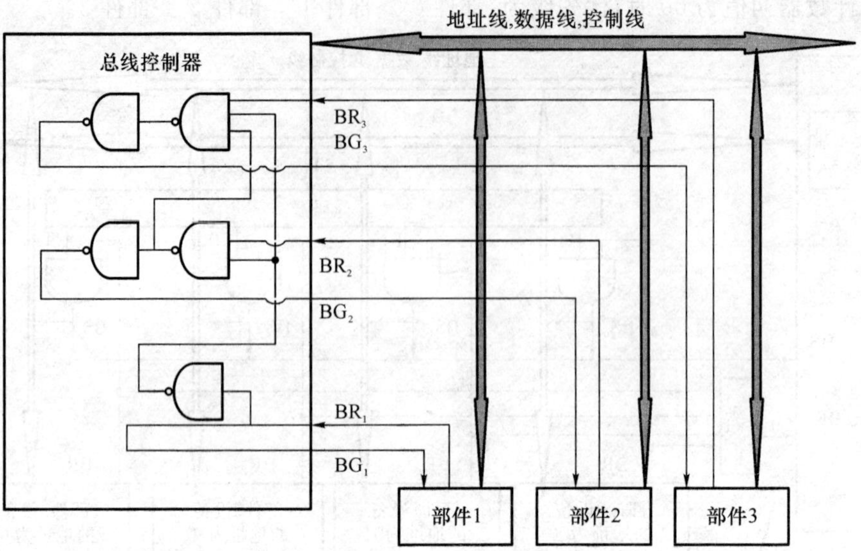

图 9.1.6　独立请求方式

9.1.8　通信的方式有哪些?

当共享总线的部件获得总线使用权后,就开始传送信息,即进行通信。要想知道不同工作速度的目的部件与源部件之间传送信息的类型和操作类型,就必须进行通信联络。通信联络的控制信号有同步式和异步式两种,对应着两种不同的总线通信方式:同步通信与异步通信。

9.1.9　什么是同步通信?

同步通信又称无应答通信,是指通信联络信号采用同步方式。

在同步通信时,两个部件通过总线传送信息是由定宽、定距的时标同步,因而具有较高的传输速率,而且受总线长度的影响小。也就是说,当信号在总线上因长度而滞后时,也不会影响传送速率;但是,时标线上的干扰信号会引起错误同步,而且滞后的时标也会造成同步误差。因此,同步通信适用于总线长度较短及总线所接部件的存取时间比较接近的系统。

9.1.10　什么是异步通信?

异步通信又称应答通信,是指通信联络控制信号采用异步式的一种通信方式。

根据应答信号是否互锁,即请求和应答信号的建立和撤销是否互相依赖,异步通信可分为 3 种类型:非互锁通信、半互锁通信及全互锁通信,其中全互锁通信的可靠性最高。

9.1.11　信息传送方式有哪些?

总线的信息传送方式有 4 种:

(1) 串行传送:信息按顺序逐位传送,它们共享一条传输线,一次只能传送 1 位。

(2) 并行传送:是指一个信息的每位同时传送,每位都有各自的传输线,互不干扰,一次传送整个信息。一个信息有多少位,就需要多少条传输线。

（3）串并行传送：将信息分组（一般每组为 1 个字节），组内是并行传送，组间是串行传送。

（4）分时传送：是指共享总线的部件分时传送信息。

9.1.12　什么是全双工总线和半双工总线？

根据信息是否可以在两个方向上同时传送，总线可分为半双工和全双工两种。

（1）全双工总线是指信息可以在两个方向上同时传送的总线。

（2）半双工总线是指一个通信线路上允许数据双向传送，但不允许同时双向传送的总线。

半双工总线和全双工总线分别对应半双工传送和全双工传送。

9.1.13　什么是系统总线？

（1）ISA：工业标准体系结构（Industry Standard Architecture），16 位总线。它是最早出现的微型计算机总线标准，应用在 IBM 的 AT 机上。直到现在，微机上均保留了 ISA 总线扩展槽。

（2）EISA：扩展工业标准体系结构（Extended Industrial Standard Architecture），32 位总线，主要用于 286 微机。EISA 对 ISA 完全兼容，但由于结构复杂、成本高，一般应用在服务器上，PC 系统中未能推广。

（3）MCA：微通道体系结构（Micro Channel Architecture），它是 IBM 在推出其第一台 80386 系统时突破传统 ISA 标准而创建的新型系统总线标准。MCA 与 ISA 完全不兼容，所以限制了其推广。

（4）PCI：外围设备互连（Peripheral Component Interconnection），PCI 局部总线是高性能的 32 位或 64 位总线，它是专为高度集成的外围部件、扩充插板和处理器/存储器系统而设计的互连机制，即插即用，与 CPU 之间由 PCI 桥连接。PCI 桥具有多级缓冲，使 PCI 外设能够与 CPU 并发工作，部分信号线有双重作用，即地址信号与数据信号共用一个信号线，PIC 总线完全独立。

目前 PC 上的 PCI 是 32 位的，它的数据传输速率最高可达 132MB/s，而其未来版本使用 64 位总线传输时，将达到 264MB/s 的传输速率。在 PC 的插板中，我们可以看到一个有趣的现象，即 ISA 总线扩充板的元件面朝右，而 PCI 总线扩充板的元件面朝左。

（5）STD 总线：美国 Pro-Log 公司在 1978 年研发的一种系统总线。STD 总线贴近 PC 总线，其小板式的结构既符合计算机的集成化发展方向，又适合工业现场的控制。后来该公司发明采用 STD 总线技术的工控机，被广泛地应用于石油化工、医疗、矿山、水泥、宇航等各个行业。是目前工业控制与检测系统中最常用到的总线技术。

9.1.14　什么是设备总线？

（1）IDE：集成驱动电子设备（Integrated Drive Electronics）。它是一种在主机处理器和磁盘驱动器之间广泛使用的集成总线。绝大部分 PC 的硬盘和相当数量的 CD-ROM 驱动器都是通过这种接口和主机连接的。我们常见的"多功能卡"就是由 IDE 接口、串并口、游戏口和软驱接口组成的。

（2）SCSI：小型计算机系统接口（Small Computer System Interface）。现在这种接口不再局限于将各种设备与小型计算机直接连接起来，它已经成为各种计算机（包括工作站、小型机、中型机甚至大型计算机）的系统接口，从磁盘机、磁带机、光驱到打印机、扫描仪、计算机网络服务器、图像处理设备和工控设备等，应用范围不断扩大。与 IDE 接口相比，其优点在于能明显提高 I/O 速度，容易连接更多的设备。但它需要专用的 SCSI 接口卡，整个系统的价格也要贵得多。

（3）VESA：视频电子标准协会（Video Electronic Standard Association）。VESA 总线是一个 32 位标准的计算机局部总线，是针对多媒体 PC 要求高速传送运动图像的大量数据而设计的。随着 Pentium 计算机的不断普及，PCI 总线产品所占的市场份额日渐提高，VE-SA 总线产品面临被淘汰的局面。

（4）AGP：当今 PC 在多媒体领域的应用急剧增长，目前系统普遍采用的 PCI 总线已不能满足图形数据高速传送的要求。AGP 是一种新型视频接口技术标准，专用于连接主存和图形存储器。AGP 总线线宽 32 位，时钟频率 66 MHz，能以 133 MHz 工作，最高传输速率高达 533MB/s，是 PCI 总线的 4 倍。AGP 技术为传输视频和三维图形数据提供了切实可行的解决方案。

（5）AGP 不仅广泛用于三维图像处理，而且对于 MPEG2 视频的再生处理具有积极作用，它尤其适合无解压卡而用处理器来解压 MPEG2 视频数据的情况。

（6）USB 接口：USB（Universal SerialBus）接口基于通用的连接技术，可实现外设的简单快速连接，以达到方便用户、降低成本、扩展微机连接外设范围的目的。目前微机中几乎每个设备都有它自己的一套连接设备，但外设接口的规格不一，接口数量有限，已无法满足众多外设连接的迫切需要。解决这一问题的关键是提供设备的共享接口来实现微机与周边设备的通用连接。

典型题解　　　　　　　　　　　　　　　　　　　系统总线

9.2 典型题解

题型 1　系统总线结构

1. 选择题

【例 9.1.1】 计算机使用总线结构的主要优点是便于实现积木化，同时_____。

A. 减少了信息传输量　　　　　　　B. 提高了信息传输的速度

C. 减少了信息传输线的条数　　　　D. 加重了 CPU 的工作量

答：本题答案为：C。

【例 9.1.2】 根据传送信息的种类不同，系统总线分为_____。

A. 地址线和数据线　　　　　　　　B. 地址线、数据线和控制线

C. 地址线、数据线和响应线　　　　D. 数据线和控制线

答：本题答案为：B。

【例 9.1.3】 CPU 芯片中的总线属于_____总线。

A. 内部　　　　　B. 局部　　　　　C. 系统　　　　　D. 板级

答：本题答案为：A。

【例 9.1.4】 下面所列的_____不属于系统总线接口的功能。

A. 数据缓存　　　B. 数据转换　　　C. 状态设置　　　D. 完成算术及逻辑运算

答：本题答案为：D。

【例 9.1.5】 在_____的计算机系统中，外设可以和主存储器单元统一编址。

A. 单总线　　　B. 双总线　　　C. 三总线　　　D. 以上三种都可以

答：本题答案为：A。

【例 9.1.6】 数据总线、地址总线、控制总线三类是根据_____来划分的。

A. 总线所处的位置　　　　　　　B. 总线传送的内容

C. 总线的传送方式　　　　　　　D. 总线的传送方向

答：本题答案为：B。

【例 9.1.7】 为协调计算机系统各部件工作，需有一种器件来提供统一的时钟标准，这个器件是_____。

A. 总线缓冲器　　　　　　　　　B. 总线控制器

C. 时钟发生器　　　　　　　　　D. 操作命令产生器

答：本题答案为：C。

【例 9.1.8】 系统总线中地址线的功能是_____。

A. 用于选择主存单元地址　　　　B. 用于选择进行信息传输的设备

C. 用于选择外存地址　　　　　　D. 用于指定主存和I/O设备接口电路的地址

答：本题答案为：D。

【例 9.1.9】 CPU的控制总线提供_____。

A. 数据信号流

B. 所有存储器和I/O设备的时序信号及控制信号

C. 来自I/O设备和存储器的响应信号

D. B和C

答：本题答案为：D。

【例 9.1.10】 系统总线中控制线的功能是_____。

A. 提供主存、I/O接口设备的控制信号和响应信号及时序信号

B. 提供数据信息

C. 提供主存、I/O接口设备的控制信号

D. 提供主存、I/O接口设备的响应信号

答：本题答案为：A。

【例 9.1.11】 在采用_____对设备进行编址情况下，不需要专门的I/O指令组。

A. 统一编址法　　　　　　　　　B. 单独编址法

C. 两者都是　　　　　　　　　　D. 两者都不是

答：本题答案为：A。

【例 9.1.12】 在微型机系统中，外围设备通过_____与主板的系统总线相连接。

A. 适配器　　　B. 设备控制器　　　C. 计数器　　　D. 寄存器

答：本题答案为：A。

【例 9.1.13】 下面对计算机总线的描述中，确切的概念是_____。

A. 地址信息、数据信息不能同时出现

B. 地址信息与控制信息不能同时出现

C. 数据信息与控制信息不能同时出现

D. 两种信息源的代码不能在总线中同时传送

答：本题答案为：D。

【例9.1.14】 在三种集中式总线仲裁中,独立请求方式响应时间最快,但它是以_____为代价的。

A. 增加仲裁器开销　　　　　　　　B. 增加控制线数

C. 增加仲裁器开销和控制线数　　　D. 增加总线占用时间

答：本题答案为：B。

【例9.1.15】 从信息流的传送效率来看,_____工作效率最低,从吞吐量来看,_____最强。

A. 三总线系统　　　B. 单总线系统　　　C. 双总线系统　　　D. 多总线系统

答：本题答案为：B、A。

2. 填空题

【例9.1.16】 计算机中各个功能部件是通过_____连接的,它是各部件之间进行信息传输的公共线路。

答：本题答案为：总线。

【例9.1.17】 CPU芯片内部的总线是_____级总线,也称为内部总线。

答：本题答案为：芯片。

【例9.1.18】 _____只能将信息从总线的一端传到另一端,不能反向传输。

答：本题答案为：单向总线。

【例9.1.19】 决定总线由哪个设备进行控制称为 ① ;实现总线数据的定时规则称为 ② 。

答：本题答案为：①总线裁决;②总线协议。

【例9.1.20】 衡量总线性能的一个重要指标是总线的_____,即单位时间内总线传输数据的能力。

答：本题答案为：数据传输速率。

【例9.1.21】 总线协议是指_____。

答：本题答案为：实现总线数据传输的定时规则。

【例9.1.22】 内部总线是指 ① 内部连接各逻辑部件的一组 ② ,它用 ③ 或 ④ 来实现。

答：本题答案为：①A. CPU;②数据传输线;③三态缓冲门;④多路开关

【例9.1.23】 为了解决多个 ① 同时竞争总线 ② ,必须具有 ③ 部件。

答：本题答案为：①主设备;②控制权;③总线仲裁

【例9.1.24】 衡量总线性能的重要指标是 ① ,它定义为总线本身所能达到的最高 ② ,PCI总线的A可达 ③ 。

答：本题答案为：①总线带宽;②传输速率;③264MB/s

3. 判断题

【例9.1.25】 组成总线不仅要有传输信息的传输线,还应有实现总线传输控制的器件,即总线缓冲器和总线控制器。

答：本题答案为：对。

【例9.1.26】 大多数微型机的总线由地址总线、数据总线和控制总线组成,因此,它们是三总线结构的。

答：地址总线、数据总线和控制总线是指总线的类型,不是指总线的结构。本题答案为：错。

4. 简答题

【例9.1.27】 什么称为总线?它有什么用途?试举例说明。

答：所谓总线就是指若干信号线的集合,由这些信号线组成在两个以上部件间传送信息的公共通路。

总线的作用主要是沟通计算机各部件的信息传递,并使不同厂商提供的产品能互换组合。总线根据其规模、数据传输方式、应用的不同场合等可分为多种类别,比如:系统总线是用来连接CPU、存储器、I/O插件等,设备总线则提供计算机与计算机之间、计算机与外设之间的连接。

【例9.1.28】 计算机系统中采用总线结构有何优点？

答：计算机系统中采用总线结构便于故障诊断与维修，便于模块化结构设计、简化系统设计，便于系统的扩展和升级，便于生产各种兼容的软硬件。

【例9.1.29】 简述在物理层提高总线性能的主要方法。

答：在物理层提高总线的性能主要是提高总线信号速度，其主要措施有：增加总线宽度，增加传输的数据长度，缩短总线长度，降低信号电平，采用差分信号，采用多条总线等等。

【例9.1.30】 简述在逻辑层提高总线性能的主要方法。

答：在逻辑层可通过改进总线协议来提高总线的性能。具体措施有：简化总线传输协议，采用总线复用技术，采用消息传输协议。

5. 综合题

【例9.1.31】 在异步串行传输系统中，假设每秒可传输 20 个数据帧，一个数据帧包含 1 个起始位、7 个数据位、1 个奇校验位、1 个结束位。试计算其波特率和比特率。

答：波特率＝(1＋7＋1＋1)×20＝200 波特，比特率＝20×7＝140 bit/s。

【例9.1.32】 在异步串行传输系统中，若每个数据帧包含 1 个起始位、8 个数据位、1 个奇校验位、1 个结束位，波特率为 160 波特，求波特率为多少？

答：

每秒传输的数据帧数＝160÷8＝20，波特率＝(1＋8＋1＋1)×20＝220 波特。

【例9.1.33】 在一个 16 位的总线系统中，若时钟频率为 100 MHz，总线数据周期为 5 个时钟周期传输一个字，试计算总线的数据传输率。

答：时钟频率为 100 MHz，所以

$$1 \text{ 个时钟周期} = 1/100 \ \mu s = 0.01 \ \mu s$$
$$5 \text{ 个时钟周期} = 5 \times 0.01 \ \mu s = 0.05 \ \mu s$$
$$\text{数据传输率} = 16 bit / 0.05 \ \mu s = 40 \times 10^6 B/s$$

【例9.1.34】 (1) 某总线在一个总线周期中并行传送 4 个字节的数据，假设一个总线周期等于一个时钟周期，总线时钟频率为 33 MHz，问总线带宽是多少？

(2) 如果一个总线周期中并行传送 64 位数据，总线时钟频率升为 66 MHz，问总线带宽是多少？

(3) 分析哪些因素影响带宽？

答：

(1) 设总线带宽用 D_r 表示，总线时钟周期用 $T = 1/f$ 表示，一个总线周期传送的数据量用 D 表示，根据定义可得

$$D_r = D/T = D \times f = 4B \times 33 \times 10^6 /s = 132MB/s$$

(2) 因为 64 位＝8B，所以

$$D_r = D \times f = 8B \times 66 \times 10^6 /s = 528MB/s$$

(3) 总线带宽是总线能提供的数据传送速率，通常用每秒钟传送信息的字节数（或位数）来表示。影响总线带宽的主要因素有：总线宽度，传送距离，总线发送和接收电路工作频率限制以及数据传送形式。

题型2 总线的控制方式

1. 选择题

【例9.2.1】 在菊花链方式下，越靠近控制器的设备_____。

A. 得到总线使用权的机会越多，优先级越高

B. 得到总线使用权的机会越少，优先级越低

C. 得到总线使用权的机会越多，优先级越低

D. 得到总线使用权的机会越少，优先级越高

答：本题答案为：A。

【例9.2.2】 在计数器定时查询方式下，若计数从一次中止点开始，则_____。

A. 设备号小的优先级高　　　　　　　　B. 设备号大的优先级高

C. 每个设备的使用总线机会相等   D. 以上都不对

答：本题答案为：C。

【例9.2.3】 在计数器定时查询方式下,若计数从0开始,则_____。

A. 设备号小的优先级高   B. 设备号大的优先级高

C. 每个设备使用总线的机会相等   D. 以上都不对

答：本题答案为：A。

【例9.2.4】 在独立请求方式下,若有几个设备,则_____。

A. 有几个总线请求信号和几个总线响应信号

B. 有一个总线请求信号和一个总线响应信号

C. 总线请求信号多于总线响应信号

D. 总线请求信号少于总线响应信号

答：本题答案为：A。

【例9.2.5】 在链式查询方式下,若有 n 个设备,则_____。

A. 有几条总线请求信号   B. 共用一条总线请求信号

C. 有 $n+1$ 条总线请求信号   D. 无法确定

答：本题答案为：B。

【例9.2.6】 在集中式总线仲裁中,_____方式响应时间最快,_____方式对电路故障最敏感。

A. 菊花链   B. 独立请求   C. 计数器定时查询

答：本题答案为：B、A。

2. 填空题

【例9.2.7】 主设备是指___①___的设备,从设备是指___②___的设备。

答：本题答案为：①获得总线控制权；②被主设备访问。

【例9.2.8】 总线控制方式可分为___①___式和___②___式两种。

答：本题答案为：①集中；②分布。

【例9.2.9】 与并行传输相比,串行传输所需数据线位数_____。

答：本题答案为：少。

【例9.2.10】 在菊花链方式下,越接近控制器的设备优先级_____。

答：本题答案为：越高。

【例9.2.11】 在计数器定时查询方式下,_____的设备可以使用总线。

答：本题答案为：设备号与计数值相同。

【例9.2.12】 串行总线接口应具有进行_____转换的功能。

答：本题答案为：串行与并行。

【例9.2.13】 单处理器系统中的总线可以分为三类:CPU内部连接各寄存器及运算部件之间的总线称为___①___；中、低速I/O设备之间相互连接的总线称为___②___；同一台计算机系统内的高速功能部件之间相互连接的总线称为___③___。

答：本题答案为：①内部总线；②I/O总线；③系统总线。

【例9.2.14】 按照总线仲裁电路的___①___不同,总线仲裁有___②___仲裁和___③___仲裁两种方式。

答：本题答案为：①位置；②集中式；③分布式。

【例9.2.15】 总线控制主要解决___①___问题。集中式仲裁有___②___、___③___和___④___。

答：本题答案为：①总线的使用权；②链式查询方式；③计数器定时查询方式；④独立请求方式。

【例9.2.16】 总线仲裁部件通过采用___①___策略或___②___策略,选择其中一个主设备作为总线的下一次主方,接管___③___权。

答：本题答案为：①优先级；②公平；③总线控制

【例9.2.17】 按照总线仲裁电路的___①___不同,总线仲裁分为___②___仲裁和___③___仲裁。

答：本题答案为：①位置；②集中式；③分布式

3. 判断题

【例9.2.18】 三态缓冲门可组成运算器的数据总线,它的输出电平有逻辑"1"、逻辑"0"、浮空三种状态。

答:本题答案为:对。

4. 综合题

【例 9.2.19】 有四个设备 A、B、C、D,其优先权为 A>B>C>D,画出链式排队电路。

答:串行连接,链式排队电路如图 9.2.1 所示。

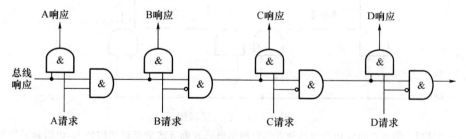

图 9.2.1　链式排队电路

【例 9.2.20】 有四个设备 A、B、C、D,其优先权为 A>B>C>D,画出计数器定时查询电路。

答:计数器定时查询电路如图 9.2.2 所示。

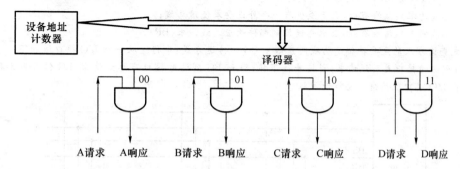

图 9.2.2　计数器定时查询电路

【例 9.2.21】 有四个设备 A、B、C、D,其优先权为 A>B>C>D,画出独立请求方式的排队电路。

答:独立请求方式结构图如图 9.2.3 所示。

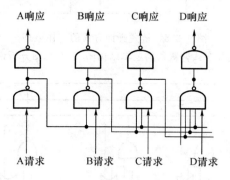

图 9.2.3　独立请求方式的排队电路

【例 9.2.22】 数据总线上挂有两个设备,每个设备能发能收,从电气上能和总线断开,画出逻辑图,并作简要说明。

答:逻辑图如图 9.2.4 所示。

当 $G_1=1$ 时,设备 A 从电气上和总线断开。

当 $G_1=0$ 时,若 DIR=0,则 A 设备传送到总线;若 DIR=1,则总线传送到 A 设备。

当 $G_2=1$ 时,设备 B 从电气上和总线断开。

当 $G_2=0$ 时,若 DIR=0,则 B 设备传送到总线;若 DIR=1,则总线传送到 B 设备。

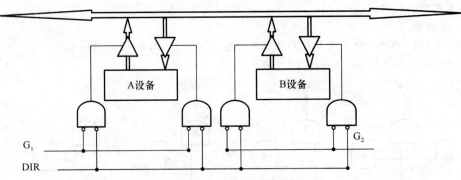

图 9.2.4　总线逻辑图

【例 9.2.23】 集中式总线仲裁有几种方式？画出链式查询方式的逻辑结构框图，说明其工作原理。

答： 有三种方式：链式查询方式，计数器定时查询方式，独立请求方式。

链式查询方式的工作原理如图 9.2.5 所示，除一般数据总线 D 和地址总线 A 外，主要有三根控制线：

BS(忙)：该线有效，表示总线正被某外设使用；

BR(总线请求)：该线有效，表示至少有一个外设要求使用总线；

BG(总线同意)：该线有效，表示总线控制部件响应总线请求(BR)。

链式查询方式的主要特征是总线同意信号 BG 的传送方式：串行地从一个 I/O 接口送到下一个接口。假如 BG 到达的接口无总线请求，则接着往下传；假如 BG 到达的接口有总线请求，BG 信号不再往下传。这意味着 I/O 接口就获得了总线使用权。

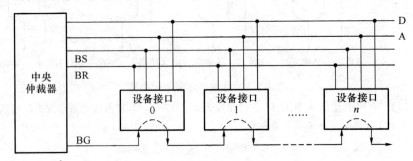

图 9.2.5　链式查询方式的工作原理

【例 9.2.24】 图 9.2.6 是分布式仲裁器的逻辑结构图，请对此图分析说明。

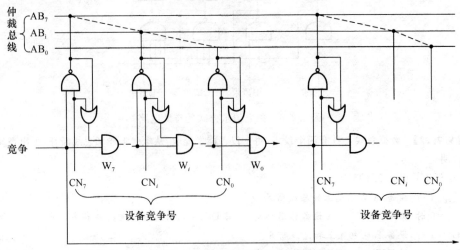

图 9.2.6　分布式仲裁器的逻辑结构图

答：

① 所有参与本次竞争的各主设备将其竞争号 CN 取反后打到 AB 线上，以实现"线或"逻辑。AB 线上低电平表示至少有一个主设备的 CN_i 为 1；AB 线上高电平表示所有主设备的 CN_i 为 0。

② 竞争时 CN 与 AB 逐位比较，从最高位（b_7）至最低位（b_0）以一维菊花链方式进行。只有上一位竞争得胜者 W_{i+1} 位为 1，且 $CN_i=1$，或 $CN_i=0$ 并 AB_i 为高电平时，才使 W_i 位为 1。但 $W_i=0$ 时，将一直向下传递，使其竞争号后面的低位不能送上 AB 线。

③ 竞争不过的设备自动撤除其竞争号。在竞争期间，由于 W 位输入的作用，各设备在其内部的 CN 线上保留其竞争号并不破坏 AB 线上的信息。

④ 由于参加竞争的各设备速度不一致，这个比较过程反复进行，才有最后稳定的结果。竞争期的时间要足够，要保证最慢的设备也能参与竞争。

题型 3　总线的通信方式

1. 选择题

【例 9.3.1】　同步通信之所以比异步通信具有较高的传输速率，是因为_____。

A. 同步通信不需要应答信号且总线长度较短

B. 同步通信用一个公共的时钟信号进行同步

C. 同步通信中，各部件存取时间较接近

D. 以上各项因素的综合结果

答：本题答案为：D。

【例 9.3.2】　同步控制是_____。

A. 只适用于 CPU 控制的方式　　　　B. 只适用于外围设备控制的方式

C. 由统一时序信号控制的方式　　　　D. 所有指令执行时间都相同的方式

答：本题答案为：C。

【例 9.3.3】　异步控制常用于_____作为其主要控制方式。

A. 在单总线结构计算机中访问主存与外围设备时

B. 微型机的 CPU 控制中

C. 组合逻辑控制的 CPU 中

D. 微程序控制器中

答：本题答案为：A。

2. 填空题

【例 9.3.4】　总线数据通信方式按照传输定时的方法可分为　①　和　②　两类。

答：本题答案为：①同步式　②异步式。

【例 9.3.5】　同步方式下，总线操作有固定的时序，设备之间　①　应答信号，数据的传输在　②　的时钟信号控制下进行。

答：本题答案为：①没有；②一个公共。

【例 9.3.6】　异步方式下，总线操作周期时间不固定，通过_____信号相互联络。

答：本题答案为：握手（就绪/应答）。

【例 9.3.7】　总线_____技术可以使不同的信号在同一条信号线上传输，分时使用。

答：本题答案为：复用。

【例 9.3.8】　串行传输方式中，一个数据帧通常包括起始位、　①　、　②　、结束位和空闲位。

答：本题答案为：①数据位；②校验位。

【例 9.3.9】　总线同步定时协议中，事件出现在总线的时刻由　①　信号确定，　②　周期的长度是

____③____的。

答：本题答案为：①总线时钟；②总线；③固定。

3. 简答题

【例9.3.10】 简述同步通信与异步通信的区别。

答：同步通信数据的传输在一个共同的时钟信号控制下进行，总线中有一个中央时钟连接到总线的各个设备。总线的操作有固定的时序，所有信号与时钟的关系是固定的，设备之间没有应答信号。

异步通信总线操作使用一对在 CPU 和设备之间的"握手"信号，总线操作周期时间不是固定的，操作的每个步骤都有一个信号表示。

题型4　总线的信息传送方式

1. 选择题

【例9.4.1】 信息只用一条传输线，且采用脉冲传输的方式称为_____。

A. 串行传输　　　B. 并行传输　　　C. 并串行传输　　　D. 分时传输

答：本题答案为：A。

【例9.4.2】 采用串行接口进行 7 位 ASCII 码传送，带有 1 位奇偶校验位、1 位起始位和 1 位停止位，当波特率为 9 600 波特时，字符传送速率为_____。

A. 960 bit/s　　　B. 873 bit/s　　　C. 1 371 bit/s　　　D. 480 bit/s

答：因为$(1+7+1+1)×$字符传送速率$=9\ 600$ bit/s。所以，字符传送速率$=960$ bit/s。本题答案为：A。

【例9.4.3】 信息可以在两个方向上同时传输的总线属于_____。

A. 单工总线　　　B. 半双工总线　　　C. 全双工总线　　　D. 单向总线

答：本题答案为：C。

【例9.4.4】 不同的信号共用同一条信号线，分时传输，这种方式属于_____。

A. 串行传输　　　B. 并行传输　　　C. 复合传输　　　D. 消息传输

答：本题答案为：C。

【例9.4.5】 串行总线与并行总线相比_____。

A. 串行总线成本高，速度快　　　　　B. 并行总线成本高，速度快

C. 串行总线成本高，速度慢　　　　　D. 并行总线成本低，速度慢

答：本题答案为：B

【例9.4.6】 异步串行通信的主要特点是_____。

A. 通信双方不需要同步　　　　　B. 传送的每个字符是独立发送的

C. 字符之间的间隔时间应相同　　　D. 传送的数据中不含控制信息

答：本题答案为：B。

【例9.4.7】 磁盘驱动器向盘片磁层记录数据时，采用_____方式写入。

A. 并行　　　B. 串行　　　C. 并-串行　　　D. 串-并行

答：本题答案为：B。

2. 填空题

【例9.4.8】 根据连线的数量，总线可分为____①____总线和____②____总线，其中____③____总线一般用于长距离的数据传送。

答：本题答案为：①串行；②并行；③串行。

【例9.4.9】 双向传输的总线又可分为____①____和____②____两种，后者可以在两个方向上同时传送信息。

答：本题答案为：①半双工；②全双工。

3. 综合题

【例 9.4.10】 总线的一次信息传送过程大致分哪几个阶段？若采用同步定时协议，请画出读数据的同步时序图。

答：总线的一次信息传送过程，大致分为五个阶段：请求指令，总线仲裁，寻址（目的地址），信息传送，状态返回（或错误报告）。

在同步定时协议中，事件出现在总线上的时刻由总线时钟信号来确定。如图 9.2.7 所示，总线周期从 t_0 开始到 t_3 结束。在 t_0 时刻，由 CPU 产生设备地址放在地址总线上，同时经控制线指出操作的性质（如读内存或读 I/O 设备）。有关设备接到地址码和控制信号后，在 t_1 时刻，按 CPU 要求把数据放到数据总线上，然后，CPU 在时刻 t_2 进行数据选通，将数据接收到自己的寄存器。此后，经过一段恢复时间，到 t_3 时刻，总线周期结束，可以开始另一个新的数据传送。

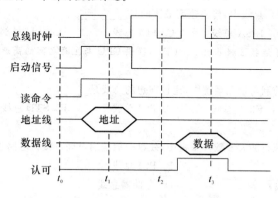

图 9.2.7　读数据的同步时序图

题型 5　常用总线举例

1. 选择题

【例 9.5.1】 总线随着微机系统而不断发展。早期普遍采用 ISA 总线，其数据宽度可达 ___①___ 位，后来为了适应高速总线传输速率的要求又陆续推出了 ___②③④⑤___ 等总线，其中 ___②___ 和 ___③___ 的数据宽度都比 ISA 扩展了一倍，时钟频率也提高了，并可采用突发方式工作。___③___ 和原有的 ISA 是兼容的。___④___ 可直接挂连到微机的 CPU 总线上，故又称之为局部总线。

供选择答案：

① A. 8　B. 16　C. 32　D. 64　E. 24

②~⑤ A. MCA　B. STD　C. STE　D. VESA　E. PCI　F. EISA　G. S-100

答：本题答案为：①B　②A　③F　④E　⑤D。

【例 9.5.2】 在微型计算机中，将各个主要组成部件连接起来，并使它们组成一个可扩充的计算机基本系统的总线称为_____。

A. 外部总线　　　　B. 局部总线　　　　C. 内部总线　　　　D. 系统总线

答：外部总线主要是连接外设控制芯片，比如 I/O 控制器和键盘控制器，因此不是本题答案。局部总线是系统总线中 20 世纪 90 年代初期发展起来的一种独立的支持高速高性能的系统总线。系统总线用于连接扩充插槽上的扩充板卡，符合本题的题目。内部总线是 CPU 内部连接各个部件的总线。本题答案为：D。

【例 9.5.3】 PC 数据总线的信号状态是_____。

A. 单向双态　　　　B. 双向双态　　　　C. 单向三态　　　　D. 双向三态

答：本题答案为：D。

【例 9.5.4】 PC 地址总线的信号状态是_____。

A. 单向双态　　　　B. 双向双态　　　　C. 单向三态　　　　D. 双向三态

答：本题答案为：C。

【例 9.5.5】 PC 地址锁存器的信号状态是_____。

A. 单向双态　　　　B. 双向双态　　　　C. 单向三态　　　　D. 双向三态

答：本题答案为：C。

【例 9.5.6】 在现在流行的 PC 系统中,能与外设进行高速数据传输的系统总线是。

A. ISA 总线　　　　B. PCI 总线　　　　C. EISA 总线　　　　D. MCA 总线

答：现在流行的 PC 系统中使用的是 ISA 总线和 PCI 总线,PCI 是一种高速、独立的局部总线,传输速度比 ISA 要快。本题答案为：B。

【例 9.5.7】 在下列 PC 总线中,传输速度最快的是_____。

A. ISA 总线　　　B. EISA 总线　　　C. PCI 总线　　　D. CPU 局部总线

答：CPU 局部总线用于连接 2 级 cache 和 CPU,提供 CPU 与主存之间的高速缓冲,其传输速度是最快的。本题答案为：D。

【例 9.5.8】 在工业控制与检测系统中,比较理想的总线是_____。

A. ISA 总线　　　B. EISA 总线　　　C. PCI 总线　　　D. STD 总线

答：本题答案为：D。

【例 9.5.9】 在目前流行的大多数奔腾机中,硬盘一般是通过硬盘接口电路连接到_____。

A. CPU 局部总线　　　　　　　　B. PCI 总线

C. ISA 总线(AT 总线)　　　　　　D. 存储器总线

答：CPU 局部总线连接 2 级 cache 与 CPU,存储器总线连接存储器和 DRAM,ISA 总线目前主要连接 ISA 扩展插槽上的扩展卡(已经很少使用,有些 10M 的网卡采用 ISA 扩展卡)。本题答案为：B。

【例 9.5.10】 现代微机主机板上,采用局部总线技术的作用是_____。

A. 节省系统总线的带宽　　　　　　B. 提高抗干扰能力

C. 抑制总线终端反射　　　　　　　D. 构成紧耦合系统

答：现代 PC 系统中仍有许多传输速度要求不高的低速设备,如果全部将系统总线设计为高速高性能的总线成本会增加,因此产生了局部总线,并保留了 ISA 总线。这样可以使低速设备采用 ISA 总线连接,高速设备采用局部总线连接,从而也节省了系统总线的带宽。本题答案为：A。

【例 9.5.11】 PCI 总线的奔腾机中,内置式 Modem 卡是挂在_____。

A. ISA 总线上　　　　　　　　　　B. PCI 总线上

C. CPU-存储器总线上　　　　　　　D. VESA 总线上

答：ISA 总线插槽保留在当前的 PC 系统中,主要提供慢速外设的传输,比如内置 Modem、BNC10M 网卡等。本题答案为：A。

【例 9.5.12】 STD 总线、ISA 总线和 Multibus 总线都属于_____。

A. 局部总线　　　　B. 系统总线　　　　C. 外部总线　　　　D. 通信总线

答：ISA 属于 16 位系统总线,STD 总线是系统总线,在我国主要应用在航空领域。1976 年 Intel 推出 Multibus 总线,1983 年扩展为带宽达 40 Mbit/s 的 MultibusⅡ,Multibus 总线与 STD 总线一样也多应用在工业控制领域,Multibus 主要应用在军用领域。由于 ISA 总线我们比较了解,本题用排除法得出答案。本题答案为：B。

【例 9.5.13】 作为现行 PC 的主要系统总线是_____。

A. ISA 总线(AT 总线)　　　　　　B. PCI 总线和 ISA 总线

C. EISA 总线　　　　　　　　　　　D. PCI 总线

答：EISA 总线因其成本较高,没有普及,现在主要应用在一些服务器上。PCI 总线和 ISA 总线是目前 PC 系统中主要的系统总线。本题答案为：B。

【例9.5.14】 测控系统计算机的工业标准总线中,其信号线总数最少的是_____。

A. PC/XT 总线　　　B. ISA 总线　　　C. STD 总线　　　D. EISA 总线

答:PC/XT 总线共有 62 根信号线。ISA 总线有 98 根信号线。EISA 总线有 198 根信号线。STD 总线结构简单,全部 56 根引脚线都有确切的定义。STD 总线定义了一个 8 位微处理器总线标准,其中有 8 根数据线、16 根地址线、22 根控制线和 10 根电源线,可以兼容各种通用的 8 位微处理器,如 8080、8085、6800、Nsc800 等。通过用周期窃取和总线复用技术,定义了 16 根数据线、24 根地址线,使 STD 总线升级为 8 位/16 位微处理器兼容总线,可以容纳 16 位微处理器,如 8086、68000、80286 等。因此可以比较出 STD 总线的信号线最少。本题答案为:C。

【例9.5.15】 在目前使用 Pentium Ⅲ 处理器的 PC 中,图形加速卡最好连接在_____。

A. ISA 总线上　　　B. PCI 总线上　　　C. EISA 总线上　　　D. AGP 总线上

答:AGP 总线是 Intel 公司专门为高性能图形和视频支持而设计的一种新型局部总线。它为图形加速卡提供了一条专用通道,从而摆脱了 PCI 总线的拥挤情况。因此在 Pentium Ⅲ 处理器的 PC 上,AGP 总线是连接图形加速卡最好的方法。本题答案为:D。

【例9.5.16】 在 Pentium Ⅱ 系统中,处理器总线有_____数据线,_____地址线。

A. 8 条　　　B. 16 条　　　C. 32 条　　　D. 64 条　　　E. 36 条

答:Pentium Ⅱ 系统中有 64 条数据线、36 条地址线。本题答案为:D,E。

【例9.5.17】 目前采用奔腾处理器的 PC,其局部总线大多数是_____。

A. VESA 总线　　　B. ISA 总线　　　C. EISA 总线　　　D. PCI 总线

答:本题答案为:D。

【例9.5.18】 属于 PC 局部总线的是_____。

A. IEEFA 88　　　B. VESA　　　C. PCI　　　D. BITBUS　　　E. AGP

F. ISA　　　G. EISA　　　H. PC/XT　　　I. IEEE l394　　　J. USB

答:PCI 系统总线和 AGP 系统总线都是局部总线。VESA 总线现在 PC 中很少采用,VESA 局部总线是 32 位总线,最初为 486 设计,最大传输速度达 33MB/s,但是该总线的数据线和地址线与 CPU 直接相连造成该总线的扩展插槽不能超过 3 个,因此没有普及。本题答案为:B、C、E。

【例9.5.19】 下面有关 PCI 局部总线的叙述中,错误的是哪一项?_____

A. PCI 局部总线上有三类信号:数据信号、地址信号和控制信号

B. PCI 局部总线是 16 位总线,数据传输速率可达到 5MB/s

C. PCI 局部总线用于连接 PC 中的高速设备

D. PCI 局部总线目前在 PC 中已得到广泛采用

答:目前 PCI 局部总线有 32 位和 64 位两种。本题答案为:B。

【例9.5.20】 使用 Pentium Ⅲ 处理器的 PC 中的二级 cache 存储器是直接挂在_____。

A. PCI 总线上　　　　　　　　B. ISA 总线(AT 总线)上

C. CPU 局部总线上　　　　　　D. EISA 总线上

答:现在流行的 PC 系统中二级 cache 直接整合在 CPU 内部,通过 CPU 局部总线与 CPU 相连。本题答案为:C。

2. 填空题

【例9.5.21】 PCI 总线采用 ① 协议和 ② 仲裁策略,具有 ③ 能力,适合于低成本的小系统,在微型机系统中得到了广泛的应用。

答:本题答案为:①同步定时;②集中式;③自动配置。

3. 判断题

【例9.5.22】 三态缓冲门是靠"允许/禁止"输入端上加入逻辑"1"或逻辑"0"来禁止其操作的,禁止时,输出阻抗呈现高阻抗状态。

答：本题答案为：对。

【例 9.5.23】 译码器是一种组合逻辑电路,而计数器是一种时序逻辑电路。

答：本题答案为：对。

4. 综合题

【例 9.5.24】 说明三种总线（系统总线、PCI 总线、ISA 或 EISA 总线）结构的高档 PC 中,这三种总线的连接关系以及桥的功能。

答：三种总线的连接关系如图 9.2.8 所示。

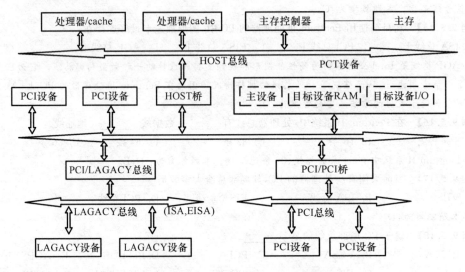

图 9.2.8　三种总线的连接关系图

桥在 PCI 总线体系结构中起重要作用,它连接两条总线,使彼此间相互通信。桥是一个总线转换部件,可以把一条总线的地址空间映射到另一条总线的地址空间上,从而使系统中任意一个总线主设备都能看到同样的一份地址表。桥可以实现总线间的猝发式传送,可使所有的存取都按 CPU 的需要出现在总线上。由上可见,以桥连接实现的 PCI 总线结构具有很好的扩充性和兼容性,允许多条总线并行工作。

【例 9.5.25】 画出 PCI 总线结构框图,说明 HOST 总线、PCI 总线、LAGACY 总线的功能。

答：PCI 总线结构框图如图 9.2.9 所示。

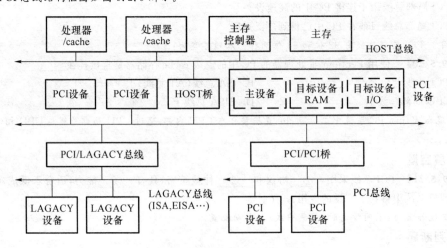

图 9.2.9　PCI 总线结构框图

HOST 总线:该总线又称 CPU 总线、系统总线、主存总线等,它不仅连接主存,还可连接多个 CPU。

PCI 总线:连接各种高速的 PCI 设备。PCI 设备可以是主设备,也可以是从设备或兼而有之。系统中允许有多条 PCI 总线。它们可以使用 HOST 桥与 HOST 总线相连,也可以使用 PCI/PCI 桥与已知 HOST 桥连接的 PCI 总线相连,从而扩充整个系统的 PCI 总线负载能力。

LAGACY 总线:可以是 ISA、EISA、MCA 等性能较低的传统总线,以便充分利用市场上现有的适配器卡,支持中、低速 I/O 设备。

第 10 章

输入/输出设备

【基本知识点】I/O 设备的特点和类型。

【重点】键盘的编码原理、显示器显示字符的原理和打印机打印字符的原理。

【难点】显示器显示字符的原理。

10.1　答疑解惑

10.1.1　什么是外围设备?

一套完整的计算机系统包括硬件系统和软件系统两大部分。

计算机的硬件系统是指组成一台计算机的各种物理装置,由主机和输入/输出子系统组成。计算机主机包括中央处理器、存储器和附属线路,输入/输出系统包括输入/输出(I/O)接口和外围设备。计算机系统的组成如图 10.1.1 所示。

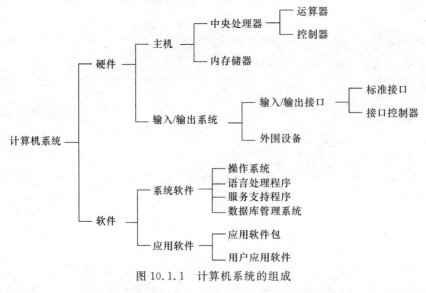

图 10.1.1　计算机系统的组成

外围设备(peripheral device)过去常称作外部设备(external device)。在计算机硬件系统中,外围设备是相对于计算机主机来说的。凡在计算机主机处理数据前后,负责把数据输入计算机主机、对数据进行加工处理及输出处理结果的设备都称为外围设备,而不管它们是否受中央处理器的直接控制。一般说来,外围设备是为计算机及其外部环境提供通信手段的设备。因此,除计算机主机以外的设备原则上都称为外围设备。外围设备一般由媒体、设备和设备控制器组成。

10.1.2 I/O设备的特点有哪些?

(1) I/O设备由信息载体、设备及设备控制器组成。
(2) I/O设备的工作速度比主机要慢得多。
(3) 各种 I/O 设备的信息类型和结构均不相同。
(4) 各种 I/O 设备的电气特性也不相同。

10.1.3 I/O设备的分类有哪些?

一个计算机系统配备什么样的外围设备,是根据实际需要来决定的。中央部分是 CPU 和主存,通过总线与第二层的适配器(接口)部件相连,第三层是各种外围设备控制器,最外层则是外围设备。

外围设备可分为输入设备、输出设备、外存设备、数据通信设备和过程控制设备几大类。

输入设备是人和计算机之间最重要的接口,它的功能是把原始数据和处理这些数据的程序、命令通过输入接口输入到计算机中。输入设备包括字符输入设备(如键盘、条形码阅读器、磁卡机)、图形输入设备(如鼠标、图形数字化仪、操纵杆)、图像输入设备(如扫描仪、传真机、摄像机)、模拟量输入设备(如模-数转换器、话筒,模-数转换器也称作 A/D 转换器)。

输出设备同样是十分重要的人机接口,它的功能是用来输出人们所需要的计算机的处理结果。输出的形式可以是数字、字母、表格、图形、图像等。最常用的输出设备是各种类型的显示器、打印机和绘图仪,以及 X-Y 记录仪、数-模(D/A)转换器、缩微胶卷胶片输出设备等。

每一种外围设备,都是在它自己的设备控制器控制下进行工作,而设备控制器则通过适配器和主机连接,并受主机控制。

10.1.4 外部设备与主机系统有哪些联系?

外部设备与主机系统的连接原理如图 10.1.2 所示。

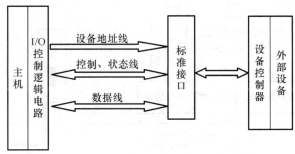

图 10.1.2 外部设备与主机系统连接的原理框图

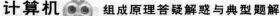

为了保证各种传送方式能够实现,在 CPU 中设置有相应的指令、I/O 控制逻辑电路和信息传送通路,通常将它们做成标准部件,称为 CPU 的标准接口,不同的传送方式采用不同的标准接口。

但是,各种设备有其本身的特点和要求,因此,在设备和接口之间要设计一个设备控制器设备,其作用是控制并实现主机与外部设备之间的数据传送,即一是接收 CPU 通过接口送来的各种信息,从而实现对设备的操作控制;二是从设备读出信息并通过标准接口传送给 CPU。

10.1.5 什么是键盘?

键盘是 PC 中最常用的输入设备,主要通过键盘向计算机输入中西文字符、数据以及发送一些特殊的命令对程序进行操作。

键盘有编码键盘和非编码键盘。编码键盘采用硬件线路来实现键盘编码。非编码键盘利用简单的硬件和专用软件识别按键的位置,提供位置码,再由处理器执行查表程序,将位置码转换成 ASCII 码。实现编码转换的软件中,所采用的扫描法有三种:行反转法、行扫视法和行列扫视法。

微机键盘是一种非编码键盘,键盘管理和键盘矩阵扫描等指令已事先写入 ROM 中。

计算机键盘可以分为外壳、按键和电路板三部分。键盘外壳主要用来支持电路板和为操作者提供一个方便的工作环境。多数键盘外壳上有可以调节键盘与操作者角度的支撑架。

印有符号标记的按键安装在电路板上。尽管按键数目有所差异,但按键布局基本相同,共分为 4 个区域,即主键盘区、副键盘区、功能键区和数字键盘区。键盘上的所有按键都是结构相同的按键开关,按键开关分为触点式(机械式、薄膜式)和无触点式(电容式)两大类。

电路板主要由逻辑电路和控制电路组成。逻辑电路排列成矩阵形状,每一个按键都安装在矩阵的一个交叉点上;控制电路包括按键识别扫描电路、编码电路和接口电路。按键发出的信号就是由电路板转换成相应的二进制代码,再通过键盘接口送入计算机的。

编码键盘的原理框图如图 10.1.3 所示,它由时钟发生器、环形计数器、行和列译码器、锁定脉冲产生电路、ROM 及接口电路组成。

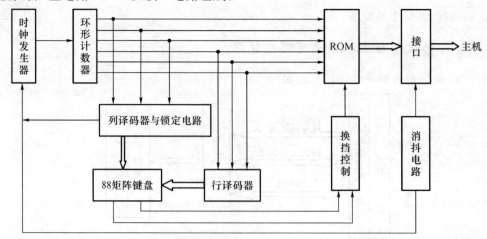

图 10.1.3 编码键盘的原理框图

10.1.6 什么是鼠标?

鼠标是一种指示设备,能够方便地控制屏幕上的鼠标箭头准确地定位在指定位置,并通过按钮完成各种操作。

鼠标主要有三种:机械鼠标(半光电鼠标)、光电鼠标和轨迹球鼠标。机械鼠标结构简单,价格便宜,但分辨率和灵敏度较差。光电鼠标产品按照其年代和使用的技术可以分为两代产品,目前市场上的光电鼠标产品都是第二代光电鼠标。第二代光电鼠标的原理其实很简单:其使用的是光眼技术,这是一种数字光电技术,较之以往机械鼠标完全是一种全新的技术突破。光电鼠标速度快,分辨率和灵敏度高。轨迹球鼠标工作原理和内部结构其实与普通鼠标类似,只是改变了滚轮的运动方式,其球座固定不动,直接用手拨动轨迹球来控制鼠标箭头的移动。

鼠标最主要的技术指标是分辨率,用 dpi(dot per inch)表示,它指鼠标每移动一英寸,光标在屏幕上经过的像素的数目。分辨率越高性能越好,一般鼠标分辨率为 150～200dpi,现在使用的鼠标多为 300～400dpi。

鼠标与主机的接口有 RS-232 串行接口、PS/2 接口、USB 接口等三种。PS/2 接口可以节省一个常规串接口,使鼠标具有更快的响应速度;USB 接口鼠标使用 USB 通用串行总线接口,可以即插即用。

10.1.7 什么是扫描仪?

扫描仪是将图片(照片)或者文字输入计算机的一种输入设备。

扫描仪的技术指标有很多,分辨率是其中最重要的一个,它反映了扫描仪扫描图像的清晰程度,用每英寸生成的像素数目(dpi)来表示。扫描仪的分辨率有两种:光学分辨率和插值分辨率。水平或者垂直两个方向上的分辨率一般是不一样的,水平分辨率取决于 CCD 和光学系统的性能,垂直分辨率取决于步进电动机的步长。普通扫描仪的光学分辨率主要有 300×600dpi、600×1 200dpi、1 200×2 400dpi 等几种。分辨率在 1 200×2 400dpi 以上的是专业级扫描仪。

另外,关于扫描仪的技术指标有色彩位数,这是反映扫描仪对图像色彩范围辨析能力的指标,色彩位数越多,扫描仪所能描述的色彩就越丰富,扫描图像就越接近于真实效果。色彩位数用"位"来描述,常见的扫描仪色彩位数有 24 位、30 位、36 位、42 位、48 位。

感光元件是扫描仪的关键部件,它的种类和质量也是衡量扫描仪的重要指标。目前感光元件主要有 3 种:电荷耦合器件(CCD)、接触式感光元件(CIS)和光电倍增管。

扫描仪与主机的接口一般有三种:SCSI 接口、USB 接口和火线(Firewire)接口。

10.1.8 什么是数码相机?

数码相机是一种介于传统相机和扫描仪之间的设备。

数码相机使用的成像芯片目前有 CCD 和 CMOS,现在采用 CCD 作为成像芯片的数码相机占大多数。CCD 芯片有线型 CCD 芯片和面型 CCD 芯片两种。线型 CCD 芯片的数码相机具有分辨率高、成像质量好、色彩还原真实的绝对优势,但是拍摄时曝光时间长,不能进行闪光拍摄,只能用于静物拍摄;面型 CCD 芯片的数码相机的曝光时间很短,对拍摄光源无特殊要求,适用范围没有限制,是现在数码相机的主流。

数码相机除了分辨率以外,比较重要的技术指标是相机的存储容量,即影像容量。

10.1.9 什么是数字摄像设备?

数字摄像头最高分辨率为 640×480,一般都是 352×288,速度一般在 30fps(每秒 30 帧)以下,镜头的视角可达到 $45° \sim 60°$。大多数数字摄像头都采用 CCD 光传感器;有些产品采用 CMOS 类型的光传感器,CMOS 光传感器的分辨率不高,但功耗低、速度快。

数码摄像机与数码相机的原理类似,但是它需要更快的处理速度,也具有更多的功能。它通常要使用 3 个 CCD 芯片来分别获取 RGB 三原色信号,在影像层次感及色彩饱和度上达到很好的水准。

数码摄像机一般提供 480 线的分辨率,比一般的电视画面清晰度高得多,与 DVD 不相上下。数字摄像机所拍摄的图像进行压缩编码后记录在磁带或者硬盘上。因为 USB 接口的传输速率为 12 MB/s,不能适应数字摄像机数据传输的要求,所以很多数码摄像机采用 IEEE l394 接口(又称火线接口),它的传输速率可以达到 $200 \sim 800$ MB/s。

10.1.10 显示设备分类有哪些?

按显示设备所用的显示器件分类,有阴极射线管(CRT)显示器、液晶显示器(LCD)、等离子显示器等。

按信息的显示内容分类,有字符显示器、图形显示器和图像显示器三大类。

10.1.11 显示技术中的有关术语有哪些?

1. 图形和图像

图形是指由计算机绘制的各种几何图形。图像是指由摄像机或图形扫描仪等输入设备获取的实际场景的静止画面。

2. 分辨率

分辨率指的是显示设备所能表示的像素个数。像素越密,分辨率越高,图像越清晰。分辨率取决于荧光粉的粒度、屏的尺寸和电子束的聚焦能力。

3. 灰度级(色深)

灰度级指的是所显示像素点的亮暗差别,在彩色显示器中则表示为颜色的不同。显示卡(又称显示适配器)的作用是控制显示器的显示方式。在显示器里也有控制电路,但起主要作用的是显示卡。从总线类型来分,显示卡有 ISA、VESA、PCI、AGP 四种。在显示卡中灰度级也称色深,是指显卡在一定分辨率下可以同屏显示的色彩数量。灰度级越多,图像层次越清楚逼真。灰度级取决于每个像素对应刷新存储器单元的位数和 CRT 本身的性能。通常色深可以设定为 16 位、24 位,当色深为 24 位时,称之为真彩,此时可以显示出 2^{24} 种颜色。色深的位数越高,所能同屏显示的颜色就越多,相应的屏幕上所显示的图像质量就越好。由于色深增加导致显卡所要处理的数据量剧增,因而会引起显示速度或屏幕刷新频率的降低。

灰度级和分辨率是显示器的两个重要技术指标。

不同的分辨率,有不同的显示器接口(或称之为适配器)与之配合。1987 年,IBM 推出的显示标准 VGA,首先在个人计算机的显示系统中采用模拟量输入的显示器,使显示的颜色更加逼真。

4. 刷新频率

刷新频率也称场频、扫描频率或垂直刷新率,指显示器在某一显示方式下,所能完成的每秒从上到下刷新的次数,单位是 Hz。一般刷新频率越高,图像越稳定,闪烁感越小。一般提到的刷新率通常指垂直刷新率。

5. 水平刷新率

水平刷新率又称行频,它表示显示器从左到右绘制一条水平线所用的时间,以 kHz 为单位。水平刷新率、垂直刷新率及分辨率三者是相关的,只要知道了显示器以及显卡能够提供的最高垂直刷新率,就可以算出水平刷新率的数值。

行频=分辨率的行数×垂直刷新率

6. 刷新和刷新存储器

只有当 CRT 的电子束打到显示屏上的荧光粉时,荧光屏相应的点才会发亮。这段发亮的时间很短,一般只能维持几十毫秒。在这么短的时间内,肉眼是感觉不到的。为了使肉眼能感觉到稳定的图像显示,必须使电子束不停地重复扫描,这个重复扫描的过程称为刷新。

为了不断提供刷新图像的信号,在显示系统中必须有一个存储器来存放这些信息,这个存储器称为视频存储器,又称刷新存储器。

7. 随机扫描和光栅扫描

控制电子束在 CRT 屏幕上随机地运动,从而产生图形和字符的方式称为随机扫描。这种扫描方式的速度快,图像清晰。高质量的图形显示设备一般采用随机扫描方式。由于这种扫描的控制电路与电视标准不同,因此驱动电路较复杂,价格较贵。

光栅扫描采用电视系统的扫描方式。在电视中图像占满整个画面,因此要求电子束从上到下扫描整个屏幕。光栅扫描分为逐行扫描和隔行扫描两种。逐行扫描要求电子束从屏幕顶部开始一行接一行扫描,一直到底,再从头开始,依次反复。隔行扫描把图像分为奇数行和偶数行,扫描顺序为先扫描偶数行,然后扫描奇数行,依次重复。

8. 视频

视频也就是点脉冲的频率。

视频=分辨率×帧频

9. 带宽

视频带宽指每秒电子枪扫描过的总像素数。

带宽=水平分辨率×垂直分辨率×场频(画面刷新次数)

与行频相比,带宽更具有综合性,也更直接地反映显示器的性能。太小的带宽无法使显示器在高分辨率下有良好的表现。带宽以 MHz 为单位,带宽越大,表明显示控制能力越强,显示效果愈佳。

10. 点距(Dot Pitch)

根据 CRT 的制造技术,CRT 分为荫罩型和光栅型。荫罩型主要用在 17 英寸以下的 CRT,光栅型主要用在 20 英寸以上的 CRT。

点距指荫罩型显示器荫罩(位于显像管内)上孔洞间的距离,即荫罩(或荧光屏)上两个相邻的相同颜色磷光点之间的对角线距离。点距的单位是 mm。栅距是光栅型显示器屏幕上、两个相邻的相同颜色光栅之间的距离。

点距越小,意味着单位显示区域内可以显示更多的像素,显示的图像就越清晰细腻。点距越小,价格也就越高。栅距的意义相同。

11. 尺寸

显示器最基本的指标,我们通常所说的 15 寸、17 寸、19 寸显示器,所指的是显示屏对角线的长度,其单位是英寸(1 英寸=2.539 厘米,15 英寸约 38 厘米),显示器的价格主要决定于尺寸。

10.1.12 什么是字符显示器?

CRT 字符显示器的原理如图 10.1.4 所示。

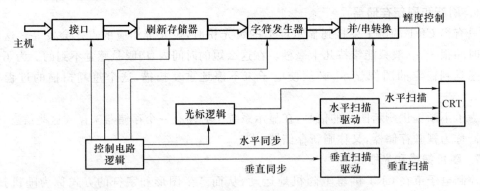

图 10.1.4　CRT 字符显示器的原理框图

1. 接口

CRT 字符显示器接口的功能是接收来自主机的显示信息,并在控制逻辑电路的控制下将信息存放到刷新存储器中。

2. 刷新存储器

(1) 字符模式下的刷新存储器

刷新存储器一般存放字符的编码信息和该字符的显示属性。对于西文显示系统,每一个字符的编码为 ASCII 码。显示屏上的每一个字符对应于刷新存储器的两个存储单元(一个是显示编码,一个是显示属性,显示属性包含灰度级等信息),故其最小存储容量为每帧字符数×2。例如,某一显示系统每帧显示 80×25 个字符,字符编码采用 ASCII 码,则一帧信息所需的存储单元数为 80×25×2B=4 000B,通常取 4KB。

刷新存储器存储的字符地址和屏幕上显示该字符的位置相对应。如图 10.1.5 所示。设字符在屏幕上的位置坐标为 (x,y),即行地址为 x,列地址为 y,则

$$信息编码所在的存储器地址=(x×80+y)×2$$

$$显示属性所在的存储器地址=(x×80+y)×2+1$$

(2) 图形模式下显存的使用

VGA 图形方式下,对显存的需求随显示分辨率的大小和颜色数的多少而不同。

$$显存的容量=分辨率×表示灰度级所需的二进制位数$$

例如,若显示工作方式采用分辨率为 1 024×768,灰度级为 256,则

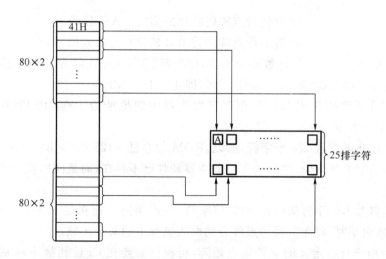

图 10.1.5 刷新存储器地址和屏幕上显示该字符的对应关系

显存的容量＝1 024×768×8＝768KB,灰度级为 256,需用 8 位二进制位数来表示。

3. 字符发生器

字符光点信息以点阵为基础,点阵中每一点对应一位二进制数。若该位为"1",则对应点发亮,反之,对应点为暗。例如,"I"字符的点阵为 7×9,则该"I"字符的点阵如图 10.1.6(a)所示,图中实心的框表示"1",空白处表示"0"。对于"I"字符可用 9 个字节来表示,用十六进制表示依次为 FEH,10H,10H,10H,10H,10H,10H,10H,FEH。

在 CRT 显示器中,多用一行一址方式存放字符点阵的信息,即一个地址存放字符点阵中的一行代码。如图 10.1.6(b)所示,字符发生器读取地址由两部分组成,一部分是由刷新存储器输出的字符编码提供高位地址,另一部分地址是由扫描电路的行计数器提供,由它确定字符点阵的那一行光点信息。显示时,当光栅扫描到某一字符位置时,一次读出一行光点信息,送到移位寄存器,在点脉冲的作用下,使并行读取的信息变成串行输出,送 CRT 显示。

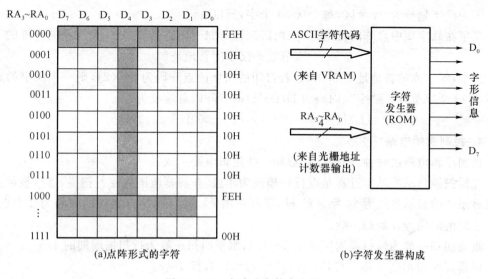

(a)点阵形式的字符   (b)字符发生器构成

图 10.1.6 点阵法字符发生器

字符的行点阵码首地址高位＝ASCII 码
字符的行点阵码首地址低位＝行计数值

字模的点阵为 7×9，即行计数器为 4 位，则字符"A"（ASCII 码为 41H），其在字符发生器中的地址为 1000001 0000～1000001 1000，即 410H～418H。

字符"B"（ASCII 码为 42H），其在字符发生器中的地址为 1000010 0000 ～ 1000010 1000，即 420H～428H。

7 位 ASCII 共可表示 128 个字符，所以，ROM 的容量＝$128\times2^4\times8$＝2KB。

实际上在目前的显卡中，独立的字符发生器硬件已不存在，而是使用软件控制方法。一般有两种形式。

第一种是将基本的字符集（128 个常用字符）的点矩阵固化在显卡中的 BIOS ROM 芯片中，每次机器启动时，将此字符集点阵自动调入显存中的某个区域。

第二种为用户自己定义的字符集点矩阵，可根据需要在 CPU 指挥下从磁盘调入到主机内存中，然后从主机内存装入到显卡的显存中。在显卡内，在图形处理器的控制下，完成相应字符点阵的读出、显示。

为了节省内存，将 ASCII 码字符集的前 32 个字符去掉（因为前 32 个字符为非显示字符），这时：

字符的行点阵码首地址高位＝ASCII 码－20H
字符的行点阵码首地址低位＝行计数值

某字模的点阵为 7×9，即行计数器为 4 位，则字符"A"（ASCII 码为 41H），41H－20H＝21H，其在字符发生器中的地址为 0100001 0000～0100001 1000，即 210H～218H。

字符"B"（ASCII 码为 42H），42H－20H＝22H，其在字符发生器中的地址为 0100010 0000～0100010 1000，即 220H～228H。

汉字的显示通常采用这种形式，将汉字库存放在软盘或硬盘中，每次需要时自动装载到计算机的内存中，用这种方法建立的汉字字库称为软字库。

因为汉字划分为 94 个区，每个区 94 个字，所以

汉字在软字库中点阵的首地址＝（内码高位×94＋内码低位）×一个汉字的点阵的
字节数＋汉字库首地址

例如，汉字库的首地址为 0000H，若打印的汉字的点阵码为 24×24，则一个汉字的点阵码需要 72 个字节，汉字"字"（内码为 D7D6H）的点阵码首地址为

（D7H×94＋D6H）×72＋0000H＝20424H

4. 控制逻辑电路

控制逻辑电路由时钟、一组计数器和一些逻辑电路组成。

光标扫描显示的基本过程是以行扫描线为单位，在屏幕范围内逐行扫描、逐行显示。例如某显示器的显示格式为 80 字×25 排，字符采用 7×9 点阵，字符之间的间隔为 2 个点，字符行之间的间隔为 5 条扫描线。

垂直回扫一般为帧扫描周期的 1/5～1/4；水平回扫一般为行扫描周期的 1/5～1/4。

设垂直回扫相当 x 排字符，则 $x/(25+x)=1/4$，得 $x\approx8$。

设水平回扫相当 x 个字符，则 $x/(80+x)=1/5$，得 $x=20$。

显示控制原理图如图 10.1.7 所示。刷新显示时，首先从刷新存储器读出第一个要显示

的字符编码,并以此编码为依据,到字符发生器读取该字符的第 1 行光点信息。然后,通过并串转换电路,变成串行信息送到 CRT,在屏幕的左上角则显示第 1 个字符的第 1 行光点。间隔 2 个光点的时间,又从刷新存储器读出第 2 个字符编码,并从字符发生器中读出该字符的第 1 行光点信号送 CRT,屏幕上则显示第 2 个字符的第 1 行光点,如此重复 80 次,则屏幕上显示 80 个字符的第 1 行光点。此时,CRT 水平扫描的正程结束,开始回扫,回扫显示。CRT 又开始第 2 行扫描线的正程。如此重复 9 次,就在屏幕上显示出 80 个完整的字符。然后间隔 5 个扫描线(不显示),接着显示第 2 排字符,这样重复 25 次,就在屏幕上显示 25 排字符,完成一帧显示,即垂直扫描或称场扫描正程结束,接着是场回扫(不显示)。场回扫完成后,电子束又回到原点位置,重新开始显示第 2 帧画面。为实现上述过程,除时钟外,一般设置以下四级计数器。

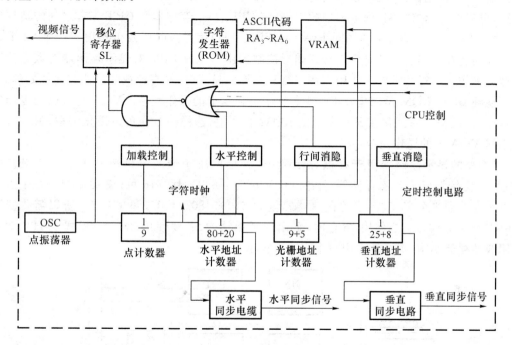

图 10.1.7 显示控制电路

- 点计数器   7×9 点阵字符一行有 7 个光点,加上字符之间留 2 个点的间隔,则点计数器应按 9 循环。时序脉冲送并/串转换电路,控制并/串转换,归零输出脉冲送字计数器,作为计数脉冲。

- 字计数器   字计数器用来控制一排中第 n 个字符。它的输出送到刷新存储器,作为其 X 向地址。因为一排可显示 80 个字符,行回扫占 20 个字的扫描时间,故字计数器应按 100 循环计数。归零输出作为行计数器计数脉冲。

- 行计数器   该计数器控制一排字符的第 n 行,其输出送字符发生器,作为读取字符发生器的低位地址。因为一排字符有 9 条扫描线,加上排间隔 5 条扫描线,故行计数器应按 14 循环计数。归零输出作为排计数器的输入。

- 排计数器   该计数器控制显示第 n 排字符,其输出送到刷新存储器,作为刷新存储器的 Y 向地址。因为一帧可显示 25 排字符,加上回程用的 8 排字符的时间,故排计数器应按 33 循环计数。

假定时钟直接用于点计数器的计数脉冲,则其频率为

$$f = s \times q_1 \times q_2 \times q_3 \times q_4$$

其中,s 为画面刷新频率,$q_1 \sim q_4$ 分别为点、字、行、排计数器的最大值。根据前面的假定和计算,取 $s=50$,可得出所需的时钟频率 $= 50 \times 9 \times 100 \times 14 \times 33 \approx 20$ MHz。

10.1.13 什么是显示适配器?

1. VGA 显示卡的组成

VGA 显示卡由 VGA 控制电路、显示存储器和视频 BIOS ROM 三大部分组成。

如图 10.1.8 所示,VGA 控制电路包括由 CRT 控制器、时序发生器、图形控制器、串行数据发生器、调色板寄存器、数/模转换器等组成。CRT 控制器是一个可编程的大规模集成电路,可完成显示器控制,确定扫描频率,确定 CPU、显示存储器和 CRT 三者之间的地址接口,输出 VGA 接口信号中的场同步(V)和行同步(H)信号。时序发生器用于产生 CRT 控制器和动态存储器所需的时序信号。图形控制器用于完成 CPU 对显示存储器的数据读写和运算操作。串行数据发生器用来在字符和图形的显示时,作高速视频移位和属性处理。

视频 BIOS ROM 是固化在 ROM 芯片中的显示卡的操作程序。VGA 有自己的专用操作程序库,该程序库固化在显示卡上的 ROM 芯片中,这样一方面可以简化编程;另一方面使不同 VGA 卡的操作完全一样。

VGA 的显示存储器用于存储显示数据,容量取决于最高分辨率和色彩数。最初的 VGA 卡装有 256KB 动态存储器,标准 VGA 方式为 $640 \times 480/16$ 色(模式 12H),每个点占用显示存储器半个字节,占用的存储器容量为 $640 \times 480/2 = 153\,600$ 字节,所以需要安装 256KB 显示存储器。当使用 16 色时,采用位平面结构;若要使用 256 色(模式 13H),就要使用线性存储结构,每个像素用一个字节来表示。

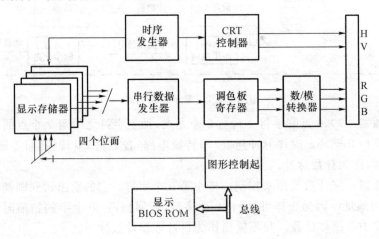

图 10.1.8　VGA 显示器组成

2. 总线

某种适配器是为用在某种系统总线上而设计的,计算机中的总线影响系统处理视频信息的速度。例如,ISA 总线以 8.33 MHz 的速度提供了 16 位数据通道。EISA 或 MCA 总线能一次处理 32 位数据,同时速度也提高到 10 MHz。在视频适配器中,这三种总线已经不再使用。

下一个在总线速度上的重大改进，是 1992 年开发的 VESA 局部总线（VL-Bus）标准。典型的 VL-Bus 连接器是加到 ISA 主板上的三个 ISA 插槽上。一般 VL-Bus 能一次处理 32 位数据，全速的 CPU 外部速度高达 50 MHz。如果在系统中使用了良好实现的 VL-Bus，就可以获得快得多的速度。

1992 年，Intel 公司推出外设部件互连（PCI），并在 1993 年的第 2 版中扩展成全部扩展总线。PCI 把各自独立的局部总线和微处理器的速度结合在一起。与 VL-Bus 显示适配器一样，PCI 显示适配器也能显著提高视频性能。PCI 显示适配器被设计成即插即用（PnP）设备，使用时只需要很少的配置。

最新的系统总线改革是图形加速端口（AGP），是 Intel 设计的专用视频总线，能够提供 PCI 总线 4 倍的最大频带宽度。AGP 总线本质上是对已有的 PCI 总线的增强，只用于显示适配器，并为其提供对主系统存储器阵列的高速访问。

3. VGA 接口

从 VGA 发展到目前使用的 SVGA，SVGA 提供的性能远远超过 VGA。SVGA 提供的不是针对某一种特定规范的适配器，而是一组具有不同能力的适配器。

SVGA 卡看起来很像 VGA 副本。他们具有相同的连接器，包括特色适配器表示。

10.1.14　打印机的分类有哪些？

打印输出是计算机系统输出信息的最基本的形式，打印机打印出的信息能长久保存，因此，打印机又称为硬拷贝设备。

打印机的种类繁多，性能各异，结构千差万别，其分类方法多种多样。

按印字原理分类，打印机可分为击打式和非击打式两大类。击打式打印机是利用机械作用使印字机构与色带和纸相撞击而打印字符，击打式打印机使用成本较低，但缺点是噪声大、速度慢。非击打式是采用电、磁、光、喷墨等物理、化学方法印刷字符，如激光打印机、热敏打印机、静电打印机、喷墨打印机等都属于非击打式打印机。非击打式打印机打印速度快、噪音低，印字质量比击打式好，但使用成本较高。随着技术的发展，非击打式打印机的成本会不断降低，它将逐步取代击打式打印机。

按字符的方式分类，打印机又分为活字式打印机和点阵式打印机两种。活字式打印机是将字符"刻"在印字机构的表面上，印字机构的形状有圆柱形、球形、菊花瓣形、鼓轮形、链形等。点阵式打印机是将字符以点阵形式存在字符发生器中，如前所述。

从工作方式来分，有串行打印机和行式打印机两种。串行打印机是单字锤的逐字打印，每次只打印一个字符。行式打印机是多字锤的并行打印。

从打印纸的宽度来分，可分为宽行打印机和窄行打印机两种。

从打印颜色来分，可分为单色打印机和彩色打印机两种。

10.1.15　点阵式打印机的基本原理是什么？

点阵式打印机的特点是结构简单、体积小、重量轻、价格低，字符种类不受限制，较容易实现汉字打印，还可以打印图形和图像。

针式打印机的印字方法是由打印针印出的 $n \times m$ 个点阵组成字符图形。显然，点越多，印字质量就越高。

与显示输出信息类似,点阵式打印机的印字原理是将要输出的 ASCII 码字符、汉字或图形转换成对应的点阵码,再根据点阵码由驱动电路驱动钢针击打色带,从而印出字符或图形。

打印控制系统是一个专用的微处理器系统,其原理如图 10.1.9 所示。

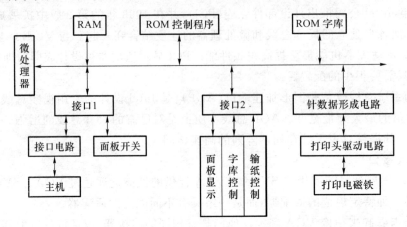

图 10.1.9　打印控制系统原理图

RAM 为字符存储器,存放主机送来的打印信息,其容量可满足一行打印数据的存放。ROM 字库用来存放各个 ASCII 码的点阵编码,对于汉字打印机,它存放汉字的点阵码。每个信息编码都由若干个字节组成。例如,对于一个字符的点阵码为 5×7 的西文打印机,每个字符的点阵码占 5 个字节,ASCII 码可打印字符 96 个,因此,ROM 字库的容量至少为 96×5＝480B。对于汉字打印机,若每个汉字的点阵码为 24×24,需占用 72B,一级汉字共有 3 755 个,则 ROM 字库的容量至少为 3 755×72＝270 360B(264KB)。

10.1.16　点阵式打印机的打印过程有哪些?

1. ASCII 码字符打印过程

在微处理器的控制下,打印机接收主机发来的 7 位 ASCII 编码,并将它存放到 RAM 中。根据该 ASCII 码,就可以从 ROM 字库中找出对应的点阵码,将此点阵码按列的先后次序一列一列地送至针数据形成电路,经功率放大,驱动打印头动作,就可以印出对应的字符。根据 ASCII 码在字库中寻找点阵码的公式为

$$字符的列点阵码首地址高位＝(ASCII 码-20H)$$
$$字符的列点阵码首地址低位＝列计数值$$

某字模的点阵为 5×7,即列计数器为 3 位,则字符"A"(ASCII 码为 41H),41H-20H＝21H,其在字符发生器中的地址为 0100001 000 ～ 0100001 100,即 108H~10CH。

字符"B"(ASCII 码为 42H),42H-20H＝22H,其在字符发生器中的地址为 0100010 000 ～ 0100010 100,即 110H~114H。

每送出一列点阵,打印头向右移动一列距离。打完一个字符的全部点阵列后,打印头移动若干列(字符之间的距离),再继续打印下一个字符。一行字符打印结束后,请求打印机发送下一行字符编码,同时输纸机构纵向移动一行距离。

2. 汉字打印过程

汉字打印机打印汉字的过程与前述的字符打印类似,打印机首先接收主机送来的汉字内码,并将内码存放到 RAM 中。微处理器根据 RAM 中的汉字内码,从汉字库中找出对应的点阵码(读点阵的方法同显示器),最后驱动钢针打印。

对于 24 针的汉字打印机,其打印头针排列如图 10.1.10 所示。24 针分两排排列,每排 12 针,左边一排为奇数针,右边一排为偶数针,两排之间间隔 8 点(1.128 mm)。当打印一列点阵时,将奇数针定位在第 1 列的位置,那么,偶数针停在第 9 列的位置。先由偶数针打印一列,然后打印头向右移动 8 列,则奇数针正好定位在原偶数针打印的列位置上,奇数针作为偶数针的补充,两者合起来正好为一列。

```
1  •   • 2
3  •   • 4
5  •   • 6
7  •   • 8
9  •   • 10
11 •   • 12
13 •   • 14
15 •   • 16
17 •   • 18
19 •   • 20
21 •   • 22
23 •   • 24
```

根据这一原理,应把点阵码的每个字节中的数据分为奇数位和偶数位,三个字节的奇数位控制 12 根奇数针动作,三个字节的偶数位控制 12 根偶数针动作。因此,需要一种电路把每个字节的奇数位和偶数位分开,这一电路称为针数据形成电路。由于每一列点阵码由三个字节组成,必须读三次才能构成一排针控码。为了使三个字节的奇数位和偶数位分别凑到一起,在 RAM 中设置了奇数位和偶数位存储单元。打

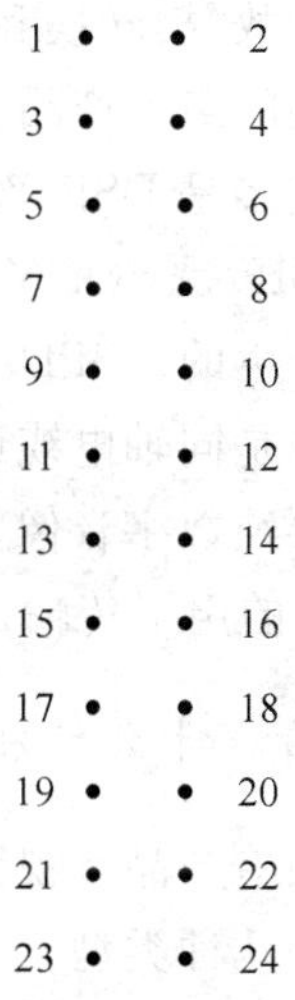

图 10.1.10　24 打印针排列

印头每移动一个位置,微处理器就从字库中将点阵码第 i 列和第 $i+8$ 列的数据读出,并经针数据形成电路,分别送到奇、偶存储单元,这三个字节被读出后,再从奇、偶存储单元取出,经打印针驱动电路,控制打印针出击。

10.1.17　什么是激光打印机?

激光打印机是激光技术与复印技术相结合的产物,它是一种高质量、高速度、噪声低、价格适中的输出设备,是现在非击打式输出设备的主流产品。

激光打印机由激光机头和打印控制器组成。

为了避免主机到打印机的大量数据传输,大多数激光打印机都使用某种语言来描述要输出的文字和图形的内容,以及其在输出页面上的布局和格式要求,页面描述语言就是专门为了这个目的设置的。目前比较流行的页面描述语言有 PostScript 和 PCL。

激光打印机大多数使用并行接口,也有一些高速激光打印机使用 SCSI 接口。

10.1.18　什么是喷墨打印机?

喷墨达打印机是一种非击打式印字设备,它的优点是能够输出彩色图像、经济、打印效果好、低噪声、使用低电压、不产生臭氧、有利于保护办公室环境等。在彩色图像输出设备中,喷墨打印机占有绝对的优势。

目前的喷墨打印机按照打印头的工作方式可以分为压电喷墨技术和热喷墨技术两类。

10.1.19　什么是声卡?

PC 中的数字声音主要有两类,一类是通过声卡、麦克风等声音输入设备录入的波形声

音;另一类是通过 MIDI 演奏器、声卡等声音输入设备录入的合成声音。

声卡的功能是控制声音的输入和输出。声卡的结构以数字信号处理器(即 DSP)为核心。DSP 在完成数字声音的编码、解码及许多编辑操作中起着重要的作用。CODEC 称为"混音芯片",也称为"多媒体数字信号编/解码器",它是一块 48 针或者 64 针的小芯片,它的功能包括数/模转换和模/数转换,用于实现声音的获取和重建。

现在的声卡产品主要是由主音频处理芯片、音频混合芯片、放大器电路组成,主音频处理芯片大多是 DSP,而音频混合芯片就是 CODEC。

SPDIF 是 SONY、PHILIPS 数字音频接口的简称,它是为了解决机箱内部复杂的电磁干扰而产生的。SPDIF 有两种传输方向:输入(SPDIF IN)和输出(SPDIF OUT),SPDIF 的传输载体是同轴电缆或者光纤,同轴电缆的信号输出主要用来传输 Dolby Digital AC-3 信号和连接纯数字音像,光纤输出主要用来连接 MD 等数码音频设备。

PCI 的声卡传输速率可达 133MB/s。

10.1.20 什么是视频卡?

视频卡产品有视频采集卡、实时视频压缩/解压缩卡、视频输出卡、电视接收卡和多功能视频卡等几种类型。

视频采集卡的基本功能是进行视频的采集,它将模拟视频信号经过取样、量化以后转换为数字图像并输入和存储到帧存储器。

实时视频压缩/解压缩卡主要是为专业制作影视节目和电子出版物使用的,它们都以自己独有的处理芯片技术为核心,处理速度快、功能强、适应性广、可跨平台操作,但是比较昂贵。

视频输出卡主要用于将计算机处理的视频数据编码后以录像带的形式进行传播或者直接在电视上收看。一般都是将编码输出功能与采集卡集成在一起,构成多功能视频卡。

电视接收卡用来接收高频电视信号、调谐电路。电视接收卡根据不同的结构可以分为内置和外置两种,内置电视接收卡一般提供不同程度的视频捕捉功能,选台、调频等控制功能通过软件完成。外置电视接收卡又称电视接收盒,它是一种相对独立的视频卡设备,大都可以独立工作,无须打开计算机和运行软件就可以收看电视节目,它还提供 AV 端子和 S 端子输入、多功能遥控、多路视频切换等附加功能,安装和操作都比较简便,收视效果一般要比内置电视接收卡清晰。

多功能视频卡就是将以上几种类型卡的功能集中在一块视频卡上,它除了具备通常的视频显示功能之外,还具备 3D 引擎、DVD 播放、TV 输入/输出、电视调谐、视频捕捉和压缩等功能。

典型题解 输入/输出设备

10.2 典型题解

题型 1 I/O 设备的特点与分类

1. 选择题

【例 10.1.1】 计算机的外围设备是指_____。

A. 输入/输出设备 　　　　　　　　　 B. 外存储器

C. 远程通信设备   D. 除了 CPU 和内存以外的其他设备

答:主机以外的大部分硬件设备都称为外部设备或外围设备。本题答案为:D。

2. 填空题

【例 10.1.2】 每一种外设都是在它自己的 ___①___ 控制下工作,而 ___①___ 则通过 ___②___ 和 ___③___ 相连并受 ___③___ 控制。

答:本题答案为:①设备控制器;②适配器;③主机。

【例 10.1.3】 外围设备大体分为输入设备,输出设备, ___①___ 设备, ___②___ 设备, ___③___ 设备五大类。

答:本题答案为:①外存;②数据通信;③过程控制。

【例 10.1.4】 输入设备的作用是将 ___①___ 以一定的数据格式送入 ___②___ 。

答:输入设备是人和计算机之间最重要的接口,它的功能是把原始数据和处理这些数据的程序、命令通过输入接口输入到计算机中。本题答案为:①外部信息;②系统内存。

【例 10.1.5】 输出设备的作用是将 ___①___ 提供给 ___②___ 。

答:输出设备的功能是用来输出人们所需要的计算机的处理结果。本题答案为:①计算机的处理结果;②外界。

3. 判断题

【例 10.1.6】 外部设备位于主机箱的外部。

答:中央处理器和主存储器构成计算机的主体,称为主机。主机以外的大部分硬件设备都称为外设。本题答案为:错。

【例 10.1.7】 键盘属于输入设备,但显示器上显示的内容既有机器输出的结果,又有用户通过键盘输入的内容,所以显示器既是输入设备,又是输出设备。

答:显示器无论是输出机器的结果还是输出键盘输入的内容,均是向用户输出信息,所以显示器应属于输出设备。本题答案为:错。

题型 2　输入设备

1. 选择题

【例 10.2.1】 数字摄像头最高分辨率为 ___①___ ,大多数数字摄像头都采用 ___②___ 光传感器。
A. ①640×480 ② CMOS   B. ①352×288 ② CMOS
C. ①640×480 ② CCD   D. ①352×288 ② CMOS

答:数字摄像头最高分辨率为 640×480,大多数数字摄像头都采用 CCD 光传感器。本题答案为:C。

【例 10.2.2】 数码摄像机一般提供 ___①___ 线的分辨率,很多数码摄像机采用 ___②___ 接口,它的传输速率可以达到 200MB/s～800MB/s。
A. ①640 ② IEEE 1394   B. ①320 ② USB
C. ①480 ② IEEE 1394   D. ①480 ② USB

答:数码摄像机一般提供 480 线的分辨率,很多数码摄像机采用 IEEE 1394 接口(又称火线接口),它的传输速率可以达到 200～800MB/s。本题答案为:C。

【例 10.2.3】 下列说法不正确的是 _____ 。
A. CCD 成像芯片的数码相机 CCD 像素越多,最终得到的影像分辨率就越高
B. 100 万～200 万像素的数码相机产品已经能够满足目前普通消费者的大多数应用
C. 现在销售的数码相机标注的最大分辨率可能是该数码相机的插值分辨率
D. CCD 芯片数码相机的 CCD 像素都是用于进行拍摄成像

答:CCD 成像芯片的数码相机 CCD 像素越多,将影像分解记录的点就越多,最终得到的影像分辨率就

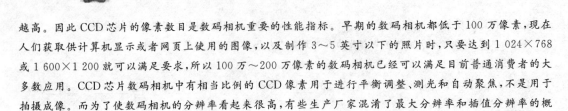

越高。因此 CCD 芯片的像素数目是数码相机重要的性能指标。早期的数码相机都低于 100 万像素,现在人们获取供计算机显示或者网页上使用的图像,以及制作 3~5 英寸以下的照片时,只要达到 1 024×768 或 1 600×1 200 就可以满足要求,所以 100 万~200 万像素的数码相机已经可以满足目前普通消费者的大多数应用。CCD 芯片数码相机中有相当比例的 CCD 像素用于进行平衡调整、测光和自动聚焦,不是用于拍摄成像。而为了使数码相机的分辨率看起来很高,有些生产厂家混淆了最大分辨率和插值分辨率的概念,可能将插值分辨率标注为最大分辨率。本题答案为:D。

2. 填空题

【例 10.2.4】 鼠标主要有 ___①___ 式、___②___ 式和轨迹球式三种,___②___ 需要特制的垫板与鼠标配合使用。

答:目前市场上流行的鼠标主要有三种,机械鼠标(半光电鼠标)、光电鼠标和轨迹球鼠标。本题答案为:①机械;②光电。

【例 10.2.5】 鼠标最主要的技术指标是 ___①___ ,用 ___②___ 表示。

答:本题答案为:①分辨率;②dpi。

【例 10.2.6】 PC 键盘可以分为 ___①___ 、___②___ 和电路板三部分,其中电路板主要由 ___③___ 、控制电路组成,控制电路中包括 ___④___ 、___⑤___ 和 ___⑥___ 。

答:总的说来,计算机键盘可以分为外壳、按键和电路板三部分。

本题答案为:①外壳;②按键;③逻辑电路;④按键识别扫描电路;⑤编码电路;⑥接口电路。

【例 10.2.7】 分辨率是扫描仪最重要的性能指标,它反映了扫描仪扫描图像的清晰程度,扫描仪的分辨率有两种:___①___ 和 ___②___ 。普通扫描仪的光学分辨率主要有 ___③___ 、600×1 200dpi、1 200×2 400dpi 等几种。

答:扫描仪的技术指标有很多,分辨率是其中最重要的一个。本题答案为:①光学分辨率;②插值分辨率(或最高分辨率);③300×600dpi。

【例 10.2.8】 Windows 98 出现之后,产生了 108 键键盘,108 键键盘比 104 键键盘增加了 ___①___ 、___②___ 、___③___ 和 ___④___ 。

答:Windows 98 出现之后,增加了一些新的功能,一些主板支持 ACPI 电源规范,按下某些按键就可以开/关机器,或者将机器从待机模式唤醒,由此产生了 108 键键盘。本题答案为:①Power;②Sleep;③Wake;④Fn组合键。

3. 判断题

【例 10.2.9】 个人微机键盘上的 Ctrl 键起控制作用,但它必须与其他键同时按下才生效。

答:本题答案为:对。

4. 综合题

【例 10.2.10】 设计一个 128 按键的全编码键盘。

答:在此采用动态编码器。它主要由按键阵列、译码器、多路器及计数器等组成,如图 10.2.1 所示。计数器的高 3 位接多路器,低 4 位接译码器。在未按键时,多路器输出高电平,计数器在计数脉冲控制下循环计数。7 位计数器从某个状态开始计数,直到回到该状态,称为一个扫描循环。与此同时,对 128 个键检测一遍。若有某个键按下,当计数器的状态正好与该键对应的编码相符合时,译码器就在该键所在的列线上输出低电平,它通过闭合的键传送到该键所在的行线上,使多路器输出为低电平,封锁计数器的计数脉冲,将计数器保持在该状态。此时,计数器的内容就是该键的编码(各键的编码如图 10.2.1 所示)。

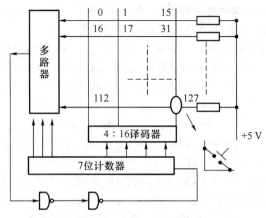

图 10.2.1　动态编码器

题型 3　输出显示设备

1. 选择题

【例 10.3.1】　在微机中,VGA 代表_____。

A. 微机的型号　　　　B. 键盘的型号　　　　C. 显示标准　　　　D. 显示器型号

答:1987 年 IBM 推出的显示标准 VGA,首先在个人计算机的显示系统中采用模拟量输入的显示器,使显示的颜色更加逼真。本题答案为:C。

【例 10.3.2】　CRT 的颜色数为 256 色,则刷新存储器每个单元的字长是_____。

A. 256 位　　　　B. 16 位　　　　C. 8 位　　　　D. 7 位

答:$\log_2^{256}=8$。本题答案为:C。

【例 10.3.3】　CRT 的分辨率为 1 024×1 024 像素,像素的颜色数为 256,则刷新存储器的容量是_____。

A. 256KB　　　　B. 512KB　　　　C. 1MB　　　　D. 8MB

答:刷新存储器的容量＝1 024×1 024×$\log_2^{256}$＝1MB。本题答案为:C。

【例 10.3.4】　在 PC 所配置的显示器中,若显示控制卡上刷新存储器的容量是 1MB,则当采用 800×600 的分辨率模式时,每个像素最多可以有_____种不同颜色。

A. 256　　　　B. 65 536　　　　C. 16M　　　　D. 4 096

答:1MB/(800×600)≈17,取 16,所以每个像素最多可以有 2^{16} 种不同颜色。本题答案为:B。

【例 10.3.5】　一台 PC 的显示器分辨率为 1 024×768,垂直刷新率为 85 Hz,那么它的行频为_____。

A. 约 72 KHz　　　　B. 约 69 KHz　　　　C. 约 91 KHz　　　　D. 约 63 KHz

答:一般分辨率是衡量显示器的一个重要指标,它是指整个屏幕可以显示像素的多少,表示为:水平分辨率×垂直分辨率的形式,例如 1 024×768、800×600 等。垂直刷新率又称帧频或者画面刷新率,帧频越高,画面稳定性越好。行频又称水平刷新率。水平刷新率的计算公式为:水平刷新率(行频)＝1.05×垂直刷新率×水平分辨率(水平线的数目)。这样按照公式计算出来的结果为 91 392 Hz,约为 91 KHz。本题答案为:C。

【例 10.3.6】　一台 PC 使用的分辨率为 640×480,帧频为 90 Hz,它的视频带宽为_____。

A. 约 37 MHz　　　　B. 约 28 MHz　　　　C. 约 29 MHz　　　　D. 约 55 MHz

答:视频带宽是显示器视频放大器通频带宽的简称,一个电路的带宽实际上是反映该电路对输入信号的响应速度,带宽越宽,响应速度越快,信号失真越小。

视频带宽的计算公式为:视频带宽＝分辨率×垂直刷新率×1.344,垂直刷新率就是帧频。按照计算公式计算出来的结果为 37 158 912 Hz,约为 37 MHz。本题答案为:A。

【例 10.3.7】 显示器的控制逻辑和存储逻辑一般都在 ① 中。终端是由 ② 组成的一套独立的 ③ 设备,它能够完成显示控制与存储、键盘管理及通信控制等功能,还可完成简单的编辑操作。

① A. 主机内部　　　　B. 显示器内部　　　　C. 主机接口板中

② A. 显示器和控制逻辑　　B. 键盘和显示器　　C. 键盘和控制逻辑

③ A. 输入　　　　　　　B. 输出　　　　　　　C. 输入/输出

答:显示器的控制逻辑和存储逻辑一般都在主机接口板中。终端是由键盘和显示器组成的一套独立的输入/输出设备。本题答案为:① C　②B　③C。

【例 10.3.8】 一级汉字有 3 755 个,如每个汉字字模采用 16×16 点阵,并存放在主存中,则约占 ① 字节。假如将汉字显示在荧光屏上,共 24 行,每行 80 个字,为保存一帧信息,约需 ② 字节的存储空间。汉字在输入时采用 ③ ,在存储时采用 ④ ,打印或显示时用 ⑤ 。存储一个汉字一般可用 ⑥ 字节,有时也用 ⑦ 字节。

①,②:　　A. 3K　　　　B. 6K　　　　C. 90K　　　　D. 120K

③,④,⑤:　A. ASCII 码　B. 字形码　　C. 机内码

　　　　　D. 点阵　　　E. 拼音码　　F. 区位码

⑥,⑦:　　A. 1个　　　B. 2个　　　C. 3个　　　D. 32个　　　E. 16个

答:因为每个汉字字模采用 16×16 点阵,即 32 字节,所以 3755 个汉字约占 3755×32/1 024≈117KB,取 120KB。因为一帧有 24 行 80 列,汉字在存储时采用的是机内码,机内码占 2 个字节,另外属性码占 1 个字节,所以为保存一帧信息,约需存储空间 24×80×3B=5.76KB,取 6KB。汉字在输入时采用字形码、拼音码或区位码,在存储时采用机内码,打印或显示时用点阵。存储一个汉字一般可用 2 字节,有时也用 3 字节(机内码占 2 个字节,属性码占 1 个字节)。本题答案为:①D　②B　③B E F　④C　⑤D　⑥B　⑦C。

2. 填空题

【例 10.3.9】 按显示器件分类,显示器有 ① (CRT)、 ② (LCD)和等离子显示器。

答:按显示设备所用的显示器件分类,有阴极射线管(CRT)显示器、液晶显示器(LCD)、等离子显示器等。本题答案为:① 阴极射线管显示器;② 液晶显示器。

【例 10.3.10】 显示器的主要性能指标是图像的 ① 和 ② 。前者的值越高,显示的图像就越清晰。

答:分辨率指的是显示设备所能表示的像素个数;灰度级指的是所显示像素点的亮暗差别,在彩色显示器中则表示为颜色的不同。本题答案为:①分辨率　②灰度级。

【例 10.3.11】 字符显示器的控制逻辑电路的功能包括 ① 、 ② 、 ③ 和 ④ 。

答:本题答案为:①显示控制;②同步控制;③消隐;④光标控制。

【例 10.3.12】 不同 CRT 显示标准所支持的最大 ① 和 ② 数目是 ③ 的。

答:普通字符显示器 CRT 为 14 英寸,图形、图像显示器 CRT 为 16 英寸和 19 英寸等。本题答案为:①分辨率;②颜色;③不同。

【例 10.3.13】 按所显示的信息内容分类,显示器可以分为 ① 显示器、 ② 显示器和 ③ 显示器三大类。

答:按信息的显示内容分类,有字符显示器、图形显示器和图像显示器三大类。本题答案为:①字符;②图形;③图像。

【例 10.3.14】 CRT 显示器上构成图像的最小单元称为 。

答:本题答案为:像素。

【例 10.3.15】 字符显示器中的 VRAM 用来存放 。

答:在字符显示器中,主机送出的显示字符的 ASCII 码被存放在显示器的 VRAM 中,为不断地刷新画面提供信息,以保证显示稳定的画面。本题答案为:显示字符的 ASCII 码。

【例 10.3.16】 对于字符显示器,主机送出的是显示字符的 ___①___ 码,而对于图形显示器,主机送出的才是显示字符的 ___②___ 码。

答:本题答案为:①ASCII;②字模点阵(行点阵)。

【例 10.3.17】 显示适配器作为 CRT 和 CPU 的接口,由 ___①___ 存储器, ___②___ 控制器,ROM BIOS 三部分组成。先进的 ___③___ 控制器具有 ___④___ 加速能力。

答:VGA 显示卡由显示控制电器、显示存储器和视频 BIOS ROM 三大部分组成。本题答案为:①刷新;②显示;③显示;④图形。

【例 10.3.18】 液晶显示器的工作电压 ___①___ 、功耗 ___②___ 、体积小、重量轻,常用作便携式设备的显示器。

答:液晶显示具有低工作电压、微功耗、体轻薄、适于 LSI 驱动、易于实现大画面显示、显示色彩优良等特点。本题答案为:① 低;② 低。

3. 判断题

【例 10.3.19】 一般说来图像比图形的数据量要少一些。

答:图像比图形的数据量要多一些。本题答案为:错。

【例 10.3.20】 图形比图像更容易编辑、修改。

答:图形是指由计算机绘制的各种几何图形,而图像是指由摄像机或图形扫描仪等输入设备获取的实际场景的静止画面。本题答案为:对。

【例 10.3.21】 图像比图形更有用。

答:各有其用途。本题答案为:错。

【例 10.3.22】 字符发生器是存放 ASCII 字符点阵的存储器,汉字也是由点阵构成的,因此,能处理汉字的计算机,其字符发生器中也存放了汉字点阵。

答:能处理汉字的计算机,其汉字点阵可用字符发生器产生,这称硬字库,但现在一般采用软字库。本题答案为:错。

【例 10.3.23】 图形比图像更适合表现类似于照片和绘画之类的有真实感的画面。

答:图像显示器的分辨率比兼容的图形显示器的分辨率更高,因此画面的真实感更强。本题答案为:错。

4. 简答题

【例 10.3.24】 简述 CRT 的显示原理。

答:CRT 显像管由电子枪、荫罩和荧光屏组成。显示器依据不同的显示信号对电子枪施加不同的电压,产生不同强度的电子束;荫罩对不同强度的电子束进行过滤;过滤后的电子束打在荧光屏上产生不同强度的颜色显示。

【例 10.3.25】 显示设备有哪些类型?

答:按显示设备所用的显示器件分类,有阴极射线管(CRT)显示器、液晶显示器(LCD)、等离子显示器(PDP)等。按显示方式分类,有字符显示器、图形图像显示器等。按显示的颜色分类,有彩色显示器和单色显示器。

【例 10.3.26】 何谓 CRT 显示分辨率? 若 CRT1 分辨率为 640×480,CRT2 分辨率为 1 024×1 024,问 CRT1 和 CRT2 何者为优?

答:分辨率是指显示器所能显示的像素个数。像素越密,分辨率越高,图像越清晰。分辨率取决于显像管荧光粉的粒度、荧光屏的尺寸和 CRT 电子束的聚焦能力。同时,刷新存储器要有与显示器像素相对应的存储空间,用来存储每个像素的信息。与 CRT1 比较,CRT2 的分辨率高。

【例 10.3.27】 为什么要对 CRT 屏幕不断进行刷新? 要求的刷新频率是多少? 为达此目的,必须设置什么样的硬件?

答:CRT 发光是由于电子束打在荧光粉上引起的。电子束扫过之后其发光亮度只能维持几十毫秒。为了使人眼能看到稳定的图像显示,必须使电子束不断地重复扫描整个屏幕,这个过程称为刷新。按人的视觉生理特征,刷新频率大于 30 次/秒时才不会感到闪烁。显示设备中通常要求每秒 50 帧图像。为了不断提供刷新图像的信号,必须把一帧图像的信息存储在刷新存储器中。

【例 10.3.28】 比较光栅扫描的图形和图像显示器与光栅扫描的字符显示器的主要异同点。

答:本题答案为:相同点是按构成一帧显示内容的像素点逐行扫描,以显示一帧内容。不同点是图形图像显示器需将每个像素的信息都存放在 VRAM 中,而字符显示器只需将要显示字符的 ASCII 码存放在 VRAM 中,字符的点阵来自字符发生器的 ROM。

【例 10.3.29】 简述分辨率、灰度级的概念以及它们对显示器性能的影响。

答:分辨率是衡量显示器清晰程度的指标,以图像点(像素)的个数为标志。显示器中显示的像素越多,分辨率就越高,显示的文字和图像就越清晰。灰度级是指显示器所显示的像素点亮度的差别。显示器的灰度级越多,显示的图像层次就越丰富逼真。

5. 综合题

【例 10.3.30】 如果某计算机显示器的分辨率为 $1\,024 \times 768$, 65 536 灰度级,则显示卡的刷新存储器至少为多少 KB 容量?

解:

刷新存储器(VRAM)容量 $=1\,024 \times 768 \times \log_2^{65536} = 1\,024 \times 768 \times 16$ 位 $=1\,536$KB

【例 10.3.31】 一个黑白 CRT,显示具有 16 级灰度的图片,已知 CRT 的分辨率为 800×600,问显示 RAM 的容量为多少? 如帧同步脉冲的频率为 30 Hz,则视频脉冲的频率应是多少?

解:

显示 RAM 容量 $=800 \times 600 \times \log_2^{16} = 800 \times 600 \times 4$ 位 $=240\,000$B$=234.375$KB

其中:1 M$=1\,024$K,显示 RAM 容量可取 235KB

视频脉冲的频率 $=800 \times 600 \times 30=14\,400\,000$ Hz$=14.4$ MHz。

【例 10.3.32】 设某光栅扫描显示器的分辨率 $1\,024 \times 768$,帧频为 50(逐行扫描),垂直回扫和水平回扫时间忽略不计,则此显示器的行频是多少? 每一像素允许的读出时间是多少?

解:

行频 $=768$ 行 $\times 50$/s$=38\,400$ 行/s;

每像素允许读出时间小于 $1 \div (38\,400 \times 1\,024) \approx 0.0254$ μs;

若考虑以 32 个像素为单位存取,其读出时间也须小于 $0.025\,4(\mu s) \times 32=0.8(\mu s)$。

【例 10.3.33】 某光栅扫描显示器的分辨率为 $1\,280 \times 1\,024$,帧频为 75 Hz(逐行扫描),颜色为真彩色(24 位),显示存储器为双端口存储器。回归和消隐时间忽略不计。问:

(1) 每一像素允许的读出时间是多少?

(2) 刷新带宽是多少?

(3) 显示总带宽是多少?

解:

(1) 每一像素允许的读出时间 $=(1/75)/(1\,280 \times 1\,024)=10.2$ ns。

(2) 刷新带宽 $=$ 分辨率 $\times$ 颜色深度 $\times$ 帧频

$\qquad =(1\,280 \times 1\,024) \times 3B\times 75=294\,912\,000B/s=281.25$ MB/s。

(3) 显示总带宽 $=$ 刷新带宽 $=281.25$ MB/s。

【例 10.3.34】 刷存的主要性能指标是它的带宽。实际工作时显示适配器的几个功能部分要争用刷存的带宽。假定总带宽的 50% 用于刷新屏幕,保留 50% 带宽用于其他非刷新功能。

(1) 若显示工作方式采用分辨率为 $1\,024 \times 1\,024$,颜色深度为 3B,帧频(刷新速度)为 72Hz,计算刷存总带宽应为多少?

(2) 为达到这样高的刷存带宽,应采取何种技术措施?

解:

(1) 刷新所需带宽＝分辨率×每个像素点颜色深度×刷新速率,所以 1 024×1 024×3B×72/s＝216MB/s。刷存总带宽应为 216MB/s×100/50＝512MB/s。

(2) 为达到这样高的刷存带宽,可采用如下技术措施:

- 使用高速 DRAM 芯片组成刷存;
- 刷存采用多体交错结构;
- 刷存内显示控制器的内部总线宽度由 32 位提高到 64 位,甚至到 128 位;
- 刷存采用双端口存储器结构,将刷新端口与更新端口分开。

【例 10.3.35】 若需显示一幅 1 024×768 像素且有 256 种颜色的图像,试问:

(1) 显示系统的帧缓存容量为多少?

(2) 如要在屏幕上得到逼真的动态图像,假设每秒传送 50 帧(逐行扫描),其传送速率应为多少?

(3) 如要显示汉字,机器内设置有 ROM 汉字库,存放一级和二级汉字,汉字采用 16×16 点阵,其汉字库的容量是多少?

解:

(1) 显示系统的帧缓存容量＝1 024×768×1B＝786 432B＝786KB。

(2) 传送速率＝50×786 432B/s＝39 321 600B/s＝39.3 MB/s。

(3) 一级汉字个数为 3 755 个,二级汉字为 3 008 个。汉字库容量＝(3 755＋3 008)×16×16÷8＝216 416B=211.34KB,取 212KD。

【例 10.3.36】 某 CRT 显示器可显示 64 种 ASCII 字符,每帧可显示 64 字×25 排;每个字符采用 7×8 点阵,即横向 7 点,字间间隔 1 点,纵向 8 点,排间间隔 6 点;帧频 50 Hz,采取逐行扫描方式。问:

(1) 缓存容量有多大?

(2) 字符发生器(ROM)容量有多大?

(3) 缓存中存放的是 ASCII 代码还是点阵信息?

(4) 缓存地址与屏幕显示位置如何对应?

(5) 设置哪些计数器以控制缓存访问与屏幕扫描之间的同步? 它们的分频关系如何?

解:

(1) 缓存容量＝64×25×2B＝3 200B。

(2) ROM 容量＝64×8×1B＝512B。

(3) 缓存中存放的是待显示字符的 ASCII 代码。

(4) 显示位置自左至右,从上到下。相应地,缓存地址由低到高,每个地址码对应一个字符显示位置。

(5) 点计数器 8:1 分频;字计数器(64+12):1 分频;行计数器(8+6):1 分频;排计数器(25+10):1 分频。

【例 10.3.37】 设 CRT 显示器可显示 3 000 个汉字,每字由 11×16 点阵组成,字间间隔 1 点,两排字间间隔 4 线,32 字/排,12 排/屏。一个汉字编码占两个字节。帧频 50 Hz,帧回扫和行回扫均占扫描时间的 20%(扫描时间包括正扫和回扫)。行周期可在 60～70 μs 间选择。求:

(1) RAM 应为多少?

(2) ROM 应为多少?

(3) 各计数器位数分别是多少? 时钟频率是多少(不考虑扫描非线性)?

解:

(1) RAM 存储器存储字符的编码,因为一屏可显示 32×12＝384 字,每个汉字的编码占 2 个字节(另外考虑一个属性字节),所以 RAM＝32×12×3B＝1 152B。

(2) ROM 存储器存储汉字的点阵信息，因为总共可显示 3 000 个汉字，每个字以 11×16 点阵组成，所以 ROM＝3 000×16×11Bit＝66 000B。

由于 ROM 存储器一般按字节编址，所以 11 位需占两个字节，ROM 容量为 3 000×16×2B，即 96 000B，可选 94KB 的 ROM 存储器。

(3) 依题意：

帧回扫为帧扫描周期的 20%，设帧回扫相当 x 排字符，则

$x/(12+x)＝1/5$，得 $x＝3$，即垂直回扫相当 3 排字符；

水平回扫为行扫描周期的 20%，设水平回扫相当 x 个字符，则

$x/(32+x)＝1/5$，得 $x＝8$，即水平回扫相当 8 个字符。

排计数器：汉字可显示点阵占 12 排，垂直回扫相当 3 排字符，所以一共是 15 排；则排计数器是 4 位。

行计数器：每个汉字点阵占 16 行，两排字间隔 4 行，故一排汉字共用 20 行，行计数器最多计到 20，需要用 5 位。

字计数器：每排 32 字，水平回扫占扫描时间的 20%约 8 个字符时间，故字计数最多计到 40，字计数器需用 6 位。

点计数器：每个字的点阵是 11 列，加上间隔 1 点，共 12 点，故计数器为 4 位。

时钟频率＝50 Hz×15×20×40×12＝7.2 MHz

另一方面，题目限定行周期可在 60 μs～70 μs 之间，其中包括了 20%的回扫时间，即正扫时间＝(60～70)×80%＝48～56 μs，回扫时间＝(60～70)×20%＝12～14 μs。在 48～56 μs 内安排(32×12＝384)个像元，所以每个像元的时间是(48～56)/384＝0.125～0.145 83 μs，频率为 8～6.86 MHz。这个范围包括了上面所计算的 7.2 MHz，符合题目要求。

【例 10.3.38】 某显示器的分辨率为 800×600，灰度级为 256 色，试计算为达到这一显示效果需要多少字节？

解：

灰度级为 256，$2^8＝256$，所以，每像素占 8Bit＝1Byte。

所需字节数＝800×600B/1 024≈469KB。

【例 10.3.39】 某彩色图形显示器，屏幕分辨率为 640×480，共有 4 色、16 色、256 色、65 536 色等四种显示模式。

(1) 请给出每个像素的颜色数 m 和每个像素占用的存储器的比特数 n 之间的关系。

(2) 显示缓冲存储器的容量是多少？

(3) 若按照每个像素 4 种颜色显示，请设计屏幕显示与显示缓冲存储器之间的对应关系。

解：

(1) 在图形方式中，每个屏幕上的像素都由存储器中的存储单元的若干比特指定其颜色。每个像素所占用的内存位数决定于能够用多少种颜色表示一个像素。表示每个像素的颜色数 m 和每个像素占用的存储器的比特数 n 之间的关系由下面的公式给出

$$n＝\log_2^m$$

(2) 显示缓冲存储器的容量应按照最高灰度(65 536 色)设计。故容量为

$$640×480×(\log_2^{65\,536})/8＝614\,400 \text{ 字节}≈615KB$$

(3) 因同一时刻每个像素能选择 4 种颜色中的一种显示，故应分配给每个像素用于存储显示颜色内容的比特为

$$n＝\log_2^m＝\log_2^4＝2$$

如图 10.2.2 所示给出了屏幕显示与显示缓冲存储器之间的一种对应关系。屏幕上水平方向连续的四个像素共同占用一个字节的显示存储器单元。随着地址的递增，像素位置逐渐右移，直至屏幕最右端返回到下一行扫描线最左端。依此类推，直到屏幕右下角。屏幕上的每一个像素均与显示存储器中的两个

比特相对应。

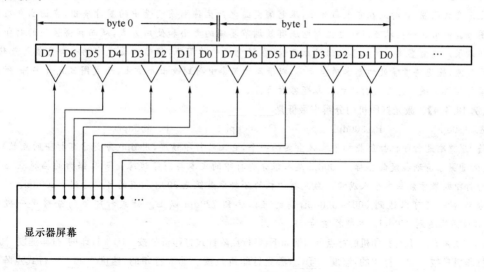

图 10.2.2　屏幕显示与显示缓冲存储器之间的对应关系

题型 4　打印输出设备

1. 选择题

【例 10.4.1】 下面说法错误的是＿＿＿＿＿＿＿。

A. 打印机的分辨率用每英寸的点数表示

B. 针式打印机的特点是耗材成本低、噪声小、速度快

C. 非击打式打印机噪声低、耗材成本高

答：针式打印机虽然耗材成本低，但噪声大、速度慢。本题答案为：B。

【例 10.4.2】 激光打印机大多数使用一种专门的语言描述欲输出的文字和图形的内容及其在输出页面上的布局和格式要求。其中＿＿＿＿＿＿＿语言是现在的国际标准。

A. PDL　　　　　　B. HP GL/2　　　　C. PostScript　　　　D. PCL

答：PDL 称为页面描述语言，它是专门为了描述欲输出文字和图形的内容及其在输出页面上的布局和格式要求而设计的一种打印机语言，使用这种语言可以避免主机到打印机大量的数据传输。HP GL/2 是惠普绘图机专用语言，具有矢量绘图能力。PostScript 语言是 Adobe System 公司开发的，它是一种与设备无关的打印机语言，即在定义图像时可以不考虑输出设备的特性（如打印机的分辨率、纸张大小等），而且它对文本和图形实行同样的处理过程，现在这种语言已经被批准为国际标准。PCL 语言是由惠普公司于 20 世纪 70 年代针对其激光打印机产品推出的一种打印机页面描述语言，这种语言是开放式的，其他厂商可以在他们的打印机产品中自由模仿或使用 PCL 语言，这使 PCL 语言迅速而且广泛地流行起来，普及率甚至超过了 PostScript 语言。本题答案为：C。

【例 10.4.3】 下列有关喷墨打印机的说法中不正确的是＿＿＿＿＿＿＿。

A. 喷墨打印机按照喷墨材料的性质可以分为水质料、固态油墨和液态油墨等类型

B. 压电喷墨技术是让墨水通过细喷嘴，在强电场的作用下，将喷斗管道中的一部分墨汁气化，形成一个气泡，气泡将喷嘴处的墨水顶出喷嘴，以很高的频率喷射到输出介质上，形成图案或者字符

C. 喷墨打印机关键技术是喷头

D. 喷墨打印机是一种非击打式印字设备，它的优点是能输出彩色图像、经济、打印效果好、低噪声、使用低电压、不产生臭氧、有利于保护办公室环境等。在彩色图像输出设备中，喷墨打印机占绝对优势

答:压电喷墨技术是将许多小的压电陶瓷放置到喷墨打印机的打印头喷嘴附近,利用它在电压作用下会发生形变的原理,适时地在它上面加压,压电陶瓷随之产生伸缩使喷嘴中的墨汁喷出,在输出介质表面形成图案。使用这种技术可以通过控制电压有效调节墨滴的大小和使用方式,从而获得较高的打印精度和打印效果。热喷墨技术是让墨水通过细喷嘴,在强电场的作用下,将喷头管道中的一部分墨汁气化,形成一个气泡,气泡将喷嘴处的墨水顶出喷嘴,以很高的频率喷射到输出介质上,形成图案或者字符,所以这种喷墨打印机又被称为气泡打印机。本题答案为:B。

【例 10.4.4】 激光打印机的分辨率最低是_____。

A. 180dpi   B. 300dpi   C. 360dpi   D. 400dpi

答:分辨率是打印机性能指标中比较重要的一个,它又称打印精度,用 dpi(每英寸可打印的点数)来表示,是衡量图像清晰程度的指标。300dpi 是人眼分辨打印的文本与图像边缘是否有锯齿的临界点,360dpi 以上的打印效果才能基本令人满意。激光打印机的分辨率最低是 300dpi,有的可以达到 1 200dpi。喷墨打印机分辨率一般可以达到 300~360dpi,高的可以达到 720dpi 以上。针式打印机的分辨率一般只有 180dpi,最高能达到 360dpi。本题答案为:B。

【例 10.4.5】 几种打印机的特点可归纳如下:串行点阵针式打印机是按 ① 打印的,打印速度 ② ;喷墨打印机是按 ③ 打印的,速度 ④ ;激光打印机是按 ⑤ 打印的,速度 ⑥ 。行式点阵针式打印机是按 ⑦ 打印的,速度 ⑧ 。所有打印机的打印都受到打印字符点阵的控制。打印字符的点阵信息在点阵针式打印中控制打印针 ⑨ ,在激光打印机中控制激光束 ⑩ 。

①,③,⑤,⑦: A. 字符   B. 行   C. 页

②,④,⑥,⑧: A. 最快   B. 最慢   C. 较快   D. 中等

⑨,⑩: A. 运动方向   B. 有无   C. 是否动作

答:串行点阵针式打印机是按字符打印的,打印速度最慢;喷墨打印机也是按字符打印的,速度中等;激光打印机是按页打印的,速度最快。行式点阵针式打印机是按行打印的,速度较快。所有打印机的打印都受到打印字符点阵的控制。打印字符的点阵信息在点阵针式打印中控制打印针是否动作,在激光打印机中控制激光束的有无。本题答案为:① A ②B ③ A ④D ⑤C ⑥A ⑦B ⑧C ⑨C ⑩B。

2. 填空题

【例 10.4.6】 常用的打印设备有 ① 打印机、 ② 打印机、 ③ 打印机、 ④ 打印机,它们都属于 ⑤ 输出设备。

答:本题答案为:① 点阵式;② 宽行;③ 激光;④ 彩色喷墨;⑤ 硬拷贝。

【例 10.4.7】 按照工作原理,打印机可分为 ① 式和 ② 式两大类,激光打印机和喷墨打印机均属于后者。

答:按印字原理分类,打印机可分为击打式和非击打式两大类。本题答案为:① 击打;② 非击打。

【例 10.4.8】 激光打印机的工作过程分为 ① 阶段、 ② 阶段、 ③ 阶段和 ④ 阶段。

答:本题答案为:① 处理;② 成像;③ 转印;④ 定影。

【例 10.4.9】 衡量打印机打印速度的指标是_____。

答:本题答案为:每秒打印的英文字符数(或每分钟打印的页数)。

【例 10.4.10】 打印字符的点阵存储在_____中,该装置通常采用 ROM 实现。

答:本题答案为:字符发生器。

【例 10.4.11】 对于文本(字符)模式的打印机,主机送出的是打印字符的 ① 码,而对于图形模式的打印机,主机送出的才是打印字符的 ② 码。

答:本题答案为:① ASCII;② 字模点阵(列点阵)。

【例 10.4.12】 在打印机或显示器的字库中,存放着字符的_____。

答:在字符打印机或显示器中,必须要有一个字库,字库中存放着整个字符集中所有字符的字模点阵码。通常,打印字库中是列点阵码,显示字库中是行点阵码。本题答案为:字模点阵码。

3. 判断题

【例 10.4.13】 不带汉字库的点阵式打印机不能打印汉字。

答:此时可以使用软字库。本题答案为:错。

【例 10.4.14】 非击打式打印设备速度快、噪声低、印字质量高,但价格较贵。

答:非击打式打印机打印速度快、噪声低、印字质量比击打式好,但使用成本较高。本题答案为:对。

【例 10.4.15】 针式打印机点阵的点越多,印字质量越高。

答:针式打印机的印字方法是由打印针印出的 $n \times m$ 个点阵组成字符图形。显然,点越多,印字质量就越高。本题答案为:对。

【例 10.4.16】 行式打印机的速度比串行打印机快。

答:串行打印机是单字锤的逐字打印,每次只打印一个字符。行式打印机是多字锤的并行打印。本题答案为:对。

题型 5　输入/输出兼用设备

选择题

【例 10.5.1】 声卡的结构是以_____为核心,PCI 声卡传输速率可达_____MB/s。

A. CODEC,133 　　　　　　　B. SPDIF,66

C. DSP,133 　　　　　　　　D. DSP,66

答:声卡的结构是以数字信号处理器(即 DSP)为核心。PCI 声卡传输速率可达 133MB/s。本题答案为:C。

第11章

输入/输出接口

【基本知识点】接口的概念、接口的功能、接口的组成、接口的类型、接口的编址方式、接口的控制方式。

【重点】程序直接控制方式的基本接口及程序流程；程序中断方式的有关概念、中断优先权排队电路、屏蔽码改变中断优先级、中断方式的接口；3 种 DMA 传送方式、DMA 的周期挪用方式操作过程。

【难点】程序中断方式以及通道流量的计算。

11.1 答疑解惑

11.1.1 什么是输入/输出系统？

输入/输出系统包括外围设备(输入/输出设备和辅助存储器)以及与主机(CPU 和存储器)之间的控制部件。后者称之为设备控制器,诸如磁盘控制器、打印机控制器等,有时也称为设备适配器或接口,其作用是控制并实现主机与外部设备之间的数据传送。

11.1.2 输入/输出的特性有哪些？

1. 异步性

外设的工作速度与 CPU 相差很大。为了能使主机和外设充分提高工作效率,则要求输入/输出操作异步于 CPU。

2. 实时性

输入/输出的操作必须按各设备实际工作速度,控制信息流量和信息交换的时刻,这就是输入/输出的实时性。

3. 设备无关性

输入/输出与具体设备无关,具有独立性。

11.1.3 什么是I/O接口？

CPU与外设之间的连接电路及其相关软件称为I/O接口。

11.1.4 接口的功能有哪些？

接口具有识别设备、输入/输出、数据缓冲、数据转换、传送主机命令、反映设备的工作状态等功能。此外，接口还应有检错纠错功能、中断功能、时序控制功能等。

11.1.5 I/O接口主要由哪些部分组成？

（1）数据缓冲寄存器：为了解决CPU高速与外设低速的矛盾，避免因速度不一致而丢失数据，接口中一般都设置数据寄存器，存放CPU与外设交换的数据。

（2）地址译码电路：计算机通常具有多个外围设备，每个外围设备应赋予一个地址，以便计算机识别。I/O接口电路中的地址译码器能根据计算机送出的地址找到指定的外围设备。

（3）设备状态字寄存器：为了联络接口电路，要提供寄存器空、满、准备好、忙等状态信号，以便由CPU查询。

（4）命令字寄存器：CPU对被连接I/O设备的控制命令一般均以代码的形式发到接口的命令寄存器，再由接口电路对命令代码进行识别和分析。

（5）数据格式转换线路：CPU所处理的是并行数据，而有些外设只能处理串行数据，在这种情况下，接口就应具有数据"并→串"和"串→并"的变换能力。为此，在接口电路中设置了移位寄存器。

（6）控制逻辑：实现主机和外围设备之间的数据传送控制。

11.1.6 接口的编址方式有哪些？

1. 统一编址方式

统一编址方式是把I/O端口当作存储器的单元进行分配地址。CPU访问端口如同访问存储器一样，所有访问内存指令同样适合于I/O端口。

统一编址方式的优点是不需要专门的输入/输出指令，因而简化了指令系统，并使CPU访问I/O的操作更灵活、更方便，可通过功能强大的访问内存指令直接对I/O数据进行算术或逻辑运算，此外还可使端口有较大的编址空间。统一编址方式的缺点是端口占用了存储器地址，使内存容量变小；最主要的是因为访问内存指令一般都需3～4个字节，使原来极简单的I/O数据传输时间加长了。

2. 单独编址方式

单独编址方式的出发点是将所有I/O接口看作一个独立于存储器空间的I/O空间。在这个I/O空间内，每个端口都被分配一个I/O地址。端口独立编址方式的计算机系统内有两个存储空间，一个是存储器地址空间，另一个就是I/O端口地址空间。访问I/O地址空间必须用专门的I/O指令。为加快I/O数据的传输速度，这类I/O指令一般设计成"简短"指令。

单独编址方式的优点是输入/输出指令与存储器指令有明显区别，程序编制清晰、利于理解。单独编址方式的缺点是输入/输出指令少,一般只能对端口进行传送操作,尤其需要 CPU 提供存储器读/写、I/O 设备读/写两组控制信号,增加了控制的复杂性。

11.1.7 信息交换的控制方式有哪些?

(1) 程序查询方式。

(2) 程序中断控制方式。

(3) 直接存储器存取控制方式(DMA)。

(4) 通道方式。

(5) 外围处理机方式(PPU)。

程序查询方式和程序中断控制方式适用于数据传输率比较低的外围设备,而 DMA 方式、通道方式和 PPU 方式适用于数据传输率比较高的设备。目前,小型机和微型机中大都采用程序查询控制方式、程序中断控制方式和 DMA 方式。通道方式和 PPU 方式大都用在大、中型计算机中。

11.1.8 接口的分类有哪些?

1. 串行接口

接口和设备之间是一位一位地串行传送信息,而接口和主机之间则是按字或字节并行传送。接口能完成"串"转"并"或"并"转"串"的转换。

2. 并行接口

不管是接口与设备,还是接口与主机之间都是按字或字节并行传送数据信息。

11.1.9 什么是程序查询方式?

程序查询方式也称为程序直接控制方式,其基本原理是用程序实现主机与外设间的信息交换。

11.1.10 程序查询方式下是如何传输数据的?

程序查询方式基本接口示意图如图 11.1.1 所示。

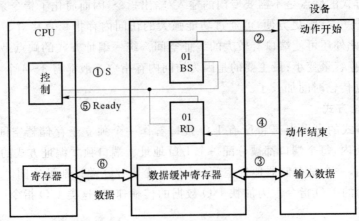

图 11.1.1　程序查询方式接口示意图

传送一个数据的过程如下(见图11.1.1上的序号):

(1) CPU通过接口启动外设工作,将BS触发器置1,请求传送数据,同时将RD触发器置0;

(2) 外设动作开始;

(3) 外设传送数据,同时CPU从I/O接口读入状态字;

(4) 假如这个设备没有准备就绪,则第③步重复进行,一直到这个设备准备好交换数据,将RD触发器置1;

(5) 向CPU发出准备就绪信号"Ready";

(6) CPU从I/O接口的数据缓冲寄存器输入数据,或者将数据从CPU输出至接口的数据缓冲寄存器。与此同时,CPU将接口中的状态标志复位。

11.1.11　如何绘制程序查询方式的流程图?

显然,这种方式的优点是CPU的操作可以和I/O设备操作同步,且接口硬件比较简单。但缺点是,当程序进入循环时,CPU只能踏步等待,不能处理其他任务。流程如图11.1.2所示。

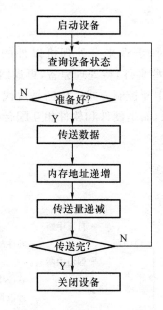

图11.1.2　程序控制流图

11.1.12　如何绘制多个设备的程序查询流程图?

多个设备的程序查询流程图如图11.1.3所示。

程序查询的顺序决定了其优先级别,要改变设备的优先级别只需改变其查询次序。

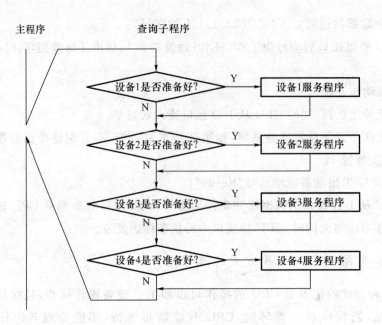

主程序　　　　　　　　　查询子程序

设备1是否准备好？　Y　→　设备1服务程序
　　　　　N

设备2是否准备好？　Y　→　设备2服务程序
　　　　　N

设备3是否准备好？　Y　→　设备3服务程序
　　　　　N

设备4是否准备好？　Y　→　设备4服务程序
　　　　　N

图 11.1.3　多个设备的程序查询流程图

11.1.13　什么是中断?

中断是指计算机系统运行时,出现来自处理机以外的任何现行程序不知道的事件,CPU 暂停现行程序,转去处理这些事件,待处理完备,再返回原来的程序继续执行。这个过程称为中断,这种控制方式称为中断控制方式。中断是现代计算机系统的核心机制之一,它不是单纯的硬件或者软件的概念,而是硬件和软件相互配合、相互渗透而使计算机系统得以充分发挥能力的计算模式。

11.1.14　中断的分类有哪些?

中断的分类如图 11.1.4 所示。

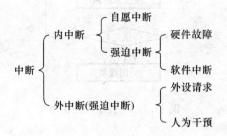

中断 {
　内中断 {
　　自愿中断
　　强迫中断 {
　　　硬件故障
　　　软件中断
　　}
　}
　外中断(强迫中断) {
　　外设请求
　　人为干预
　}
}

图 11.1.4　中断的分类

请求 CPU 中断的设备或事件称为中断源。根据中断源的不同类别,可以把中断分为内中断和外中断两种。由异步的外部事件引起的 CPU 改变程序执行流程的过程叫"外中断"或"硬中断";由 CPU 内部原因而改变程序执行流程的过程称"内中断"、"软中断"或"异常"。

1. 内中断

发生在主机内部的中断称为内中断。

内中断有强迫中断和自愿中断两种。

（1）强迫中断是在 CPU 没有事先预料的情况下发生的，此时 CPU 不得不停下现行的工作。强迫中断产生的原因有硬件故障和软件中断等。

- 硬件故障包括由部件中的集成电路芯片、元件、器件、印刷线路板、导线及焊点引起的故障，电源电压的下降也属于硬件故障。
- 软件中断包括指令出错、程序出错、地址出错、数据出错等。

（2）自愿中断是出于计算机系统管理的需要，自愿地进入中断。计算机系统为了方便用户调试软件、检查程序、调用外部设备，设置了自中断指令、进管指令。CPU 执行程序时遇到这类指令就进入中断。如果在中断调用出相应的管理程序，自愿中断是可以预料的。

2. 外中断

由主机外部事件引起的中断称为外中断，外中断均是强迫中断。

11.1.15　中断源如何建立与屏蔽？

1. 中断触发器

当中断源发生引起中断的事件时，先将它保存在设备控制器的中断触发器中，即将"中断触发器"置"1"。当中断触发器为"1"时，向 CPU 发出"中断请求"信号。每个中断源有一个中断触发器，全机的多个中断触发器构成中断寄存器，其内容称为中断字或中断码。CPU 进行中断处理时，根据中断字确定中断源，转入相应的服务程序。

2. 禁止中断和中断屏蔽

产成中断源后，由于某种条件的存在，CPU 不能中止现行程序的执行，称之为禁止中断。

为了便于控制中断请求信号的产生，也为了利用屏蔽码改变中断处理的优先级别，当产生中断请求后，用程序方式有选择地封锁部分中断，而允许其余部分中断仍得到响应，称为中断屏蔽。

实现方法是为每个中断源设置一个中断屏蔽触发器来屏蔽该设备的中断请求。具体地说，用程序方式将该触发器置"1"，则对应的设备中断被封锁，若将其置"0"，才允许该设备的中断请求得到响应，由各设备的中断屏蔽触发器组成中断屏蔽寄存器。

有些中断请求是不可屏蔽的。也就是说，不管中断系统是否开中断，这些中断源的中断请求一旦提出，CPU 必须立即响应。例如，电源掉电就是不可屏蔽中断。所以，中断又分为可屏蔽中断和非屏蔽中断。非屏蔽中断具有最高优先权。

屏蔽中断请求的方法如图 11.1.5 所示，当中断屏蔽触发器的输入 D 为 0 时，能产生中断请求信号；D 为 1 时，屏蔽中断请求信号。

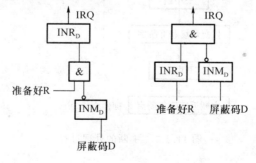

图 11.1.5　屏蔽中断请求的方法

11.1.16 什么是中断优先权？

所谓优先权是指有多个中断同时发生时，对各个中断响应的优先次序。中断的优先权由排队电路来裁决，其工作原理见后面的"中断识别的方法"中的"硬件查询法"。

11.1.17 CPU 响应中断的条件有哪些？

- 在 CPU 内部设置的中断允许触发器必须是开放的，STI 指令开中断；CLI 指令关中断。
- 外设有中断请求时，中断请求触发器必须处于"1"状态，保持中断请求信号。
- 外设(接口)中断屏蔽触发器必须为"0"，这样才能把外设中断请求送至 CPU。
- CPU 在现行指令结束的最后一个状态周期。
- 无 DMA 请求。

一旦 CPU 响应中断的条件得到满足，CPU 开始响应中断，转入中断服务程序，进行中断处理。

11.1.18 程序中断是如何处理的？

中断的处理过程如图 11.1.6 所示。

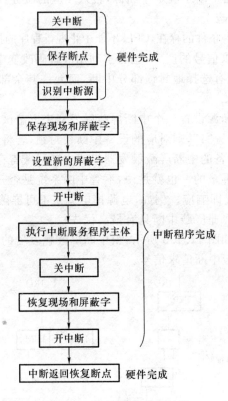

图 11.1.6　中断的处理过程

1. 关中断

进入不可再次响应中断的状态，由硬件自动实现。

2. 保存断点

为了在中断处理结束后能正确地返回到中断点,在响应中断时,必须把当前的程序计数器 PC 中的内容(即断点)保存起来。

3. 识别中断源,转向中断服务程序

在多个中断源同时请求中断的情况下,本次实际响应的只能是优先权最高的那个中断源。所以,需进一步判别中断源,并转入相应的中断服务程序入口。

4. 现场和屏蔽字

进入中断服务程序后,首先要保存现场。现场信息一般指的是程序状态字、中断屏蔽寄存器和 CPU 中某些寄存器的内容。保存旧的屏蔽字是为了在中断返回前恢复屏蔽字,设置新的屏蔽字是为了实现屏蔽字改变中断优先级或控制中断的产生。有的机器把断点等保存在固定的单元;有的机器则是在每次响应中断后把处理机状态字和程序计数器内容相继压入堆栈。

5. 开中断

因为接下去就要执行中断服务程序,开中断将允许更高级中断请求得到响应,实现中断嵌套。

6. 执行中断服务程序主体

不同中断源的中断服务程序是不同的,实际有效的中断处理工作是在此程序段中实现的。

7. 关中断

是为了在恢复现场和屏蔽字时不被中断打断。

8. 恢复现场和屏蔽字

将现场和屏蔽字恢复到进入中断前的状态。

9. 中断返回

中断返回是用一条 IRET 指令实现的,它完成恢复断点的功能,从而返回到原程序执行。

进入中断时执行的关中断、保存断点操作和识别中断源是由硬件实现的,它类似于一条指令,但它与一般的指令不同,不能被编写在程序中。因此,常常称为"中断隐指令"。

11.1.19 中断识别的方法有哪些?

如何确定中断源,并转入被响应的中断服务程序入口,大致有 3 种不同的方法。

1. 程序查询法

如图 11.1.7 所示,每一个中断源都附带一个标志,该标志置位代表相应中断源请求中断,因此,判别中断条件只需用测试指令按一定优先次序检查这些标志,先遇到的第一个"1"标志即优先得到服务,在此之前,遇到"0"标志均跳过而继续检查下一个。中断查询法程序流程图如图 11.1.8 所示。

在这种查询方式下,当有中断请求时,CPU 就转向固定的中断查询程序入口,执行流程图的程序,程序查询的顺序决定了设备中断优先权。当确定了请求中断的最高优先设备后,立即转去执行该设备的中断服务程序。

这种软件查询方法适用于低速和中速设备。它的优点是中断条件标志的优先级可用程序任意改变,灵活性好。缺点是设备多时速度太慢。

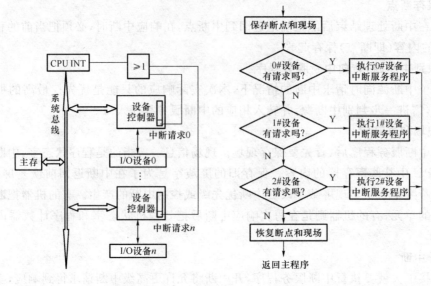

图 11.1.7　中断请求逻辑图　　　　图 11.1.8　中断查询程序流程图

2. 硬件查询法

硬件查询法采用的是串行排队链,其判优及向量编码线路如图 11.1.9 所示。每个中断请求信号保存在"中断请求"触发器中,经"中断屏蔽"触发器控制后,产生来自中断请求触发器的请求信号 $\overline{IR_1}$、$\overline{IR_2}$、$\overline{IR_3}$、$\overline{IR_4}$。

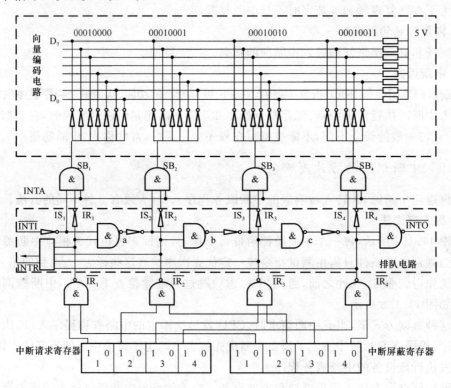

图 11.1.9　串行排队链判优及向量编码线路

中断屏蔽寄存器的作用是改变中断处理的优先级别,在此假设中断屏蔽寄存器是全"0",即将所有中断全设为允许,中断屏蔽码的使用后面将介绍,在此暂不考虑。

当 $\overline{IR_1}$、$\overline{IR_2}$、$\overline{IR_3}$、$\overline{IR_4}$ 中任意一个为低电平时,$\overline{INTR}$ 就为低电平。

$\overline{INTI}$ 为中断排队输入信号,$\overline{INTR}$ 为中断排队输出信号。当 $\overline{INTI}=0$ 时,若有请求则可进行排队;若无请求则 $\overline{INTR}=0$,允许下一级进行排队,所以 $\overline{INTI}$ 和 $\overline{INTO}$ 用于级联。

(1) 设 $\overline{IR_2}$ 为低电平,则 $\overline{INTR}$ 为低电平,CPU 收到中断信号后,若满足中断响应条件,则 CPU 发中断响应信号 INTA。

因为 $\overline{IR_1}=1$,$\overline{INTI}=0$,所以 $a=0$,即当 $\overline{IR_1}$ 无请求时,将 $\overline{INTI}=0$ 传到 a 点。

因为 $\overline{IR_2}=0$,$a=0$,所以 $b=1$、$c=1$、$\overline{INTO}=1$,即当 $\overline{IR_2}$ 有请求时,封锁了后面的中断请求。同时,由于 $\overline{IR_2}=0$、$IS_2=1$、$INTA=1$,所以 SB_2 输出高电平,从而在数据总线上产生设备地址 00010001。

(2) 设 $\overline{IR_1}$、$\overline{IR_2}$ 同时为低电平,则 $\overline{INTR}$ 为低电平,CPU 收到中断信号后,若满足中断响应条件,则 CPU 发中断响应信号 INTA。

因为 $\overline{IR_1}=0$,$\overline{INTI}=0$,所以 $a=1$,$b=1$、$c=1$、$\overline{INTO}=1$,即当 $\overline{IR_1}$ 有请求时,封锁了后面的中断请求,$\overline{IR_2}$ 的请求得不到响应。同时,由于 $\overline{IR_1}=0$、$IS_1=1$、$INTA=1$,所以 SB1 输出高电平,从而在数据总线上产生设备地址 00010000。

因此可见,$\overline{IR_1}$ 的请求的优先级高于 $\overline{IR_2}$ 的请求;$\overline{IR_2}$ 的请求的优先级高于 $\overline{IR_3}$ 的请求,依此类推。

(3) $\overline{IR_2}$ 的请求得到响应后,又来了 $\overline{IR_1}$ 的请求,按排队电路的工作原理,$\overline{IR_1}$ 的请求会打断 $\overline{IR_2}$ 的服务程序,从而进入 $\overline{IR_1}$ 请求的中断服务程序,实现中断的嵌套。

使用上述中断判优方式时,可以采用下面的方法转向中断服务程序的入口,即在中断总控程序中设一条代码专门接收中断指令 INTA,得到设备号后,再由主存的跳转表产生中断服务程序入口地址。下面几条指令可以完成地址的转换。

```
N:          INTA   2         //CPU 发中断响应信号,并将设备码送入 R₂ 寄存器
N+1:        JMP 100H,R₂      //CPU 跳转到 100H+(R₂)单元执行指令
            ⋮
110H:       JMP   SB₁        //转设备 1 的服务程序
111H:       JMP   SB₂        //转设备 2 的服务程序
112H:       JMP   SB₃        //转设备 3 的服务程序
113H:       JMP   SB₄        //转设备 4 的服务程序
            ⋮
SB₁:        ⋮
SB₂:        ⋮
SB₃:        ⋮
SB₄:        ⋮
```

3. 独立请求法

独立请求优先排队线路如图 11.1.10 所示。其中每个中断请求信号保存在"中断请求"触发器中,经"中断屏蔽"触发器控制后,产生来自中断请求触发器的请求信号 IR_1'、IR_2'、IR_3'、IR_4',而 IR_1、IR_2、IR_3、IR_4 是经过优先排队后送给 CPU 的中断请求信号。IR_1' 的优先权

最高,IR_2'、IR_3'、IR_4' 的优先权依次降低。具有较高优先权的中断请求自动封锁比它优先权低的所有中断请求,即

$$IR_1 = IR_1'$$

$$IR_2 = \overline{IR_1'}\,IR_2'$$

$$IR_3 = \overline{IR_1'}\,\overline{IR_2'}\,IR_3'$$

$$IR_4 = \overline{IR_1'}\,\overline{IR_2'}\,\overline{IR_3'}\,IR_4'$$

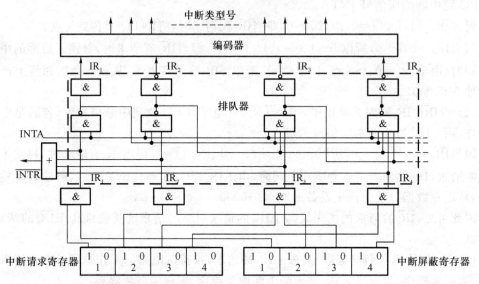

图 11.1.10　独立请求方式的优先排队线路逻辑

编码电路根据排队的中断源输出信号 IR_i 产生一个预定的地址码,在微机中称中断类型号,采用中断向量法转向中断服务程序入口地址。用中断向量(中断向量包括了该中断源的中断服务程序入口地址)来识别中断源,从而产生中断服务程序入口的地址的中断称为向量中断。中断向量是中断源的中断服务程序入口地址的地址。在微机中一般是设一个中断向量表,中断向量表是中断类型码与对应的中断服务程序之间的连接表。

中断向量表占用主存中从 00000H~003FFH 共 1K 个字节的存储空间,表中内容分为 256 项,对应于中断类型号 0~255。每一项占四个字节,用来存放中断处理子程序的入口地址信息,高地址的两字节用来存放中断处理子程序所在段的段首址,低地址的两字节用来存放中断处理子程序入口处在段的偏移地址。其结构如图 11.1.11 所示。

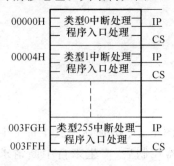

图 11.1.11　中断矢量表

从中断矢量表的结构可知,n号中断处理程序的入口地址存放在表中$4 \times n \sim 4 \times n + 3$共四个字节。当CPU响应$n$号中断源的中断请求取出$n$号中断处理程序的入口地址送入IP和CS之中。

这种方法的优点是速度快,但是以增加线数为代价的。

11.1.20 什么是单级中断处理和多重中断处理?

1. 单级中断处理

单级中断处理是一种简单的处理方式。当不同优先等级的设备同时请求中断时,CPU按照优先级一个一个处理。当CPU正在处理某个中断时,不允许其他设备再中断CPU的程序,即使优先级高的设备也不能打断,只能等到中断处理完毕后,CPU才响应其他中断。例如,优先等级是:A→B→C→CPU,B设备请求中断时,A、C设备还没有请求。在CPU处理B设备中断时,A、C同时提出了请求,此时CPU运行轨迹如图11.1.12所示。

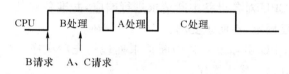

图 11.1.12 单级中断处理

2. 多重中断处理

多重中断是指在处理某一个中断过程中又发生了新的中断请求,从而中断该服务程序的执行,又转去进行新的中断处理。这种重叠处理中断的现象又称为中断嵌套。一般情况下,在处理某级中的某个中断时,与它同级的或比它低级的新中断请求应不能中断它的处理,而在处理完该中断返回主程序后,再去响应和处理这些新中断。而比它优先级高的新中断请求却能中断它的处理。实现多重中断时要基本保证:

(1)系统要具备对多个中断现场的保护能力。

(2)保证中断优先级高的中断源首先得到CPU的服务。

(3)在CPU进入中断服务程序后,系统必须处于开中断状态。

具体作法是,进入中断服务程序后,在关中断的情况下进行一些必要的现场保护,然后采用软件手段,如8088/8086中的STI来达到开中断的目的,使CPU在执行中断服务程序期间是允许中断的。

图11.1.13所示为一个4级中断嵌套的例子。4级中断请求的优先级别由高到低为A→B→C→D的顺序。在CPU执行主程序过程中同时出现了两个中断请求B和C,因B中断优先级高于C中断,应首先去执行B中断服务程序。若此时又出现了D中断请求,则CPU将不予理睬。B中断服务程序执行完返回主程序后,再转去执行C的中断服务程序,然后执行D中断服务程序。若在CPU再次执行B中断服务程序过程中,出现了A中断请求,因其优先级高于B,则CPU暂停对B中断服务程序的执行,转去执行A中断服务程序。等A中断服务程序执行完后,再去执行B中断服务程序。在本例中,中断请求次序为B→C→D→B→A;而中断完成次序为B→C→D→A→B,两者不相同。

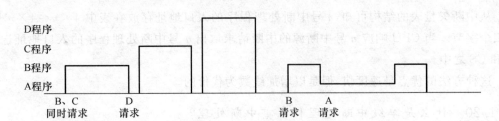

图 11.1.13　多重中断处理

3. 用屏蔽改变多重中断处理次序

中断级的响应次序是由硬件(排队判优线路)来决定的。但是,在有优先级中断屏蔽控制条件下,系统软件根据需要可以改变屏蔽位的状态,从而改变多重中断处理次序。

利用屏蔽技术可以改变各设备的优先等级,使计算机适应各种场合的需要。严格地说,优先级包含两层意思,第一层是响应优先级;第二层是处理优先级。

响应优先级是指 CPU 对各设备中断请求进行响应,并准备好处理的先后次序,这种次序往往在硬件线路上已固定,不便于变动。

处理优先级是指 CPU 实际上对各中断请求处理的先后次序。如果不使用屏蔽技术,响应的优先次序就是处理的优先次序。

现代计算机一般都使用了屏蔽技术,即通过控制各设备接口的屏蔽触发器状态,达到改变处理次序的目的。

CPU 送往各设备接口屏蔽触发器状态信息的集合,称为屏蔽码。

例如,某计算机的中断系统有 4 个中断源,每个中断源对应一个屏蔽码。表 11.1.1 为程序优先级与屏蔽码的关系,中断响应的优先次序为 A→B→C→D。此时,中断的处理次序和中断的响应次序是一致的。

表 11.1.1　程序优先级与屏蔽码的关系

中断服务程序	屏蔽码			
	A 设备	B 设备	C 设备	D 设备
A 设备服务程序	1	1	1	1
B 设备服务程序	0	1	1	1
C 设备服务程序	0	0	1	1
D 设备服务程序	0	0	0	1

根据这一次序,可以看到 CPU 运动的轨迹,如图 11.1.14 所示。当多个中断请求同时出现时,处理次序与响应次序一致;当中断请求先后出现时,允许优先级别高的中断请求打断优先级别低的中断服务程序,实现中断嵌套。

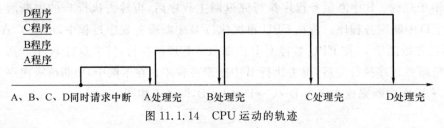

图 11.1.14　CPU 运动的轨迹

在不改变中断响应次序的条件下,通过改写屏蔽码可以改变中断处理次序。例如,要使中断处理次序改为 A→D→C→B,则只需使中断屏蔽码改为表 11.1.2 所示的即可。

表 11.1.2　改变中断处理次序后的中断屏蔽码

中断服务程序	屏 蔽 码			
	A 设备	B 设备	C 设备	D 设备
A 设备服务程序	1	1	1	1
B 设备服务程序	0	1	0	0
C 设备服务程序	0	1	1	0
D 设备服务程序	0	1	1	1

在同样中断请求的情况下,CPU 的运动轨迹发生了变化,如图 11.1.15 所示。CPU 正在执行现行程序时,中断源 A、B、C、D 同时请求中断服务,显然它们都没有被屏蔽。按照中断优先级别的高低,CPU 首先响应并处理第 A 级中断请求,由于 A 的屏蔽码为 1111,即将所有的中断都屏蔽了,所以 A 一直做完,然后回到主程序;由于 B、C、D 中断还没得到响应,而 B 的响应优先级高于其他,所以 CPU 响应 B,进到 B 设备服务程序后,屏蔽码变成了0100,即 C、D 可打断 B,于是 CPU 响应 C,进到 C 设备服务程序,在 C 设备服务程序中,屏蔽码变成了 0110,即 D 可打断 C,于是 CPU 响应 D,进到 D 设备服务程序,在 D 设备服务程序中,屏蔽码变成了 0111,即 A 可打断 D,但 A 已处理完了,所以 D 可以一直做完,然后回到 C 程序,C 程序做完后,回到 B 程序,B 程序做完后,回到主程序,至此 A、B、C、D 均处理完。

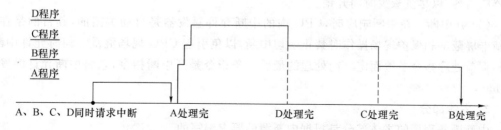

图 11.1.15　改变中断处理次序后的 CPU 运动的轨迹

由此可见,屏蔽技术向使用者提供了一种手段,即可以用程序控制中断系统,动态地调度多重中断优先处理的次序,从而提高了中断系统的灵活性。

11.1.21　什么是中断服务程序?

中断服务程序由三部分组成:前处理部分、主体部分和后处理部分,如图 11.1.16 所示。

1. 前处理部分

(1) 封锁优先级与本设备相同或比本设备低的中断请求。因为这些中断请求虽然没有得到响应,但请求信号依然存在,这样 CPU 每执行一条指令,就要判断一下是否响应,而因优先级不比本设备高,判断结果为不能响应,然后再转回执行服务程序。只要这些中断请求信号存在,就总是干扰着服务程序的执行。封锁操作是通过对接口屏蔽触发器的重新设置来实现的,这一操作称为设置新屏蔽码。

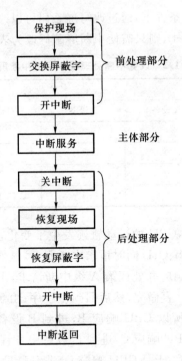

图 11.1.16　中断服务程序流程图

（2）保护中断时的 CPU 现场。除了 PC 和 PSW 外，如果服务程序中还要使用其他寄存器，那么必须将它们原来的内容也压入堆栈。一般来说，动用哪个寄存器，就保存哪个寄存器的内容，以尽量减少时间开销。

（3）开中断。在中断响应时，CPU 内的中断允许触发器是自动关闭的，其目的是在替换新老屏蔽字和保护现场操作时禁止一切中断，以免引起 CPU 现场混乱。何时允许中断，要根据前处理指令条数而定。前处理的最后一条指令是开中断指令，它将中断允许触发器置 1。

2．主体部分

中断服务程序的主体部分是根据中断源的要求编写的。

有的是进行数据传送，有的是检查设备，有的是数据传送完毕后的结束处理，根据不同情况，主体部分可以是一条指令，也可以是一段程序。

3．后处理部分

（1）关闭中断允许触发器（置 0）。这时的关闭操作用指令实现。

（2）恢复现场。把前处理中压入堆栈的数据送回原来的寄存器中。

（3）恢复中断前的屏蔽码。

（4）开中断，将 CPU 中的中断允许触发器置 1，允许设备请求中断。这里应指出，开放中断指令中的开中断操作在硬件上延时到下一条指令执行时才完成，这样可避免断点地址的混乱。

4．中断返回

中断服务程序的最后一条指令是中断返回指令。该指令将压入堆栈中的原 PC 和 PSW 送回相应的寄存器。原程序从断点开始又继续执行下去。中断时，哪一个程序被中止,则中断返回指令执行后,哪个程序就被恢复运行。

上面所述的操作过程是一个典型的过程,但并不是一种固定不变的程式,各种机器的设计方案和硬件结构各不相同,中断处理的具体操作也就各不相同。

11.1.22 中断方式的接口有哪些?

中断方式接口如图 11.1.17 所示。

它包括 4 个 D 型触发器,其中两个工作状态寄存器:完成触发器(DONE)和忙触发器(BUSY);还有一个中断请求触发器(INTR)和一个中断屏蔽触发器(MASK)。

程序中断的工作过程如下:

(1) 当该设备被选中,即选中信号(SEL)为高电平时,置"1"触发器(BUSY),启动设备,同时使完成触发器(DONE)置"0"。

(2) 数据由外设传送到接口的数据缓冲寄存器或外设将接口缓冲寄存器中的数据取走。

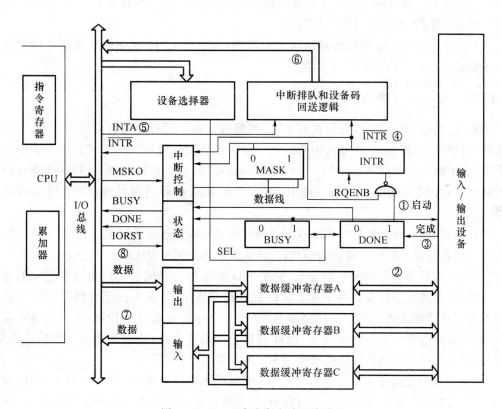

图 11.1.17 程序中断方式基本接口

(3) 当设备动作结束或数据缓冲寄存器数据填满时,设备向接口送出一控制信号,将数据"准备就绪"标志(DONE)置"1";

(4) 如果此时屏蔽触发器为"0"态,则在 CPU 送来的指令结束信号 RQENB 的作用下,使中断请求触发器置"1",向 CPU 发出中断请求信号$\overline{INTR}$。但若中断屏蔽触发器处于"1"态,则即使 DONE 触发器为"1",仍不能产生中断请求信号,直到中断屏蔽触发器为

"0"态为止。中断屏蔽触发器是由 I/O 指令利用 MASK 的上升边来置位或复位的。

（5）若 CPU 是开中断状态，则向外设发出响应中断信号 INTA，并关闭中断。

（6）在中断向量逻辑中通过排队判优，将选中的设备地址或中断向量送 CPU，CPU 通过设备地址或中断向量形成中断程序入口地址，从而转向该设备的中断服务程序。

（7）在中断服务程序通过输入/输出指令进行数据传送。

（8）中断服务程序结束后 CPU 送来的复位（I/O 总清）信号 IORST 将接口中的 BUSY 和 DONE 和 INTR 标志复位。

11.1.23　程序中断 I/O 方式和程序 I/O 方式有什么区别？

（1）在程序 I/O 中，何时对何设备进行输入或输出操作完全受 CPU 控制；在中断 I/O 中，何时对设备操作由外围设备主动通知 CPU。

（2）程序 I/O 方式中，CPU 与外围设备不能并行工作；中断方式由于不需要 CPU 与外围设备的同步工作，所以它们可以并行操作。

（3）程序 I/O 方式中无法处理异常事件，如掉电、非法指令、地址越界等；中断 I/O 方式可以处理随机事件，所以可处理这些异常。

（4）程序查询方式优点是硬件结构比较简单，缺点是 CPU 效率低且只能进行数据传送。中断方式硬件结构相对复杂一些。

11.1.24　什么是中断方式？

中断方式较之查询方式，可以提高 CPU 的利用率和保证对外设响应的实时性，但对于高速外设（如磁盘、高速 A/D 等），中断方式不能满足数据传输速度的要求。因为在中断方式下，每次中断均需保存断点（用于返回地址）和现场（如各寄存器的值，包括标志寄存器）；中断返回时，要恢复断点和现场。同时，进入中断和从中断返回均使 CPU 指令队列被清空。

所有这些原因，使得中断方式难以满足高速外设对传输速度的要求。

对于高速外设的数据传输，一种有效的方式是使用 DMA 方式。

DMA 方式即直接存储器存取方式，它是 I/O 设备与主存储器之间由硬件组成的直接数据通路，用于高速 I/O 设备与主存之间的成组数据传送，是完全由硬件执行 I/O 交换的工作方式。在这种方式下，DMA 控制器从 CPU 完全接管对总线的控制，数据交换不经过 CPU，而直接在内存与设备之间进行，因此数据交换的速度高，适用于高速成组传送数据。目前，磁盘与主存之间的数据传送都采用 DMA 方式。

DMA 方式的优点是速度快。由于 CPU 根本不参加传送操作，因此省略了 CPU 取指令、取数和送数等操作。在数据传送过程中，也不需要像中断方式一样，执行现场保存、现场恢复等工作。内存地址的修改、传送字个数的计数也直接由硬件完成，而不是用软件实现。在数据传送前和结束后要通过程序或中断方式对缓冲器和 DMA 控制器进行预处理和后处理。DMA 方式的主要缺点是硬件线路比较复杂。

11.1.25　DMA 传送方式有哪几种？

DMA 技术的出现，使得外围设备可以通过 DMA 控制器直接访问内存，与此同时，

CPU 可以继续执行程序。通常 DMA 控制器采用三种方法与 CPU 分时使用内存。

1. 停止 CPU 访问内存

当外围设备要求传送一批数据时,由 DMA 控制器向 CPU 发出一个停止信号,要求 CPU 放弃对地址总线、数据总线和控制总线的使用权。DMA 控制器获得总线控制权以后,开始进行数据传送。在一批数据传送完毕后,DMA 控制器通知 CPU 可以使用内存,并把总线控制权交还给 CPU。在这种 DMA 传送过程中,CPU 基本处于不工作状态或者说保持状态。

这种传送方法的优点是控制简单,它适用于数据传输率很高的设备进行成组传送。缺点是在 DMA 控制器访问内存阶段,内存的效能没有充分发挥,相当一部分内存工作周期是空闲的,这是因为,在外设传送一批数据时,CPU 不能访问主存。因主存的存取速度高于外设的工作速度,所以 DMA 工作期间,主存的效能没有充分发挥。如软盘读一字节约要 $32\mu s$,而 RAM 的存取周期只有 $1\mu s$,那么就有 $31\mu s$ 主存是空闲的,浪费较大。

2. 周期挪用

在这种 DMA 传送方法中,当 I/O 设备没有 DMA 请求时,CPU 按程序要求访问内存,一旦 I/O 设备有 DMA 请求,则由 I/O 设备挪用一个或几个内存周期。

与停止 CPU 访问内存的 DMA 方法比较,周期挪用的方法既实现了 I/O 传送,又较好地发挥了内存和 CPU 的效率,是一种广泛采用的方法。

3. DMA 与 CPU 交替访问内存

这种方式是将 CPU 工作周期一分为二,一半由 DMA 使用,一半为 CPU 使用。时间上不会发生冲突,可以使 DMA 传送和 CPU 同时发挥最高的效率。

这种方式不需要总线使用权的申请、建立和归还过程,总线使用权是分时控制的。CPU 和 DMA 控制器各有自己的访问内存地址寄存器、数据寄存器和读/写信号等控制寄存器。这种总线控制权的转移几乎不需要什么时间,所以对 DMA 传送来讲效率是很高的。但 CPU 的系统周期比存储周期长得多,且相应的硬件逻辑也就更加复杂。

11.1.26 基本的 DMA 控制器由哪些部分组成?

图 11.1.18 为一最简单的 DMA 控制器组成示意图,它由以下逻辑部件组成:

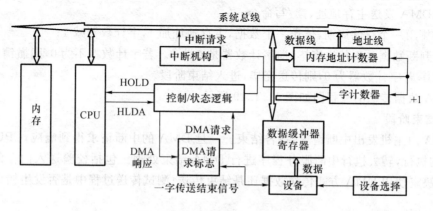

图 11.1.18　DMA 控制器框图

（1）内存地址计数器：用于存放在内存中要交换数据的地址。

（2）字计数器：用于记录传送数据块的长度。

（3）数据缓冲寄存器：用于暂存每次的数据（一个字）。

（4）DMA 请求标志：当设备准备好一个字后给出一个控制信号，使 DMA 请求标志置1。该标志位置位后，再向控制/状态逻辑发送 DMA 请求，CPU 响应此请求后发回响应信号 HLDA。控制/状态逻辑接收到此信号后发出 DMA 响应信号，使 DMA 请求标志复位，为交换下一个字做准备。

（5）控制/状态逻辑：由控制和时序电路以及状态标志组成，用来修改内存地址计数器和字计数器，指定传送类型（输入或输出），并对 DMA 请求信号和 CPU 响应信号进行协调和同步。

（6）中断机构：当一组数据交换完毕时，由溢出信号触发中断机构，向 CPU 提出中断报告。

11.1.27　DMA 操作过程（周期挪用方式）是怎样进行的？

DMA 的数据块传送过程可分为 3 个阶段，即准备阶段、传送阶段、结束阶段。

1. 准备阶段

主机用指令向 DMA 接口传送以下信息：

（1）读或写的命令。

（2）向 DMA 接口中的内存地址计数器送数据块在主存的首址。

（3）向 DMA 控制器的设备地址寄存器中送入设备号。

（4）向字计数器中送入交换的数据字个数。

（5）启动 DMA。

2. 传送阶段

传送阶段的步骤如下：

（1）外设准备好发送数据（输入）或接收数据（输出）时，向主机发 DMA 请求；

（2）CPU 在本机器周期执行完毕后响应该请求并使 CPU 的总线驱动器处于高阻状态，让出主存使用权；

（3）DMA 发送主存地址、读/写命令；

（4）挪用一个存储周期，传送一个数据，主存地址加 1，字计数器减 1；

（5）判断数据是否传送完毕，即字计数器是否为 0。若字计数器不为 0，则撤销 DMA 请求，返回①；若字计数器为 0，则传送完毕，进入结束阶段。

DMA 数据传送的流程图如图 11.1.19 所示。

3. 结束阶段

DMA 向主机发出中断请求，报告结束。一旦 DMA 的中断请求得到响应，CPU 将停止主程序的执行，转去执行中断服务程序进行 DMA 结束处理。包括校验送入内存的数据是否正确；决定使用 DMA 方式传送数据还是结束传送；测试传送过程中是否发生错误。

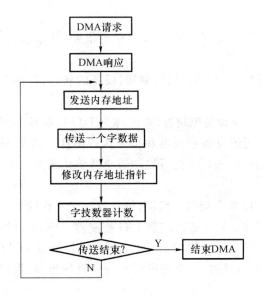

图 11.1.19　DMA 数据传送的流程图

11.1.28　DMA 方式与中断控制方式有何区别?

DMA 是程序中断传送技术的发展。它在硬件逻辑机构的支持下,以更快的速度、更简便的形式传送数据。两者之间的明显区别有:

(1)中断方式通过程序实现数据传送,而 DMA 方式不使用程序,直接靠硬件来实现。

(2)CPU 对中断的响应是在执行完一条指令之后,而对 DMA 的响应则可以在指令执行过程中的任何两个存储周期之间。

(3)中断方式不仅具有数据传送能力,而且还能处理异常事件。DMA 只能进行数据传送。

(4)中断方式必须切换程序,要进行 CPU 现场的保护和恢复操作。DMA 仅挪用了一个存储周期,不改变 CPU 现场。

(5)DMA 请求的优先权比中断请求高。CPU 优先响应 DMA 请求,是为了避免 DMA 所连接的高速外设丢失数据。

11.1.29　通道的类型有哪些?

输入/输出通道控制是一种以内存为中心,实现设备和内存直接交换数据的控制方式。在通道方式中,数据的传送方向、存放数据的内存起始地址以及传送的数据块长度等都由通道来进行控制。

另外,通道控制方式可以做到一个通道控制多台设备与内存进行数据交换。因而,通道方式进一步减轻了 CPU 的工作负担,增加了计算机系统的并行工作程度。

通道相当于一个功能单纯的处理机,它具有自己的指令系统,包括读、写、控制、转移、结束以及空操作等指令,并可以执行由这些指令编写的通道程序。

通道的运算控制部件包括以下内容。

(1)通道地址字(CAW):记录下一条通道指令存放的地址,其功能类似于中央处理器的指令寄存器。

（2）通道命令字（CCW）：记录正在执行的通道指令，其作用相当于中央处理器的指令寄存器。

（3）通道状态字（CSW）：记录通道、控制器、设备的状态，包括 I/O 传输完成信息、出错信息、重复执行次数等。

在通道控制方式中，I/O 设备控制器（常简称为 I/O 控制器）中没有传送字节计数器和内存地址寄存器，但多了通道设备控制器和指令执行部件。CPU 只需发出启动指令，指出通道相应的操作和 I/O 设备，该指令就可启动通道并使该通道从内存中调出相应的通道指令执行。

通道要在 CPU 的 I/O 指令指挥下启动、停止或改变工作状态。一旦 CPU 发出启动通道的指令，通道就开始工作。I/O 通道控制 I/O 控制器工作，I/O 控制器又控制 I/O 设备。这样，一个通道可以连接多个 I/O 控制器，而一个 I/O 控制器又可以连接若干台同类型的外部设备。在大中型计算机系统中，系统所配备的外设种类多、数量大，因此通常采用通道控制方式。

通道通过执行通道程序实施对 I/O 系统的统一管理和控制，因此，它是完成输入/输出操作的主要部件。在 CPU 启动通道后，通道自动地去内存取出通道指令并执行指令，直到数据交换过程结束才向 CPU 发出中断请求，进行通道结束处理工作。

1. 字节多路通道

字节多路通道主要用于连接大量的低速和中速面向字符的外围设备，这些设备的数据传输率很低，而通道从设备接收或发送一个字节只需要几百纳秒，因此通道在传送两个字节之间有很多空闲时间，字节多路通道正是利用这个空闲时间为其他设备服务。

2. 选择通道

选择通道又称高速通道，在物理上它可以连接多个设备，但是这些设备不能同时工作，在某一段时间内通道只能选择一个设备进行工作。当这个设备的通道程序全部执行完毕后，才能执行其他设备的通道程序。

选择通道主要用于连接高速外围设备，如磁盘、磁带等，信息以成组方式高速传输。由于数据传输率很高，通道在传送两个字节之间已很少空闲，所以在数据传送期间只为一台设备服务。

3. 数组多路通道

数组多路通道是对选择通道的一种改进，它的基本思想是当某设备进行数据传送时，通道只为该设备服务；当设备在执行寻址等辅助性动作时，通道暂时断开与这个设备的连接，挂起该设备的通道程序，去为其他设备服务，即执行其他设备的通道程序。

由于数组多路通道既保留了选择通道高速传送数据的优点，又充分利用了辅助性操作的时间间隔为其他设备服务，使通道效率充分得到发挥，因此数组多路通道在实际系统中得到较多应用。

11.1.30 通道流量如何计算？

通道吞吐率又称通道流量或通道数据传输率，即一个通道在数据传送期间单位时间内能够传送的最大数据量。一个通道在满负荷工作状态下的最大流量称为通道最大流量。通道最大流量主要与通道的工作方式(指字节多路通道、选择通道和数组多路通道)、在数据传送期间通道选择一次设备所用的时间以及传送一个字节所用的时间等因素有关。

为了计算通道流量,我们先定义一些参数。

(1) T_s 设备选择时间。从通道响应设备发出数据传送请求开始,到通道开始为这台设备传送数据所需的时间。

(2) T_d 传送一个字节所用的时间。实际上就是通道执行一条通道指令(即数据传送指令)所用的时间。

(3) P 在一个通道上连接的设备台数,且这些设备同时都工作。

(4) n 每一个设备传送的字节个数。在这里,假设每一台设备传送的字节数都是 n。

(5) T 通道完成所有数据传送所需要的时间。

1. 字节多路通道

在字节多路通道中,通道每连接一个外围设备只传送一个字节,然后又与另一台设备相连接并传送一个字节,因此,设备选择时间 T_s 和数据传送时间 T_d 是间隔进行的。当一个字节多路通道上连接有 P 台外围设备,每一台外围设备都传送 n 个字节时,总共所需要的时间 $T_{\text{BYTE}}=(T_s+T_d)\cdot P\cdot n$。

2. 选择通道

在选择通道中,通道每连接一个设备,就将这个设备的 n 个字节全部传送完毕,然后再与另一台设备相连接。因此,当一个选择通道上连接有 P 台外围设备,每一台外围设备都传送 n 个字节时,总共所需要的时间 $T_{\text{SELECT}}=(T_s/n+T_d)\cdot P\cdot n$。

3. 数组多路通道

数组多路通道在一段时间内只能够为一台设备传送数据,但可以有多台设备在寻址。数组多路通道的工作方式与字节多路通道很相似,不同的是,在数组方式下必须传送一组数据,而字节方式每次只能传送一个字节。假设 k 为一个数据块中的字节长度,当一个选择通道上连接有 P 台外围设备,每台外围设备都传送 n 个字节时,则总的传输时间 $T_{\text{BLOCK}}=(T_s/k+T_d)\cdot P\cdot n$。

由各种通道方式下数据传输时间的计算公式以及通道流量定义,可得到每种通道方式的最大流量计算公式如下:

$$f_{\text{MAX. BYTE}}=P\cdot n/((T_s+T_d)\cdot P\cdot n)=1/(T_s+T_d)$$
$$f_{\text{MAX. SELECT}}=P\cdot n/((T_s/n+T_d)\cdot P\cdot n)=1/(T_s/n+T_d)$$
$$f_{\text{MAX. BLOCK}}=P\cdot n/((T_s/k+T_d)\cdot P\cdot n)=1/(T_s/k+T_d)$$

由字节多路通道的工作原理可知,其实际流量是连接在这个通道上所有设备的数据传输率之和,即

$$f_{\text{BYTE}}=\sum f_i \qquad i=1,2,3,4,\cdots,p$$

对于选择通道与数组多路通道,在一段时间内一个通道只能为一台设备传送数据,而且此时通道流量等于这台设备的数据传输率。因此,这两种通道的实际流量就是连接在这个通道上的所有设备中数据流量最大的一个,即

$$f_{\text{SELECT}}=\max(f_i) \quad i=1,2,3,4,\cdots,p$$
$$f_{\text{BLOCK}}=\max(f_i) \quad i=1,2,3,4,\cdots,p$$

11.1.31 简述通道工作过程

通道工作过程如图 11.1.20 所示。可以分为 3 个步骤:

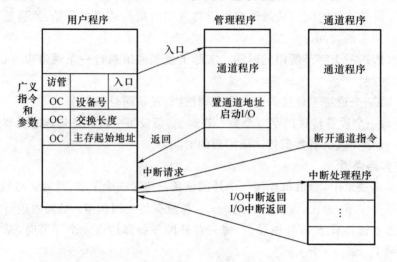

图 11.1.20 通道完成一次数据传输的主要过程

① 用户程序中调用访管指令进入管理程序,由 CPU 通过管理程序组织一个通道程序,并启动通道。

② 通道处理机执行 CPU 为其组织的通道程序,完成指定的数据输入/输出工作。当通道启动后,CPU 可以退出操作系统的管理程序,返回用户程序中继续执行。

③ 通道程序结束后向 CPU 发中断请求。CPU 响应此中断请求后,第二次进入操作系统,调用管理程序对输入/输出中断进行处理。

11.2 典型题解

题型 1 输入/输出接口概述

1. 选择题

【例 11.1.1】 在统一编址方式下,下面的说法_____是对的。

A. 一个具体地址只能对应输入/输出设备

B. 一个具体地址只能对应内存单元

C. 一个具体地址既可对应输入/输出设备又可对应内存单元

D. 一个具体地址只对应 I/O 设备或者只对应内存单元

答:统一编址方式是把 I/O 端口当做存储器的单元进行分配地址。本题答案为:D。

【例 11.1.2】 在数据传送过程中,数据由串行变并行或由并行变串行,其转换是通过_____实现的。

A. 移位寄存器　　　B. 数据寄存器　　　C. 锁存器　　　D. 指令寄存器

答:本题答案为:A。

【例11.1.3】 在独立编址方式下,存储单元和I/O设备是靠_____来区分的。

A. 不同的地址代码　　　　　　　　　B. 不同的地址总线

C. 不同的指令或不同的控制信号　　　D. 上述都不对

答:在独立编址方式下计算机系统内有两个存储空间,一个是存储器地址空间,另一个就是I/O端口地址空间,访问I/O地址空间必须用专门的I/O指令。本题答案为:C。

【例11.1.4】 在统一编址方式下,存储单元和I/O设备是靠_____来区分的。

A. 不同的地址代码　　　　　　　　　B. 不同的地址总线

C. 不同的指令或不同的控制信号　　　D. 上述都不对

答:本题答案为:A。

【例11.1.5】 下面论述正确的是_____。

A. 具有专门输入/输出指令的计算机外设可以单独编址

B. 统一编址方式下,不可访问外设

C. 访问存储器的指令,只能访问存储器,一定不能访问外设

D. 只有输入/输出指令才可以访问外设

答:在统一编址方式下,CPU访问端口如同访问存储器一样,所有访问内存指令同样适合于I/O端口,可以通过功能强大的访问内存指令直接对I/O端进行操作。B、C、D都不对。在单独编址方式下,访问I/O地址空间必须用专门的I/O指令。本题答案为:A。

【例11.1.6】 I/O接口中数据缓冲器的作用是_____。

A. 用来暂存外部设备和CPU之间传送的数据

B. 用来暂存外部设备的状态

C. 用来暂存外部设备的地址

D. 以上都不是

答:数据缓冲器存放CPU和外设要交换的数据。本题答案为:A。

【例11.1.7】 程序查询方式、中断方式和DMA方式的优先级排列次序为_____。

A. 程序查询方式、中断方式、DMA方式　　B. 中断方式、程序查询方式、DMA方式

C. DMA方式、程序查询方式、中断方式　　D. DMA方式、中断方式、程序查询方式

答:本题答案为:D。

【例11.1.8】 下述I/O控制方式中,主要由程序实现的是_____。

A. PPU(外围处理机)方式　　　　　　B. 中断方式

C. DMA方式　　　　　　　　　　　　D. 通道方式

答:本题答案为:B。

【例11.1.9】 微型机系统中,外围设备通过适配器与主板的系统总线相连接,其功能是_____。

A. 数据缓冲和数据格式转换　　　　　B. 监测外围设备的状态

C. 控制外围设备的操作　　　　　　　D. 前三种功能的综合

答:本题答案为:D。

2. 填空题

【例11.1.10】 外设接口的主要功能是: ① , ② , ③ 。

答:本题答案为:①匹配主机与外设速度的差异;②实现数据格式的转换;③传达主机的命令反映设备的状态。

【例11.1.11】 每一种外设都是在它自己的 ① 控制下进行工作,而①则通过 ② 和 ③ 相连并受③控制。

答:设备控制器的作用是控制并实现主机与外部设备之间的数据传送。本题答案为:①设备控制器;②适配器;③主机。

【例 11.1.12】 在微型计算机中,实现输入/输出数据传送的方式分为 3 种:程序直接控制方式、 ① 方式和 ② 方式。

答:目前,小型机和微型机中大都采用程序查询控制方式、程序中断控制方式和 DMA 方式。本题答案为:①程序中断;②直接存储器存取(DMA)。

【例 11.1.13】 程序控制方式包括 ① 方式和 ② 方式。

答:本题答案为:①程序查询;②中断。

【例 11.1.14】 输入/输出系统由 ① 、 ② 以及相关软件组成。

答:输入/输出系统包括外围设备以及其与主机之间的控制部件。本题答案为:①输入/输出设备;②输入/输出接口。

【例 11.1.15】 接口寄存器的编址方式有 ① 和 ② 两种。

答:本题答案为:①统一编址;②单独编址。

【例 11.1.16】 统一编址方式是将 ① 和 ② 统一进行编址。

答:统一编址方式是把 I/O 端口当做存储器的单元进行分配地址。本题答案为:①输入/输出设备中的各寄存器;②内存单元。

【例 11.1.17】 统一编址方式下,访问输入/输出设备使用的是 ① 指令,访问输入/输出设备和内存将使用 ② 的控制总线。

答:在统一编址方式下,所有访问内存指令同样适合于 I/O 端口。本题答案为:①访问内存;②相同。

【例 11.1.18】 单独编址方式下,输入/输出操作使用 ① 指令实现,输入/输出设备和内存的访问将使用 ② 的控制总线。

答:在单独编址方式下,访问 I/O 地址空间必须用专门的 I/O 指令。本题答案为:①专门的输入/输出;②不同。

【例 11.1.19】 输入/输出设备接口中的基本寄存器包括控制寄存器、 ① 、 ② 。

答:本题答案为:①状态寄存器;②数据寄存器。

【例 11.1.20】 输入/输出操作实现的 CPU 与 I/O 设备的数据传输实际上是 CPU 与_____之间的数据传输。

答:数据寄存器中存放 CPU 与外设交换的数据。本题答案为:I/O 设备接口中的寄存器。

【例 11.1.21】 CPU 与外部设备交换数据时,用 ① 、 ② 、 ③ 和 ④ 等方法来协调它们之间的速度不同步。

答:本题答案为:①程序查询;②中断;③DMA;④通道。

3. 简答题

【例 11.1.22】 把外围设备接入计算机系统时,必须解决哪些基本问题?通过什么手段解决这些问题?

答:外围设备接入计算机系统时,必须解决以下基本问题:

① 由于一般外围设备都有它自身的独立时钟,故把它们接入主机时,必须解决两个异步工作的系统之间同步或通信联络问题。

② 由于外围设备的工作速度远比主机慢,有的相差达几个数量级,故将它们相连时,必须解决速度匹配问题。

③ 由于外围设备的数据格式往往与主机内部的数据格式不同,故将它们相连时,必须解决数据格式的转换问题。

通过总线接口解决上述问题。

【例 11.1.23】 主机与外设间的信息交换通过访问与外设相对应的寄存器(端口)来实现,对这些端口的编址方式有几种?80X86 微机采用的是哪一种方式?它的 I/O 地址空间可以直接寻址和间接寻址,它们各自最大可以提供多少个 8 位端口、16 位端口或 32 位端口?

答:I/O端口编址方式有两种:统一编址和单独编址。

80X86微机采用单独编址方式。直接寻址I/O端口的寻址范围为00~FFH,至多有256个端口地址。这时程序可以指定256个8位端口、128个16位端口或64个32位端口。间接寻址由DX寄存器间接给出I/O端口地址,DX寄存器长16位,至多有65 536个端口地址。这时程序可指定65 536个8位端口、32 768个16位端口或16 384个32位端口。

【例11.1.24】 试比较几种I/O方式。

答:在计算机系统中,CPU管理外围设备的方式有程序查询方式、程序中断方式、DMA方式、通道方式和外围处理机方式。其中前3种技术在现在的微型计算机系统中是非常常见的,后两种主要用于比较复杂的高档计算系统中。外围处理机方式可以看成是通道处理机的进一步扩展。如图11.2.1所示是一个分类示意图。

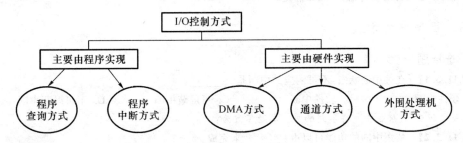

图11.2.1 外围设备的输入/输出方式分类

4. 综合题

【例11.1.25】 设一磁盘盘面共有磁道200道,盘面总存储容量为1.6MB,磁盘旋转一周的时间为25 ms,每道有4个区,各区之间有一间隙,磁头通过每个间隙需1.25 ms。

(1) 问磁盘通道所需最大传输率是多少(B/s)?

(2) 有人为上述磁盘机设计了一个与主机之间的接口,磁盘读出数据串行送入一个移位寄存器,每当移满16位后,向处理机发出一个请求交换数据的信号。处理机响应请求信号并取走移位寄存器的内容后,磁盘机再串行送入下一个16位的字,如此继续工作。现在已知处理机在接到请求交换信号后最长响应时间是3 μs,问这样的接口能否正确工作?应如何改进?

解:

(1) 磁道容量＝1.6MB/200＝1 600KB/200＝8KB,读一道数据的时间＝25 ms－1.25 ms×4＝20 ms,磁盘的数据传输率＝8KB/0.020 s＝400KB/s。

(2) 因为磁盘的数据传输率＝400KB/s,所以磁盘准备一个16位字的时间＝5 μs。

直接从移位寄存器送回数据的方案不能正确工作。这是因为移位寄存器保存一个字的时间仅为5 μs÷16≈0.3 μs,而响应时间可能达到3 μs,所以有可能失去数据。

改进方法:再设置一个发送寄存器,每当移位寄存器内为一个字时就将其内容送发送寄存器保存,由发送寄存器送数据。这个寄存器保存一个字的最短时间为5 μs。

题型2 程序查询方式

1. 选择题

【例11.2.1】 主机、外设不能并行工作的方式是_____。

A. 程序查询方式　　　B. 中断方式　　　C. 通道方式

答:在程序查询方式下,CPU等待外围设备完成接收或发送数据的准备工作期间,CPU只能踏步等待,不能处理其他任务。本题答案为:A。

2. 简答题

【例 11.2.2】 试述程序查询方式下计算机进行输入/输出操作的过程。

答:在程序查询方式下,计算机进行输入操作的过程如下:

① CPU 把一个地址值放在地址总线上,选择某一输入设备。

② CPU 等待输入设备的数据成为有效。

③ CPU 从数据总线输入数据,放在寄存器中。

输出操作的过程是:

① CPU 把一个地址值放在地址总线上,选择某一输出设备。

② CPU 把数据放在数据总线上。

③ 输出设备认为数据有效,将数据取走。

题型3 程序中断方式

1. 选择题

【例 11.3.1】 在关中断状态,不可响应的中断是_____。

A. 硬件中断   B. 软件中断   C. 可屏蔽中断   D. 不可屏蔽中断

答:关中断后,可屏蔽中断得不到响应。本题答案为:C。

【例 11.3.2】 禁止中断的功能可以由_____来完成。

A. 中断触发器

B. 中断允许触发器

C. 中断屏蔽触发器

D. 中断禁止触发器

答:禁止中断的功能可以由中断允许触发器来完成;屏蔽中断的功能可以由中断屏蔽触发器来完成。本题答案为:B。

【例 11.3.3】 有关中断的论述不正确的是_____。

A. CPU 及 I/O 设备可实现并行工作,但设备之间不可并行工作

B. 可以实现多道程序、分时操作、实时操作等

C. 对高速外设(如磁盘)采用中断可能引起数据丢失

D. 计算机的中断源可来自主机,也可来自外设

答:当有多台外设依次启动后,可同时进行数据交换的准备工作,CUP 可按轻重缓急去处理几台外设的数据传送,从而实现了外设的并行工作。本题答案为:A。

【例 11.3.4】 当有中断源发出请求时,CPU 可执行相应的中断服务程序。提出中断请求的可以是_____。

A. 通用寄存器   B. 专用寄存器   C. 外部事件   D. cache

答:本题答案为:C。

【例 11.3.5】 为了便于实现多级中断,保存现场信息最有效的办法是采用_____。

A. 通用寄存器   B. 堆栈   C. 存储器   D. 外存

答:本题答案为:B。

【例 11.3.6】 以下论述正确的是_____。

A. CPU 响应中断期间仍执行原程序

B. 在中断过程中,若又有中断源提出中断,CPU 立即响应

C. 在中断响应中,保护断点、保护现场应由用户编程完成

D. 在中断响应中,保护断点是由中断响应自动完成的

答:CPU 响应中断期间做保护断点和现场的工作,不执行原程序;在中断过程中当又有中断源提出中断时,若 CPU 处于开中断的状态,则 CPU 在执行完当前指令后响应新的中断;在中断响应中,保护断点和

状态寄存器的工作是由 CPU 自动完成的,而保护其他现场的工作是用户编程完成。本题答案为:D。

【例11.3.7】 中断系统是由_____实现的。

A. 仅用硬件　　　　　B. 仅用软件　　　　　C. 软、硬件结合　　　　　D. 以上都不对

答:中断系统是硬件和软件相互配合、相互渗透而使得计算机系统得以充分发挥能力的计算模式。本题答案为:C。

【例11.3.8】 在中断响应过程中,保护程序计数器 PC 的作用是_____。

A. 使 CPU 能找到中断处理程序的入口地址

B. 使中断返回时,能回到断点处继续原程序的执行

C. 使 CPU 和外部设备能并行工作

D. 为了实现中断嵌套

答:为了在中断处理结束后能正确地返回到中断点,在响应中断时,必须把当前的程序计数器 PC 中的内容(即断点)保存起来。本题答案为:B。

【例11.3.9】 中断向量是_____。

A. 子程序入口地址　　　　　　　　　B. 中断服务例行程序入口地址

C. 中断服务例行程序入口地址的指示器　　D. 中断返回地址

答:中断向量是中断源的中断服务程序入口地址的地址。本题答案为:C。

【例11.3.10】 中断允许触发器用来控制_____。

A. 外设提出中断请求　　　　　　　　B. 响应中断

C. 开放或关闭中断系统　　　　　　　D. 正在进行中断处理

答:只有该触发器为"1"状态时,才允许处理机响应中断。本题答案为:B。

【例11.3.11】 下面情况下,可能不发生中断请求的是_____。

A. DMA 操作结束　　　　　　　　　B. 一条指令执行完毕

C. 机器出现故障　　　　　　　　　　D. 执行"软中断"指令

答:DMA 操作结束、机器出现故障、执行"软中断"指令都会产生中断请求。而一条指令执行完毕可能响应中断请求,不会发生中断请求。本题答案为:B。

【例11.3.12】 某中断系统中,每抽取一个输入数据就要中断 CPU 一次,中断处理程序接收取样的数据,并将其保存到主存缓冲区内,该中断处理需要 X 秒。另一方面,缓冲区内每存储 N 个数据,主程序就将其取出进行处理,这种处理需要 Y 秒。因此,该系统可以每秒跟踪_____次中断请求。

A. $N/(NX+Y)$ 　　　　　　　　　　B. $N/(X+Y)N$

C. $\min[1/X, 1/Y]$ 　　　　　　　　　D. $\max[1/X, 1/Y]$

答:CPU 输入 N 个数据并处理完毕所需的时间 $=NX+Y$,在这个时间内 CPU 中断了 N 次,所以 CPU 跟踪的中断请求的速度为 $N/(NX+Y)$(次/s)本题答案为:A。

【例11.3.13】 中断处理过程中保存现场的工作是　①　。保存现场最基本的工作是保存断点和当前状态,其他工作是保存当前寄存器的内容等。后者与具体的中断处理有关,常在　②　用　③　实现,前者常在　④　用　⑤　完成。

设 CPU 中有 16 个通用寄存器,某中断处理程序运行时仅用到其中的 2 个,那么进入该处理程序前要把这　⑥　个寄存器内容保存到内存中去。

若某机器在响应中断时由硬件将 PC 保存到主存 00001 单元中,而该机允许多重中断,那么进入中断程序后　⑦　将此单元的内容转存到其他单元中。

供选择的答案:

①: 　A. 必需的　　　　　　　　　　B. 可有可无的

②,④: 　A. 中断发生前　　　　　　　　B. 响应中断前

　　　　C. 具体的中断服务程序执行时　　D. 响应中断时

③、⑤：	A. 硬件	B. 软件
⑥：	A. 16	B. 2
⑦：	A. 不必	B. 必须

答：中断处理过程中保存现场的工作是必需的。保存现场最基本的工作是保存断点和当前状态，此外还有保存当前寄存器的内容等。后者与具体的中断处理有关，常在具体的中断服务程序执行时用软件实现，前者常在响应中断时用硬件完成。

设 CPU 中有 16 个通用寄存器，某中断处理程序运行时仅用到其中的 2 个，那么进入该处理程序前要把这 2 个寄存器内容保存到内存中去。若某机器在响应中断时由硬件将 PC 保存到主存 00001 单元中，而该机允许多重中断，那么进入中断程序后必须将此单元的内容转存到其他单元中，因为主存 00001 单元要接受新的断点。本题答案为：①A；②C；③B；④D；⑤A；⑥B；⑦B。

【例 11.3.14】 设置中断触发器保存外设提出的中断请求，是因为 ___①___ 和 ___②___ 。后者也是提出中断分级、中断排队、中断屏蔽、中断禁止与允许、多重中断等概念的缘由。

供选择的答案：

A. 中断不需要立即处理

B. 中断设备与 CPU 不同步

C. CPU 无法对发生的中断请求立即进行处理

D. 可能有多个中断同时发生

答：中断触发器的输出可以作为中断请求信号，在满足一定条件的情况下把信号发送给 CPU，并在 CPU 未响应时一直保存下去。本题答案为：① C；② D。

【例 11.3.15】 一般情况下，CPU 在一条指令执行结束前判断是否有中断请求，若无，则执行下一条指令，若有，则按如下步骤进行中断处理：

步骤 a 关中断，然后将断点（PC 内容）和程序状态字等现场保存，并转入中断处理程序。

步骤 b 判断中断源，根据中断源进入相应中断的处理程序。

步骤 c 做好设置新的中断屏蔽码等准备工作后即执行开中断，然后进入具体的中断服务程序执行中断服务。

步骤 d 关中断，然后恢复现场。

步骤 e 执行开中断，然后立即执行中断返回。

从供选择的答案中选择合适的答案完成下述填空：

步骤 a 由 ___①___ 实现。若采用向量中断方式，则不必执行步骤 b。步骤 c 中开中断的目的是 ___②___ 。由于设置了 ___③___ ，故可在多重中断发生时改变中断响应顺序。步骤 e 的开中断是由 ___④___ 实现的。

供选择的答案：

① A. 程序	B. 中断隐指令（硬件）
② A. 使原来的屏蔽码不起作用	B. 便于高级的中断请求得以及时处理
③ A. 新的屏蔽码	B. 开中断
④ A. 程序	B. 硬件

答：步骤 a 由硬件实现。若采用向量中断方式，则不必执行步骤 b。步骤 c 中开中断的目的是便于高级的中断请求得以及时处理。由于设置了新的屏蔽码，故可在多重中断发生时改变中断响应顺序。步骤 e 的开中断是由程序实现的。本题答案为：①B；②B；③A；④A。

2. 填空题

【例 11.3.16】 中断处理需要有中断 ___①___ 、中断 ___②___ 产生、中断 ___③___ 等硬件支持。

答：本题答案为：① 优先级仲裁；② 向量；③ 控制逻辑。

【例 11.3.17】 CPU 响应中断时最先完成的两个步骤是 ___①___ 和 ___②___ 。

答：为使中断服务结束后，CPU 能返回被中断程序的断点处继续执行，需对被中断程序的断点进行保护。本题答案为:①关中断;②保存现场信息。

【例11.3.18】 内部中断是由 ___①___ 引起的,如运算溢出等。内部中断通常称为 ___②___。

答:本题答案为:①CPU 的某种内部因素;②异常。

【例11.3.19】 外部中断是由 _____ 引起的,如输入/输出设备产生的中断。

答:由主机外部事件引起的中断称为外中断,外中断均是强迫中断。本题答案为:主机外部的中断信号。

【例11.3.20】 禁止中断由 CPU 内部设置一个可以由程序设定的 ___①___ 实现,当其为 ___②___ 时允许 CPU 响应中断,否则禁止 CPU 响应中断。

答:CPU 内部设置一个中断允许触发器,当其为"1"时允许 CPU 响应中断,当其为"0"时禁止 CPU 响应中断。本题答案为:①中断允许触发器;②"1"。

【例11.3.21】 中断屏蔽是靠为每个中断源设置一个 ___①___ 实现的,当其为 ___②___ 时禁止该中断源的中断请求,否则允许通过。

答:中断接口中为每个中断源设置一个中断屏蔽触发器,一般情况下当其为"0"时允许该中断源发出中断请求,当其为"1"时禁止该中断源发出中断请求。本题答案为:①中断屏蔽触发器;②"1"。

【例11.3.22】 CPU 响应中断时需要保存当前现场,这里现场指的是 ___①___ 和 ___②___ 的内容,它们被保存到 ___③___ 中。

答:现场信息一般指的是程序状态字,中断屏蔽寄存器和 CPU 中某些寄存器的内容。本题答案为:①断点地址;②状态寄存器;③堆栈。

【例11.3.23】 在中断服务程序中,保护和恢复现场之前需要 _____ 中断。

答:在中断服务程序的保护和恢复现场之前要关中断,使处理现场工作不至于被打断。在中断服务程序的保护和恢复现场之后要开中断,为能再次响应中断请求做准备。本题答案为:关。

【例11.3.24】 使用禁止中断或屏蔽中断可以保证正在执行的程序的 _____。

答:在保存现场的过程中,即使有更高级的中断源申请中断,CPU 也不响应该中断;否则,如果现场保存不完整,在中断服务程序结束之后,也就不能正确地恢复现场并继续执行现行程序。本题答案为:完整性。

【例11.3.25】 CPU 内部中断允许触发器对 _____ 中断不起作用,如掉电就属于此类中断。

答:有些中断请求是不可屏蔽的。也就是说,不管中断系统是否开中断,这些中断源的中断请求一旦提出,CPU 必须立即响应。本题答案为:不可屏蔽。

【例11.3.26】 在中断服务中,开中断的目的是允许 _____。

答:开中断将允许更高级中断请求得到响应,实现中断嵌套。本题答案为:多级中断。

【例11.3.27】 中断裁决机制有 ___①___、___②___ 和独立请求三种方式。

答:本题答案为:① 程序查询;②硬件查询方式。

【例11.3.28】 一个中断向量对应一个 _____。

答:中断向量包括了该中断源的中断服务程序入口地址。本题答案为:中断服务程序的入口地址。

【例11.3.29】 中断处理过程可以 ___①___。___②___ 的设备可以中断 ___③___ 的中断服务程序。

答:一般情况下,在处理某级中的某个中断时,与它同级的或比它低级的新中断请求应不能中断它的处理,而比它优先级高的新中断请求却能中断它的处理。本题答案为:① 嵌套;② 优先级高;③ 优先级低。

【例11.3.30】 由 ___①___ 引起的中断是软件中断,用于调用 ___②___ 服务程序。

答:本题答案为:① 自陷指令;② 操作系统。

【例11.3.31】 接口接收到中断响应信号 INTA 后,将 _____ 传送给 CPU。

答:本题答案为:中断向量。

【例11.3.32】 中断屏蔽的作用有两个: _____。

答:可屏蔽中断就是用户可以控制的中断,其途径是通过对 CPU 内的中断允许触发器的中断标志位 IF 的设置来禁止和允许 CPU 响应中断;中断屏蔽寄存器的作用是改变中断处理的优先级别。本题答案为:一是改变中断处理的优先级别;二是屏蔽一些不允许产生的中断。

3. 判断题

【例11.3.33】 中断方式一般适用于随机出现的服务。

答:程序 I/O 方式中无法处理异常事件,如掉电、非法指令、地址越界等;中断 I/O 方式可以处理随机事件,所以可处理这些异常。本题答案为:对。

【例11.3.34】 为了保证中断服务程序执行完毕以后,能正确返回到被中断的断点继续执行程序,必须进行现场保存操作。

答:为了在中断处理结束后能正确地返回到中断点,在响应中断时,必须把当前的程序计数器 PC 中的内容(即断点)保存起来。本题答案为:对。

【例11.3.35】 中断屏蔽技术是用中断屏蔽寄存器对中断请求线进行屏蔽控制,因此,只有多级中断系统(CPU 提供多条中断请求输入线)才能采用中断屏蔽技术。

答:单级中断系统也能采用中断屏蔽技术。本题答案为:错。

【例11.3.36】 一个更高优先级的中断请求可以中断另一个中断处理程序的执行。

答:如果 CPU 关中断或更高优先级的中断源被屏蔽,则优先级高的中断请求也不能中断另一个中断处理程序的执行。本题答案为:错。

【例11.3.37】 外部设备一旦申请中断,便能立刻得到 CPU 的响应。

答:如果 CPU 关中断,则外部设备有中断申请,也不能立刻得到 CPU 的响应。本题答案为:错。

【例11.3.38】 屏蔽所有的中断源,即为关中断。

答:CPU 不允许中断才为关中断。本题答案为:错。

【例11.3.39】 CPU 在响应中断后可以立即响应更高优先级的中断请求(不考虑中断优先级的动态分配)。

答:CPU 响应中断后在保护断点和现场以及开中断之前不能立即响应更高优先级的中断请求。本题答案为:错。

【例11.3.40】 与各中断源的中断级别相比较,CPU(或主程序)的级别最高。

答:在主程序执行时,若有 I/O 请求或有硬件等方面的故障等,都可以中断主程序的执行,因此 CPU 的级别并不是最高的。本题答案为:错。

【例11.3.41】 中断级别最高的是不可屏蔽中断。

答:级别最高的中断不一定是不可屏蔽中断,这与机器的设计有关。例如,在 PC/XT 中内中断的优先级要比不可屏蔽的中断级别高。本题答案为:错。

【例11.3.42】 一旦有中断请求出现,CPU 立即停止当前指令的执行,转而去受理中断请求。

答:一旦有中断请求出现,CPU 在执行完当前指令后才转去受理中断请求。本题答案为:错。

【例11.3.43】 CPU 响应中断时暂停运行当前程序,自动转移到中断服务程序。

答:中断使 CPU 暂时中断现正在执行的程序,而转至另一服务程序去处理 I/O 设备或其他非预期的急需处理的事件。本题答案为:对。

4. 简答题

【例11.3.44】 中断处理过程包括哪些操作步骤?

答:中断处理过程如下:

① 设备提出中断请求。

② 当一条指令执行结束时 CPU 响应中断。

③ CPU 关中断,不再响应其他中断请求。

④ 保存程序断点(PC)。

⑤ 硬件识别中断源(转移到中断服务子程序入口地址)。

⑥ 用软件方法保存 CPU 现场。

⑦ 为设备服务。

⑧ 恢复 CPU 现场。

⑨ CPU 开中断,以便接收其他设备中断请求。

⑩ 返回主程序。

【例 11.3.45】 一次程序中断大致可分为哪些过程?

答:大致可以分为以下几个过程:

① 中断申请。由中断源发出中断请求。

② 排队判优。若在某一时刻有多个中断源申请中断,需要通过判优部件选择一个中断源响应。

③ 中断响应。在允许中断的情况下,CPU 执行完一条指令后开始响应中断。

④ 中断处理。CPU 先关中断,然后保存当前程序的断点和现场,转入相应的中断服务程序,开中断,执行中断服务程序,执行完毕,先关中断,然后恢复现场和断点,开中断,返回原程序执行。

【例 11.3.46】 说明程序 I/O 方式和中断 I/O 方式的差别。

答:程序 I/O 与中断 I/O 的差别主要有以下几点:

① 在程序 I/O 中,何时对何设备进行输入或输出操作完全受 CPU 控制;在中断 I/O 中,何时对设备操作由外围设备主动通知 CPU。

② 程序 I/O 方式中,CPU 与外围设备不能并行工作;中断方式由于不需要 CPU 与外围设备同步工作,所以它们可以并行操作。

③ 程序 I/O 方式无法处理异常事件,如掉电、非法指令、地址越界等;中断 I/O 方式可以处理随机事件,从而可以处理这些异常。

④ 程序查询方式的优点是硬件结构比较简单,缺点是 CPU 效率低,且只能进行数据传送。中断方式硬件结构相对复杂一些。

【例 11.3.47】 CPU 进入中断响应周期要完成什么操作?这些操作由谁完成?

答:CPU 进入中断响应周期要完成:保存断点、暂不允许中断和引出中断服务程序等操作,即中断隐指令的任务。这些操作是由硬件直接实现的。

【例 11.3.48】 简单叙述在中断系统中,允许中断触发器的功能。

答:允许中断触发器提供开中断和关中断功能。如果关中断,则不响应外部中断请求,如果开中断,则可响应外部中断请求。

【例 11.3.49】 CPU 响应中断应具备哪些条件?

答:本题答案为

• 在 CPU 内部设置的中断允许触发器必须是开放的。

• 外设有中断请求时,中断请求触发器必须处于"1"状态,保持中断请求信号。

• 外设(接口)中断屏蔽触发器必须为"0",这样才能把外设中断请求送至 CPU。

• CPU 在现行指令结束的最后一个状态周期。

• 无 DMA 请求。

【例 11.3.50】 什么是查询中断?什么是向量中断?两者各用什么方法识别中断源并解决中断优先权问题。

答:查询中断即通过运行一个测试查询程序来判别中断优先权。这种方法可以灵活修改中断源的优先级别,但判优与识别中断源完全靠程序实现。

向量中断时,将各中断服务程序的入口地址(或包括状态字)组织成中断向量表;响应中断时,由硬件直接产生对应于中断源的向量地址;据此访问中断向量表,从中读取服务程序入口地址,由此转入服务程序。在具有多根请求线的系统中,可通过对请求线编码解决中断优先权问题。

【例 11.3.51】 列举三种中断向量产生的方法。

答:

① 由编码电路直接产生。

② 由硬件产生一个"偏移量",再加上 CPU 某寄存器里存放的基地址。

③ 向量地址转移法:由优先级编码电路产生对应的固定地址码,其地址中存放的是转移指令,通过转移指令可以转入设备各自的中断服务程序入口。

5. 综合题

【例11.3.52】 假定某外设向 CPU 传送信息最高频率为 40K 次/s,而相应中断处理程序的执行时间为 40 μs,问该外设是否可采用中断方式工作?为什么?

解:

外设传送一个数据的时间$=1/40\times10^3$ s$=25$ μs,所以请求中断的周期为 25 μs,而相应中断处理程序的执行时间为 40 μs,会丢失数据,所以不能采用中断方式。

【例11.3.53】 已知程序中断方式接口的基本结构框图如图 11.2.2 所示,在图中标出输入一个数据的工作过程的序号,并简述其工作过程。

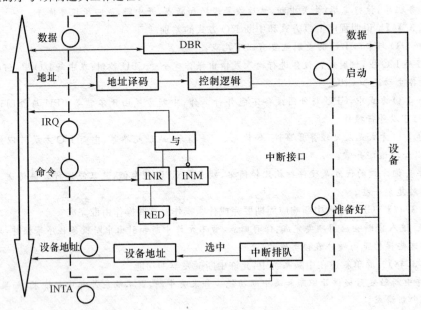

图 11.2.2　程序中断方式接口的基本结构框图

解:输入一个数据的工作过程的示意图如图 11.2.3 所示。

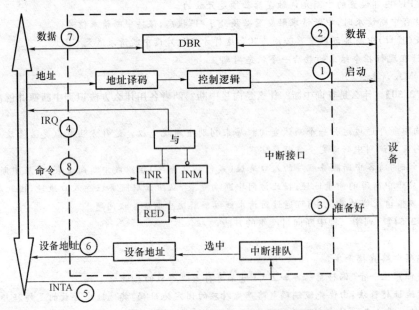

图 11.2.3　输入一个数据的工作过程的示意图

工作过程:

① 主机启动外设。

② 外设准备数据。

③ 数据准备好后向中断接口发"准备好"信号。

④ 经中断请求逻辑向主机发"IRQ"信号。

⑤ 主机响应"IRQ"信号,发"INTA"信号。

⑥ 经中断排队电路选中设备地址送主机。

⑦ 由设备地址形成中断服务程序入口地址,从而进入中断服务程序,将数据输入。

⑧ 数据输入完毕后,主机发命令,清"INR"触发器信号。

【例 11.3.54】 某计算机系统共有五级中断,其中断响应优先级从高到低为 $1 \rightarrow 2 \rightarrow 3 \rightarrow 4 \rightarrow 5$。现按如下规定修改:各级中断处理时均屏蔽本级中断,且处理 1 级中断时屏蔽 2、3、4 和 5 级中断;处理 2 级中断时屏蔽 3、4、5 级中断;处理 3 级中断时屏蔽 4 级和 5 级中断;处理 4 级中断时不屏蔽其他级中断;处理 5 级中断时屏蔽 4 级中断。试问中断处理优先级(从高到低)顺序如何排列? 并给出各级中断处理程序的中断屏蔽字?

解: 实际中断处理优先级(从高到低)顺序应为 $1 \rightarrow 2 \rightarrow 3 \rightarrow 5 \rightarrow 4$。

1 级中断屏蔽字为　11111;

2 级中断屏蔽字为　01111;

3 级中断屏蔽字为　00111;

4 级中断屏蔽字为　00010;

5 级中断屏蔽字为　00011。

【例 11.3.55】 某计算机有四级中断,优先级从高到低为 $1 \rightarrow 2 \rightarrow 3 \rightarrow 4$。假定将优先级顺序改为 $2 \rightarrow 1 \rightarrow 3 \rightarrow 4$,试问各级中断屏蔽字是什么? 请画出处理该多重中断的示意图。

解: 中断屏蔽字为:

1 级中断屏蔽字为　1011;

2 级中断屏蔽字为　1111;

3 级中断屏蔽字为　0011;

4 级中断屏蔽字为　0001;

该多重中断的示意图如图 11.2.4 所示。

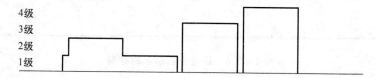

图 11.2.4　多重中断示意图

【例 11.3.56】 设某机有四级中断 A、B、C、D,其硬件排队优先次序为 A>B>C>D,各级中断程序的屏蔽位设置如表 11.2.1 所示(其中"0"为允许,"1"为屏蔽,CPU 状态时屏蔽码为 0000)。

表 11.2.1　屏蔽位设置

屏蔽码 / 服务程序	设备			
	A	B	C	D
A 设备服务程序	1	1	0	1
B 设备服务程序	0	1	0	0
C 设备服务程序	1	1	1	1
D 设备服务程序	0	1	0	1

(1) 请给出中断处理次序。

(2) 设 A、B、C、D 同时请求中断,试画出 CPU 执行程序的轨迹。

解:

(1) 中断处理次序为 C>A>D>B。

(2) CPU 执行程序的轨迹如图 11.2.5 所示。

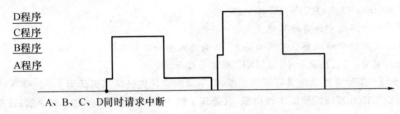

图 11.2.5　CPU 执行程序的轨迹

【例 11.3.57】 设某机有四级中断 A、B、C、D,其硬件排队优先次序为 A>B>C>D,现要求将中断处理次序改为 C>A>D>B。

(1) 表 11.2.2 中各级中断程序的屏蔽位应如何设置(设"0"为允许,"1"为屏蔽,CPU 状态时屏蔽码为 0000)?

表 11.2.2　设置中断程序屏蔽位的空表

屏蔽码 服务程序	设　备			
	A	B	C	D
A 设备服务程序				
B 设备服务程序				
C 设备服务程序				
D 设备服务程序				

(2) 请按图 11.2.6 所示时间轴给出的设备中断请求时刻,画出 CPU 执行程序的轨迹。设 A、B、C、D 中断服务程序的时间宽度均为 20 μs。

```
0   5  10    20 25  30     40    50 55  60       70  75  80    t(μs)
B   C                A               D
```

图 11.2.6　设置中断请求的时刻

解:

(1) 中断程序的屏蔽位设置如表 11.2.3 所示。

表 11.2.3　中断程序屏蔽位的设置

屏蔽码 服务程序	设　备			
	A	B	C	D
A 设备服务程序	1	1	0	1
B 设备服务程序	0	1	0	0
C 设备服务程序	1	1	1	1
D 设备服务程序	0	1	0	1

（2）CPU 执行程序的轨迹如图 11.2.7 所示。

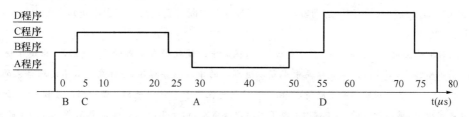

图 11.2.7　CPU 执行程序的轨迹

【例 11.3.58】　某机中断分为 8 级（从 0 到 7），0 级最高，7 级最低，顺序排列。当某一用户程序运行时，依次发生了 3 级、2 级和 1 级中断请求，程序运行的轨迹如图 11.2.8 所示。如果用户程序在此 3 个中断请求发生前，用改变屏蔽字的方式将优先级改为 0,5,3,4,1,2,6,7（从高到低），在上述中断请求情况下（中断请求产生时间严格按照上述顺序改变），请画出程序运行轨迹。

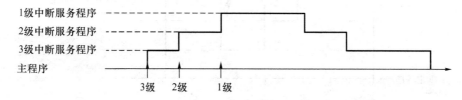

图 11.2.8　程序运行的原始轨迹

解：

如果用户程序在此 3 个中断请求发生前，用改变屏蔽字的方式将优先级改为 0,5,3,4,1,2,6,7（从高到低），在上述中断请求情况下，2 级中断肯定是在 3 级中断还没执行完的情况下请求的，但 1 级中断需分以下两种情况讨论：

① 如果 1 级中断是在 3 级中断还没执行完的情况下请求的，则程序运行轨迹如图 11.2.9 所示。

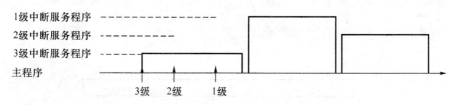

图 11.2.9　程序运行轨迹

② 如果 1 级中断是在 3 级中断执行完的情况下请求的，则程序运行轨迹如图 11.2.10 所示。

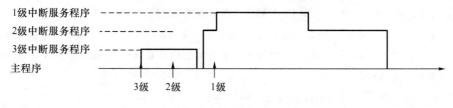

图 11.2.10　程序运行轨迹

【例 11.3.59】　某中断系统可以实现 5 重中断，中断优先级的顺序是 1→2→3→4→5（其中优先权 1 最高）。

若现行程序运行到 T_1 时刻，响应优先权 4 的中断源的中断请求；在此中断处理尚未结束的 T_2 时刻，又出现了优先权 3 的中断源的中断请求；当优先权 3 未处理结束的 T_3 时刻，又出现了优先权 2 的中断源的中断请求;待优先权2的中断处理完毕刚一返回的 T_4 时刻,又被优先权1的中断源的中断请求打断。请从实时角度画出观察到的CPU运动轨迹(从现行程序被中断直至返回现行程序止),在图中标出中断请求和返回点,并加以简单说明。

解:T_1 时刻响应优先权4的中断源的中断请求,在此中断处理尚未结束的 T_2 时刻,又出现了优先权3的中断源的中断请求,由于3的优先权高于4,所以进到3的中断服务程序;当优先权3未处理结束的 T_3 时刻,又出现了优先权2的中断源的中断请求,由于2的优先权高于3,所以进到2的中断服务程序;待优先权2的中断处理完毕,刚返回到3的 T_4 时刻,出现了1的中断请求,由于1的优先权高于3,所以进到1的中断服务程序;1返回后回到3,3返回后回到4,4返回后回到主程序。CPU运动轨迹如图11.2.11所示。

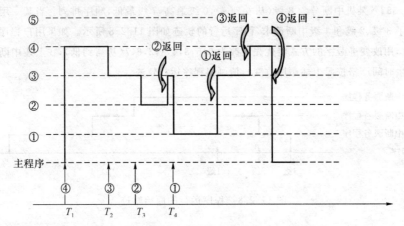

图 11.2.11 CPU 运动轨迹

【例 11.3.60】 设有8个中断源,用软件方式排队判优。

(1)设计中断申请逻辑电路。

(2)如何判别中断源?画出中断处理流程。

解:

(1)中断申请逻辑电路如图11.2.12所示。

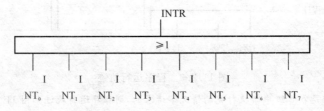

图 11.2.12 中断申请逻辑电路

(2)用软件方式排队判优,所需硬件非常简单,只需一个或门和一个存放8个请求信号的寄存器即可。或门的输出可判别有无中断请求。若有,再通过程序对寄存器中对应位进行检测;在程序中,位置在前检测的中断源则其优先级别高。

利用软件进行查询,其流程图如图11.2.13所示。

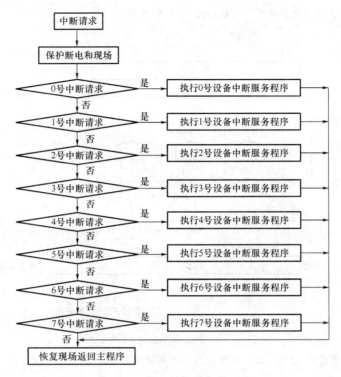

图 11.2.13 软件查询判优流程图

【例 11.3.61】 设有 A、B、C 三个中断源,其中 A 的优先权最高,B 的优先权次之,C 的优先权最低,请分别用链式和独立请求方式设计判优电路。

解:

(1) 链式判优电路如图 11.2.14 所示。这种判优是在 CPU 响应中断之后才进行的,CPU 的响应信号 INTA 串行地依次连接所有中断源,中断源有中断请求,则封锁 INTA 信号,同时产生该中断源的中断请求识别信号;若无中断请求,则把 INTA 信号传给下一个中断源。

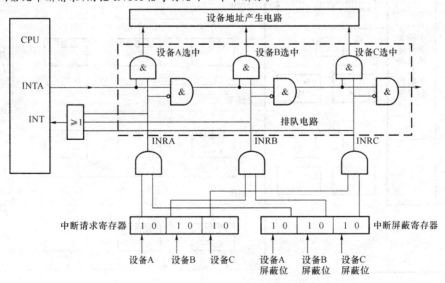

图 11.2.14 链式判优电路

（2）独立请求方式的中断判优逻辑电路如图 11.2.15 所示。

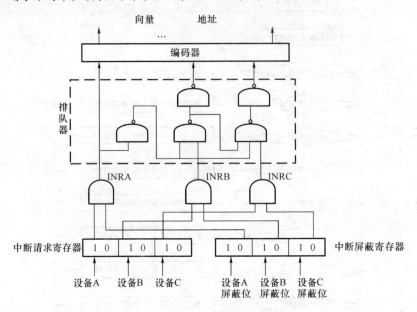

图 11.2.15　独立请求方式的判优电路

其中：A 中断若有请求，则通过低位信号把 B、C 中断请求直接封锁，若无中断请求，则 B 中断有请求即可向 CPU 发出，同时利用低位信号封锁 C 中断的中断请求。

【例 11.3.62】　图 11.2.16 所示是一个二维中断系统，请问：

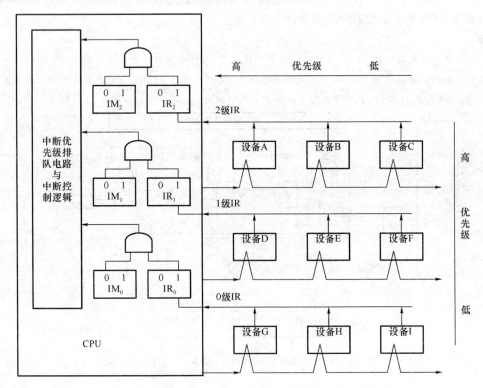

图 11.2.16　二维中断系统

(1) 在中断情况下,CPU 和设备的优先级如何? 请按降序排列各设备的中断优先级。

(2) 若 CPU 执行设备 B 的中断服务程序,IM_0,IM_1,IM_2 的状态是什么? 如果 CPU 执行设备 D 的中断服务程序,IM_0,IM_1,IM_2 的状态又是什么? 如果 CPU 执行设备 H 的中断服务程序,IM_0,IM_1,IM_2 的状态又是什么?

(3) 每一级的 IM 能否对某个优先级的某个设备单独进行屏蔽? 如果不能,采取什么方法可达到目的?

(4) 若设备 C 提出中断请求,CPU 就立即响应,应如何调整才能满足此要求?

解:

(1) 在中断情况下,CPU 的优先级最低。各设备优先级次序是:A→B→C→D→E→F→G→H→I→CPU。

(2) 执行设备 B 的中断服务程序时 $IM_0 IM_1 IM_2 = 111$,执行设备 D 的中断服务程序时 $IM_0 IM_1 IM_2 = 011$,执行设备 H 的中断服务程序时 $IM_0 IM_1 IM_2 = 001$。

(3) 每一级的 IM 标志不能对某优先级的个别设备进行单独屏蔽。可将接口中的 BI(中断允许)标志清"0",它禁止设备发出中断请求。

(4) 要使 C 的中断请求及时得到响应,可将 C 从第二级取出,单独放在第三级上,使第三级的优先级最高(令 $IM_3 = 0$ 即可),或者将 C 提到第二级的最前面。

题型4　DMA方式

1. 选择题

【例 11.4.1】 微型机系统中,主机和高速硬盘进行数据交换一般采用_____方式。

A. 程序中断控制　　　　　　B. 直接存储器存取(DMA)

C. 程序直接控制　　　　　　D. 通道控制

答:微型机系统中,主机和高速硬盘进行数据交换一般采用直接存储器存取(DMA)方式;大、中型机系统中,主机和高速硬盘进行数据交换一般采用通道控制方式。本题答案为:B。

【例 11.4.2】 DMA 数据的传送是以_____为单位进行的。

A. 字节　　　　　B. 字　　　　　C. 数据块　　　　　D. 位

答:本题答案为:C。

【例 11.4.3】 DMA 方式是在_____之间建立直接的数据通路。

A. PU 与外围设备　　　　　　B. 主存与外围设备

C. 外设与外设　　　　　　　D. PU 与主存

答:DMA 是 I/O 设备与主存储器之间由硬件组成的直接数据通路。本题答案为:B。

【例 11.4.4】 周期挪用方式常用于_____方式的输入/输出中。

A. DMA　　　　B. 中断　　　　C. 程序传送　　　　D. 通道

答:本题答案为:A。

【例 11.4.5】 在以 DMA 方式传送数据的过程中,由于没有破坏_____的内容,所以一旦数据传送完毕,主机可以立即返回原程序。

A. 程序计数器　　　　　　B. 程序计数器和寄存器

C. 指令寄存器　　　　　　D. 非以上答案

答:DMA 在数据传送过程中不需要像中断方式一样,执行现场保存、现场恢复等工作。本题答案为:B。

【例 11.4.6】 从可供选择的答案中选出正确答案:

(1) CPU 响应中断后,执行中断服务程序之前,至少要做__①__等几件事。

(2) 中断服务程序的最后一条指令是 ② 。

(3) 实现磁盘与内存间快速数据交换,必须使用 ③ 方式。

(4) 在以 ③ 方式进行数据传送时,无需 ④ 介入,而是外设与内存之间直接传送。

(5) 打印机与CPU之间的数据传送不能使用 ③ 方式,而使用 ⑤ 方式。

供选择的答案:

①、②: A. 关中断、保存断点、找到中断入口地址   B. 关中断、保存断点

           C. 返回   D. 中断返回   E. 左移   F. 右移   G. 移位

③、④、⑤: A. 中断   B. 查询   C. DMA   D. 中断或查询

           E. 中断或DMA   F. CPU   G. 寄存器

答:(1) CPU响应中断后,执行中断服务程序之前,至少要做关中断、保存断点、找到中断入口地址几件事。(2) 中断服务程序的最后一条指令是中断返回。(3) 实现磁盘与内存间快速数据交换,必须使用DMA方式。(4) 在以DMA方式进行数据传送时,无须CPU介入,而是外设与内存之间直接传送。(5) 打印机与CPU之间的数据传送不能使用DMA方式,而使用中断或查询方式。本题答案为:①A ②D ③C ④F ⑤D。

2. 填空题

【例11.4.7】 直接存储器存取(DMA)方式中,DMA控制器从CPU完全接管对 ① 的控制,数据交换不经过CPU,而直接在内存和 ② 之间进行。

答:DMA控制器从CPU完全接管对总线的控制,数据交换不经过CPU,而直接在内存与I/O设备之间进行。本题答案为:①总线;②I/O设备。

【例11.4.8】 DMA技术的出现使得 ① 可以通过 ② 直接访问 ③ ,与此同时,CPU可以继续执行程序。

答:DMA控制器从CPU完全接管对总线的控制,数据交换不经过CPU,而直接在内存与I/O设备之间进行。本题答案为:①外围设备;②DMA控制器;③内存。

【例11.4.9】 DMA的含义是 ① ,用于解决 ② 问题。

答:DMA方式即直接存储器存取方式,它是I/O设备与主存储器之间由硬件组成的直接数据通路。本题答案为:①直接存储器访问;②数据块传送。

【例11.4.10】 基本DMA控制器主要由 ① 、字计数器、数据寄存器、 ② 、标志寄存器及地址译码与同步电路组成。

答:本题答案为:①地址计数器;②控制逻辑。

【例11.4.11】 DMA控制器中的内存地址计数器存放内存中要交换数据的 ① ,每传输一个数据后 ② 。

答:内存地址计数器加1后,给出下一个字的地址。本题答案为:①起始地址;②自动加1。

【例11.4.12】 DMA控制器中的字计数器用于记录要传送数据块的 ① ,每传输一个字后字计数器 ② 。

答:字计数器减1表示一个字已经传送完毕。本题答案为:①长度;②减1。

【例11.4.13】 DMA只负责在 ① 总线上进行数据传送,在DMA写操作中,数据从 ② 传送到 ③ 。

答:DMA控制器从CPU完全接管对总线的控制,数据交换不经过CPU,而直接在内存与I/O设备之间进行。本题答案为:①系统;②主存;③外设。

【例11.4.14】 CPU在响应DMA请求后,将让出一个 _____ 周期给DMA控制器。

答:DMA取得总线控制权后,挪用一个存储周期以传送一个数据,主存地址加1,字计数器减1。本题答案为:存储。

【例11.4.15】 DMA控制器和CPU分时使用总线的方式有 ① 、 ② 和 ③ 三种。

答:本题答案为:①停止CPU使用主存;②周期挪用;③DMA与CPU交替使用主存。

【例11.4.16】 DMA操作过程可分为三个阶段: ① 、 ② 和 ③ 。

答:本题答案为:① 准备阶段;② 传送阶段;③ 结束阶段。

3. 判断题

【例11.4.17】 DMA 控制器和 CPU 可以同时使用总线。

答:向 CPU 发 DMA 请求,在取得了总线控制权后,才能进行数据的传送,DMA 控制器和 CPU 必须分时使用总线。本题答案为:错。

【例11.4.18】 所有的数据传送方式都必须由 CPU 控制实现。

答:DMA 和通道的数据传送方式不需 CPU 控制。本题答案为:错。

【例11.4.19】 DMA 是主存与外设之间交换数据的方式,它也可用于主存与主存之间的数据交换。

答:DMA 是主存与高速外设之间交换数据的方式,它不能用于主存与主存之间的数据交换。本题答案为:错。

4. 简答题

【例11.4.20】 在输入/输出系统中,DMA 方式是否可以替代中断方式?与中断方式比较,DMA 方式的优点是什么?

答:DMA 方式不可以替代中断方式。DMA 方式更适于成批数据交换的场合。工作频率高、传输快的外设(如磁盘)常需成批交换数据,且数据之间间隔短,若用中断方式频繁响应中断和保护断点,会导致丢失数据。而 DMA 方式建立了外设与内存直接交换数据的通道,除开始、结束外,中间不受 CPU 干预,在访问内存时不会受 CPU 干扰,无须反复进行保护断点等操作。所以,与中断方式比较,DMA 方式更快速安全。而中断可随时处理意外事故,所以 DMA 方式不能取代中断方式。

【例11.4.21】 简要描述外设进行 DMA 操作的过程及 DMA 方式的主要优点。

答:外设进行 DMA 操作的过程如下:

① 外设发出 DMA 请求。

② CPU 响应请求,DMA 控制器从 CPU 接管总线的控制权。

③ 由 DMA 控制器执行数据传送操作。

④ 向 CPU 报告 DMA 操作结束。

DMA 方式是在外设和主存之间开辟一条"直接数据通道",在不需要 CPU 干预也不需要软件介入的情况下在两者之间进行的高速数据传送方式。

所以 DMA 方式的主要优点是数据传送速度快。

【例11.4.22】 回答下列问题:

(1) 进入中断周期的条件是什么?

(2) 进入中断周期 INTC 之前是什么 CPU 周期?

(3) 中断周期结束后又是什么 CPU 周期?

(4) 中断周期完成的主要操作是什么?

(5) 进入 DMA 周期 DMAC 之前可以是什么 CPU 周期?

(6) DMAC 结束之后又是什么 CPU 周期?

(7) 在 DMAC 中 CPU 处于什么状态?

答:

(1) 进入中断周期的条件有4个,它们是"与"关系:

• 有中断请求 INTR。

• CPU 允许中断(IF=1)。

• 无 DMA 请求 DMAR。

• 一条指令执行结束。

(2) 进入中断周期 INTC 之前是执行 CPU 周期。

(3) 中断周期结束后是取指 CPU 周期。

(4) 中断周期完成的主要操作是:发出中断应答信号 INTA,从 DB 中取得中断向量暂存入 T,将中断向量作变换,指向中断处理程序的入口,将 PSW、PC 内容压入堆栈保护,根据中断向量取出中断服务程序入口地址装入 PC,然后进入取指周期 FIC。

（5）进入 DMA 周期 DMAC 之前,可以是取指、取数、执行 CPU 周期。

（6）DMAC 结束之后又可以是取指、取数、执行 CPU 周期。

（7）进入 DMAC 后,CPU 交出总线的控制权,总线是在 DMA 控制器的掌管下完成外设与主存之间的数据交换,在此期间 CPU 处于空闲等待状态。因此,对于 CPU 来讲,DMAC 为一空闲 CPU 周期。

【例 11.4.23】 何谓 DMA 方式? DNA 控制器可采用哪几种方式与 CPU 分时使用内存?

答:本题答案为:

直接存储器存取(DMA)方式是一种完全由硬件指令 I/O 变换的工作方式。DMA 控制器从 CPU 完全接管对总线的控制,数据交换不经过 CPU,而直接在内存和 I/O 设备之间进行。共有三种工作方式。

① 停止 CPU 访问内存:当外设要求传送一批数据时,由 DMA 控制器发出一个停止信号给 CPU,DMA 控制器获得总线控制权后开始进行数据传送。一批数据传送完毕后,DMA 控制器统治 CPU 可以使用内存,并把总线控制权交还给 CPU。

② 周期挪用:当 I/O 设备没有 DMA 请求时,CPU 按程序要求访问内存;一旦 I/O 设备有 DMA 请求,则 I/O 设备挪用一个或几个周期。

③ DMA 与 CPU 交替访问内存:一个 CPU 周期可分为 2 个周期,一个专供 DMA 控制器访内,另一个专供 CPU 访问。不需要总线使用权的申请、建立和归还过程。

上述三种工作方式如图 11.2.17 所示。

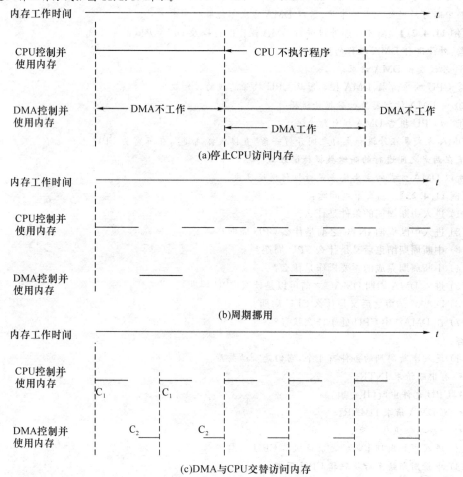

图 11.2.17　DMA 三种工作方式

【例 11.4.24】 中断控制方式与 DMA 方式有何异同?

答:

DMA 是程序中断传送技术的发展,在硬件逻辑机构的支持下,它以更快的速度、更简便的形式传送数据。两者之间的主要区别有:

① 中断方式通过程序实现数据传送,而 DMA 方式不使用程序,直接靠硬件来实现。

② CPU 对中断的响应是在执行完一条指令之后,而对 DMA 的响应则可以在指令执行过程中的任何两个存储周期之间。

③ 中断方式不仅具有数据传送能力,而且还能处理异常事件。DMA 只能进行数据传送。

④ 中断方式必须切换程序,要进行 CPU 现场的保护和恢复操作。DMA 仅挪用了一个存储周期,不改变 CPU 现场。

⑤ DMA 请求的优先权比中断请求高。CPU 优先响应 DMA 请求,是为了避免 DMA 所连接的高速外设丢失数据。

【例 11.4.25】 CPU 对 DMA 请求和中断请求的响应时间是否一样? 为什么?

答:不一样。对中断请求的响应只能发生在每条指令执行完毕时,而对 DMA 请求的响应可以发生在每个机器周期结束时。这是因为中断方式是程序切换,程序又是由指令组成的,所以必须在指令执行完毕时才能响应中断请求,否则将无法返回被中断的程序并继续执行。而 DMA 方式不需进行程序切换,所以不需等指令执行完毕,另外 DMA 方式是对高速外设进行数据传送,如不及时响应就会出现数据丢失。

5. 综合题

【例 11.4.26】 今有一磁盘存储器,转速为 3 000 转/m,分 8 个扇区,每扇区存储 1K 字节。主存与磁盘传送数据的宽度为 16 位(即每次传送 16 位)。

(1) 描述从磁盘处于静止状态起将主存缓冲区中 2K 字节传送到磁盘的整个工作过程。

(2) 假如一条指令最长执行时间为 30 μs,是否可采用在指令结束时响应 DMA 请求的方案? 假如不行,应采用怎样的方案?

解:

(1) 主程序应先启动磁盘驱动器。转速正常后,接口向 CPU 发中断,由中断服务程序实现向接口发送设备地址、主存缓冲区地址、字数(1K)等预处理工作。找道并等待磁盘转到访问的扇区后,通过接口发出 1K 个 DMA 请求,传送 1K 字节后,接口向 CPU 发中断,由中断服务程序实现停止磁盘工作等后处理工作。

(2) 数据传输率=8KB×3 000 转/60 s=400KB/s,即每 16 位数据保持最短时间为 2/400KB/s =5 μs< 30 μs,故指令结束时响应 DMA 可能丢失数据,应使每个周期都可以响应 DMA。

【例 11.4.27】 磁盘、磁带、打印机三个设备同时开始工作,磁盘以 20 μs 的间隔向控制器发 DMA 请求,磁带以 30 μs 的间隔发 DMA 请求,打印机以 120 μs 间隔发 DMA 请求,如图 11.2.18 所示。假定 DMA 控制器每完成一次 DMA 传送所需时间为 2 μs,画出多路 DMA 控制器工作时空图。

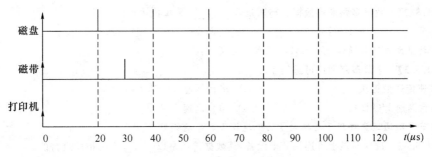

图 11.2.18 三个设备的请求时间图

解：

① 在 0 μs 时,磁盘,磁带,打印机三个设备同时开始工作,磁盘的工作频率最高,所以 T_1 为磁盘服务、T_2 为磁带服务、T_3 为打印机服务。

② 在 20 μs 时,磁盘请求,所以 T_4 为磁盘服务。

③ 在 30 μs 时,磁带请求,所以 T_5 为磁带服务。

④ 在 40 μs 时,磁盘请求,所以 T_6 为磁盘服务。

⑤ 在 60 μs 时,磁盘,磁带两个设备同时请求,磁盘的工作频率高,所以 T_7 为磁盘服务、T_8 为磁带服务。

⑥ 在 80 μs 时,磁盘请求,所以 T_9 为磁盘服务。

⑦ 在 90 μs 时,磁带请求,所以 T_{10} 为磁带服务。

⑧ 在 100 μs 时,磁盘请求,所以 T_{11} 为磁盘服务。

⑨ 在 120 μs 时,磁盘、磁带、打印机三个设备又同时请求,重复以上过程。

多路 DMA 控制器工作时空图如图 11.2.9 所示。

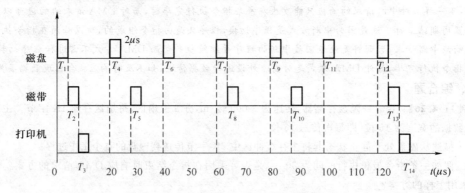

图 11.2.9 多路 DMA 控制器工作时间图

从图 11.2.9 看到,在这种情况下 DMA 尚有空闲时间,说明控制器还可以容纳更多设备。以上就是多路型 DMA 控制器工作的原理。

题型 5 通道方式

1. 选择题

【例 11.5.1】 常用于大型计算机的控制方式是_____。

A. 程序查询方式　　B. 中断方式　　　　C. DMA 方式　　　　D. 通道方式

答：在大中型计算机系统中,系统所配备的外设种类多、数量大,因此通常采用通道控制方式。本题答案为：D。

【例 11.5.2】 数组多路通道数据的传送是以_____为单位进行的。

A. 字节　　　　　　B. 字　　　　　　　C. 数据块　　　　　　D. 位

答：在数组方式下必须传送一组数据。本题答案为：C。

【例 11.5.3】 字节多路通道可适用于_____。

A. 高速传送数据块　　　　　　　　B. 多台低速和中速 I/O 设备

C. 多台高速 I/O 设备　　　　　　　D. 单台高速 I/O 设备

答：字节多路通道主要用于连接大量的低速设备。本题答案为：B。

【例 11.5.4】 选择通道上可连接若干设备,其数据传送是以_____为单位进行的。

A. 字节　　　　　　B. 数据块　　　　　C. 字　　　　　　D. 位

答：选择通道主要用于连接高速外围设备,如磁盘、磁带等,信息以成组方式高速传输。本题答案为:B。

【例11.5.5】 字节多路通道数据传送是以_____为单位进行的。

A. 字节　　　　　B. 数据块　　　　　C. 字　　　　　D. 位

答：字节多路通道主要用于连接大量的低速和中速面向字符的外围设备。本题答案为:A。

【例11.5.6】 通道是特殊的处理器,它有自己的_____,因此具有较强的并行工作能力。

A. 运算器　　　　　B. 存储器　　　　　C. 指令和程序　　　　　D. 以上均有

答：本题答案为:C。

【例11.5.7】 CPU对通道的请求形式是_____。

A. 自陷　　　　　B. 中断　　　　　C. 通道命令　　　　　D. I/O指令

答：通道要在CPU的I/O指令指挥下启动、停止或改变工作状态。本题答案为:D。

【例11.5.8】 通道程序是由_____组成。

A. I/O指令　　　　　B. 通道指令(通道控制字)　　　　　C. 通道状态字

答：通道相当于一个功能单纯的处理机,它具有自己的指令系统,并可以执行由这些指令编写的通道程序。本题答案为:B。

【例11.5.9】 CPU程序与通道可以并行执行,并通过_____实现彼此间的通信和同步。

A. I/O指令　　　　　　　　　　B. I/O中断

C. I/O指令和I/O中断　　　　　D. 操作员

答：通道要在CPU的I/O指令指挥下启动、停止或改变工作状态。本题答案为:C。

【例11.5.10】 对于低速输入/输出设备,应当选用的通道是_____。

A. 数组多路通道　　　　　　　　B. 字节多路通道

C. 选择通道　　　　　　　　　　D. DMA专用通道

答：字节多路通道是一种简单的共享通道,用于连接与管理多台低速设备,以字节交叉方式传送信息。本题答案为:B。

2. 填空题

【例11.5.11】 CPU对外部设备的控制方式按CPU的介入程度,从小到大分别为 ① 、 ② 、 ③ 、 ④ 。

答：在CPU启动通道后,通道自动地去内存取出通道指令并执行指令,直到数据交换过程结束才向CPU发出中断请求,进行通道结束处理工作。本题答案为:①通道方式;②DMA方式;③中断方式;④程序方式。

【例11.5.12】 在数据传送方式中,若主机与设备串行工作,则采用 ① 方式;若主机与设备并行工作,则采用 ② 方式;若主程序与设备并行工作,则采用 ③ 方式。

答：通道方式进一步减轻了CPU的工作负担,增加了计算机系统的并行工作程度。本题答案为:①程序查询;②中断;③DMA。

【例11.5.13】 通道的功能是: ① 。根据数据传送方式,通道有 ② 通道、 ③ 通道和 ④ 通道3种类型。通道程序由一条或几条 ⑤ 构成。

答：本题答案为:①接收CPU的I/O指令、控制外设与主存的数据的交换;②字节多路;③数组多路;④选择　⑤通道指令。

【例11.5.14】 数组多路通道允许 ① 个设备进行 ② 操作,数据传送单位是 ③ 。

答：数组多路通道在一段时间内只能够为一台设备传送数据,在此方式下必须传送一组数据。本题答案为:①1(单);②数据传输;③数据块。

【例11.5.15】 字节多路通道可允许 ① 设备进行数据传输操作,数据传送单位是 ② 。

答：字节多路通道包括多个子通道,每个子通道服务于一个设备控制器,可以独立地执行通道指令。本题答案为:①多个;②字节。

【例 11.5.16】 通道与 CPU 分时使用 ___①___，实现了 ___②___ 内部数据处理和 ___③___ 的并行工作。

答: 本题答案为:①内存;②CPU;③I/O 设备。

【例 11.5.17】 通道是一个特殊功能的 ___①___，它有自己的 ___②___，专门负责数据输入/输出的传输控制,CPU 只负责 ___③___ 功能。

答: 通道相当于一个功能单纯的处理机,它具有自己的指令系统,并可以执行由这些指令编写的通道程序。本题答案为:① 处理器;② 指令和程序;③ 数据处理。

【例 11.5.18】 通道的工作过程可分为 ___①___ 、 ___②___ 和 ___③___ 三个部分。

答: 本题答案为:①在用户程序中调用访管指令进入管理程序,由 CPU 通过管理程序组织一个通道程序,并启动通道;②通道处理机执行通道程序,完成指定的数据输入/输出工作;③通道程序结束后向 CPU 发送中断请求。

3. 判断题

【例 11.5.19】 一个通道可以连接多个外部设备控制器,一个外部设备控制器可以管理一台或多台外部设备。

答: 一个通道可以连接多个外部设备控制器,但一个外部设备控制器只能管理一台外部设备。本题答案为:错。

4. 简答题

【例 11.5.20】 试比较 I/O 通道和 DMA 方式的特点。

答: ① DMA 是借助硬件完成数据交换,而通道则是它本身通过执行一组通道命令字即通道程序来完成数据交换。

② 一台外设有一个 DMA 控制器,若一个 DMA 控制器连接多台同类外设,则它们只能串行工作。而一个通道可接多台不同类型的外设,这些外设均可在通道控制下同时工作。

③ 采用 DMA 传送的诸外设均要由 CPU 管理控制,由 CPU 进行初始化。而通道则代替 CPU 管理控制外设,CPU 仅仅通过 I/O 指令启动通道,通道本身进行各外设的初始化工作。

④ DMA 只控制高速外设成组传送,I/O 通道则高低速外设均可控制。

【例 11.5.21】 试比较 I/O 通道和程序中断传送方式的特点。

答: ① 程序中断传送方式借助终止 CPU 现行程序,转去执行中断服务程序实现;I/O 通道方式则通过执行通道程序实现。

② 程序中断传送方式的中断服务程序与 CPU 现行程序是串行工作的;I/O 通道方式的通道程序与 CPU 现行程序是并行工作的。

③ I/O 通道是集中独立的硬件,可连接多台快、慢速外设;程序中断传送方式只适于慢速外设,且每个外设都有自己的中断接口和中断服务程序。

5. 综合题

【例 11.5.22】 若输入/输出系统采用字节多路通道控制方式,共有 8 个子通道,各子通道每次传送一个字节,已知整个通道最大传送速率为 1 200B/s,问每个子通道的最大传输速率是多少? 若是数组多路通道,则每个子通道的最大传输速率又是多少?

解:

每个子通道的最大传输速率是 1 200B/s÷8＝150B/s。

若是数组多路通道,则每个子通道的最大传输速率应为 1 200B/s。

【例 11.5.23】 一个计算机系统有 I/O 通道:①字节多路通道,带有传输速率为 1.2KB/s 的 CRT 终端 5 台,传输速率为 7.5KB/s 的打印机 2 台;②选择通道,带有传输速率为 1 000KB/s 的光盘一台,同时带有传输速率为 800KB/s 磁盘一台;③数组多路通道,带传输速率为 800KB/s 及 600KB/s 的磁盘各一台,则通道的最大传输速率为多少 KB/s?

解：

为了保证通道不丢失数据,各种通道实际流量应该不大于通道的最大流量。在本题中,系统由3个不同的通道组成。这样,系统最大数据传输率等于所有通道最大传输率之和。为此,我们依次求出各个通道的最大通道传输率。

$$f_{BYTE} = f_{CRT终端} \times 5 + f_{打印机} \times 2 = 1.2KB/s \times 5 + 7.5KB/s \times 2 = 21KB/s$$

$$f_{SELECT} = \max\{1\,000KB/s, 800KB/s\} = 1\,000KB/s$$

$$f_{BLOCK} = \max\{800KB/s, 600KB/s\} = 800KB/s$$

所以,本系统的最大数据传输率为

$$f_{系统} = 21KB/s + 1\,000KB/s + 800KB/s = 1\,821KB/s$$

【例 11.5.24】 有一字节多路通道,在数据传送时,用于选择设备的时间 T_s 为 $3\mu s$,而传送一个字节需要的时间 T_t 为 $1\,\mu s$。通道现连接 5 台终端、4 台针式打印机和 2 台扫描仪,终端、打印机和扫描仪传送一个字节的时间分别是 $200\,\mu s, 100\,\mu s$ 和 $400\,\mu s$。试计算该通道的极限流量和实际流量。

解：

其极限流量为 $f_{max-byte} = \dfrac{1}{T_s + T_t} = \dfrac{1}{(3+1) \times 10^{-6}} = 2.5 \times 10^5 B/s$

实际最大流量 $f_{byte} = \sum\limits_{i=1}^{3} f_i = 5 \times \dfrac{1}{200 \times 10^{-6}} + 4 \times \dfrac{1}{100 \times 10^{-6}} + 2 \times \dfrac{1}{400 \times 10^{-6}} = 7 \times 10^4 \ B/s$

【例 11.5.25】 有一字节多路通道,选择设备的时间 T_s 为 $3\,\mu s$,而传送一个字节需要的时间 T_t 为 $1\mu s$。通道现连接 2 台磁带机、2 台扫描仪、2 台针式打印机和 4 台绘图仪,它们分别每隔 $25\,\mu s, 100\,\mu s, 200\,\mu s$ 和 $250\,\mu s$ 发出一个字节传输的请求。试计算该通道的极限流量和实际流量,试问该通道能否正常工作?

解：

字节多路通道的极限流量为 $f_{max-byte} = \dfrac{1}{T_s + T_t} = \dfrac{1}{(3+1) \times 10^{-6}} = 2.5 \times 10^5 B/s$

实际最大流量 $f_{byte} = \sum\limits_{i=1}^{4} f_i = 2 \times \dfrac{1}{25 \times 10^{-6}} + 2 \times \dfrac{1}{100 \times 10^{-6}} + 2 \times \dfrac{1}{200 \times 10^{-6}} +$

$$4 \times \dfrac{1}{250 \times 10^{-6}} = 1.26 \times 10^5 \ B/s$$

因为 $f_{max-byte} > f_{byte}$,所以该通道能正常工作。

【例 11.5.26】 有一字节多路通道连接 1 台磁带机、1 台扫描仪、1 台针式打印机和 1 台绘图仪,设这四台设备同时发出请求,然后它们分别每隔 $25\,\mu s, 50\,\mu s, 75\,\mu s$ 和 $125\,\mu s$ 发出一个字节传输的请求。字节多路通道传送一个字节需要的时间 T_t 为 $1\,\mu s$,画出字节多路通道工作的时空图。

解：

字节多路通道连接的四台设备的请求时间图如图 11.2.20 所示。

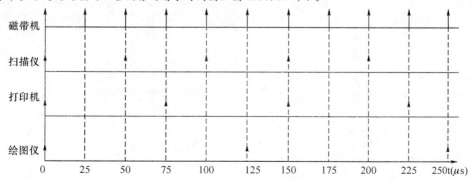

图 11.2.20　四台设备的请求时间图

字节多路通道工作的时空图如图 11.2.21 所示。

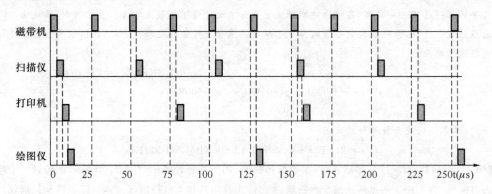

图 11.2.21　字节多路通道工作的时空图

① 在 0 μs 时磁带机、扫描仪、打印机和绘图仪四个设备同时开始工作,磁带机的工作频率最高,所以先为磁带机服务,然后为扫描仪服务,再为打印机服务,最后为绘图仪服务。

② 在 25 μs 时,磁带机请求,所以为磁带机服务。

③ 在 50 μs 时,磁带机、扫描仪同时请求,所以先为磁带机服务,然后为扫描仪服务。

④ 在 75 μs 时,磁带机、打印机同时请求,所以先为磁带机服务,然后为打印机服务。

⑤ 在 100 μs 时,磁带机、扫描仪同时请求,所以先为磁带机服务,然后为扫描仪服务。

⑥ 在 125 μs 时,磁带机、绘图仪同时请求,所以先为磁带机服务,然后为绘图仪服务。

⑦ 在 150 μs 时磁带机、扫描仪、打印机三个设备同时请求,磁带机的工作频率最高,所以先为磁带机服务、然后为扫描仪服务、再为打印机服务。

⑧ 在 175 μs 时,磁带机请求,所以为磁带机服务。

⑨ 在 200 μs 时,磁带机、扫描仪同时请求,所以先为磁带机服务,然后为扫描仪服务。

⑩ 在 225 μs 时,磁带机、打印机同时请求,所以先为磁带机服务,然后为打印机服务。

⑪ 在 250 μs 时,磁带机、绘图仪同时请求,所以先为磁带机服务,然后为绘图仪服务。

参 考 文 献

〔1〕 白中英. 计算机组成原理. 3 版. 北京:科学出版社,2000.

〔2〕 白中英. 计算机组成原理——题解、题库与实验. 3 版. 北京:科学出版社,2001.

〔3〕 王爱英. 计算机组成与结构. 北京:清华大学出版社,2001.

〔4〕 莫正坤. 计算机组成原理. 武汉:华中理工大学出版社,1996.

〔5〕 薛胜军. 计算机组成原理. 武汉:华中理工大学出版社,2000.

〔6〕 王闵. 计算机组成原理. 北京:电子工业出版社,2001.

〔7〕 李勇. 计算机组成原理与设计. 长沙:国防科技大学出版社,2001.

〔8〕 胡越明. 计算机组成原理. 北京:经济科学出版社,2000.

〔9〕 张基温. 计算机组成原理教程. 北京:清华大学出版社,2000.

〔10〕 张基温. 计算机组成原理教程——题解与实验指导. 北京:清华大学出版社,2000.

〔11〕 张钧良. 计算机组成原理. 北京:电子工业出版社,2001.

〔12〕 贺劲. 计算机专业研究生入学考试全真题解——数字逻辑、组成原理与系统结构分册(2). 北京:人民邮电出版社,2000.

〔13〕 William Stallings. Computer Organization and Architecture,Designing for Performance(计算机组成与结构——性能设计). 北京:高等教育出版社,2001.

〔14〕 蒋本珊. 计算机专业硕士研究生入学考试重点课程辅导——计算机组成原理、离散数学、操作系统分册. 北京:人民邮电出版社,2002.